中国高校艺术专业技能与实践系列教材

人机工程应用

RENJI GONGCHENG YINGYONG

白　平◆主　编
韩　焱　谭亚国◆副主编

人民美術出版社
北京

图书在版编目（CIP）数据

人机工程应用 / 白平主编 ; 韩焱, 谭亚国副主编
. -- 北京 : 人民美术出版社, 2023.11
中国高校艺术专业技能与实践系列教材
ISBN 978-7-102-09210-2

Ⅰ. ①人… Ⅱ. ①白… ②韩… ③谭… Ⅲ. ①人－机系统－高等学校－教材 Ⅳ. ① TB18

中国国家版本馆 CIP 数据核字 (2023) 第 142878 号

中国高校艺术专业技能与实践系列教材
ZHONGGUO GAOXIAO YISHU ZHUANYE JINENG YU SHIJIAN XILIE JIAOCAI

人机工程应用
RENJI GONGCHENG YINGYONG

编辑出版 人民美術出版社
（北京市朝阳区东三环南路甲3号 邮编：100022）
http://www.renmei.com.cn
发行部：（010）67517799
网购部：（010）67517743

主　　编 白　平
副 主 编 韩　焱 谭亚国
责任编辑 李春立
装帧设计 翟英东
责任校对 王梽戎
责任印制 胡雨竹
制　　版 北京字间科技有限公司
印　　刷 天津图文方嘉印刷有限公司
经　　销 全国新华书店

开　本：889mm×1194mm　1/16
印　张：19
字　数：294千
版　次：2023年11月　第1版
印　次：2023年11月　第1次印刷
印　数：0001—3000册
ISBN 978-7-102-09210-2
定　价：89.00元
如有印装质量问题影响阅读，请与我社联系调换。（010）67517850

版权所有 翻印必究

序 言
FOREWORD

专业——高校根据社会的专业分工而设立的学业类别，是知识学习的边界。一个人要想把本专业的知识学精学通，需要有对专业的高度认识和对知识的熟练掌握。只有做到熟悉学习方法和路径，才能做到一通百通。在科技高速发展的今天，我们强调学科交叉、多才多艺，强调每个人都应该树立无边界学习的理念，即“进校前有专业，进校后要通学”。平面（视觉设计）、立体（产品和工业设计）、空间（室内、建筑、景观）、时尚（服饰、数字媒体）的交叉，只是同类专业的互补，而文、理、艺的交叉才能培养出全面发展的人才。

课程——学校专业教学的科目，包含专业的主体精神，是知识的具体体现。课程的合理性为个人专业知识的建构和实践能力的培养打下了良好基础。美国著名课程与教育专家格兰特·威金斯（Grant Wiggins）提出的“追求理解的教学设计”（UBD）理论，以及在课程体系中的“逆向设计法”，避开了教学设计中的聚焦活动和知识灌输这两大误区，致力于发掘大概念，帮助学生获得持久、可迁移的理解能力，而不是学了却不会用的知识。该理论被广泛应用于美国大、中、小学的教育课程体系设计中，为人才培养目标进行课程体系的应用技能设计，以证明学生实现了预期的目标。一个好的专业须有课程知识能量的支撑。为什么教育部首先亮红灯的是动画专业？因为该专业的课程结构设置不合理，导致了学生知识的缺失，继而影响了他们的就业与发展。

教材——课程的意志体现并支撑着课程教学。“工欲善其事，必先利其器”，教材是教学最重要的元素，其优劣决定着教学效率的高低。直接影响教学效率的因素有三：一是教师的专业素养，二是教学的配套设施，三是教材的选择。其中，最具有提升空间的就是教材。

好的教材，不仅能够使教师在教学过程中有行云流水般的顺畅感，让教学事半功倍，更能确保学生在有限的时间内学到真东西，达到学习目标。好的教材应具备三种特质：一是课程知识点的科学性；二是教学案例、作业程序的合理性，让学生能创作出好的作品；三是突破纸质教材成本和页数的局限性，通过“相关信息”“相关链接”等拓展内容，使学生得到无限的知识和信息。这些特质虽简单却包含着无限的知识能量。

2018年11月1日召开的教育部高等学校教学指导委员会成立大会强调指出，教育重心要重新回归到本科教学上来，并把教材视为教学质量中最为重要的环节。正是在这样的语境下，本套教材实现了教学精神的回归。

教育部高等学校
设计学类专业教学指导委员会副主任
同济大学教授、博士生导师林家阳
2018年12月

前　言
PREFACE

人机工程学是一门多学科交叉的新兴的边缘学科，它的研究范围涉及人体科学、技术科学和环境科学领域，其研究成果在人们工作和生活的各个领域应用广泛。

本书包含人机工程学基本原理及其在不同设计领域的应用，全书分为11个模块。基本原理整合在一个基础章节中（模块1），其他模块分别为基本原理在工业产品设计（模块2）、家具设计（模块3至模块5）、室内空间设计（模块6、模块7）、视觉传达设计（模块8）等专业领域的应用，影响人机交互的物理和人文环境（模块9），以及心理学在设计中的应用（模块10）。因人机工程应用涉及的学科领域众多，学生学习难度较大，本书以案例为载体，将知识颗粒化，知识点中的案例有利于提升学生学习兴趣，增加学生对知识点的理解。项目案例（模块11）侧重知识的全面应用，注重对学生解决复杂问题能力的培养。书后增加了设计中常用的国家标准供参考。

本书由广东轻工职业技术学院白平主编，四川工商职业技术学院韩焱、广东轻工职业技术学院谭亚国任副主编。白平编写概述、模块1、模块3和模块11的第二节；韩焱编写模块2、模块4、模块5和模块11的第一节；谭亚国编写模块6、模块7、模块9、模块10和模块11的第三节；刘静瑜编写模块8和模块11的第四节；曹庆喆负责图片和案例整理工作。感谢佛山市米朗工业设计公司、广州哆来咪科技信息公司等提供的案例。

编者水平有限，由于时间仓促，书中难免有不当之处，恳请使用本书的同行和广大师生批评指正。

此外，本书作者还为广大一线教师提供了服务于本书的精品在线开放课程和教学资源库，有需要者可致电13763326859或发邮件113490601@qq.com索取。

课程网址：

https：//mooc.icve.com.cn/cms/courseDetails/index.htm？classId=0f307a67119a1d0b34a852dab7e4d506

白平

2023年4月于广州

课程计划

CURRICULAR PLAN

内容分类	模块内容	课时分配	
基础理论	概述：话说人机工程	2	8
	模块1　人体尺寸	6	
专题应用	模块2　产品设计与人机	8	32
	模块3　科学的坐具	8	
	模块4　舒适的床	2	
	模块5　好用的柜子	2	
	模块6　适宜的居住空间	4	
	模块7　合理的公共空间	4	
	模块8　视觉传达与人机	4	
基本概念	模块9　环境与人	2	6
	模块10　心理与人机	4	
案例赏析	模块11　案例欣赏与分析	2	2

目　录
CONTENTS

概述：话说人机工程

概述：话说人机工程

人机工程学是研究人、机械及其工作环境相互作用的学科，是一门由多学科组成的新兴的边缘学科。它的研究范围涉及人体科学、技术科学和环境科学的多个领域，如生理学、解剖学、生物力学、系统工程学、环境科学、劳动心理学等。

例如，笔是我们经常使用的书写工具，笔与手构成简单的人机关系。我们在使用笔时，需要灵活控制笔尖，在很小的面积内通过“画线条”的方式书写文字，因此，笔杆的粗细、长短都会影响控制的灵活性，进而影响书写准确性和书写效率。源于中国的以兽毛制成的毛笔，在书写时需提腕执笔，对手腕的灵活性要求较高，书写者需要长期练习才能掌握书写技巧；源于西方的羽毛笔，笔杆较细，灵活性较差，适合书写拼音文字。随着现代工业的发展，钢笔、圆珠笔等现代书写工具在优化笔杆尺寸的同时，通过使用硅胶等软质材料，提高了使用的舒适性，也使书写速度大幅提高。（图1至图4）

作为代步工具的自行车，人们在使用的时候，需要在行进中手脚并用保持平衡的同时快速灵活前进，体现的是比较复杂的人机关系。独轮车、滑板的操控要求使用者有比较好的平衡能力，需要经过一定的训练才能掌握。（图5至图7）

图1　毛笔

图2　羽毛笔

图3　钢笔

图4　圆珠笔

图5　自行车

图6　独轮车

图7　滑板

一、人机工程学的由来与发展

（一）人机工程学的由来

从200万年前通过打制石器制作劳动工具开始，人类就通过不断改进工具，使工作更方便、更安全。中国古代工匠在制作和使用器物时，对器物的宜人性已经有了深入探究和准确把握。（图8）《考工记》记载，在制作使用中有方向性的兵器时，如大刀、斧子、长戟等，匠人会把握柄截面做成椭圆形，使用时凭借手握的感觉即能判断刃口的方向。羽毛球拍柄的设计采用的是同样的原理：在抓握宽窄相间的八棱形拍柄时，人们通过拇指与宽窄面的接触来感知球拍的角度，进行不同握法的转换，实现手与球拍的完美结合，达到人拍合一的效果。（图9）

（二）人机工程学的发展

人机工程学作为一门独立的学科，从起源到发展经历了几个阶段。

1.学科启蒙阶段

这一阶段追求劳动工效，是人适应机器的被动阶段。

美国工程师泰勒在1898年做了一个著名的"铁锹作业实验"，对铁锹的使用效率进行研究。他用每锹铲煤量分别为2.7千克、4.5千克、7.7千克、13.6千克的4种不同大小的铁锹，测试在规定时间内的工作效率。实验结果表明，4.5千克的效率最高。他还研究不同操作方法、动作的工作效率，寻求合理的作业姿势和时间控制，以培养"一流的工人"。

吉尔布雷斯夫妇在"砌砖作业实验"中，用摄影机拍摄作业过程，通过分析研究，精简不必要的动作，并规定严格的操作程序和动作路线，让工人像机器一样"规范"地连续作业，效率大大提高。

喜剧大师卓别林在电影《摩登时代》中把这一现象淋漓尽致地表现出来。这个时候的核心是最大限度挖掘人的潜力，即以机器为中心进行设计，研究的主要目的是如何选拔与培训操作人员以提高工作效率。（图10、图11）

2.学科诞生阶段

这一阶段强调器物的设计必须与人的解剖学、生理学、心理学等条件相适应。

从第一次世界大战到第二次世界大战，随着科技的不断进步，飞机的性能变得更加优异，机舱内的仪表数量不断增加，要求飞行员要在极短的时间内观察仪表、做出判断，进而操纵飞机做出各种飞

图8　重庆马王场遗址出土的石器

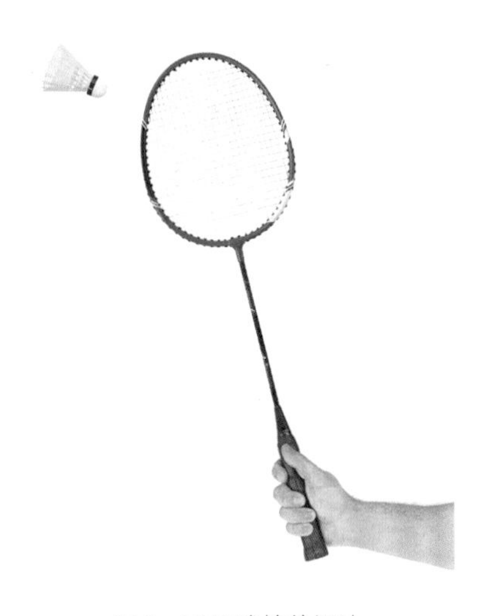

图9　羽毛球拍的握法

图 10 《摩登时代》中流水线上的工人

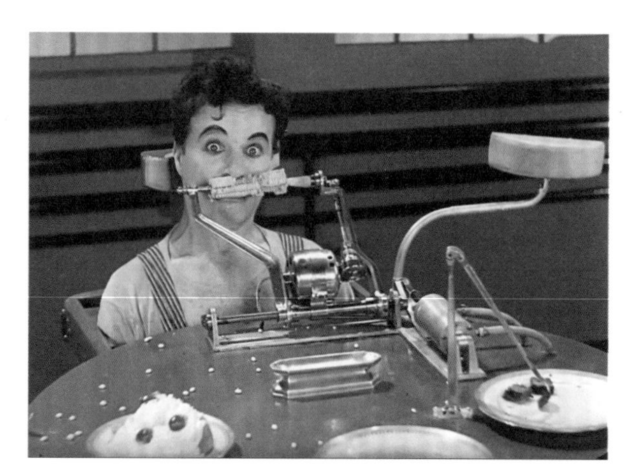

图 11 《摩登时代》中不影响操作的自动喂饭机

行动作。这些要求超出了人的能力。人们发现，即使经过严格培训、选拔的“优秀飞行员”，也难以胜任工作，事故和意外伤亡频频发生。通过事故分析，人们意识到不能一味地强调人对机器的适应，毕竟人的心理和生理有一定的承受极限，即使通过严格的选拔和系统培训，也是难以突破的。机器的设计应该与人的解剖学、生理学、心理学等条件相适应。（图 12）

3.学科成熟阶段

随着科学技术进步，人机工程在各个领域的应用得到迅猛发展，人—机—环境的关系更加复杂。人们更注重人—机—环境的完整研究，认为人机之间应该合理分工，以使综合效能达到最高，至此人机工程学的理论趋于成熟。例如，照相机在机械、光学、电子性能水平趋同之时，竞争在较长时期内集中在产品的造型、使用方便性等方面，人机关系的优劣成为竞争的关键。（图 13）

4.学科发展阶段

展望未来，对工业文明的反思与可持续发展将是人机工程学发展的更高级阶段。随着能源、环境等问题的日益突出，人机工程学将在合理利用资源、实现可持续发展、维护人类健康、提高生活质量等方面发挥积极作用，为实现社会、自然、经济协调发展做出贡献。

二、人机工程学的名称与定义

（一）人机工程学的名称

人机工程学是一门比较年轻的学科，命名也比较多，欧美国家一般命名为“Ergonomics”“Human Engineering”“Human Factors”等名称，在我国有“人机工程学”“人类工效学”“人体工程学”“人因工程”等名称。

（二）人机工程学的定义

国际人类工效学会（IEA）把工效学定义为：研究人在某种工作环境中的解剖学、生理学和心理学等方面的因素，研究人、机、环境系统相互作用的各个组成部分，研究在工作中、生活中和休假时怎样统一考虑工作效率，人的健康、安全和舒适等问题的边缘学科。

简单地说，人机工程学就是以人机关系为研究对象，以实测、统计、分析为基本的研究方法，研究人、机、环境相互关系的一门技术学科。研究人机关系的目的是使人能安全、有效、舒适、健康地使用产品。下面对涉及的几个概念作说明：

人是人机关系中的主体，指的就是包括你我他在内的自然人，包括人的心理特征、生理特征以及

图 12　机舱内复杂的仪表和操纵系统

图 13　不同品牌照相机操作方式的区别

人对设备和环境的适应能力等内容。

机指的是与人发生关系的所有器物，包括人们使用的产品和工程系统，小到铅笔，大到房屋建筑。

环境指人们生活和工作的环境，包括噪声、粉尘、温度、照明、人的行为习惯和人际关系等环境因素。

人机工程学并非孤立地研究人、机、环境这三个要素，而是把它们作为一个相互作用、相互依存和相互制约的整体来分析研究三者之间的关系，即系统。

三、人机工程学的主要研究内容

人机工程学是一门实践性很强的交叉学科，它跨越了不同专业领域，应用到各学科的原理及数据。其研究内容具有多样性、实用性和灵活性等特点，主要包括以下几个方面：

（一）人的形态特征

应用人体测量学测量人体各部分的长度、围度、体表面积等人体尺寸。

（二）人的生物力学特征

应用生理学、解剖学等研究人的肌力、肌电等，研究人力操纵的范围，力的输出，操纵的舒适性、安全性等内容。

（三）人的生理、心理特征

通过血压、心电、脑电、脉搏等分析人的感知机能和精神情感。

（四）人机和谐共处的环境特征

工作环境是影响人机关系的主要因素，直接影响人的工作效率和身心健康。

（五）人机系统

人机系统包括交互界面设计和操控方式设计等。随着信息技术的不断发展，人机交互界面的重点由硬件向软件转移，人们面对大量快速传递的信息，操作需要快速、准确，人与机的功能如何分配、操控如何更宜人是人机系统关注的主要内容。

四、人机工程与设计

设计领域涉及广泛，从工业设计、艺术设计到建筑设计、工程设计，所有这些设计都是为人服务的。人机工程主要研究设计与人的关系，达到安全、高效地工作和健康、舒适地生活的目的。以“人”为本是贯穿整个设计流程的主导思想。

（一）人机工程与工业设计

工业设计涉及汽车、家用电器、五金工具、生活日用品等，品类众多，与人们生活关系密切。在满足功能的前提下，使用的宜人性是人机工程学关注的重点。

工具、服装、鞋帽等产品与人体部位密切接触，使用（穿着）的舒适性与人体尺寸和作业（行为）方式密切相关。

家电类产品的造型、色彩、材质、肌理满足功能的同时兼顾审美，尺寸大小，控制按钮的位置、形状、色彩、顺序设计要易懂易用。

将计算机界面与现有的社会和文化价值相关联，使系统设计符合人的需求，实现高效、有效和安全的人机交互。

（二）人机工程与家具设计

家具是室内空间最大的要素，与人的活动密切相关。应用人机工程学设计的家具可以减轻人体疲劳，给人提供方便，使人身心健康、心情愉悦。人机工程学在家具设计中的应用主要体现在两个方面：

通过试验评测，分析家具的造型、材质、色彩等因素对人体的生理和心理的影响。

建立人体姿态模型，规范家具尺寸。

（三）人机工程与室内设计

从室内设计的角度讲，人机工程学的主要作用在于通过对人的生理和心理需求分析，使室内环境的各种因素满足人们舒适健康的生活和工作的需要。

1. 为确定室内活动空间范围提供依据

根据人体尺寸和活动空间要求，划分不同功能空间及确定空间的尺寸，明确家具和设施的摆放位置。

2. 为确定家具和设施的尺寸提供依据

家具和设施的尺寸、造型、色彩必须符合人体生理、心理需求。

3. 为人体感觉器官的适应性提供依据

人体对声、光、热等的适应性，人的视觉、听觉、触觉、嗅觉、味觉等感觉要素对室内环境中的亮度、色彩、温度、湿度、材料的质感等的设计有重要影响。

作业与思考

1. 找出日常生活中接触到的存在人机工程学问题的产品。

2. 举例说明产品中的哪些部分属于人机工程设计的对象、哪些不是，例如自行车、电话机、挂钟、椅子等。

3. 根据所学专业，举例说明人机工程学的作用。

学生笔记

模块1　人体尺寸

模块1　人体尺寸

学习目标

本模块是人机工程应用的基础知识模块，要理解人机关系，首先要了解人。作为人机关系的主体，人体尺寸是各种与人体相关设计的基础。

知识目标

了解人体尺寸测量方法，理解人体尺寸分布特性、人体尺寸数据差异、百分位数原则，掌握人体尺寸应用场合，以及产品设计中选择人体尺寸百分位数的一般原则。

能力目标

能够准确判断不同类型产品对应的人体尺寸百分位数。

重点、难点指导

重点

人体尺寸的特征和人体尺寸在设计中的应用。

难点

百分位数的选用原则和百分位与百分位数的概念。

在日常生活中，要想让人们使用的各种工具和设施能够符合人的生理特点，让人能够舒适、安全、高效地使用，在设计中就必须充分考虑人体的各种尺寸。人体尺寸是人机工程学的基础。

第一节　人体测量

人体测量起源较早，公元前1世纪的罗马建筑师维特鲁威（Vitruvius）从人体比例的角度论述建筑的均衡，并发现人体以肚脐为中心，一个站立的男子，双手侧向平伸的长度等于他的身高，双臂抬高至中指尖与头顶平齐，岔开双腿，双手指尖与双足趾尖刚好在以肚脐为中心的圆周上。文艺复兴时期，列奥纳多·达·芬奇（Leonardo da Vinci）根据维特鲁威的描述，绘制了著名的人体比例图（图1–1–1）。

人体测量学是一门新兴的学科，它用测量的方法研究人体特征，通过测量人体各部位的尺寸来确定个体和群体在人体尺寸上的差别，用以研究人的形态特征、生理特征及心理特征，为工业设计、工程设计、

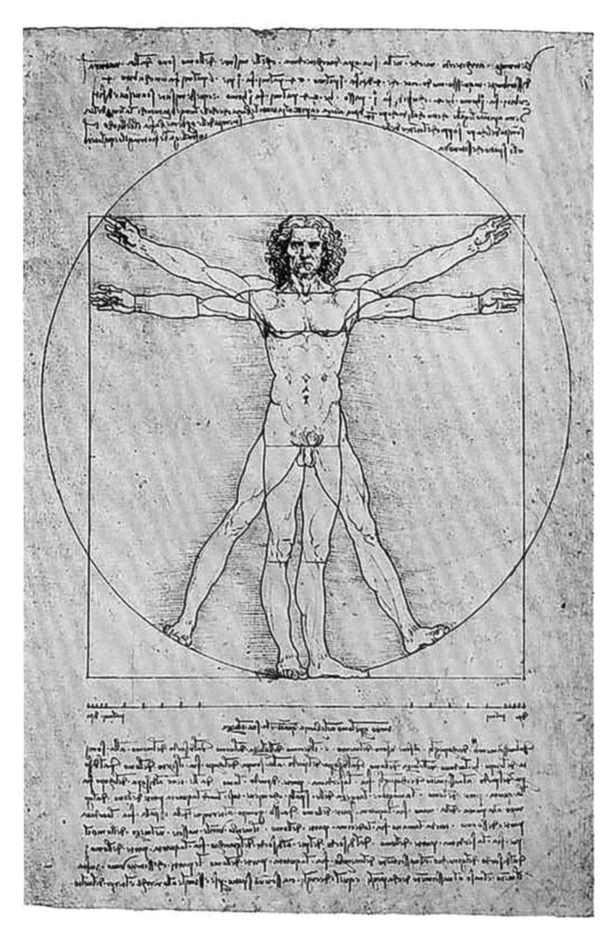

图 1-1-1　维特鲁威人　达·芬奇　意大利

人类学研究以及医学等行业提供人体基础数据。

一、人体测量的分类

人体测量主要分为形态测量、生理测量和运动测量三方面内容。

（一）形态测量

形态测量包括测量人体长度、人体体型、人体体积和重量、人体表面积等。人体形态测量的数据分为两类：一是人体构造的静态尺寸，也叫人体构造尺寸；二是人体功能的动态尺寸，包括人在各种工作状态和运动状态下测量的尺寸。对应的测量方式分别为静态人体测量和动态人体测量。

静态人体测量是指被测者静止地站立或坐着进行的一种测量方式。静态测量的人体尺寸用于设计工作区间的大小、室内空间范围、服装纸样大小等。静态人体测量一般测量人体处于站、坐、跪、卧等不同姿势时的限制尺寸，然后测量人体的活动过程和可能的活动范围大小。

动态人体测量是指被测者处于活动状态的所进行的测量，重点是测量人在执行某种动作时的形体特征。我们知道，人在进行任何一种身体活动时，各部位总是协调一致完成的。人体测量通常是对人体各部位所能达到的范围及运动角度进行测量。其中，因运动造成皮肤的伸展和滑移方向图对服装设计有重要的参考意义。

（二）生理测量

生理测量主要测量人体的主要生理指标，包括人体出力范围、人体感觉反应、人体疲劳等。

（三）运动测量

运动测量是在人体静态测量的基础上，测量人体运动过程和活动范围的大小，主要有动作范围、动作过程、形体变化、皮肤变化等。

二、人体测量数据来源

人体测量数据是一个不断积累的过程，各国都有自己的数据来源。我们在设计中依据的数据来源主要有《中国成年人人体尺寸》（GB/T10000-1988）、《在产品设计中应用人体尺寸百分位的通则》（GB/T1285-1991）、《工作空间人体尺寸》（GB/T13547-1992）等国家标准。

三、人体测量内容

国家标准《用于技术设计的人体测量基础项目》（GB/T5703-2010）中规定了人体测量的人群、测量条件和工具、测量基础项目等内容。

（一）测量人群

按地域、年龄等方式划分的具有某种共同生活环境或行为的人的群体。

（二）被测者的姿势

1.立姿

立姿指被测试者身体挺直，头部以眼耳平面定位，眼睛平视前方，肩部放松，上肢自然下垂，手伸直，掌心向内，手指轻贴大腿侧面，左右足后跟并拢，前端分开大致呈45°夹角，体重均匀分布于两足。

2.坐姿

坐姿指被测试者挺胸坐在被调节到腓骨头高度的平面上，头部以眼耳平面定位，眼睛平视前方，左右大腿大致平行，膝弯曲大致呈直角，足平放在地面上。

（三）测量基准面和基准轴

人体测量基准面包括矢状面、冠状面、水平面和眼耳平面，基准轴有铅垂轴、矢状轴和冠状轴。人体测量均在基准面内，沿测量基准轴方向进行。（图1-1-2）

（四）衣着和支撑面

进行人体测量时，被测者应裸体或尽可能少着装（穿单薄内衣），且赤足免冠。立姿测量时，站立在地面或平台上；坐姿测量时，座面为水平面且稳固不变形。

（五）测量工具

《人体测量仪器》（GB/T5704-2008）规定的部分人体测量工具有人体测高仪、直脚规、三脚平行规、弯脚规、角度计和软尺等，如图1-1-3至图1-1-5所示。

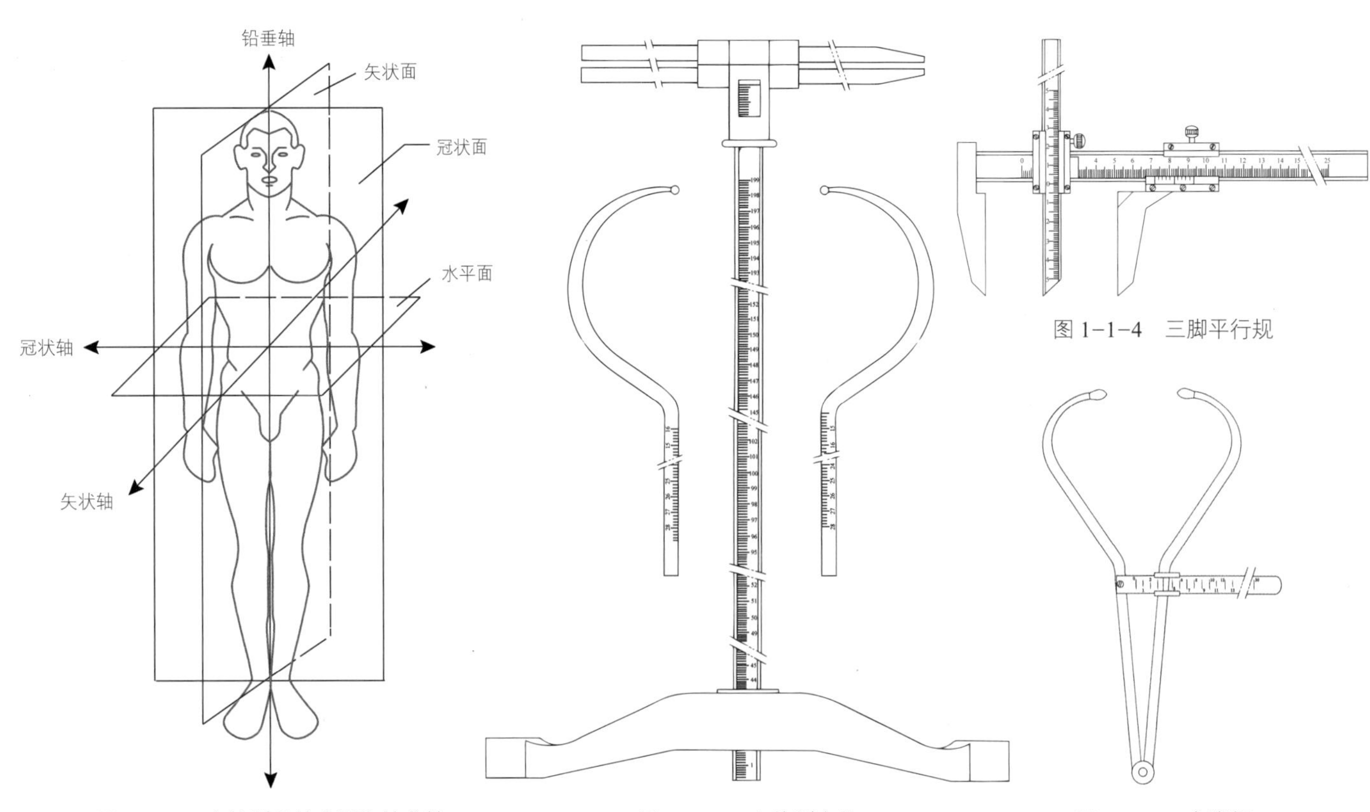

图1-1-2 人体测量基准面和基准轴

图1-1-3 人体测高仪

图1-1-4 三脚平行规

图1-1-5 弯脚规

四、测量方法

（一）接触式测量法

用人体测量仪器和工具测量人体构造尺寸，如用测高仪测量身高、坐高、肩高等，用直脚规和弯脚规测量人体细部尺寸等。（图1-1-6）

（二）人体三维扫描

人体三维扫描是利用光学测量技术、计算机技术、图像处理技术、数字信号处理技术等进行三维人体表面轮廓的非接触自动测量。人体三维扫描系统利用光学三维扫描的快速以及白光对人体无害的优点，在3至5秒内对人体全身或半身进行多角度、多方位瞬间扫描。通过计算机对多台光学三维扫描仪进行联动控制快速扫描，再通过计算机软件实现自动拼接，能获得精确完整的人体点云数据（图1-1-7）。该系统广泛应用于服装、动画、人机工程以及医学等领域，是发展人体（人脸）模式识别、特种服装设计（如航空航天服、潜水服）、人体特殊装备（人体假肢、个性化武器装备），以及开展人机工程研究的理想工具。

五、测量项目

国家标准《用于技术设计的人体测量基础项目》（GB/T5703-2010）中列出立姿测量项目12项、坐姿测量项目17项、特定部位测量项目14项、功能测量项目13项，共计56项个人体测量项目，并对每个测量项目的定义说明、测量方法和测量仪器作了明确规定，详细内容可以参阅标准。

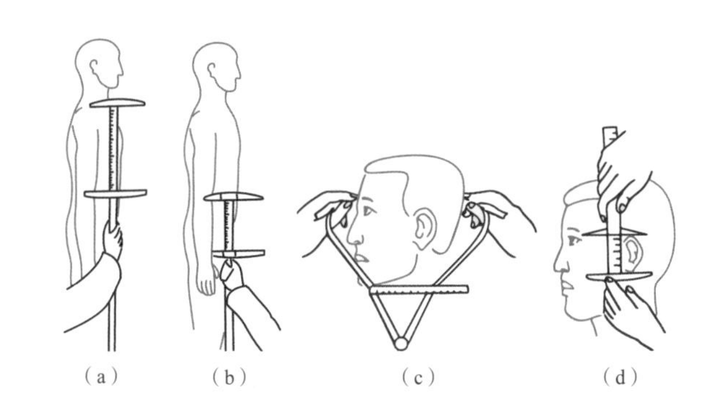

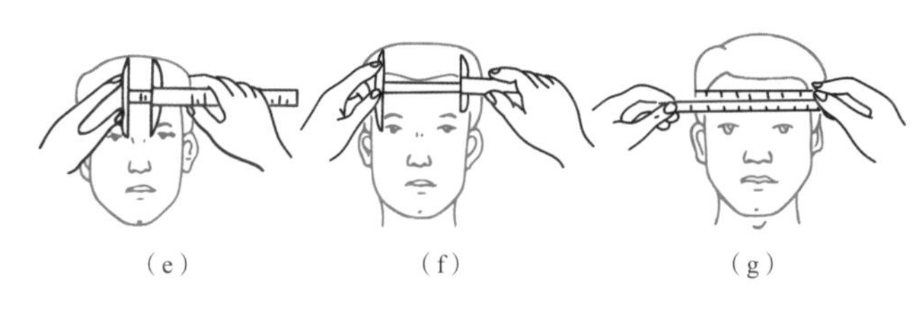

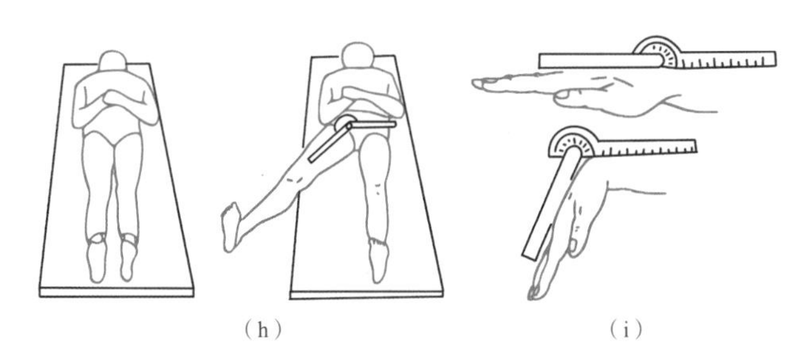

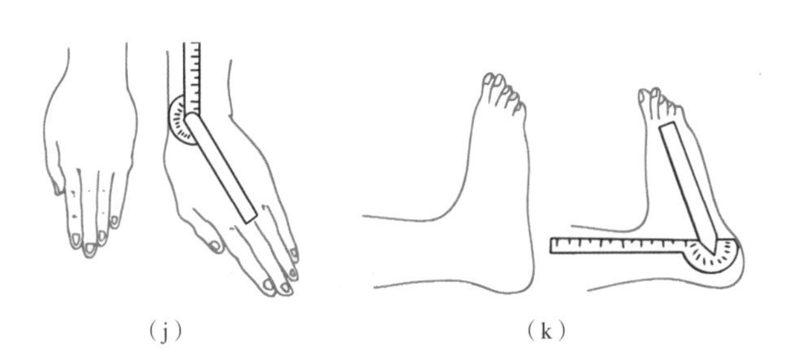

图1-1-6　人体尺寸测量方法

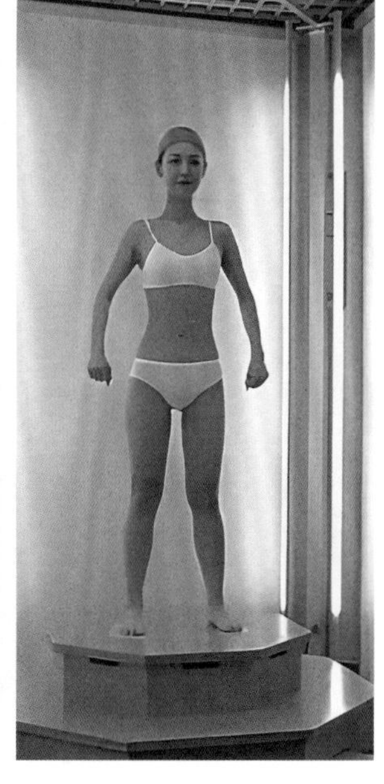

图1-1-7 人体三维扫描

第二节　人体尺寸

人机工程中所用到的人体尺寸数据是先用随机抽样的方法所获得一组数据，再根据统计学理论推断出的群体数据。

一、人体尺寸数据的来源

因为在群体中个体与个体之间存在着差异，所以某一个体的测量尺寸是不能作为设计依据的。为使产品适合于一个群体的使用，设计中需要的是一个群体的测量尺寸，但是，全面测量群体中每个个体的尺寸又是不现实的。通常，通过测量群体中较少量的个体尺寸，经数据处理后，可获得较为精确的所需群体尺寸。在人体测量中采用随机抽样的方法，从一个群体中获得若干个个体的样本，再运用概率论与数理统计理论对测量数据进行统计分析，从而获得所需群体尺寸的统计规律和特征参数，使得测量数据能反映该群体的形态特征和差异程度。

在制定我国国家标准《中国成年人人体尺寸》（GB/T10000−1988）时，抽取的男性、女性样本量分别为11170人和11151人，每一个人有多个测量项目，测量和数据分析工作量非常大。

二、人体尺寸数据的特性

（一）正态分布特性

人体测量的统计数据基本符合正态分布规律，即大部分属于中间值，只有一小部分过大或过小，分布在两端，数量大致相等。

以中国成年男性（18—60周岁）身高为例，身高167.8cm的中等身高者分布密度最大，即这一身高附近的人数最多，而与之相差越远，人数越少，并且高于这一数值和低于这一数值的人数大致相等。（图1−2−1）

（二）人体尺寸具有线性相关性

身高、体重、手长等是基本的人体尺寸数据，它们之间存在线性函数关系，可以用如下公式表示：Y=aX+b

公式中：Y代表某一人体尺寸数据，X代表身高、体重、手长等基本尺寸（其中之一），a、b代表常数。

例如某人如果身材较高，通常情况下，他的手臂、腿等也会比较长，这也符合我们现实生活中见到的现象。人体尺寸的这种线性相关关系，对不同种族、国家的人群都是适用的，但关系式中的系数a和b有所不同。

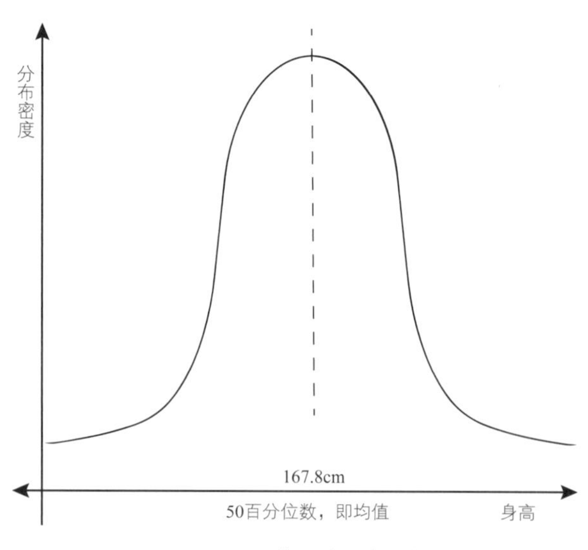

图1−2−1　人体尺寸正态分布图

第三节　中国成年人人体尺寸

下面以《中国成年人人体尺寸》(GB/T10000-1988)为例介绍中国人的人体尺寸。该标准提供了我国法定成年人(男18—60岁，女18—55岁)人体尺寸的基础数据，适用于工业产品、建筑设计、军事工业、技术改造、设备更新以及劳动保护等。

对每一项人体尺寸，该标准均按男、女各4个年龄段给出数据：男18—60岁、18—25岁、26—35岁、36—60岁，女18—55岁、18—25岁、26—35岁、36—55岁。

一、人体尺寸分布

人有高矮胖瘦之分，任何一项人体尺寸，都有不同的人数比例，要全面完整地显示中国成年人人体尺寸情况，就要描述清楚每一项人体尺寸具有多大的数值的人占多大的比例，这就是人体尺寸的分布状况。在《中国成年人人体尺寸》(GB/T10000-1988)中，分别用人体尺寸的均值和标准差以及人体尺寸的7个百分位数的数值数据来描述人体尺寸的分布状况。下面我们介绍一下在设计中经常用到的百分位和百分位数的概念。

二、百分位与百分位数

百分位：具有某一人体尺寸和小于该尺寸的人占统计对象总人数的百分数。

百分位数：百分位对应的数值，在人体尺寸中就是测量值。

例如中国成年人男子(18—60岁)身高第95百分位数为177.5cm，它表示这一年龄组男性中，身高等于或小于177.5cm者占95%，大于此值只占5%。

三、人体主要尺寸

在《中国成年人人体尺寸》(GB/T10000-1988)中，共列出7组47项静态人体尺寸数据，分别是人体主要尺寸6项(表1-1、图1-3-1)、立姿人体尺寸6项(表1-2、图1-3-2)、坐姿人体尺寸11项(表1-3、图1-3-3)、人体水平尺寸10项(表1-4、图1-3-4)、人体头部尺寸7项(表1-5、图1-3-5)、人体手部尺寸5项(表2-1、图2-2-2)、人体足部尺寸2项(表2-7、图2-5-1)。本书仅列出成年人(男18—60岁，女18—55岁)的一个年龄段数据，其余年龄段数据可参考《中国成年人人体尺寸》(GB/T10000-1988)。

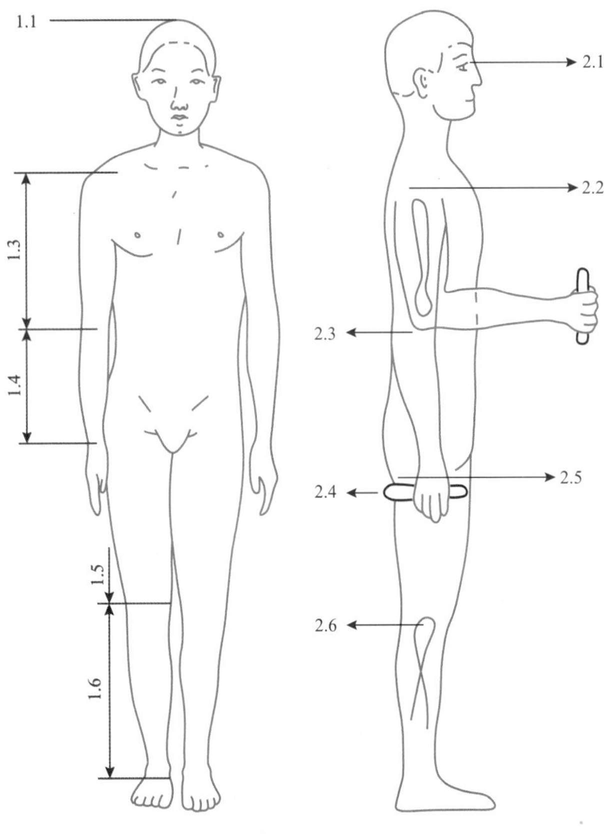

图1-3-1　人体主要尺寸　　图1-3-2　立姿人体尺寸

表1-1　人体主要尺寸（单位：毫米）

年龄分组	男（18—60岁）							女（18—55岁）						
测量项目＼百分位数	1	5	10	50	90	95	99	1	5	10	50	90	95	99
1.1 身高	1543	1583	1604	1678	1754	1775	1814	1449	1484	1503	1570	1640	1659	1697
1.2 体重 kg	44	48	50	59	70	75	83	39	42	44	52	63	66	71
1.3 上臂长	279	289	294	313	333	338	349	252	262	267	284	303	308	319
1.4 前臂长	205	216	220	237	253	258	268	185	193	198	213	229	234	242
1.5 大腿长	413	428	436	465	496	505	523	387	402	410	438	467	476	494
1.6 小腿长	324	338	344	369	396	403	419	300	313	319	344	370	375	390

表1-2　立姿人体尺寸（单位：毫米）

年龄分组	男（18—60岁）							女（18—55岁）						
测量项目＼百分位数	1	5	10	50	90	95	99	1	5	10	50	90	95	99
2.1 眼高	1436	1474	1495	1568	1643	1664	1705	1337	1371	1388	1454	1522	1541	1579
2.2 肩高	1244	1281	1299	1367	1435	1455	1494	1166	1195	1211	1271	1333	1350	1385
2.3 肘高	925	954	968	1024	1079	1096	1128	873	899	913	960	1009	1023	1050
2.4 手功能高	656	680	693	741	787	801	828	630	650	662	704	746	757	778
2.5 会阴高	701	728	741	790	840	856	887	648	673	686	732	779	792	819
2.6 胫骨点高	394	409	417	444	472	481	498	363	377	384	410	437	444	459

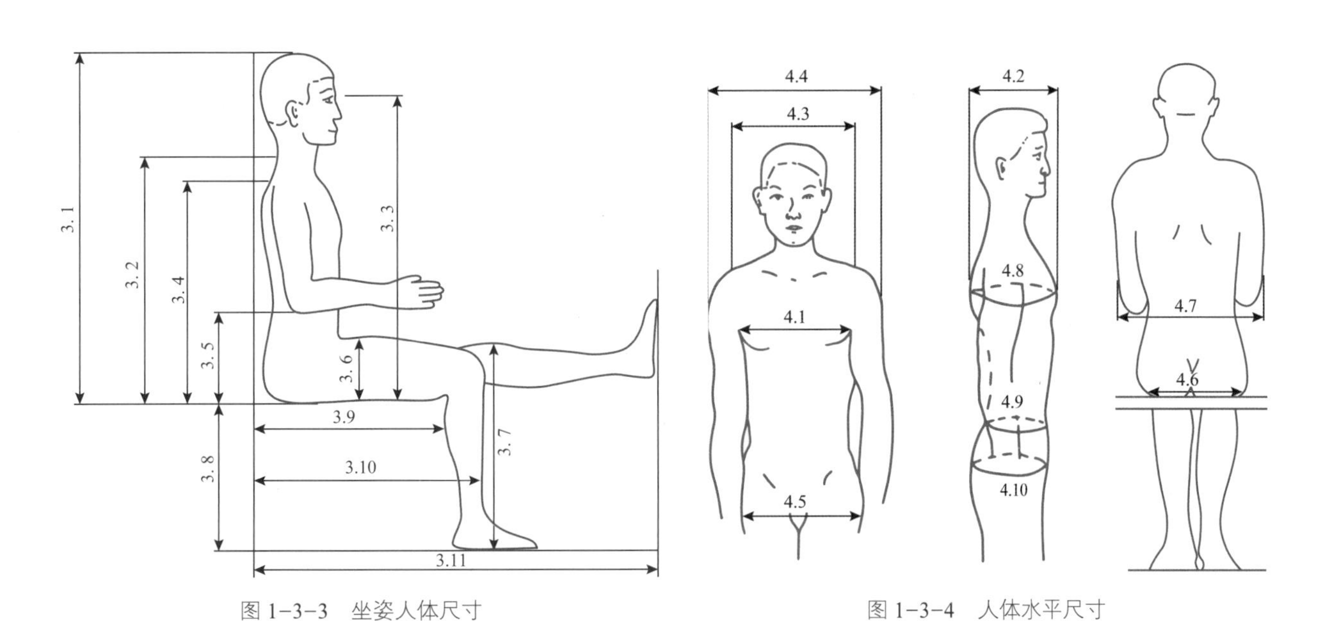

图 1-3-3 坐姿人体尺寸　　图 1-3-4 人体水平尺寸

表1-3 坐姿人体尺寸（单位：毫米）

测量项目 \ 百分位数 \ 年龄分组	男（18—60岁）							女（18—55岁）						
	1	5	10	50	90	95	99	1	5	10	50	90	95	99
3.1坐高	836	858	870	908	947	958	979	789	809	819	855	891	901	920
3.2坐姿颈椎点高	599	615	624	657	691	701	719	563	579	587	617	648	657	675
3.3坐姿眼高	729	749	761	798	836	847	868	678	695	704	739	773	783	803
3.4坐姿肩高	539	557	566	598	631	641	659	504	518	526	556	585	594	609
3.5坐姿肘高	214	228	235	263	291	298	312	201	215	223	251	277	284	299
3.6坐姿大腿高	103	112	116	130	146	151	160	107	113	117	130	146	151	160
3.7坐姿膝高	441	456	461	493	523	532	549	410	424	431	458	485	493	507
3.8小腿加足高	372	383	389	413	439	448	463	331	342	350	382	399	405	417
3.9坐深	407	421	429	457	486	494	510	388	401	408	433	461	469	485
3.10臀膝距	499	515	524	554	585	595	613	481	495	502	529	561	570	587
3.11坐姿下肢长	892	921	937	992	1046	1063	1096	826	851	865	912	960	975	1005

表1-4 人体水平尺寸（单位：毫米）

测量项目 \ 百分位数 \ 年龄分组	男（18—60岁）							女（18—55岁）						
	1	5	10	50	90	95	99	1	5	10	50	90	95	99
4.1 胸宽	242	253	259	280	307	315	331	219	233	239	260	289	299	319
4.2 胸厚	176	186	191	212	237	245	261	159	170	176	199	230	239	260
4.3 肩宽	330	344	351	375	397	403	415	304	320	328	351	371	377	387
4.4 最大肩宽	383	398	405	431	460	469	486	347	363	371	397	428	438	458
4. 臀宽	273	282	288	306	327	334	346	275	290	296	317	340	346	360
4.6 坐姿臀宽	284	295	300	321	347	355	369	295	310	318	344	374	382	400
4.7 坐姿两肘间宽	353	371	381	422	473	489	518	326	348	360	404	460	378	509
4.8 胸围	762	791	806	867	944	970	1018	717	745	760	825	919	949	1005
4.9 腰围	620	650	665	735	859	895	960	622	659	680	772	904	950	1025
4.10 臀围	780	805	820	875	948	970	1009	795	824	840	900	975	1000	1044

表1-5 人体头部尺寸（单位：毫米）

测量项目 \ 百分位数 \ 年龄分组	男（18—60岁）							女（18—55岁）						
	1	5	10	50	90	95	99	1	5	10	50	90	95	99
5.1 头全高	199	206	210	223	237	241	249	193	200	203	216	228	232	239
5.2 头矢状弧	314	324	329	350	370	375	384	300	310	313	329	344	349	358
5.3 头冠状弧	330	338	344	361	378	383	392	318	327	332	348	366	372	381
5.4 头最大宽	141	145	146	154	162	164	168	137	141	143	149	156	158	162
5.5 头最大长	168	173	175	184	192	195	200	161	165	167	176	184	187	191
5.6 头围	525	536	541	560	580	586	597	510	520	525	546	567	573	585
5.7 形态面长	104	109	111	119	128	130	135	97	100	102	109	117	119	123

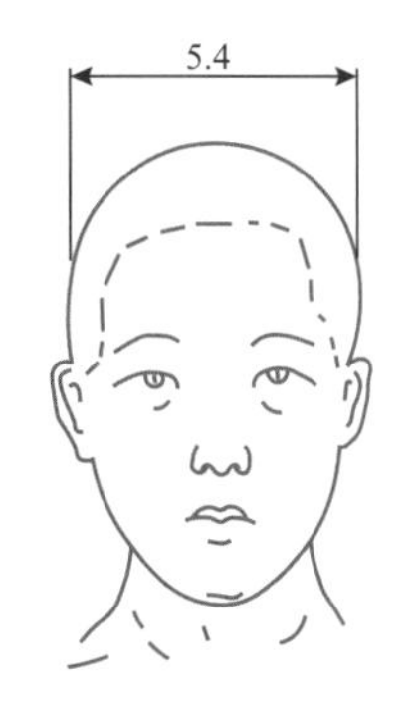

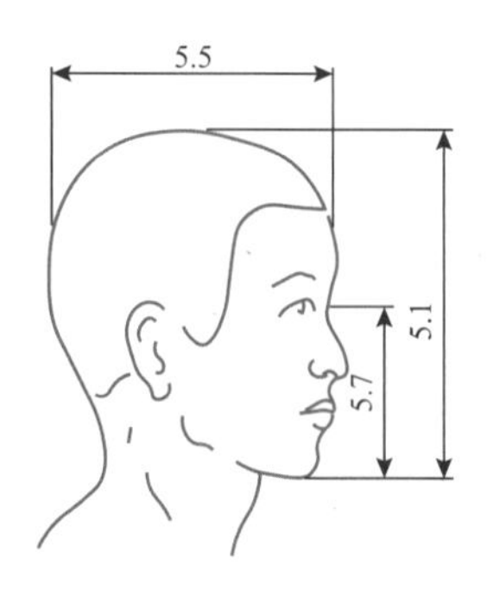

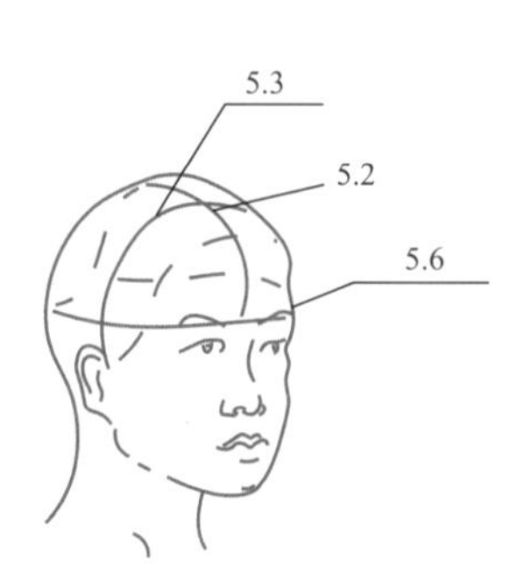

图 1-3-5 人体头部尺寸

第四节　人体尺寸数据的差异

通过数据分析发现，个体与个体之间、群体与群体之间在人体尺寸上存在一些差异，主要表现在以下几个方面：

一、年龄差异

人体尺寸随年龄变化而变化是显而易见的，特别是青少年时期的变化尤为明显。从童年到成人时期，人的身高变化明显，各个部分的比例关系也有很大差异。（图1-4-1）

二、世代差异

随着社会的不断发展，卫生、医疗、生活水平的提高以及体育运动的影响，成年子女们的身高普遍超过了他们的父母。据报道，1997年我国测定男子平均身高为1692毫米，与国标中的数据相比，两者相差1692毫米–1678毫米=14毫米，也就是国标制定的最初10年左右，中国成年男子的平均身高增加了14毫米，属于快速增长。人体尺寸变化趋势的研究资料指出，一个国家或民族，随着生活水平的提高所导致的人体尺寸增加，一般会延续几十年，但增长速度会越来越慢。我们在使用人体尺寸数据时，要考虑其测量年代，加以适当修正。

三、地域差异

生活在不同国家、不同的地区、不同种族的人群，由于受民族、气候条件、饮食结构、生活方式等方面的长期影响，人体尺寸和各部分比例有比较大的差异。例如欧洲人身材高大，普遍腿比较长，而亚洲人普遍上身较长。以身高为例，越南人平均身高为160.5厘米，比利时人为179.9厘米，世界上身材最高的民族是生活在非洲苏丹南部的北方尼洛特人，平均身高达182.8厘米；世界上身材最矮的民族是生活在非洲中部的格米人，平均身高只有137.2厘米。即使同一国家，不同区域的人也会有差异，寒冷地区的人平均身高高于热带地区，平原地区高于山区。从表1-6可以明显看出，我国北方地区，特别是东北、华北地区，身材较为高大，西南地区较为矮小。

表1-6　我国六个区域成年人体重、身高、胸围数据

项目		东北、华北		西北		东南		华中		华南		西南	
		均值	标准差	均值	标准差	均值	标准差	均值	标准差	均值	标准差	均值	标准差
男（18—60岁）	体重/千克	64	8.2	60	7.6	59	7.7	57	6.9	56	6.9	55	6.8
	身高/毫米	1693	56.6	1684	53.7	1686	55.2	1669	56.3	1650	57.1	1647	56.7
	胸围/毫米	888	55.5	880	51.5	865	52	853	49.2	851	48.9	855	48.3
女（18—55岁）	体重/千克	55	7.7	52	7.1	51	7.2	50	6.87	49	6.5	50	6.9
	身高/毫米	1586	51.8	1575	51.9	1575	50.8	1560	50.7	1549	49.7	1546	53.9
	胸围/毫米	848	66.4	837	55.9	831	59.8	820	55.8	819	57.6	809	58.8

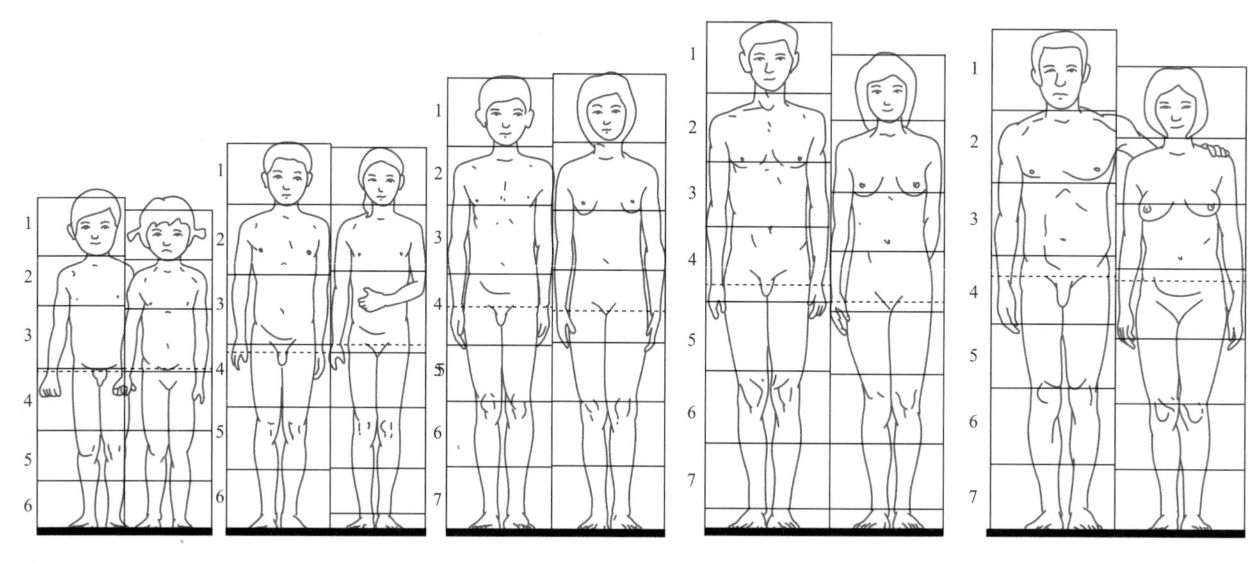

图 1-4-1　随年龄变化，人体各个部分的比例关系不同

四、性别差异

儿童时期（3—10 岁），男女人体尺寸差别不大。从少年时期（10 岁以后）开始，男性与女性的人体尺寸、重量、比例关系都有明显差别。男性的大部分人体尺寸数据要大于女性，但胸厚、臀宽、臂部及大腿周长等四个尺寸，女性比男性的大。在身高相同的情况下，女性的手臂和腿较短，躯干和头占的比例较大，肩部较窄，骨盆较宽，皮下脂肪较厚。

第五节 人体尺寸数据的应用场合

我们以立姿和坐姿人体尺寸为例，说明人体尺寸项目的应用场合。

立姿眼高是指在立姿下需要视线通过或需要隔断的场合。例如医生在给病人做检查时，出于保护病人隐私的需要，会用屏风将诊察区域和公共区域隔开，屏风的高度需要略高于人的水平视线，而教室门上窗口的高度恰好是方便管理人员在不干扰教学秩序的情况下查看室内情况。（图1-5-1）

立姿肘高是指在立姿下上臂下垂、前臂大体举平时，手的高度略低于肘高，是立姿下手操作工作的最适宜高度，如工人操作机器站立工作时的工作台高度和厨师站在案板前切菜时案板的高度等。（图1-5-2、图1-5-3）

立姿手功能高是立姿下不需要弯腰的最低操作高度。例如拉杆箱拉杆的长度应使人在不弯腰的情况下能够轻松拖行箱子。（图1-5-4）

立姿会阴高主要用于设计绿化带护栏高度和自行车鞍座与脚踏板的距离等。（图1-5-5）

坐高，火车卧铺、汽车和飞机座舱的设计都会用到这个项目。（图1-5-6）

坐姿眼高是指在坐姿下需要视线通过或需要隔断的场合，如汽车驾驶室的视野分析、办公桌上隔

图1-5-1 教室门窗口高度与立姿眼高

图1-5-2 工作台高度与立姿肘高

图1-5-3 案板高度与立姿肘高

板的高度等都需要用到。(图1-5-7)

坐姿臀膝距主要用来确定前后排座椅的间距，如轿车后排座椅和前排间的距离、影剧院排椅间的距离等。飞机上头等舱和商务舱座椅前后的间距要比经济舱大，带来的舒适性也要好很多（图1-5-8、图1-5-9)。

图1-5-4　拉杆长度与立姿手功能高

图1-5-5　自行车鞍座与脚踏板距离

图1-5-6　小汽车内部高度

图1-5-7　汽车前窗与坐姿眼高

图1-5-8　A330客机上的商务舱座椅

图1-5-9　A320客机上的经济舱座椅

第六节 人体尺寸修正

我们知道，人体尺寸数据是在裸体或只穿单薄内衣的情况下，要求被测者保持身体挺直站立或挺胸端坐的标准姿势在规定的测量基准面内完成的。但人们在日常生活和工作中，既要穿鞋袜、衣裤，又经常处于全身（特别是躯干）自然放松的状态下，与人体测量的标准条件并不一致。如果在这个时候测量人体尺寸，又会得出一组新的数据。那么，人体尺寸数据该如何应用呢？《在产品设计中应用人体尺寸百分位数的通则》（GB/T 12985-1991）明确规定采用尺寸修正的方法解决。

尺寸修正量包含功能修正量和心理修正量两个部分，见图1-6-1。

一、功能修正量

功能修正量是指为保证产品功能的顺利实现，对作为产品设计依据的人体尺寸所做出的尺寸修正。它包含了着装修正量、姿势修正量和操作修正量三个部分。功能修正量随产品的不同而变化，通常为正值，有时也可能为负值。

功能修正量一般采用实验方法求得，例如人在行走时，脚在鞋内必须要有一定的活动余地，称为"放余量"。在确定鞋的"内底放余量"这一功能修正量时，通过制作内底放余量从0至18毫米不等的一系列实验用的鞋，让一些预先挑选的脚长相同的被试者一一试穿，然后将实验结果进行统计分析，求出不感到顶脚趾所需的"放余量"。

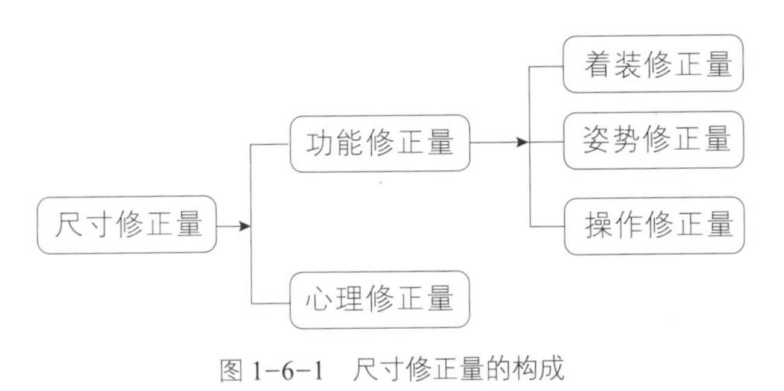

图1-6-1 尺寸修正量的构成

（一）着装修正量

人在不同场景下的着装需求是不同的，在设计时，需要根据穿着情况给衣服、鞋帽等留下余量，即在人体尺寸的基础上增加适当的着装修正量。例如穿衣修正量，坐姿时的坐高、眼高、肩高、肘高加6毫米，胸厚加10毫米，臀膝距加20毫米；穿鞋修正量，身高、眼高、肩高、肘高男子加25毫米，女子加20毫米。如表1-7，给出了通常情况下人着装身材尺寸修正值。

表1-7 着装人体尺寸修正值（单位：毫米）

项目	尺寸修正量	修正原因
站姿高	25—38	鞋高
坐姿高	3	裤厚
站姿眼高	36	鞋高
坐姿眼高	3	裤厚
肩宽	13	衣
胸宽	8	衣
胸厚	18	衣
腹厚	23	衣
立姿臀宽	13	衣
坐姿臀宽	13	衣

如果在寒冷地区身穿厚重的外套，脚穿厚皮靴或者女性穿高跟鞋所引起的变化量，则需要根据具体情况，通过实际测量、实验等方法研究确定。（图1-6-2）

图 1-6-2　寒冷地区的厚外套和鞋

（二）姿势修正量

由于我们在平常工作和生活中经常会采用姿态放松的所谓“舒服的姿势”，因此姿势修正量也是比较容易被忽视的一个功能修正量。有关实验得出的功能修正数据是立姿时的身高、眼高等减10毫米，坐姿时的坐高、眼高减44毫米。如图1-6-3、图1-6-4。

（三）操作修正量

在确定各种操纵器的位置时，应以上肢前展长为依据，但上肢前展长是后背至中指尖点的距离，在实际操作中，按键动作是用手指前端完成的。为确保动作的有效性，需要手指前端接触按键后继续前移一小段距离，也就是实际距离应比上肢前展长要短，而需要推、扭开关时，手指需跟开关充分接触，因而缩减量应更大些。因此对按按钮、拨动滑板、转动旋钮开关等不同操作功能应做不同的修正，如图1-6-5、图1-6-6，即按按钮开关减12毫米，拨动滑板开关和转动旋扭开关减25毫米。手轮、摇把、档杆等其他操作类型与此类似，缩减量各不相同。

二、心理修正量

心理修正量是为了克服“空间压抑感”“高度恐惧感”等心理感受，或者为了满足人们“求美”“求奇”等心理需求，而在产品最小功能尺寸上附加的一项增量。例如3米高的平台上的护栏高度，只要高于人的重心高度，就能在正常情况下

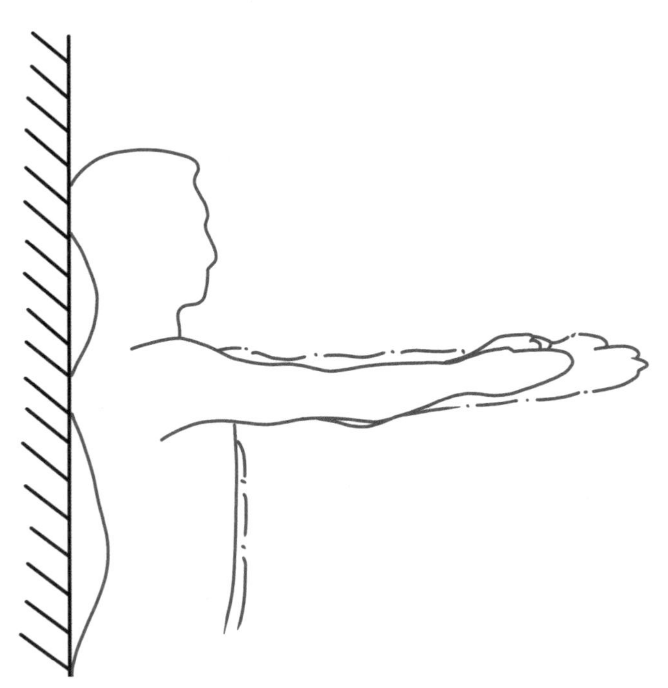

图 1-6-3　立姿修正

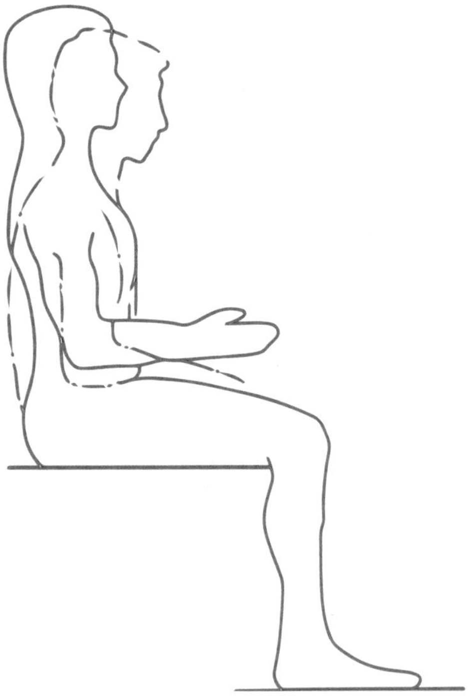

图 1-6-4　坐姿修正

图 1-6-5　按钮开关控制

图 1-6-6　拨动开关控制

防止平台上人员的跌落事故。但是在更高的平台上，人们站在栏杆旁边时会产生恐惧心理，甚至导致脚下发软、发酸，手掌心和腋下出冷汗。因此，有必要把护栏高度进一步加高，这项附加的加高量就是心理修正量。在国家标准《住宅设计规范》（GB50096-2011）中，对不同层高的阳台护栏高度都做了明确规定。心理修正量一般通过实验，由主观评价统计分析，综合实际需求和条件许可两个因素来研究确定。

第七节　人体尺寸数据在设计中的应用

人有高矮胖瘦之分，我们在设计的时候以高个子还是矮个子为依据呢？能用平均值吗？使用哪一个数值比较合理呢？

一、产品功能分类

在设计中先依据产品的功能特性，将产品尺寸分为以下3类4种，确定采用的百分位数，再确定尺寸。

第一类，为Ⅰ型产品，又称为可调节设计，即产品的尺寸需要进行调节才能满足不同身材的人的使用要求，这种类型属于Ⅰ型产品设计。为了适用于高个子，需要一个大百分位数的人体尺寸作为设计的依据；为了适应矮个子，又需要一个小百分位数的人体尺寸作为设计的依据。例如腰带是一种人们经常使用的产品，通常会在上面开出一排孔，用来适应不同腰围的人使用（图1-7-1）；自行车鞍座高度能在一定范围内自由调节，适应不同腿长的人骑行需求（图1-7-2）；汽车驾驶位座椅的高度、前后位置和靠背倾角需要在一定范围内调整，满足不同身高人群安全驾驶和乘坐舒适性的需要。

第二类，为Ⅱ型产品，这类产品可分为两种情况。

第一种，ⅡA型产品，又称为大尺寸设计。如果这种产品的尺寸适合身材高大者需要，就肯定也能适合身材矮小者需要，就属于ⅡA型产品的设计，因此，只需要选择一个大百分位数的人体尺寸作为产品尺寸设计的依据就行了。例如床的长度和宽度、门的高度和宽度等，都是只要符合身材高大者的要求，则身材矮小者一定没问题。

第二种，ⅡB型产品，又称为小尺寸设计。这种产品的尺寸适合身材矮小者需要，就肯定也能适合身材高大者的需要，就属于ⅡB型产品设计，因此，只需要选择一个小百分位数的人体尺寸作为产品尺寸设计的依据就行了。例如儿童床防护栏杆的间距（图1-7-3）、电风扇防护罩格栅的间距、楼梯踏板的高度等，都是只要符合身材矮小者的要求，则身材高大者一定没问题。

第三类，为Ⅲ型产品，又称为平均尺寸设计。当产品尺寸与使用者的身材大小关系不大，或是虽有一些关系，但是如果要分别予以适应，如从其他方面考量却并不适宜的，就按适合中等身材者的需要，即采用第50百分位数的人体尺寸作为产品设计的依据。例如一般门上的把手、锁孔距离地面的

图1-7-1　可调节使用长度的腰带

图1-7-2　可调节高度的自行车鞍座

高度，公共场所休闲椅的高度（图1-7-4）等，一般就是按适合中等身材使用者为原则进行设计的。

图1-7-3　儿童床护栏

图1-7-4　公园休闲椅

二、满足度

前面我们了解到，人体尺寸数据中，每一项人体尺寸都有7个百分位数的数值数据，分别是90、95、99三个大百分位数和10、5、1三个小百分位数以及一个50百分位数。在设计时，通常以“满足度”为依据选择具体的数值。

满足度是指产品尺寸所适合的使用人群占总使用人群的百分比。

产品设计的基本要求是使产品满足大多数人的需求，但产品是在一定的场景下使用的，过大的满足度可能会带来其他方面的不合理因素。合理的满足度受多种因素影响和制约，应综合考虑确定。

以火车卧铺铺位长度设计为例。让铺位的长度连身高190厘米的大个子也能很好满足，那么另一侧的通道就会太窄，造成通行不便。其结果是，因照顾了少数人的利益而损害了多数人的方便。如果取男子身高第90百分位的人体尺寸175.4厘米为依据来设计，对成年男性乘客的满足达到90%，而对包括女性、小孩、老年乘客在内的全体乘客群而言，满足显然要高于90%。只有占全部乘客很小比例的高个男子，躺在这样的铺位上，要委屈一点、将就一点，但换来的是另一侧的通道宽了，能给全体乘客们的活动和乘务员的工作带来更多方便，因此综合多种因素考虑才是合理的设计。（图1-7-5）

产品设计中选择人体尺寸百分位数的一般原则

图1-7-5　火车卧铺车厢

如下：

一般产品，大小百分位数分别选95和5，或酌情选90和10。

对于涉及人的健康、安全的产品，大小百分位数分别选99和1，或酌情选95和5。

对于成年男女通用的产品，大百分位数选择男性的90、95、99，小百分位数选择女性的10、5和1。

Ⅲ型产品设计则选用男、女第50百分位数人体尺寸的平均值。

功能尺寸是指为保证产品实现某项功能所确定的基本尺寸。它跟工程图上标注的产品轮廓尺寸不同。例如沙发座面高度的功能尺寸是指人坐上后座面被压变形后的高度尺寸（图1-7-6），枕头的高度功能尺寸是指被睡眠者的头部压下以后的高度尺寸等。

产品最小功能尺寸＝人体尺寸百分位数＋功能修正量。

产品最佳功能尺寸＝人体尺寸百分位数＋功能修正量＋心理修正量。

因此，产品最佳功能尺寸＝产品最小功能尺寸＋心理修正量。

图1-7-6　沙发的功能尺寸

第八节　工作空间

人们在生活和工作时通过关节的活动，完成各种各样的动作，做出不同的人体姿势，在这种情况下的人体尺寸称为动态的人体尺寸。人体的基本姿势分为立、坐、跪、卧、爬5种，《工作空间人体尺寸》（GB/T13547-1992）给出了3组17项与工作空间有关的中国成年人人体尺寸数据。其中，工作空间立姿人体尺寸有6项（图1-8-1、表1-8），工作空间坐姿人体尺寸有5项（图1-8-2、表1-9），工作空间跪姿、俯卧姿、爬姿人体尺寸有6项（图1-8-3、表1-10）。

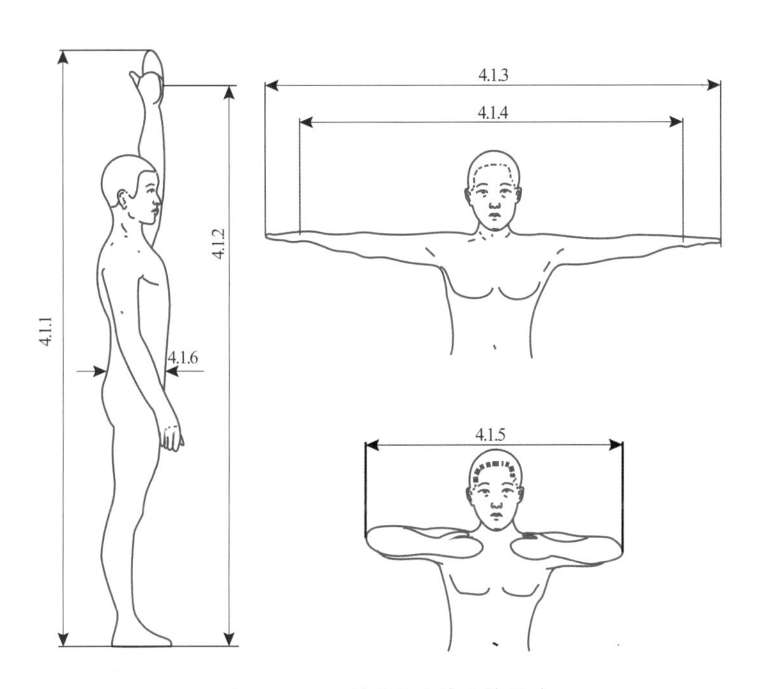

图 1-8-1　工作空间立姿人体尺寸

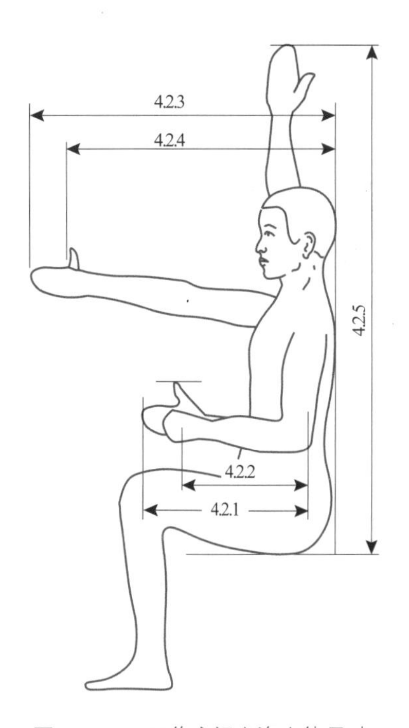

图 1-8-2　工作空间坐姿人体尺寸

表1-8　工作空间立姿人体尺寸（单位：毫米）

测量项目 \ 百分位数 \ 年龄分组	男（18—60岁）							女（18—55岁）						
	1	5	10	50	90	95	99	1	5	10	50	90	95	99
4.1.1 中指指尖点上举高	1913	1971	2002	2108	2214	2245	2309	1798	1845	1870	1968	2063	2089	2143
4.1.2 双臂功能上举高	1815	1869	1899	2003	2108	2138	2203	1696	1741	1766	1860	1952	1976	2030
4.1.3 两臂展开宽	1528	1579	1605	1691	1776	1802	1849	1414	1457	1479	1559	1637	1659	1701
4.1.4 两臂功能展开宽	1325	1374	1398	1483	1568	1593	1640	1206	1248	1269	1344	1418	1438	1480
4.1.5 两肘展开宽	791	816	828	875	921	936	966	733	756	770	811	856	869	892
4.1.6 立姿腹厚	149	160	166	192	227	237	262	139	151	158	186	226	239	258

表1-9　工作空间坐姿人体尺寸（单位：毫米）

测量项目 \ 年龄分组 / 百分位数	男（18—60岁）							女（18—55岁）						
	1	5	10	50	90	95	99	1	5	10	50	90	95	99
4.2.1 前臂加手前伸长	402	416	422	447	471	478	492	368	383	390	413	435	442	454
4.2.2 前臂加手功能前伸长	295	310	318	343	369	376	391	262	277	283	306	327	333	346
4.2.3 上肢前伸长	755	777	789	834	879	892	918	690	712	724	764	805	818	841
4.2.4 上肢功能前伸长	650	673	685	730	776	789	816	586	607	619	657	696	707	729
4.2.5 坐姿中指指尖点上举高	1210	1249	1270	1339	1407	1426	1467	1142	1173	1190	1251	1311	1328	1361

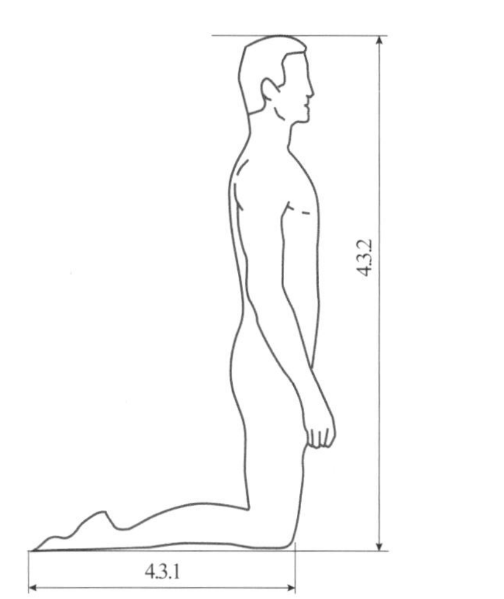

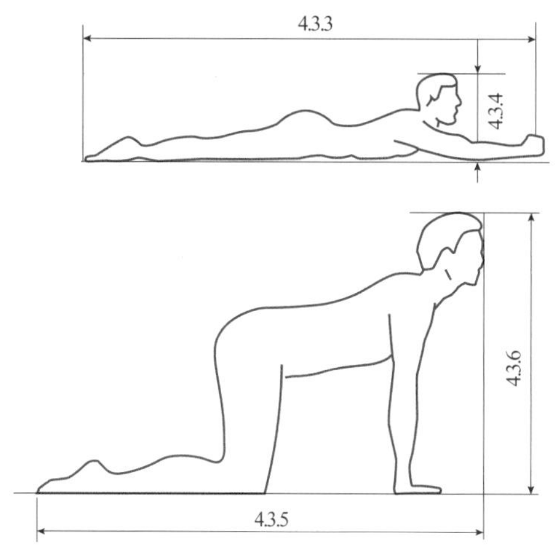

图 1-8-3　工作空间跪姿、俯卧姿、爬姿人体尺寸

表1-10　工作空间跪姿、俯卧姿、爬姿人体尺寸（单位：毫米）

测量项目 \ 年龄分组 / 百分位数	男（18—60岁）							女（18—55岁）						
	1	5	10	50	90	95	99	1	5	10	50	90	95	99
4.3.1 跪姿体长	577	592	599	626	651	661	675	544	557	564	589	615	622	636
4.3.2 跪姿体高	1161	1190	1206	1260	1315	1330	1359	1113	1137	1150	1196	1244	1258	1284
4.3.3 俯卧姿体长	1946	2000	2028	2127	2229	2257	2310	1820	1867	1892	1982	2076	2102	2153
4.3.4 俯卧姿体高	361	364	366	372	380	383	389	355	359	361	369	381	384	392
4.3.5 爬姿体长	1218	1247	1262	1315	1369	1384	1412	1161	1183	1195	1239	1284	1296	1321
4.3.6 爬姿体高	745	761	769	798	828	836	851	677	694	704	738	773	783	802

人们在实际生活和工作中，为了完成某一动作，身体会进行各种不同的姿势的转换，所需要的活动空间也在变化。通过测量人在执行某种动作时的身体动态特征，可以获得人体功能尺寸的测量数据。（图1-8-4、图1-8-5）

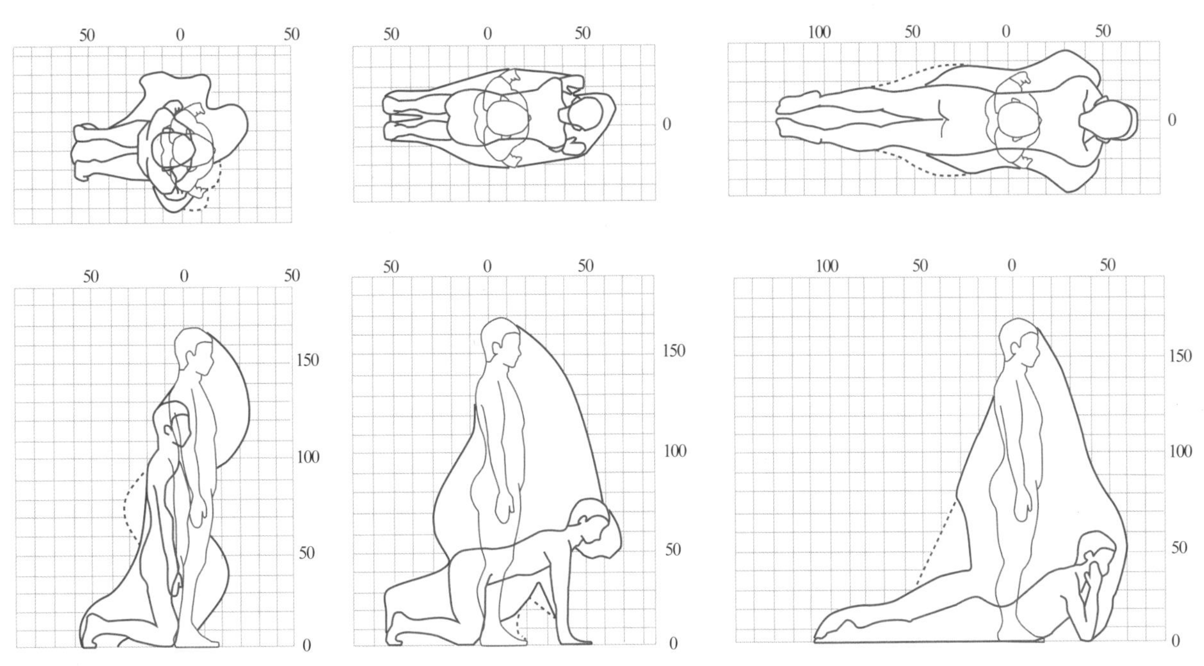

图1-8-4　立姿转跪姿、爬姿、俯卧的空间变化（单位：厘米）

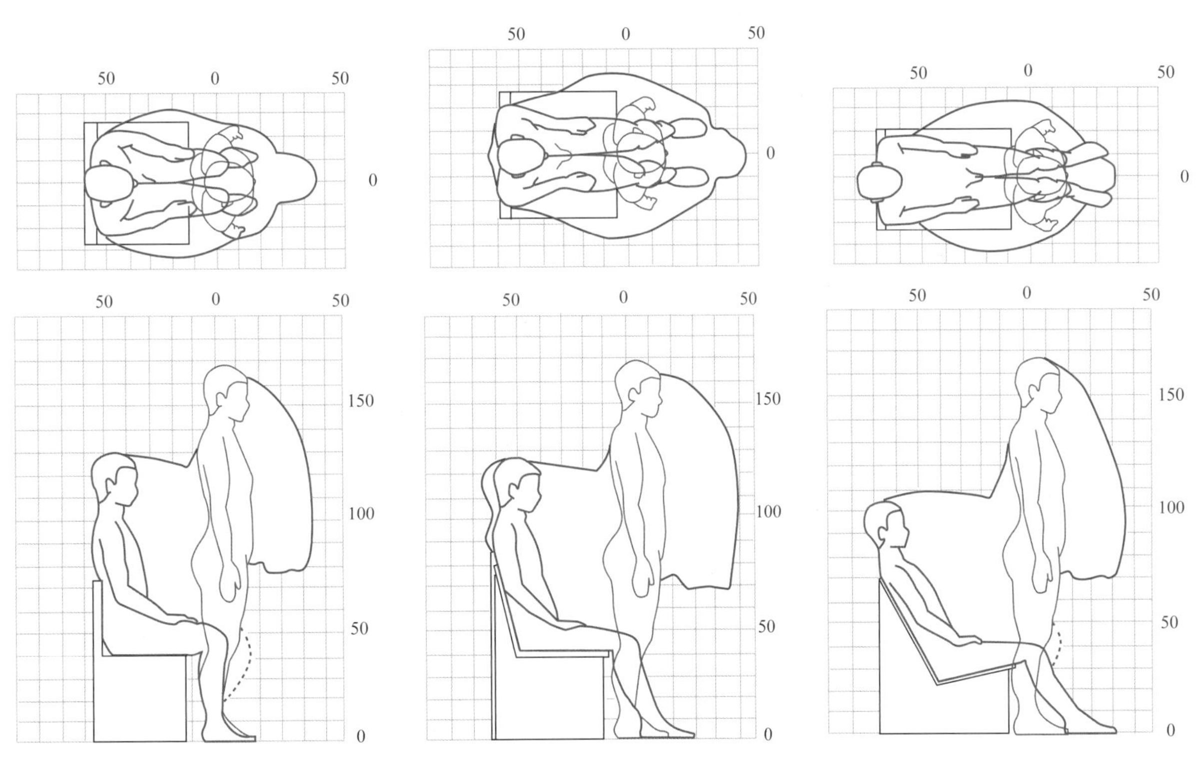

图1-8-5　立姿转坐姿的空间变化（单位：厘米）

一、作业域与工作空间

人的动作空间可分为作业域和工作空间两种形式。其中，作业域就是肢体静态动作范围，而工作空间是指人体动态活动的空间。在实际生活中，人体总是处于一种运动状态并在空间一定范围内活动的。如图1-8-6所示，有一定长度的肢体围绕关节转动，可以覆盖的区域称为作业域，如果同步移动身体，可使活动范围更广，就形成了工作空间。

图1-8-7是从俯视角度展示的人手臂在水平面的活动范围，即上肢（手臂）的水平作业域。根据手臂活动的舒适度情况，划分有三个不同的区域，分别是最佳活动范围、一般活动范围和最大活动范围。在进行桌面和操作台面等平面区域设计时会用到手臂的水平作业域。

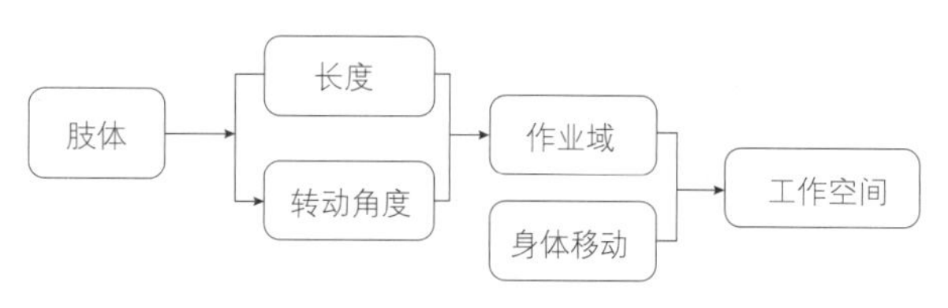

图1-8-6　作业空间的构成

图1-8-8分别为立姿手臂活动及手操作的适宜范围。图1-8-8（a）中，粗实线所画的是最大握取范围，是以肩关节为中心、以臂长至肩膀到手掌心的距离为半径所确定的区域，而虚线所画的小圆基本上是以手臂自然下垂时的肘关节为圆心、以前臂长为半径所确定的区域，是最方便的握取范围。图中阴影部分是手操作的最适宜区域。

在图1-8-8（b）中，细实线所画的大圆弧，是指尖可达到的范围，是在腿、脚与躯干挺直不动的条件下所得到的数据。虽然人通过膝、腰等关节转动就可以明显地扩大手的操作范围，而且在工作中偶尔转动关节、移动躯干还可以接受，但多次转动关节移动躯干将增大工作强度、影响工作效率，特别是高频率的转动关节、移动躯干会对体能消耗、工作效率影响更大。

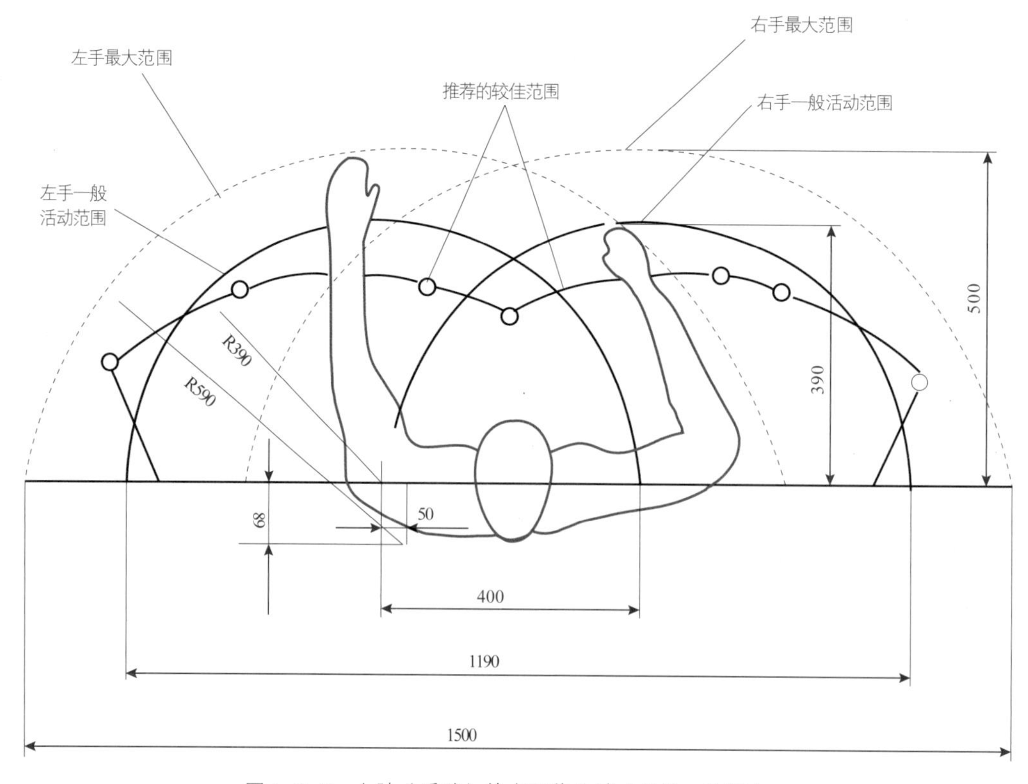

图1-8-7　上肢（手臂）的水平作业域（单位：毫米）

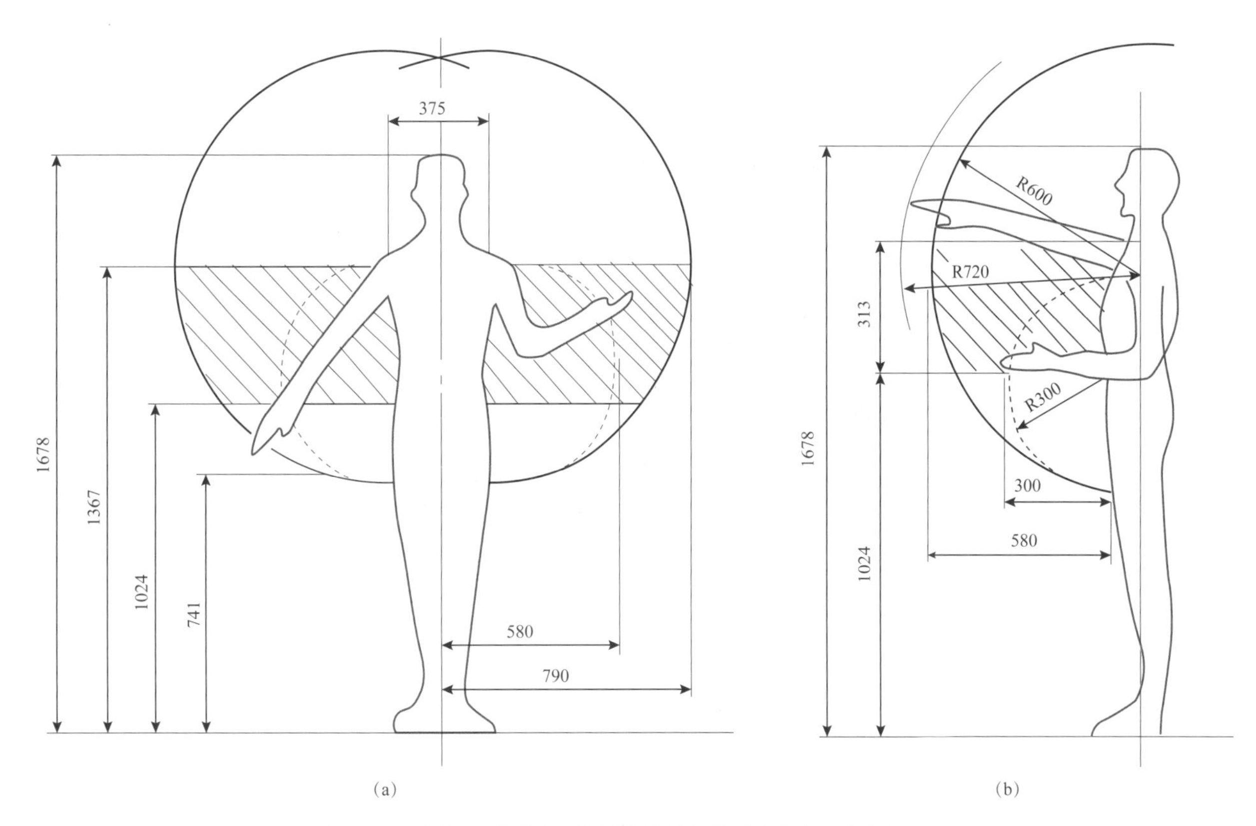

图 1-8-8　立姿手臂活动及手操作的适宜范围（单位：毫米）

二、作业中的身体姿势

在现实工作中，根据作业性质和内容不同，操作人员可能出现躺卧、坐姿、站立等不同的身体姿势。从体能消耗的角度看，躺着最舒服，站着最累。但是，躺着工作时，往往需要举起手臂操作，因为移动不便，所有动作只能由上臂完成，往往工作强度大、效率低。对于汽车底盘维修这样的场景，人们情愿站在车底下仰面操作，以获得更大的移动范围和操作的灵活性，如图1-8-9、图1-8-10所示。

三、作业姿势的设计

工作面是指工作时手的活动面，它可以是工作台面，也可以是一个主要的作业区域。作业性质影响工作面的高度，而工作面的高度又是决定人工作时身体姿势的重要因素。由图1-8-11可以看出，从一般作业、精密作业到重负荷作业，作业面的高度是逐渐下降的。

例如修理钟表等精密作业时，人们会将眼睛、手和工具尽量凑近工件以达到精细操作的目的。考虑到操作的舒适性，会将作业面的高度上移，尽量靠近人眼部，减少躯干过分前倾带来的不适，如图

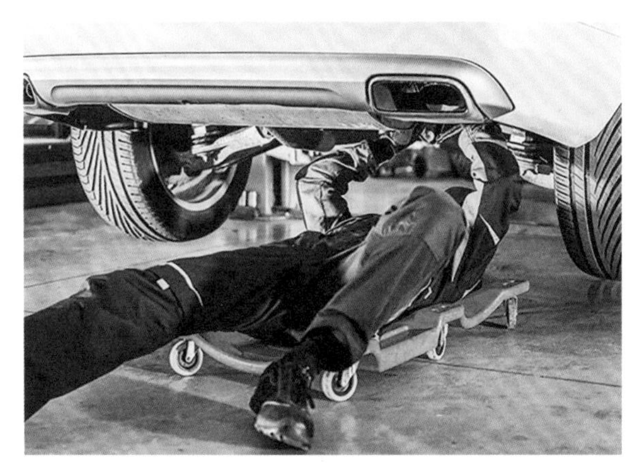

图 1-8-9　卧姿维修汽车底盘

1-8-12所示。在进行大型或重的零件搬运、装配、维修操作时，会将操作面下移，以便搬运或操作时能使上臂与腰部、腿部同时发力，增加操作的灵活性、准确性，减少体能消耗。

图 1-8-10 立姿维修汽车底盘

图 1-8-12 修理钟表属于精密作业

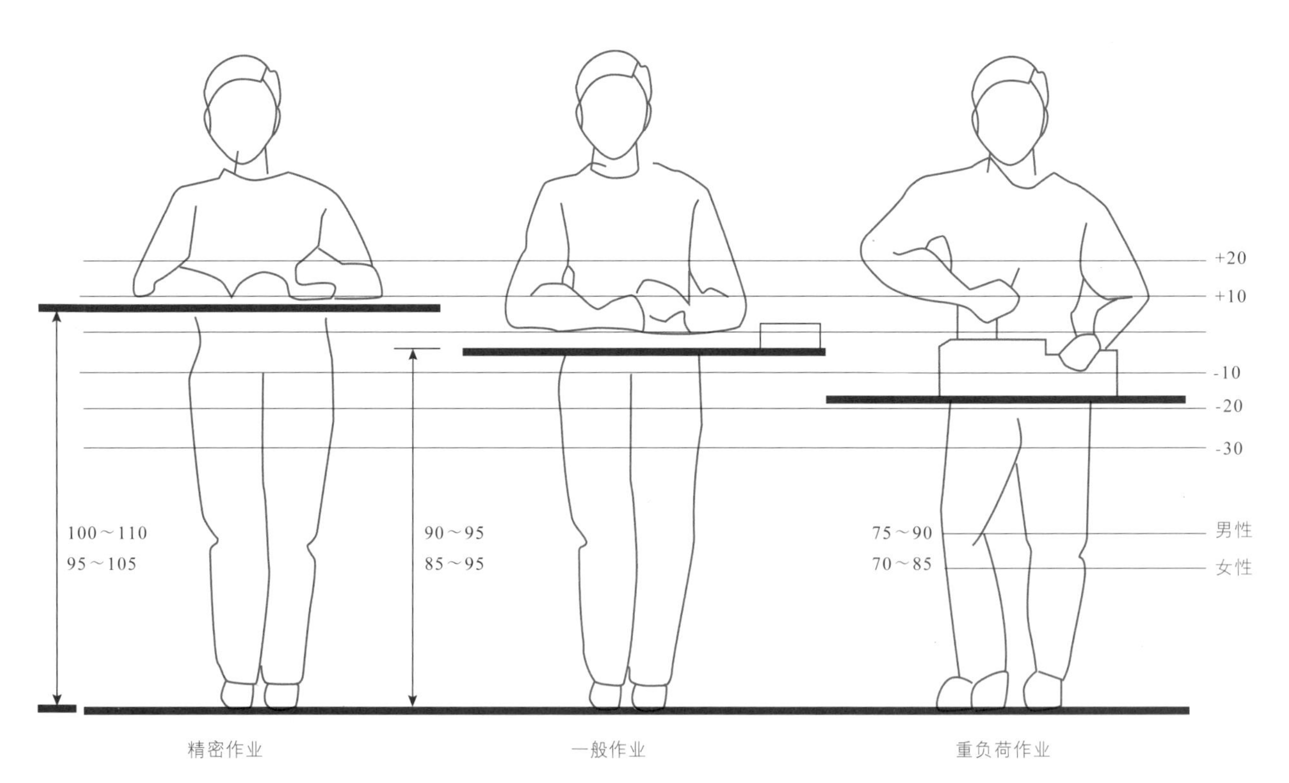

图 1-8-11 作业性质与作业面高度（单位：厘米）

第九节 百分位数案例

如何确定公共汽车顶棚扶手横杆的高度？

公共汽车顶棚的扶手横杆作为车辆的附属设施，主要满足站立的乘客稳定身体的需要。

一、场景分析

（一）从使用功能的角度看

扶手横杆应该让大多数乘客都能够得着、抓得住。只要小个子能够得着，大个子就一定没问题，从这方面分析，扶手横杆的高度应该属于Ⅱ B型产品的尺寸设计。

（二）从安全角度考虑

以扶手横杆不能碰着乘客的头为好。只要碰不着大个子的头，小个子就一定没问题，从这方面分析，扶手横杆高度设计又属于Ⅱ A型产品的设计。

二、设计计算

（一）按乘客“抓得住”的要求设计计算

该计算属于Ⅱ B型男女通用产品尺寸设计（小尺寸设计）问题，根据上述人体尺寸百分位数选择原则，$G_1 \leqq J_{10女}+X_{X1}$式中，G_1代表由“抓得住”要求确定的横杆中心的高度，$J_{10女}$代表女子举手功能高的第10百分位数，男女共用，应取女子小百分位数人体尺寸，不涉及安全问题，取女子第10百分位。查国标《工作空间人体尺寸》得到，$J_{10女}$=1766毫米，X_{X1}代表女子穿鞋修正量，取X_{X1}=20毫米，带入数值得到$G_1 \leqq 1766+20=1786$毫米。

（二）按乘客“不碰头”的要求设计计算

该计算属于Ⅱ A型男女通用产品尺寸设计（大尺寸设计）问题，根据上述人体尺寸百分位数选择原则，$G_2 \geqq H_{99男}+X_{X2}+r$式中，$G_2$代表由“不碰头”要求确定的横杆中心的高度，$H_{99男}$代表男子身高第99百分位数，男女共用，应取男子的大百分位数人体尺寸，涉及人身安全问题，取男子第99百分位，查国标《工作空间人体尺寸》得到，$H_{99男}$=1814毫米，X_{X2}代表男子穿鞋修正量，取X_{X2}=25毫米，r代表横杆的半径，取r=15毫米，带入数值得到$G_2 \geqq 1814+25+15=1854$毫米。

（三）计算结果

按第一个“抓得住”的要求，横杆中心要低于1786毫米；按第二个“不碰头”的要求，横杆中心要高于1854毫米。显然，两者互不相容，也就是不能同时满足两方面的要求。

三、解决方案

分析以上两种情况，现实中的解决方法是：横杆做得比1854毫米再高些，确保高个子的安全；在横杆上每隔半米左右挂一条带子，下面连着手环，手环比1786毫米再低些，让更多的小个子也抓得着。为了防止手环随着车的运行荡来荡去碰到头，吊带一般选用较硬、不易摆动的材质和结构形式。（图1–9–1）

图 1-9-1　公共汽车顶棚的扶手横杆

作业与思考

1. 商场试衣间的尺寸（长、宽、高）最小值和最佳值多少比较合理？

2. 按满足度要求分析火车卧铺铺位宽度设计。

3. 以任一品牌共享单车为例，了解握把和鞍座的调节方式。骑行一段距离后，分析握把、鞍座调整对骑行舒适性的影响。

学生笔记

模块2　产品设计与人机

第一节　人机关系与产品形态

第二节　手的构造与机能

第三节　设计顺手的工具

第四节　设计高效的操控

第五节　足部构造与机能

第六节　设计舒适的鞋

第七节　设计案例

模块2　产品设计与人机

学习目标

知识目标

了解人体手、足构造，理解手足肌肉、关节活动和人体运动输出的特点，能正确处理产品设计中有关尺度、材料质感、稳定性、舒适性、安全性的需求，掌握手动工具和操纵装置设计的功能尺寸要求。了解鞋类产品的结构特点，掌握鞋类产品的设计原则。

能力目标

具备常用手工工具的设计能力，能正确分析复杂工具和操纵装置的人机关系，分析判断鞋类产品的舒适性。

重点、难点指导

重点

手、足部机能，手、足部人体尺寸的应用。

难点

对产品功能尺寸、舒适性与产品形态、质感的关系的把握。

一件产品是否符合人机工程学有如下的几点参考标准：

一、产品与人体的尺寸、形状及用力是否配合。

二、产品是否顺手和好用。

三、是否防止使用时的意外伤害和错用时产生的危险。

四、各操作单元是否实用，在安置上能否使其意义不被误读。

五、产品是否便于清洗、保养及修理。

第一节　人机关系与产品形态

产品形态设计不只是简单的外观造型设计，更主要的是为实现产品物理功能和人机功能而采取的结构形式以及获得具备特定功能的产品实体形态。产品形态设计活动要考虑从物理功能和人机原理要求到材料选择和尺寸界定，从细节构造到定位的布局规划等各个造型影响因素，最终确定产品的材料、构造、布局，以及结构、工艺等因素，形成产品总体形象，使功能和形态和谐统一于产品中。可以看出，基于人的特征的人机关系是决定产品形态的重要因素，在很大程度上直接影响了产品形态特征。因此在产品形态设计中，应以用户需求为中心，深入研究特定目标人群的生理特征、心理和行为特征，设计出人机功能更合理的产品形态。

一、生理特征与产品形态的关系

所有产品都具有一定的人机关系，人体生理特征直接影响产品功能尺寸与形态结构。一件成熟的产品，其形态不是主观臆造而产生，而是符合人的使用行为，并具有相对安全可靠性的。在产品使用过程中，使用频率最高的两个肢体部位分别是手和脚，因此手与脚的行为动作便决定了产品形态的设计。例如对手部动作而言，手部的运动及动作态势有握、拉、提、压、按、推、拖、挤、捏、拨、摇、拔、扭、拍、拧、点、扣、旋转等（图 2-1-1）。手部动作的研究，便成为我们产品设计至关重要的手段和方法，如手触开关按钮的设计分别有点按开关、旋钮开关、手拉开关、推行开关、摇动开关等（图 2-1-2）。下面我们就以手与脚的生理特征结合人的心理特点，来讨论人机工程学在

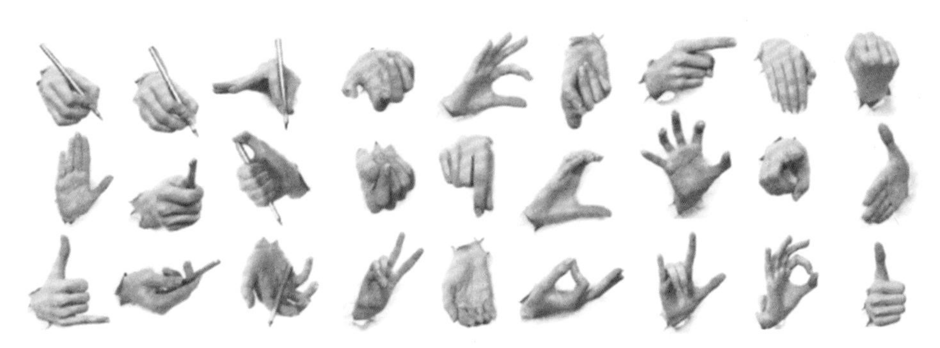

图 2-1-1　手部动作

图 2-1-2　根据人的手部动作设计的不同形态开关

产品设计中的应用。

图2-1-3是一把安全开箱刀，它有雨伞一样的弯弯握柄，让使用者拥有更舒适的手感，同时环绕紧握刀柄的手，保护你的手以避免意外滑动造成伤害。单手握持时，手柄上的安全开关正好在拇指位置，必须要用力才能让刀刃伸出开始切割，而一松手，刀刃自动回弹收回，安全不伤手。

人体的生理特征在以下三方面为产品形态设计提供了设计依据。

图2-1-3　安全开箱刀

（一）人体尺度为产品的形态设计提供参照

产品形态必须以人体尺度为依据与参照，在确定产品功能尺寸的基础上进行设计。产品功能尺寸是指为确保实现产品某一功能而在设计时规定的产品尺寸。该尺寸通常是以设计界限值确定的人体尺寸为依据，选择合理的百分位数据，再加上为确保产品某项功能实现所需的修正量。图2-1-4是由挪威设计师安德烈亚斯·默里和托雷·温耶·布吕斯塔设计的高椅，适合1至6岁的孩子使用。它依据人体尺度的变化设计功能、尺寸与产品形态，能满足儿童成长过程中的需求，并且坐垫能从椅子上分开，方便家长和幼儿进行互动。

（二）人机关系分析为产品人机界面设计提供理论指导

在分析人体施力方式、动作特征与认知特点的

图2-1-4　适合1-6岁孩子的高椅

基础上，设计人机操作界面，能使用户准确识别产品操作方式与流程，提升产品操控的便捷性。如图2-1-5，电饭煲触摸屏操作面板安排在产品的顶部，使用者的视线不会被遮挡，向下按的时候重心稳定，无需弯腰易操作，使用方便。

如图2-1-6，与普通键盘比较，这款人机工程学键盘依据手腕自然垂落的姿势与两手间自然形成的夹角进行按键布局，键面弧度模拟指尖弯曲形状，同时设计了柔软掌托，拱形键盘设计使手腕处于自然放松的角度，无论采用坐姿还是站立使用，腕部均能保持自然舒适的姿势，手臂自然伸展，很好缓解了久坐办公手指、手腕等部位的疲劳，避免由于长期肩膀酸痛、手臂僵硬、手腕酸痛引发的鼠标手、电脑颈、办公肩等疾病。

（三）人体的局部特征直接影响产品的形态

在许多产品中，人体的局部特征直接决定了产

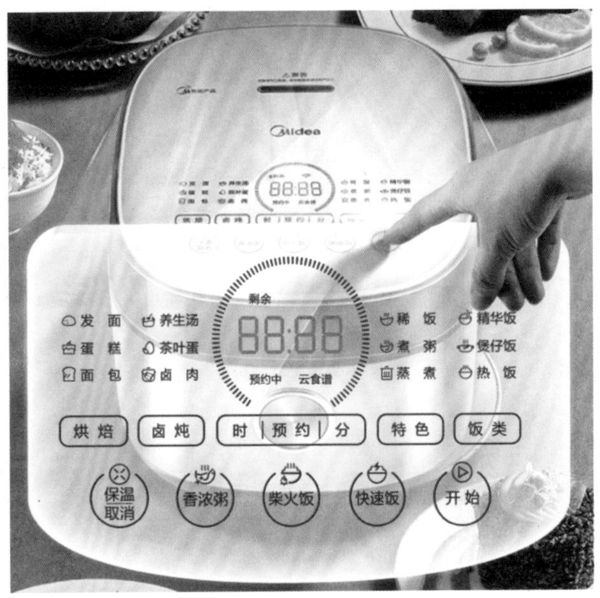

图2-1-5　电饭煲顶置触摸屏操作面板设计

图2-1-6　人机工程学键盘设计

品总体形态特征，特别是与人体有紧密接触的产品，如与头部接触紧密的帽子、头盔（图2-1-7），与手部密切接触的手持产品、穿戴产品与手持工具等（图2-1-8、图2-1-9）。

如图2-1-10是以臀部局部特征为依据设计的3D打印自行车座，针对骑行中接触的臀部肌肉群设

图 2-1-7　贴合头部形态特征的自行车头盔

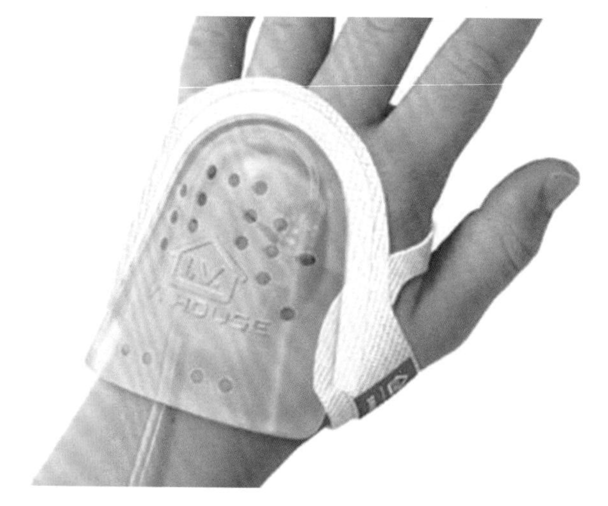

图 2-1-8　贴合手掌形态特征的设计

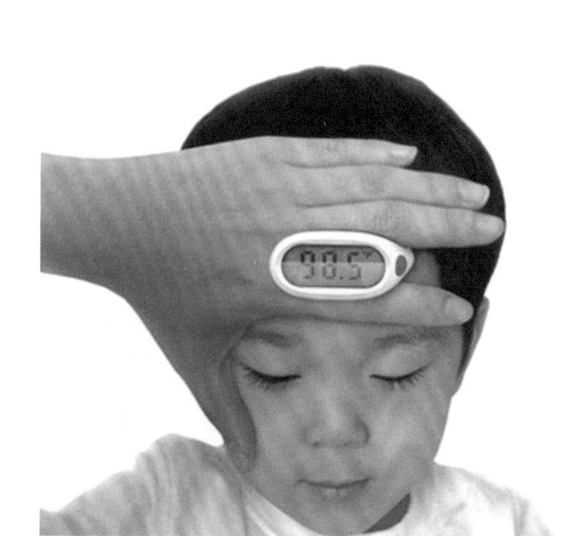

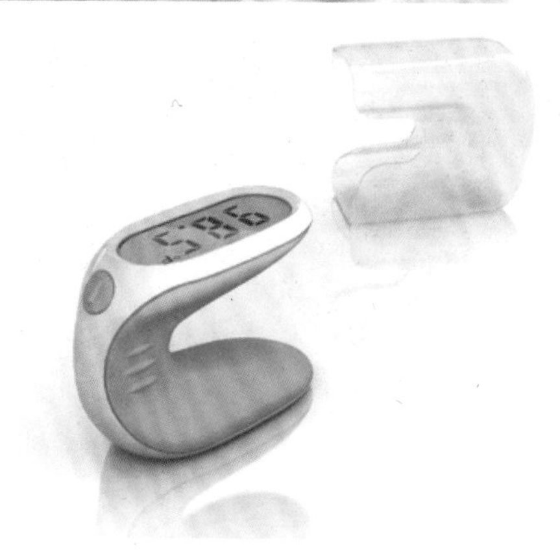

图 2-1-9　贴合手部与头部形态特征的儿童温度计

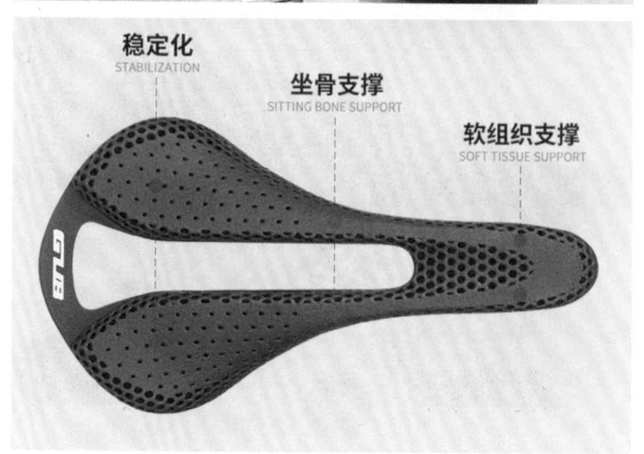

图 2-1-10　贴合人体局部特征的的 3D 打印自行车坐垫

计分区缓冲程度。该设计进行了一体化的功能分区，根据不同需求调整分区的支撑。坐垫后部位置稍硬，中部位置适中，前部位置偏软。臀部接触面整体采用无缝蜂窝晶格结构，能够带来良好的支撑性，流线镂空设计加速空气流通导风散热。前端收窄，后端宽大，骑行不磨腿。

二、心理特征与产品形态的关系

利用产品形态设计提升产品人机效能，不仅要考虑人的生理因素，同时也要考虑心理因素的影响。人的心理对产品形态的影响主要体现在如何正确运用人的心理与认知特点进行产品设计，通过使用产品使用户获得良好的感官体验与情感共鸣。

同时产品形态中的元素应具有可辨认性，其形态的语义易被使用者领会。例如带有一圈纹路的圆柱形态被认为是旋钮，上面的纹路暗示操作方法是旋转，按钮翘起的两端代表的是不同使用状态。其认知功能还包括角色认知，例如色彩鲜艳的卡通形态，一般是儿童产品，灰色或者黑色的造型则适合商务人士或者性格稳重人士使用等。产品形态设计提升产品人机效能主要体现在两方面。

（一）应用形态语义方便使用者对产品的认知

人们对事物的认识通常是由表及里的实践认知过程。针对某一产品，我们总是先对其形状、色彩、材质、肌理、体量、尺度、位置有了直观的认识，随后开始了解其功能、原理、内部结构、操作方式，进而全面认识这一产品，取得一定的经验，并把它作为一种形态语义符号记在头脑中。

比如人们早已经把门的形状、结构、位置以及它的含义同人们的行动目的和行动方法结合起来。人们会把这种认知用来理解车门、冰箱门、微波炉门、柜门等各种门。同样，车、电扇、刀等其他产品都是如此。这些象征的含义是人们从小在大量的生活经验中学习积累起来的，设计者应当把这些东西的象征含义应用到产品设计中，使用户一看就明白不需要花费大量精力重新学习。有良好形态语义表现的产品总是能很好地表述自己，方便使用者的认知。

图 2-1-11 所示的红绿灯与普通红绿灯的区别就在于它为每个颜色增加了形状属性，能发送更直观的信号，红灯为常常用于警示的三角形，黄灯为圆形，绿灯采用了方形。色彩和形状两个属性能让人更快地对当前亮灯的状态做出反应。弱视和色盲者可通过形状的辅助更清晰地理解信号灯的意义，儿童也可以直接而轻松地理解信号灯所传达的含义。

（二）利用形态语义引导产品的操作

产品的功能，如产品的用途、工作原理、如何操作（用手还是用脚）等，都反映的是产品形态与人的生理结构之间的关系，同时还与操作者的心

图 2-1-11　红绿灯

理、习惯、记忆、想象、情感等精神因素有关。设计从人的视觉交流的象征含义出发，让产品通过自己外在的视觉形象讲述自己的操作目的和正确的操作方法。

例如人观察物体的形态时，通常是按从上至下、从左至右的顺序进行。如果发现二维圆形，人的视觉会沿圆形边缘从左至右迅速巡视，试图找到新的发现。一个三维封闭形态，如果是圆柱体，人总是试图从左至右用手去旋转并习惯性地把顺时针方向认知为增量调节；如果是方柱体，人们则更多选择用掀的动作来开启。再如，在装配中，同样形状的接口，人们则习惯于把同色接口进行配对接插。

图2-1-12是名为“修改”的系列按钮，根据平常进行摁、推、压、拧、转这5种动作时的触感，设计时考虑手指按压的舒适度，使得按钮外观独特，帮助用户对不同按钮的形态所包含的操作意义进行解读和心理暗示，引导人们借助直觉认知与日常行为进行易用性操作。

（三）利用产品形态语义提升产品精神功能

在产品人机工程设计和人机分析中重视产品情感语义所带来的人机效能的变化，基于对用户心理研究与情感的需要设计产品形态，可以提升产品使用体验，从而给人带来心理上的舒适感、愉悦感，提升产品精神功能，使产品具有人情味、亲和性，使产品具有更好用户体验与情感表达。同时这种心理上的变化会影响到人的使用和操作过程，提高操作的准确性，降低疲劳和失误，成为具有更好用户体验与情感表达的产品。

图2-1-13所示的儿童空间椅是由胶合板与软垫组成的儿童座椅，其球形外壳组成了视觉和听觉的私密性空间，设计定位不是“舒适”的成人椅子的缩小版本，而是通过潜意识的心理映射，使孩子们可以不用一直像大人要求那样端坐其中，而是可以随心所欲地享受各种姿态，如横躺、倒立、趴着、站着等，也可与朋友蜷缩在一起……为儿童不同行为模式提供舒适安全的空间体验和心理情感暗示。

如图2-1-14，荷兰儿童肿瘤医学中心的设计考虑到患病儿童的生理和心理成长需求，采用了大量色彩鲜明的色调和专门针对儿童的游戏化情境设计，引导儿童正面的情绪，消除就医的恐惧感，带给他们更积极的治疗心态。

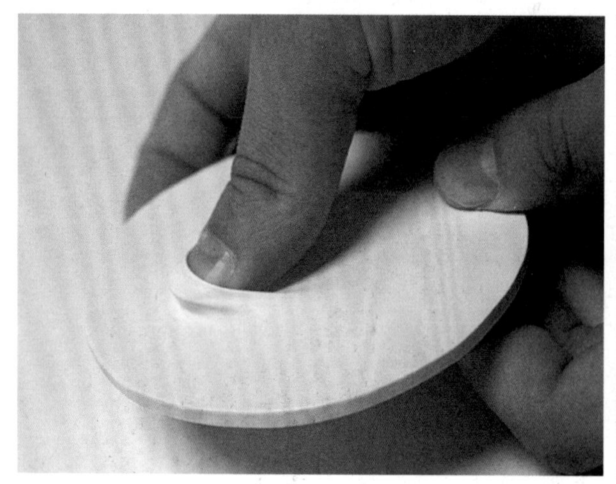

图2-1-12　“修改”按钮

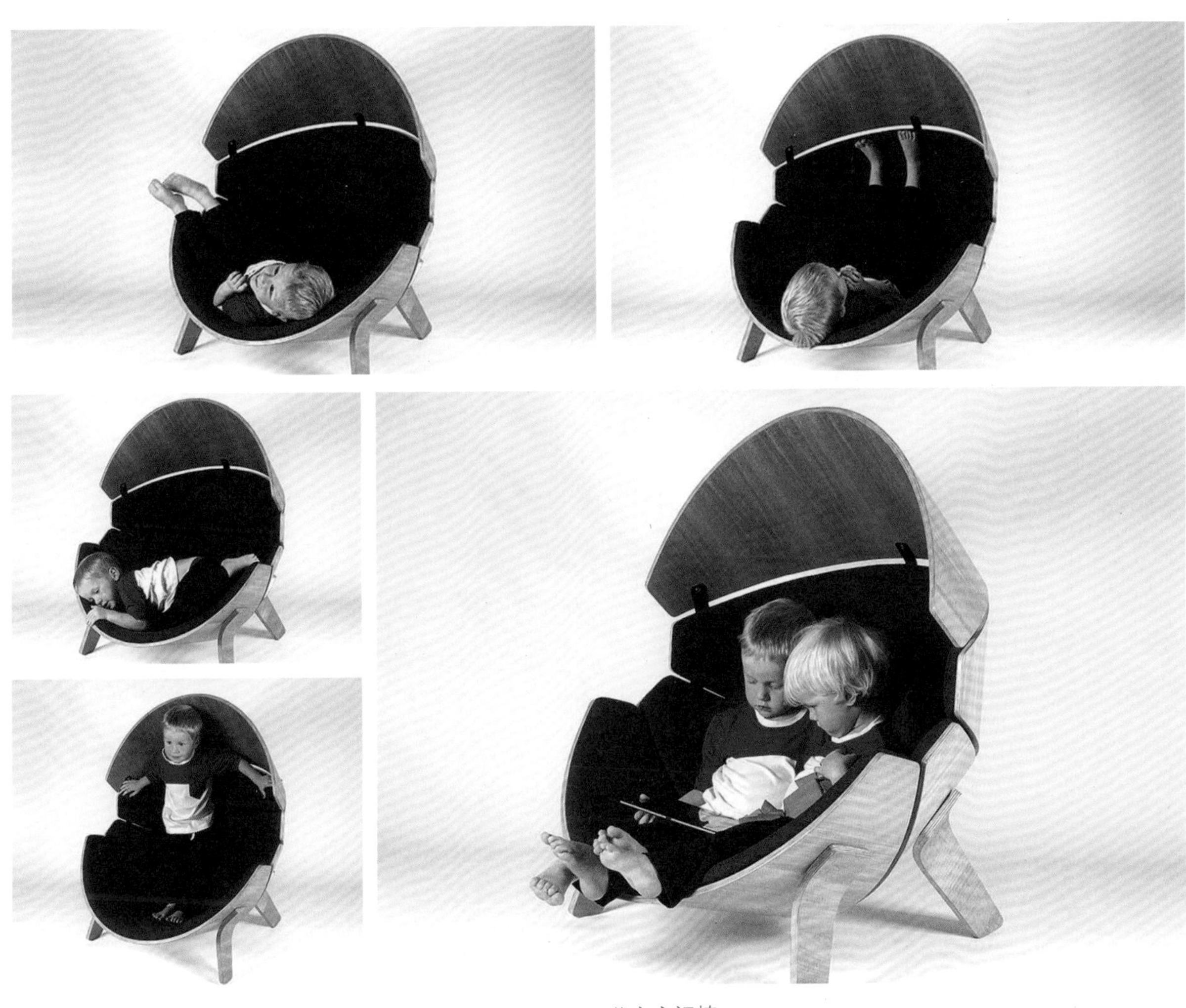

图 2-1-13　儿童空间椅

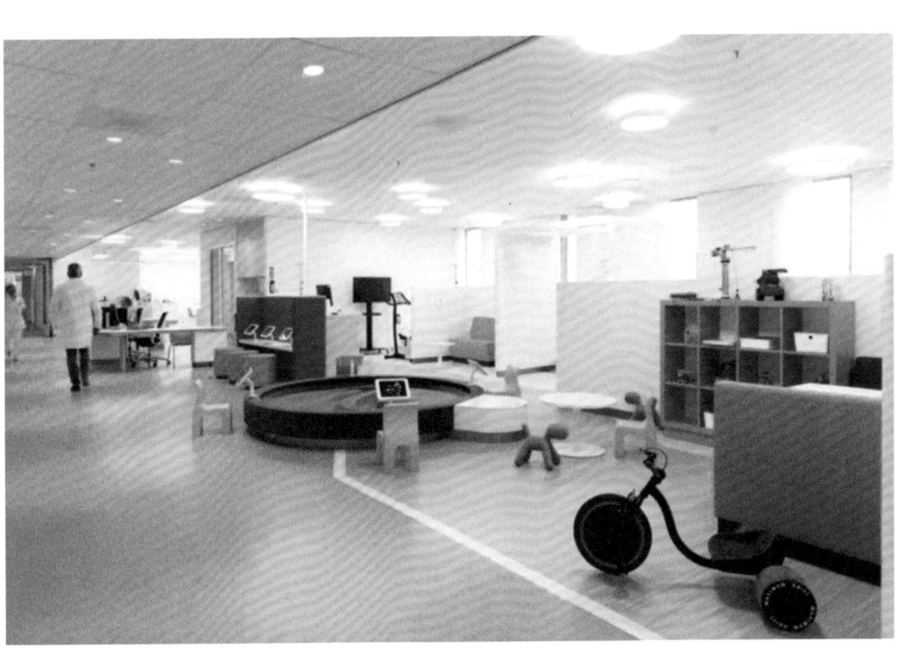

图 2-1-14　荷兰儿童肿瘤医学中心

第二节　手的构造与机能

我们在日常生活中的很多活动都必须通过手部运动来完成。我们的手很灵巧，可以直接出力击打，又可以使用工具，还能进行非常精细的操作。弹钢琴的时候，十根手指交替敲击琴键，手指运动速度与力度巧妙结合，可以演奏出优美的音乐。

一、手的构造

人手是由骨、动脉、神经、韧带和肌腱等组成的，结构复杂，如图2-2-1所示。人手骨骼结构主要由腕骨、掌骨、指骨组成，包括8块腕骨、5块长掌骨和14个指骨，整只手有27块骨头和16个关节。手的肌肉包括拇内收肌、拇短屈肌、第一骨间侧肌、掌侧骨肌、拇指掌骨肌、拇展肌、掌短肌、掌长肌腱、骨间肌和趾长伸肌腱等。手指由小臂的腕骨伸肌和屈肌控制。腕部是一个多自由度的关节，结构形态复杂，很多条肌肉、肌腱以及一条条动脉静脉血管、神经都经过这里，穿越复杂的骨关节之间比较狭窄的缝隙通往手部。因此，如果腕关节处于比较大偏屈、偏转状态，其间的肌肉、肌腱、血管、神经就会受到压迫，影响手部、手指的活动，时间长了，就会导致损伤。

二、手部尺寸

《中国成年人人体尺寸》(GB/T10000-1988)给出了中国成年人的手部尺寸，共有5项，如图2-2-2、表2-1。

在产品设计中需要用到的其他手部尺寸还有很多，例如拉杆箱的拉手环、自行车的握把、工具手柄等尺寸，与四指并拢后近位关节处的宽度、手指厚度等尺寸有关，被称为“手部控制部位尺寸”，详细内容可以查阅《成年人手部号型》(GB/T16252-1996)。

表2-1　中国成年人手部尺寸（单位：毫米）

年龄分组 / 百分位数 / 测量项目	男（18—60岁）							女（18—55岁）						
	1	5	10	50	90	95	99	1	5	10	50	90	95	99
4.6.1 手长	164	170	173	183	193	196	202	154	159	161	171	180	183	189
4.6.2 手宽	73	76	77	82	87	89	91	67	70	71	76	80	82	84
4.6.3 食指长	60	63	64	69	74	76	79	57	60	61	66	71	72	76
4.6.4 食指近位指关节宽	17	18	18	19	20	21	21	15	16	16	17	18	19	20
4.6.5 食指远位指关节宽	14	15	15	16	17	18	19	13	14	14	15	16	16	17

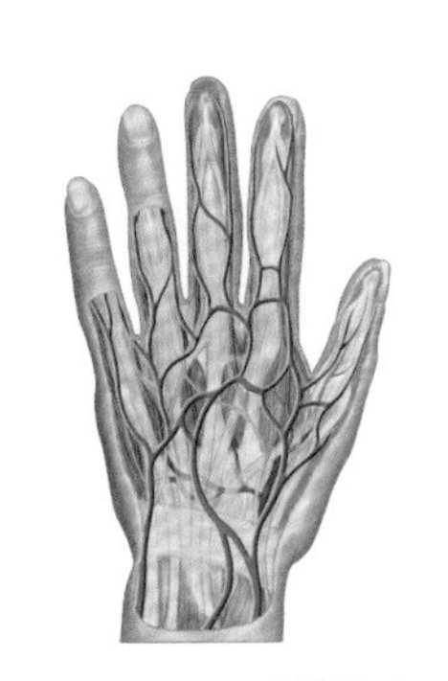

图 2-2-1 手的构造

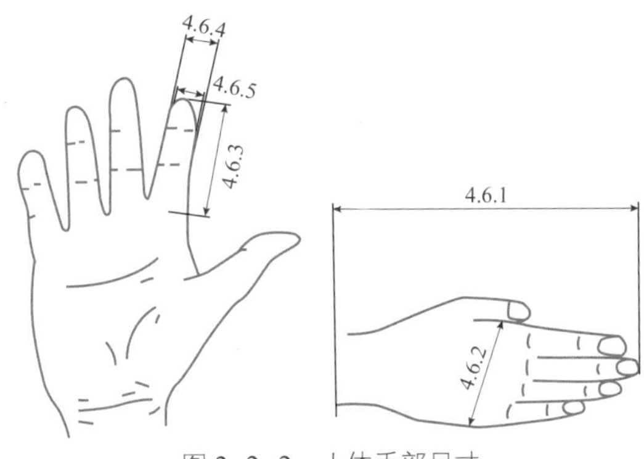

图 2-2-2 人体手部尺寸

三、手的机能

和肢体其他部位的活动一样，手指的伸屈、抓握，手部的偏屈、转动都是由肌肉力量带动的。而肌纤维只能产生拉动的力量，不可能产生压力。以手指为例，伸开也好，握拢也好，全靠肌肉的拉力来实现。手部以腕关节为中心的各方向的偏转活动，也是靠肌肉的拉动实现的。手部和手指的活动是由从手部连通到前臂、上臂、肘关节的多束肌肉、肌腱群牵动才得以实现的，这些肌肉重叠交错。如果手臂扭曲、手腕偏屈，使各肌肉束互相干扰，将影响这些肌肉顺利发挥其正常功能。腕骨与小臂上的桡骨及尺骨相连，桡骨连向拇指一侧，而尺骨连向小指一侧。(图2-2-3)

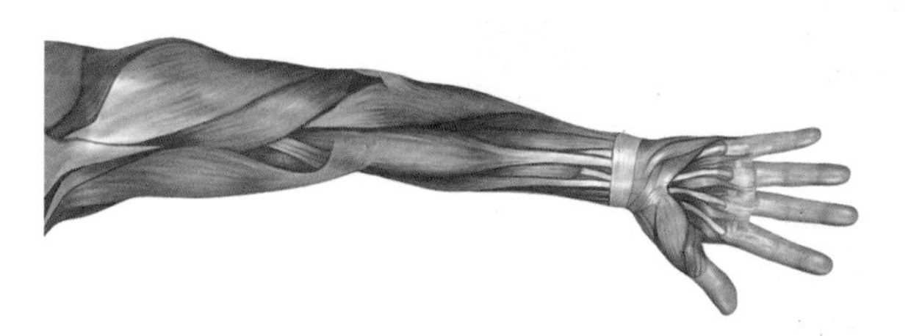

图 2-2-3 手部肌肉

腕关节的构造与定位使其活动范围受到一定限制。图2-2-4是向手背方向产生背屈和手心方向产生掌屈的极限角度，以及向拇指方向产生桡侧偏和向小指方向产生尺侧偏所能达到的角度。需要注意的是，人虽然能活动到这个程度，但在接近极限的状态下工作十分劳累，时间长了可能致伤，应该避免。

小臂的尺骨、桡骨和上臂的肱骨相连接。肱二

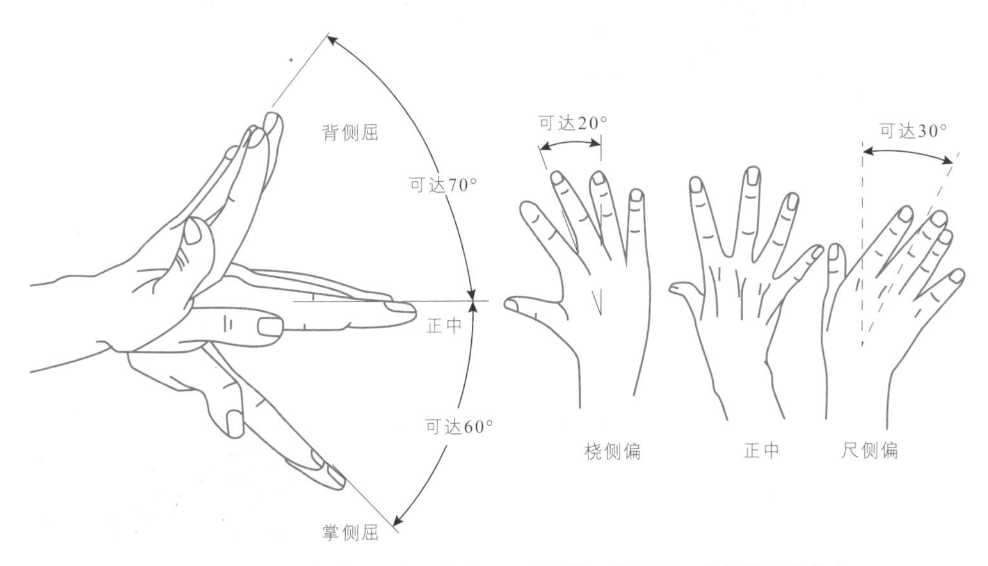

图 2-2-4 腕关节动作状态与背侧屈、掌侧屈、桡侧偏、尺侧偏最大角度

头肌、肱肌和肱桡肌控制肘屈曲和部分腕外转动作，而肱二头肌是肘伸肌，如图2-2-5。

四、手的操作

人手具有极大的灵活性，除了可以做出复杂的动作，还可以抓握操纵工具。抓握动作可分为着力抓握和精确抓握。

着力抓握时，抓握轴线和小臂几乎垂直，稍屈的手指与手掌形成夹握，拇指施力。根据力的作用线不同，可分为力与小臂平行（如拉锯）、与小臂成夹角（如锤击）及扭力（使用螺丝刀），如图2-2-6。

精确抓握时，工具由手指（一般是食指和拇指配合）的屈肌夹住。精确抓握一般用于控制性作业，如图2-2-7中维修手机和用笔书写。

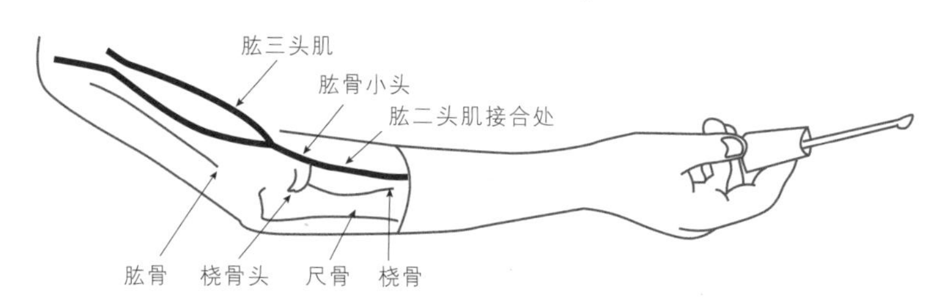

图2-2-5　手臂骨骼与肌肉

图2-2-6　不同抓握动作的作用线

图2-2-7　精确抓握动作与姿态

操作工具时，应避免着力抓握与控制抓握同时进行，因为在着力状态下让肌肉也起控制作用会加速疲劳，降低效率。如图2–2–8，手电钻的下面加了一个辅助把手，钻孔时，一只手主要掌握方向，另一只手在这个把手上使劲往下压，操作就不那么累了。

五、手的典型损伤

使用设计不当的手握式工具会导致多种上肢职业病甚至全身性伤害。这些病症如腱鞘炎、腕道综合症、滑膜炎、网球肘等，一般统称为累积性损伤。

腱鞘炎是由初次使用或过久使用设计不良的工具引起的，常会出现在连续作业的工人中。如果工具设计不当，使手腕处于尺偏、掌屈和腕外转状态，腕肌腱受弯曲，如时间长了，会引发腱鞘炎。工具设计应避免操作时手腕尺偏、掌屈和腕外转。（图2–2–9）

腕道综合症是一种由于腕道内正中神经损伤引起的不适。手腕过度屈曲或伸展造成腕道内腱鞘发炎、肿大，压迫神经，使神经受损，表现为手指局部神经功能损伤或丧失，引起麻木、刺痛、无抓握感，肌肉萎缩失去灵活性（图2–2–10）。工具设计应避免操作时非顺直的手腕状态。

网球肘（肱骨外踝炎、主妇肘）是一种肘部组织炎症，由手腕的过度桡偏引起。尤其是当桡偏与掌内转和背屈状态同时出现时，肘部桡骨头与肱骨小头之间的压力增加，导致网球肘。工具设计应避免操作时手腕过度桡偏。

狭窄性腱鞘炎（俗称扳机指）是由手指反复弯曲动作引起的。在类似扳机动作的操作中，食指或其他手指的顶部指骨须克服阻力弯曲，压迫扳机实现控制，反复弯曲、伸直操作，容易丧失灵活性，甚至出现疾患。工具控制设计宜采用拇指或指压板控制比较合理。

上述累积性损伤，其形成原因都是由于不适当压迫上肢软性组织所导致。这些组织包括肌腱、韧带、神经与血管等。由于这些伤害多半是经年累月重复的微小伤害所累积而成的，所以很容易被人们所忽视，等到发现病痛时，往往已成为较为难治愈的永久性伤害。因此，设计工具时应充分考虑人机工程学原则，使手部及手臂在最舒适的状态下进行工作，降低累积性损伤的发生，如降低手腕振动或施力的频率、使用正确的姿势、使用适当的工具。

图2–2–8　手电钻操作

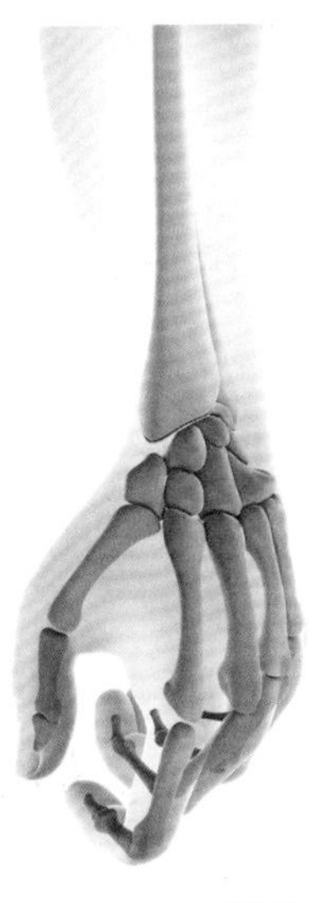

图2–2–9　腱鞘炎

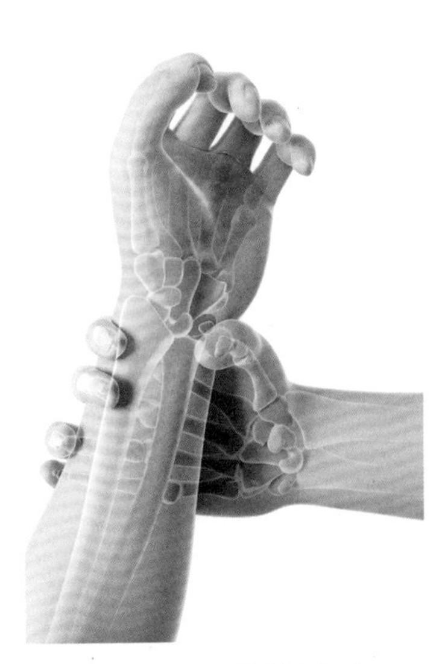

图2–2–10　腕道综合症

第三节　设计顺手的工具

一、手柄人机界面分析

手柄的人机界面是手与手柄之间的相互作用，操作手柄这一行为是外界环境和人共同作用的结果。在这里，外界环境就是手柄的形态、纹理等因素。当使用者接触到手柄的时候，它的形态、纹理以及周围的物体等都会刺激着大脑储存这些信息并作出判断，然后他们会根据过去的使用经验、生理上的自我保护意识等处理这些信息并作出判断。在这个过程中，他们不断地调整手与手柄的接触方式和接触面的大小，直到感觉满意为止。当操作方式确定下来后，他们就开始连续地输出行为。如果在操作手柄过程中，使用者感到极不舒适，那么就应该考虑改善外部环境了，也就是说要改良手柄的形态、纹理等因素。因此，我们在设计手握式产品时，最关心的因素之一就是产品与手之间的接触面，即人机界面，而手柄就是这种界面。如图2-3-1，不同形状和材质的螺丝刀柄提供不同的人机界面，直接影响着产品功能的发挥和舒适性的体验。

二、设计工具的解剖学要求

在使用手工具的过程中，手指和手部会以各种形式参与活动，其中包括手指的伸屈、抓握以及手部的偏屈、转动等动作。使用过程中有二种肌肉施力方式：一是静态施力，指肌肉施力靠收缩产生，会使供血受阻，持续时间不能太长（产生疲劳）；二是动态施力，指肌肉施力与放松是交替进行的，使肌肉有节奏地收缩与舒张。手工具设计必须遵循手部活动与肌肉施力方式的解剖学要求。作业姿势不能引起过度疲劳，避免手指反复弯曲扳动操作，避免或减少肌肉的“静态施力”。使用手工具时的姿势、体位应自然、舒适，符合手和手臂的施力特性；使用时能保持手腕顺直；避免掌心受压过大，尽量由手部大小鱼际肌、虎口等部位分担压力；不

图 2-3-1　不同形状和材质的螺丝刀柄

能让同一束肌肉既进行精确着力控制，又要着力把握。同时，工具的大小、形状、表面应与人手的尺寸和解剖学条件相适应。

（一）避免静态肌肉负荷

当使用工具时，肩部上举或长时间抓握，会使肩、臂及手部肌肉承受静负荷导致疲劳，降低作业效率。如图2-3-2，公司装配生产线上的操作工，就面临这种情况。

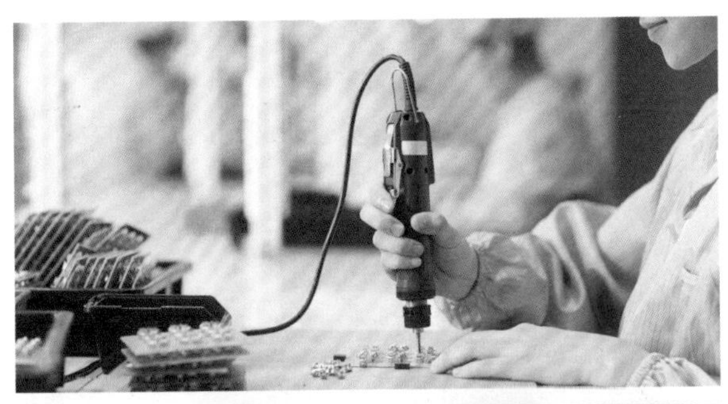

图2-3-2　装配流水线常用工具

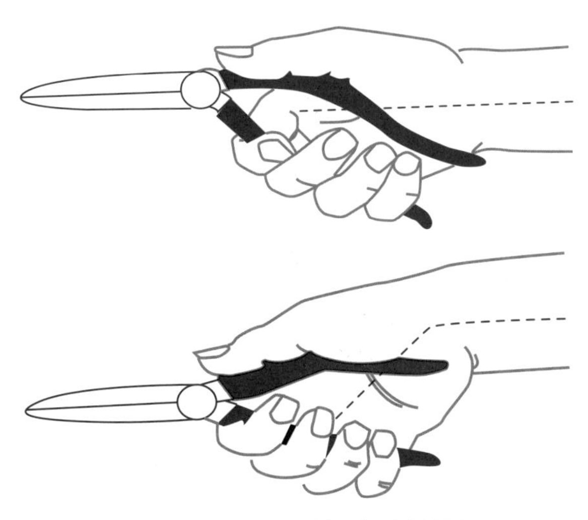

图2-3-3　尖嘴钳的手柄改良设计

（二）保持手腕处于顺直状态

手腕顺直操作时，腕关节处于正常的放松状态，但当手腕处于掌屈、背屈、尺侧偏等别扭的状态时，就会产生腕部酸痛、握力减小，如长时间这样操作，会引起腕道综合症、腱鞘炎等症状。

一般认为，将工具的把手与工作部分弯曲10度左右，效果最好。弯曲式工具可以降低疲劳，较易操作，对腕部有损伤者特别有利。

如图2-3-3是尖嘴钳的传统手柄设计与改进设计的比较，传统设计的尖嘴钳容易造成掌侧偏。测试证明，改良设计后握把弯曲，操作时可以维持手腕的顺直状态，有效减少疾患发生。需要长时间握持作业的园艺剪刀已经普遍采用弯把设计。（图2-3-4）

电锯、手电钻为保证使用者手腕顺直，手柄与作用力呈一定角度，如图2-3-5。

图2-3-4　园艺剪刀

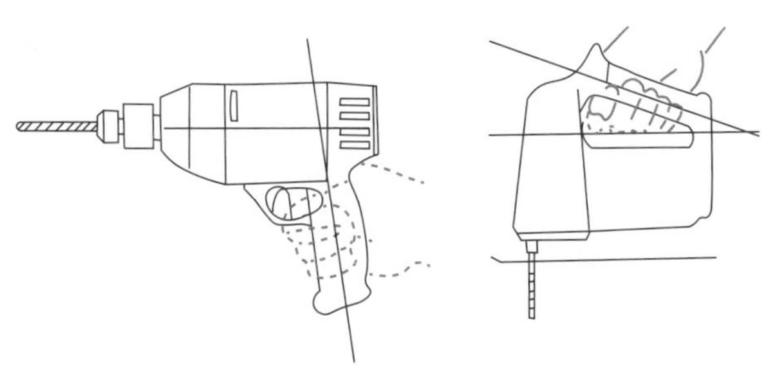

图2-3-5　电钻和电锯的手柄设计

（三）避免掌部组织受压

操作掌握式工具时，常常要用相当大的力，手处于着力抓握状态。如果工具设计不当，会在掌部和手指处造成很大压力，妨碍血液循环，造成局部缺血，导致麻木、刺痛感等。好的把手设计应该具有比较大的接触面，使压力能分布在较大的手掌面积上，减少局部应力，或者使压力作用在不太敏感的区域，如拇指和食指之间的虎口位置。（图2-3-6、图2-3-7）

（四）避免手指重复动作

如果反复用食指操作扳机式控制器时，就会导致扳机指。扳机指症状在使用气动工具或触发式电动工具时常会出现。设计时应尽量避免食指做这类动作，而以拇指或食指弯曲操作代替（图2-3-8）。很多气动工具采用指压板方式控制，达到减轻疲劳的目的。（图2-3-9）

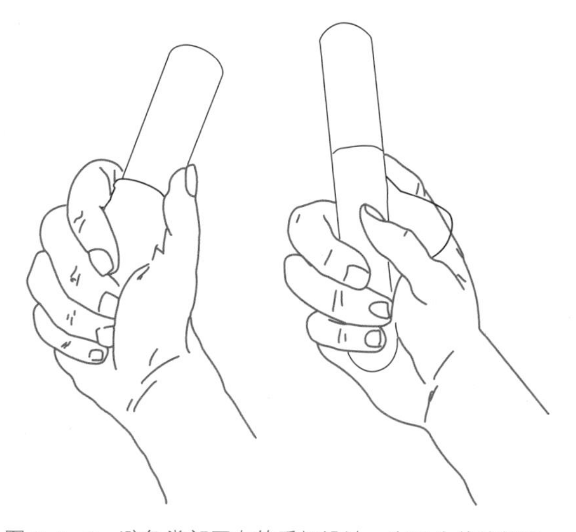

图 2-3-6　避免掌部压力的手柄设计，左图为传统把手，右图为改进设计

图 2-3-7　工具施压集中虎口部位避免掌部受压

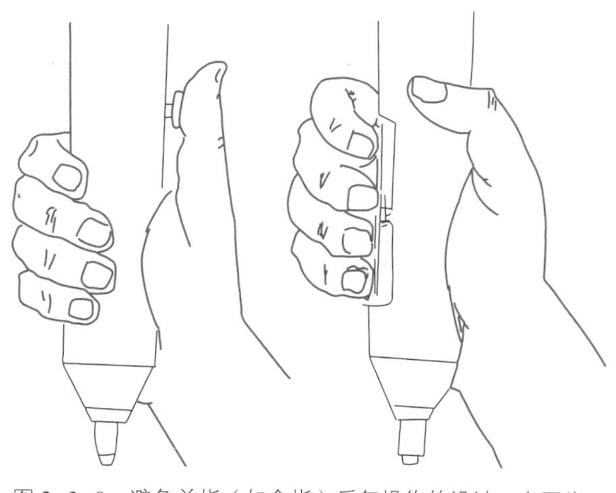

图 2-3-8　避免单指（如食指）反复操作的设计，左图为拇指操作，右图为食指弯曲操作

图 2-3-9　指压板控制

三、手工具设计原则

手工具必须能与手部配合，才能保持适当的手腕和手臂姿势，并能安全使用，同时，在使用时施力才不会造成身体负荷过重。良好的手工具除了使用方便与高效之外，还能够降低累积性伤害，以保护使用者的健康。以下是针对手工具设计的普遍性原则。

（一）宁可弯曲工具的手柄，也不要弯曲手腕

手腕顺直操作时，腕关节处于正中的放松状态，但当手腕处于掌屈、背屈、尺偏等别扭的状态时，就会产生腕部酸痛、握力减小，如长时间这样操作，会引起腕道综合症、腱鞘炎等症状。因此工具的设计，宜尽量保持手腕与前臂正直，避免手腕及手臂的弯曲与尺偏。

一般认为，将工具的把手与工作部分弯曲10度左右效果最好。弯曲式工具可以降低疲劳，较易操作，对手腕部有损伤者特别有利。

（二）选择与所需力量相配合的手柄直径与形状

手柄直径大小取决于工具的用途和手的尺寸。一般手柄比较合适的直径是着力抓握30—40毫米，精密抓握8—16毫米。手柄的截面形状应尽量让手掌与之有较多的接触面积。对于着力抓握，把手与手掌的接触面积越大则压力越小，圆形截面的手柄在操作时容易出现在手中转动的现象，因此椭圆形较好。

（三）手柄长度应不小于100毫米

手柄的长度主要取决于手掌宽度。手掌一般在71—97毫米之间（5%女性至95%男性数据，见表2-1中国成年人的手部尺寸），因此合适的手柄长度为100—125毫米。

（四）以动力代替肌力

动力驱动可以减少人力和重复性的需求，因此可以降低发生累积性伤害的风险（图2-3-10）。但改以动力驱动时却可能会增加手工具的重量，从而增加使用时手部的负荷。

另外，由于在高频率重复使用食指容易导致扳机指，因此扳机要宽大，建议扳机的最小长度为50毫米，同时还要考虑容指空间。

（五）减少对手部组织产生压迫

操作手握式工具时，有时常需要用手部施加相当大的力。如果手柄设计不当，会在掌部和手指处造成很大的压力，妨碍血液在尺动脉的循环，引起

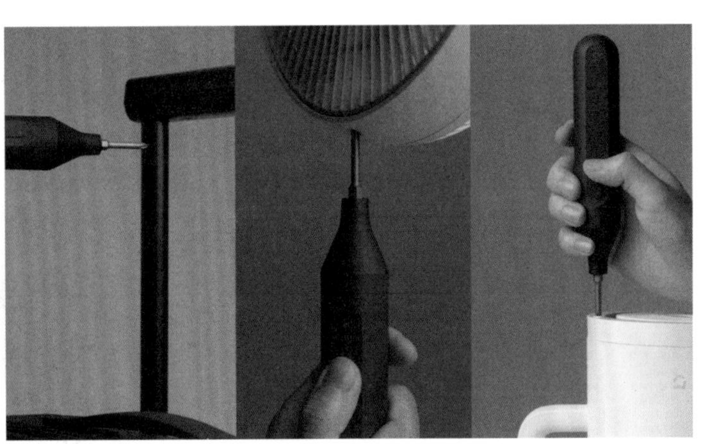

图2-3-10　电动螺丝刀减少重复性施力

局部缺血，导致麻木、刺痛感等。因此，好的手柄设计应该具有较大的接触面，使压力能分布于较大的手掌面积上，减小应力，并使手柄的着力面落在较不敏感的区域。手柄设计还应减少棱角避免有凸点，尽量不要设计凹槽，太大或太小的凹槽都会产生手的局部压力，应使接触面更平顺，使压力分散。

（六）手持工具重量较轻

当工具重量较大或操作姿势不正确时，提举工具和操作很容易造成骨骼肌肉的损伤。在理想状况下，工具应该单手操作，一般手工具应尽量不超过2.3千克。重量在0.9千克到1.75千克之间，操作者感觉最舒适，重复使用的工具重量不要超过1千克。原则上，工具的重心应该穿过手抓握的中心（图2–3–11），这样就不会引起操作者手腕和手臂的旋转，从而不需要克服扭力，就不会引起手及手臂的疲劳。

（七）注意照顾女性、左手优势者等群体的特性和需要

从不同性别来看，男女使用工具的能力有很大的差异。女性约占人群的48%，其平均手长约比男性短2厘米，握力值只有男性的2/3。在设计手动工具时，必须充分考虑这一点。

人们使用工具时，用手都有习惯。人群中约90%的人惯用右手，其余10%的人惯用左手。由于大部分工具设计时，只考虑到右手操作，这样对小部分使用左手者将非常不便。因此，应考虑设计左右手可使用的工具，除了提高左手使用者的效率外，也可以让惯用右手者在右手疲劳时，以左手替换。图2–3–12所示为360度旋转副手柄设计的电钻，适应左右手使用者及不同使用状态。

（八）手柄表面材质

在设计手柄时还需要注意到表面贴层。为确保手柄有较好的抓握感，手与手柄之间必须有足够的摩擦力，避免光滑贴层或抛光的手柄。如橡胶纹路的手柄可有效地减少用力，并防止工具滑出手掌。表面贴层的形式除了受形态的影响外，更重要的是从操作者的手与工具手柄之间的接触面进行考虑（图2–3–13）。与手柄有直接接触或用力的表面，尽可能地采用贴层，以减少工具带来的冲击力。推荐手柄采用塑料或合成橡胶，尖锐边或轮廓可以用胶垫覆盖。

图2–3–11　工具重心穿过抓握中心

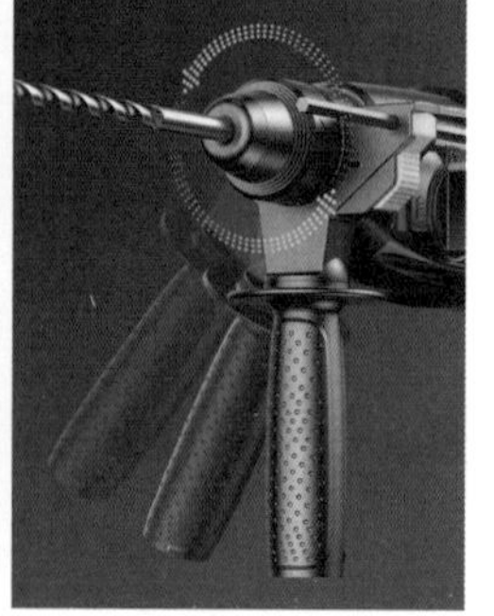

图2–3–12　360度旋转副手柄设计的电钻

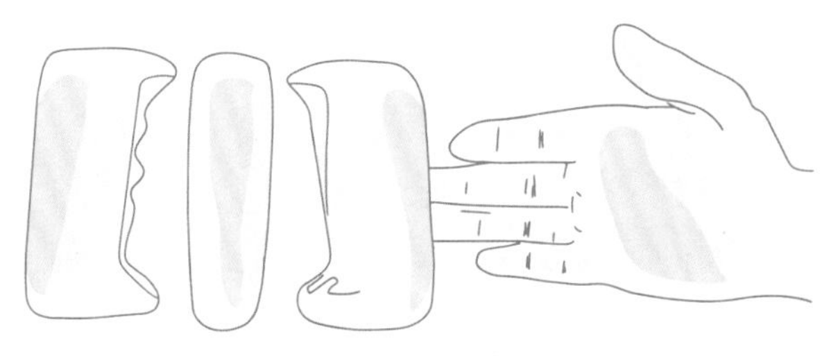
图 2-3-13　手与工具手柄之间的接触面

四、手握式工具手柄设计

在手握式工具中，手柄是最重要的部分，要设计顺手的工具，就要按照解剖学要求进行手柄设计。手握式工具的使用方式是掌面与手指周向抓握，其设计因素包括手柄直径、长度、形状、及表面处理等，见表2-2。

手柄设计要求：尺寸合适，形态合理，抓握舒适。

表2-2　手握式工具设计指南

手工具物料特征	设计指南
重量及配重	重心尽可能接近手掌中心，重量应小于2.3千克
握柄直径	应在2—8厘米之间，力握时最佳把握直径为5厘米
握柄长度	最短应在10—12.5厘米，握柄的尾端不能压迫到手掌
握柄握距	最佳握距在5—8厘米，不宜超过13厘米
握柄形状	应使手掌与握把间的接触面积最大
握柄断面形状	在推力和拉力兼有的作用下，采用宽高比1：1.25的矩形握柄
握柄沟槽	手指沟槽可提供较好的摩擦力，避免滑手，深度不宜超过0.32厘米
握柄角度	握柄角度在19度左右可以减少手腕尺偏

（一）手柄直径

手柄直径大小取决于工具的用途与手的尺寸，如图2-3-14。例如螺丝刀，直径大可以增加扭矩，但太大握力减小，降低灵活性和作业速度。比较合理的直径是着力抓握在30—40毫米之间，精密抓握在8—16毫米之间。

（二）手柄长度

手柄长度主要取决于手掌宽度，如图2-3-15。按中国人体尺寸中男性手宽的大百分位数计算，合适的把手长度在100—125毫米之间。

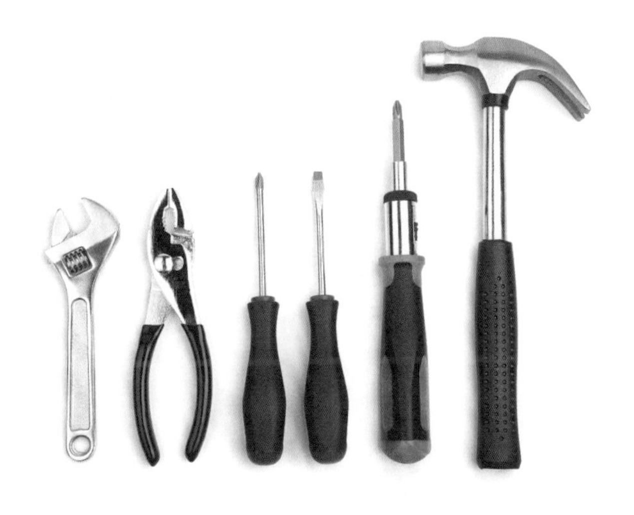
图 2-3-14　不同工具手柄尺寸

图 2-3-15　工具手柄长度与手掌宽度

（三）手柄的截面形状

手掌不宜承受过大的压力。施加的压力过大，会对手掌上的肌肉造成伤害，容易引起擦伤、麻木或手指的轻微刺痛。所以手柄的截面形态应该符合手掌的生理结构。在设计手柄的形态时，应使手柄被握住部位与掌心和指骨间肌之间留有空隙，从而改善掌心和指骨间肌集中受力状态，保证手掌血液循环良好，神经不受过强压迫。

对于着力抓握，传统的把手是圆形的截面，不符合手抓握时的自然状态，这种抓握使手柄很容易从手上滑落；三角形的截面手柄局部太宽，不易握紧，同时，手柄的转角压迫了手掌，影响了手部的血液流动；接近椭圆的截面是最理想的形态，适合工具工作的方向性，同时手握时有足够的摩擦力，最适合手的抓握（图2-3-16）。如用于精确控制，需考虑柄头与掌心配合的舒适性和操作的灵活性。三角形或矩形截面手柄有较好的防滑性和放置稳定性，“丁”字形、斜“丁”字形常用于螺丝、起子等。

考虑作业性质的不同，在抓握的同时还会产生移动或扭动，可在表面设计凹凸以增加阻力，防止打滑，或者做成局部异形。如图2-3-17摩托车和电动车右手柄，既是车把，负责控制方向，又是控制开关，扭动时负责加减速。有时在手柄尾端增加凸缘，防止手滑出。

例如螺丝刀属于通用型的工具，一般由手指和手掌共同握持，手柄头顶住掌心，靠拇指与其他手指配合，扭动时需要握紧并使出较大的力和扭矩，属于着力抓握。因此，螺丝刀柄不能简单地按握持手柄处理，必须考虑柄头与掌心配合的舒适性，如图2-3-18。当螺丝刀用于钟表维修等精密作业场合时，需要的力和扭矩不大，而灵活、精确控制是主要的，需要两根手指捏握，此时的手柄体积小，操控灵活，如图2-3-19。

（四）手柄表面质感

粗糙可以增加摩擦力，比光滑表面更容易握持。但粗糙表面舒适性差，现在一般通过表面处

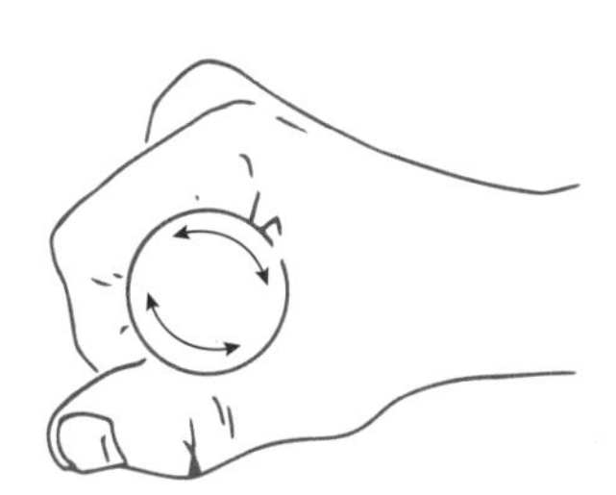
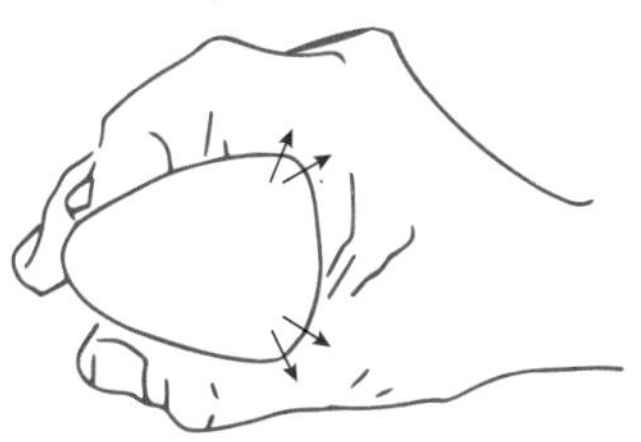
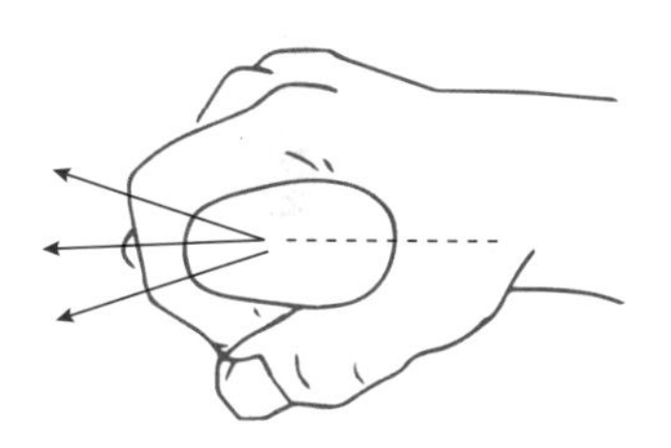

图2-3-16　着力抓握的手柄横截面

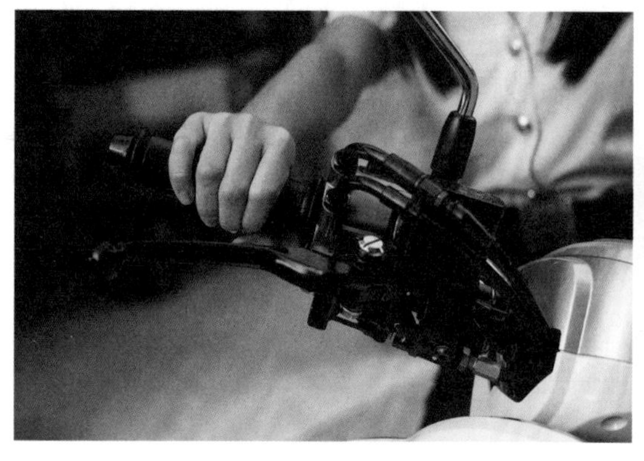
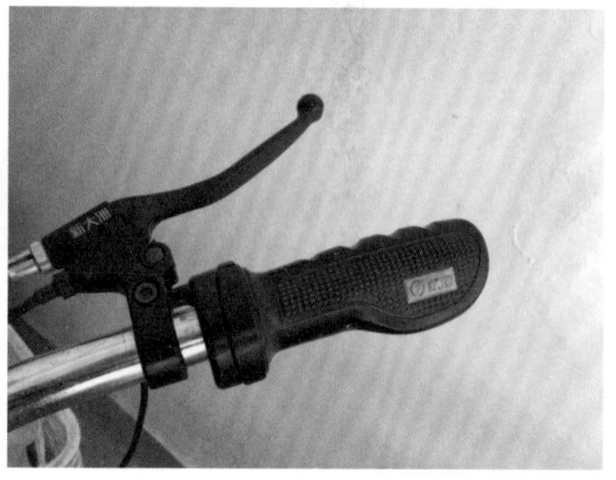

图2-3-17　车把形状设计

图 2-3-18　着力抓握的螺丝刀

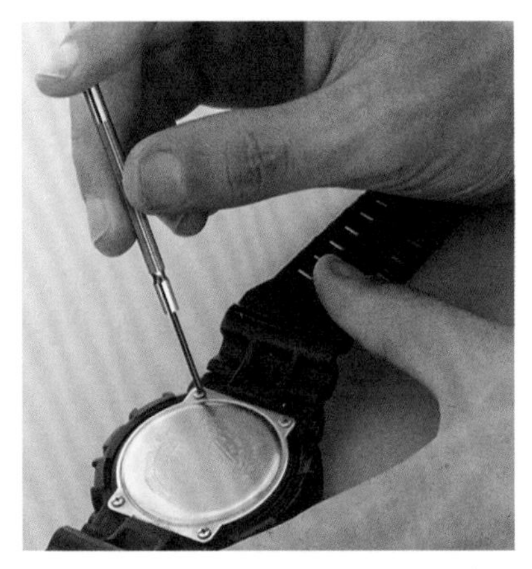
图 2-3-19　操控灵活的螺丝刀

理的方式，在保证舒适性的同时增大摩擦力，使抓握更可靠。比如橡胶，常被用作复层材料，用在一些工具的手柄上。采用材料表面处理的方式改善手柄表面状态，是现代工业设计的发展趋势。图2-3-20为各类工具手柄表面设计。

图 2-3-20　工具手柄设计要在保证抓握舒适性基础上增加摩擦力

（五）手持电动工具

手持电动工具需要长时间握持，在控制工具姿态稳定的同时还要沿某一方向用力。有的使用中会产生较大振动，需增加圆柱形辅助手柄，以提高握持的稳定性，如图2-3-21。有时根据产品结构的需要，手柄往往做成中空的异形截面，中空部分安放控制系统，外表面包覆橡胶类复层材料以提高抓握的舒适性。如图2-3-22，电动工具涉及姿态稳定、施力及结构需要，采用异形手柄。

图 2-3-21　圆柱形辅助手柄的电动工具

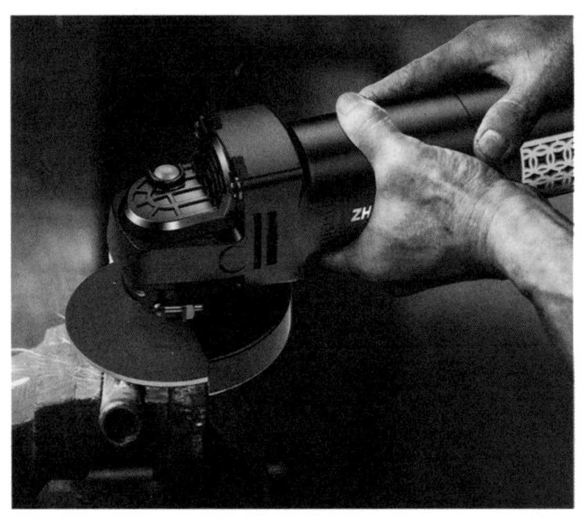
图 2-3-22　异形手柄的电动工具

第四节　设计高效的操控

在操作过程中所使用的力称为操纵力。它主要是肢体的臂力、握力、指力、腿力或脚力，有时也会用到腰力和背力等躯干力量。操纵力与施力的人体部位、施力方向和指向，施力时人的体位姿势、施力的位置以及施力时对速度、频率、耐久性、准确性的要求等多种因素有关。

一、人体施力与操纵

（一）人体主要部位的肌肉力量

人们使用器械、操纵机器所使用的力，主要是肌肉的力量，一般女性的肌力比男性低20%—30%。习惯用右手的人，右手肌力比左手约高10%；习惯用左手的人（左撇子），左手肌力比右手约高6%—7%。（表2–3）。

（二）坐姿的手臂操纵力

手臂平举状态最容易发力。在前后和左右方向上，向着身体方向的操纵力大于背离身体方向的操纵力。在上下方向上，向下的操纵力大于向上的操纵力，见图2–4–1、表2–4。利势手操纵力大于非利势手操纵力。

（三）立姿手臂操纵力

鉴于人体解剖结构并经实验证明，前臂与上臂夹角呈70度时，具有最大操纵力。（图2–4–2）

（四）坐姿的脚蹬力

在有靠背的座椅上，由于靠背的支撑，可以发挥较大的脚蹬操纵力。脚蹬力的大小与施力点的位置、施力方向有关。测试证明，坐姿下与铅垂线约呈70度的方向是最适宜的脚蹬方向，此时大腿不水平，膝部略抬高，大小腿之间的夹角在140度至150度之间。从俯视的方向来看，腿的脚蹬方向偏离正前方15度以上，操纵力就明显减小，灵敏度也降低。（图2–4–3）

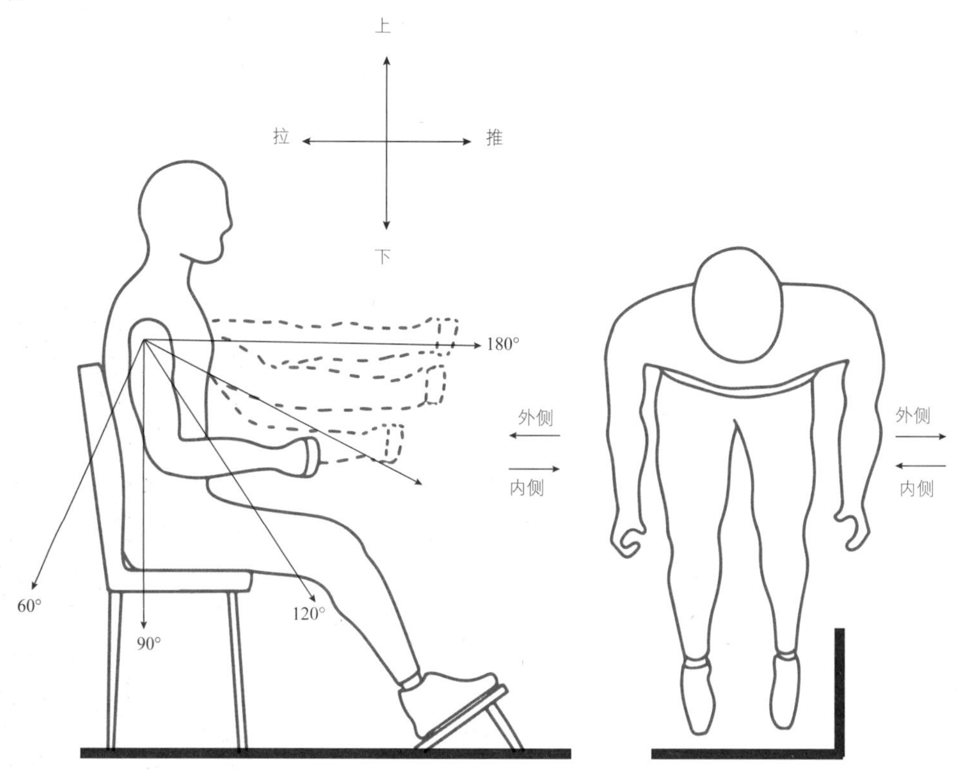

图2–4–1　坐姿手臂操纵测试

表2-3 人体主要部位肌肉力量

肌肉的部位		力/牛 男	力/牛 女	肌肉的部位		力/牛 男	力/牛 女
手臂肌肉	左	370	200	手臂伸直时的肌肉	左	210	170
	右	390	220		右	230	180
肱二头肌	左	280	130	拇指肌肉	左	100	80
	右	290	130		右	120	90
手臂弯曲时的肌肉	左	280	200	背部肌肉（躯干曲中的肌肉）		1220	710
	右	290	210				

表2-4 坐姿手臂操纵力

手臂的角度/（度）	拉力/牛		推力/牛	
	左手	右手	左手	右手
	向后		向前	
180	225	235	186	225
150	186	245	137	186
120	157	186	118	157
90	147	167	98	157
60	108	118	98	157
	向上		向下	
180	39	59	59	78
150	69	78	78	88
120	78	108	98	118
90	78	88	98	118
60	69	88	78	88
	向内侧		向外侧	
180	59	88	39	59
150	69	88	39	69
120	88	98	49	69
90	69	78	59	69
60	78	88	59	78

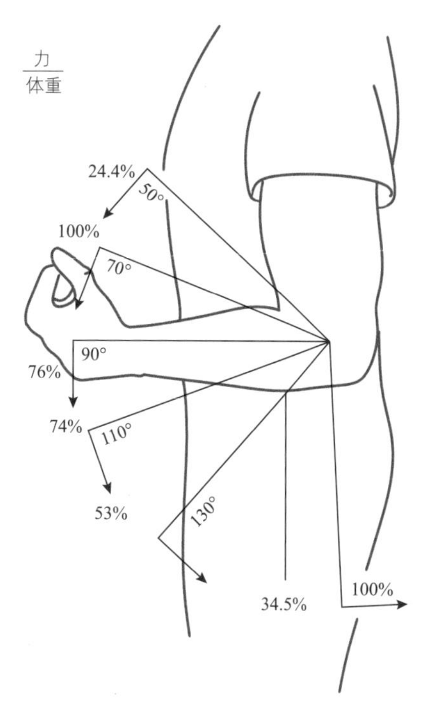

图 2-4-2　立姿手臂操纵力分布

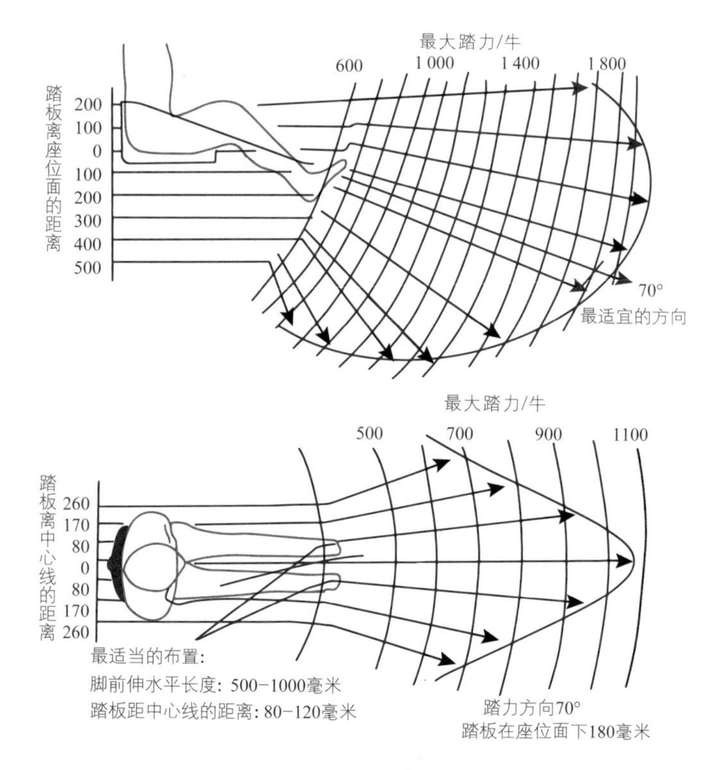

图 2-4-3　坐姿脚蹬力

二、肢体的运动输出特性

（一）运动速度与频率

肢体运动速度的快慢，在很大程度由肌肉收缩的速度决定。操作动作速度还取决于动作方向和动作轨迹等因素。表2–5是理想状态下（运动阻力极小、行程或转角很小、使用优势手或脚测试）人体不同部位、几种常见操作能够达到的最高频率。

表2–5　人体各部位最高运动频率（次/秒）

运动部位/运动形式	最高频率
小指/敲击	3.7
无名指/敲击	4.1
中指/敲击	4.6
食指/敲击	4.7
手/拍打	9.5
手/推压	6.7
手/旋转	4.8
前臂/屈伸	4.7
上臂/前后摆动	3.7
脚/以脚跟为支点蹬踩	5.7
脚/抬放	5.8

（二）运动准确性及其影响因素

准确性是运动输出质量的重要影响指标。在人机系统中，不准确的高速运动可能导致事故发生。影响运动准确性的主要因素有运动时间、运动类型、运动方向、操作方式等。图2–4–4是操作方式的对比实验，上排的操作准确性优于下排。

三、常用类型操纵器

常用类型操纵器的人机工程学要素包括形状、尺寸、操作力、操作体位和方向。图2–4–5、图2–4–6为常用操纵器及在各种产品上的应用案例。

（一）常用操纵器功能及分类

1. 按操控方式分

手动、脚动、声控。

2. 按操控运动轨迹分

旋转式：旋钮、摇柄、十字把手等。

移动式：操纵杆、手柄、推扳开关等。

按压式：按钮、按键等。

3. 按操控功能分

开关式：ON/OFF 两者之中的选择。

转换式：两个至多个的功能选择。

调节式：量的控制。

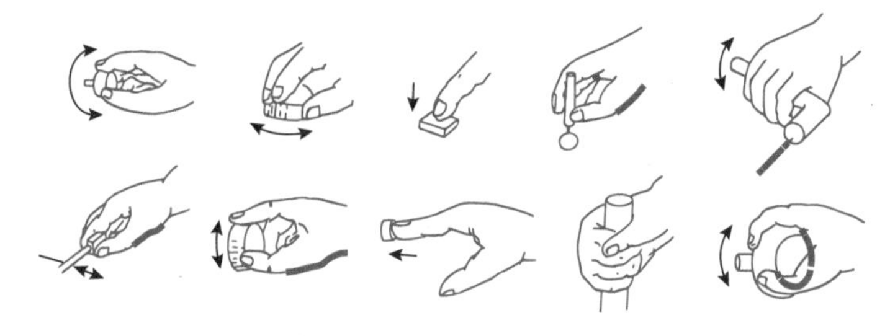

图 2-4-4　不同操纵方式对准确性的影响

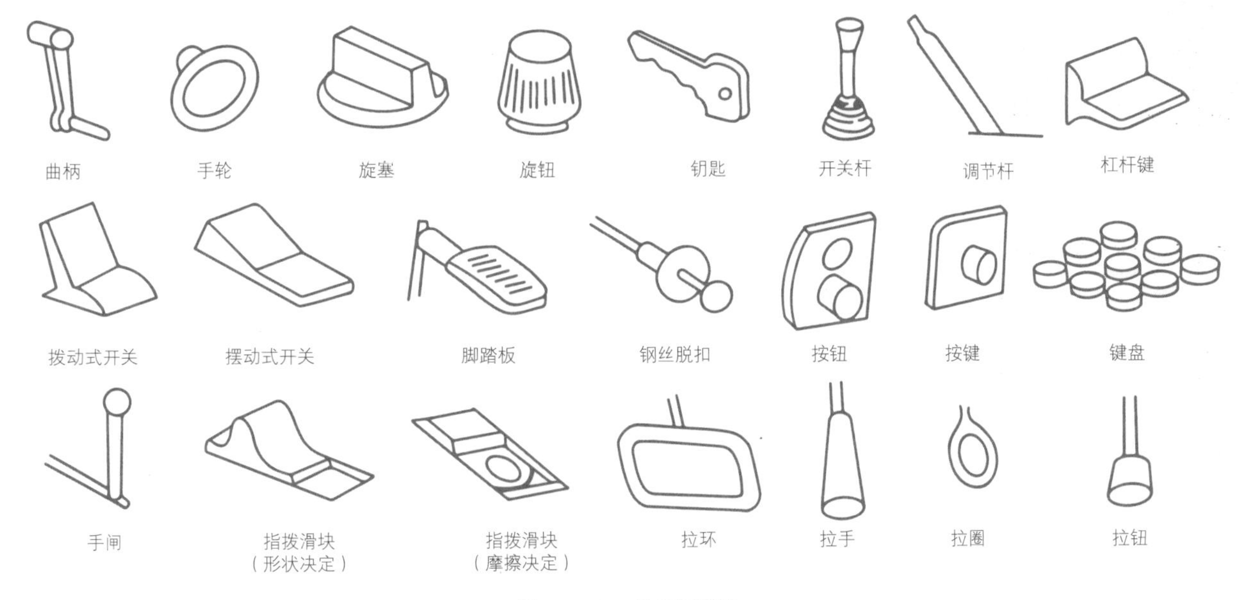

图 2-4-5　常用操纵器

图 2-4-6　操纵器在各类产品中的应用

紧急开关：比较特殊类别的设计，有些需要放在不宜碰到的地方，有些需要放在非常明显的位置上。

（二）操纵器的选择

不同类型的操纵器功能、特点不同，可以参照表2-6选择。

表2-6　操纵器选择

操纵器名称	使用功能				
	启动	不连续调节	定量调节	连续调节	输入数据
按钮	●				
板钮开关	●	●			
旋钮选择开关		●			
旋钮		●	●	●	
踏钮	●				
踏板			●	●	
曲柄			●	●	
手轮			●	●	
操纵杆			●	●	
键盘					●

（三）操纵器的设计

操纵装置的设计应考虑两种因素：一种是人的操纵能力，如动作速度、肌力大小、连续工作的能力等；另一种是操纵装置本身，如操纵装置的功能、形状、布置、运动状态及经济因素等。按人机工程学原则来选择操纵装置，就是要使这两种因素协调，达到最佳的工作效率。在设计中要解决好操纵器的几个要素：形状、尺寸、操作力、操作体位和方向等。

操纵器设计有以下基本要求。

1. 操纵器尺寸的形态设计

操纵器的大小必须与人手尺度相适应，以使操纵活动方便、舒适而高效，同时应根据人体测量数据、生物力学以及人体运动特征进行设计，适合大多数人，按照全体操作者中第5百分位来设计。

（1）需要使用手或者手指，用力小，能精准控制操纵器。

（2）需要使用手臂或者脚，用力大，无需精准控制操纵器。

如图2-4-7电视遥控器，操作力小，需要控制精准，设计为适合单手手指操作的尺寸与形态。汽车方向盘需要较大的操作用力，不能用手指控制，设计为适合双手及手臂同时操作的尺寸与形态。自行车的脚踏板为自行车提供动力，需要操控力量很大，而不需要掌控自行车行驶方向，因此采用适合双脚蹬的脚踏板设计，其尺寸和形态与脚的尺度适应。

2. 操纵器的运动方向设计

操纵器的运动方向应与预期的功能和产品的被控方向相一致。

（1）从左到右表示加强或增多。

（2）从低到高表示增多。

（3）顺时针旋转代表增强与打开，逆时针代表减少与关闭。如图2-4-8蓝牙音响音量键与灯光开关设计为同一个功能键，正旋（顺时针）打开灯光、增加音量，反旋（逆时针）关闭灯光、减少音量。

（4）角度的控制与实际操作一致，如方向盘。

3. 操纵器的施力设计

利用机械和物理原理减少操作用力。人的操作用力是有限的，而且用力越大越不精准，因此要尽量减少操作用力。

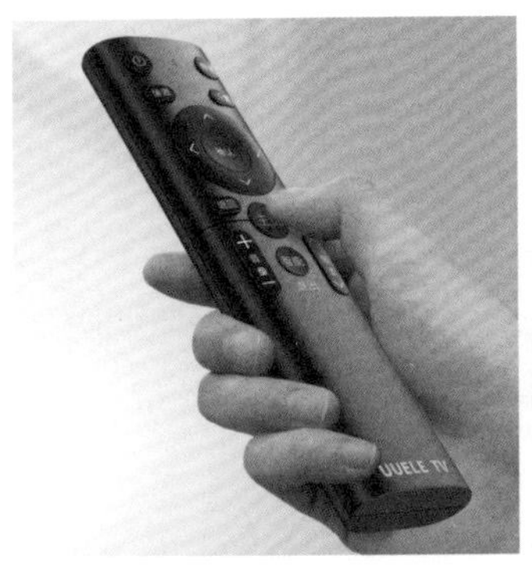

图 2-4-7　控制力量大小、控制精确度影响操纵器尺寸与形态设计

图 2-4-8　蓝牙音响音量键与灯光开关操控设计

4.操纵器的功能键设计

处理好按键数量和功能组合之间的关系。单一功能的操纵器认知上简单明了，但是当需要控制的要素数量较多的时候，会增加操纵器的数量。选用多功能按键可以减少操纵器的数量，但是也会带来操作方面的复杂程度。在处理操纵器数量和使用难度的时候需要进行合理的整合，达到使用难度最低的平衡点。如图2-4-9语音遥控器增加了语音功能，与按键功能进行了整合，面板功能键数量较传统的遥控器减少了很多。

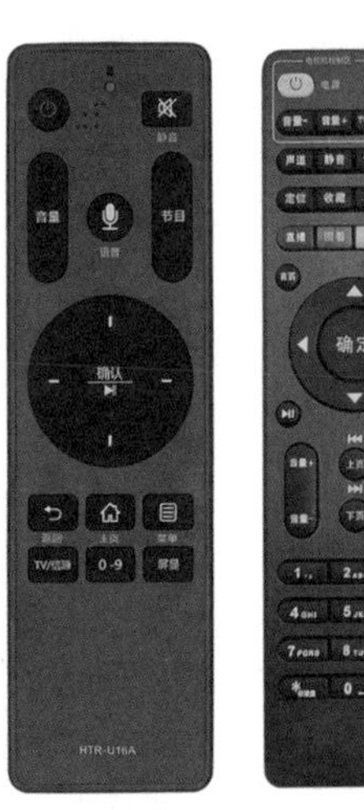

图 2-4-9　语音遥控器与传统遥控器功能键对比

（四）常用操纵器

1.旋转式操纵器

一般单手操纵，可360度旋转，灵活、方便、可靠。有旋钮、手轮、摇把等多种形式，在机床上应用比较多。下面以旋钮式为例，做一下具体分析。旋钮的大小，根据操作时使用的手指的不同部位而定，其直径以能保证动作的速度和准确性为标

准。如图2-4-10是用手的不同部位操纵时旋钮的最佳直径和操作力。为了使手操控旋钮时不打滑，常把旋帽部分做成各种齿纹或多边形，以增强手的握执力。对于有凸棱的指示型旋钮，手执握和施力的部分是凸棱，因而凸棱的大小必须与手的结构和操纵活动相适应，以提高操作效率。如图2-4-11为汽车上各式旋钮式操纵。

2.移动式操纵器

一般由手柄和操纵杆构成，简称操纵杆，用于在活动范围有限的场所进行多级快速调节。根据人手的生理结构特征设计手柄形状和尺寸，保证使用方便和提高效率。当手执握手柄时，施力和使手柄转动都是依靠手部肌肉完成的。手掌心部分肌肉

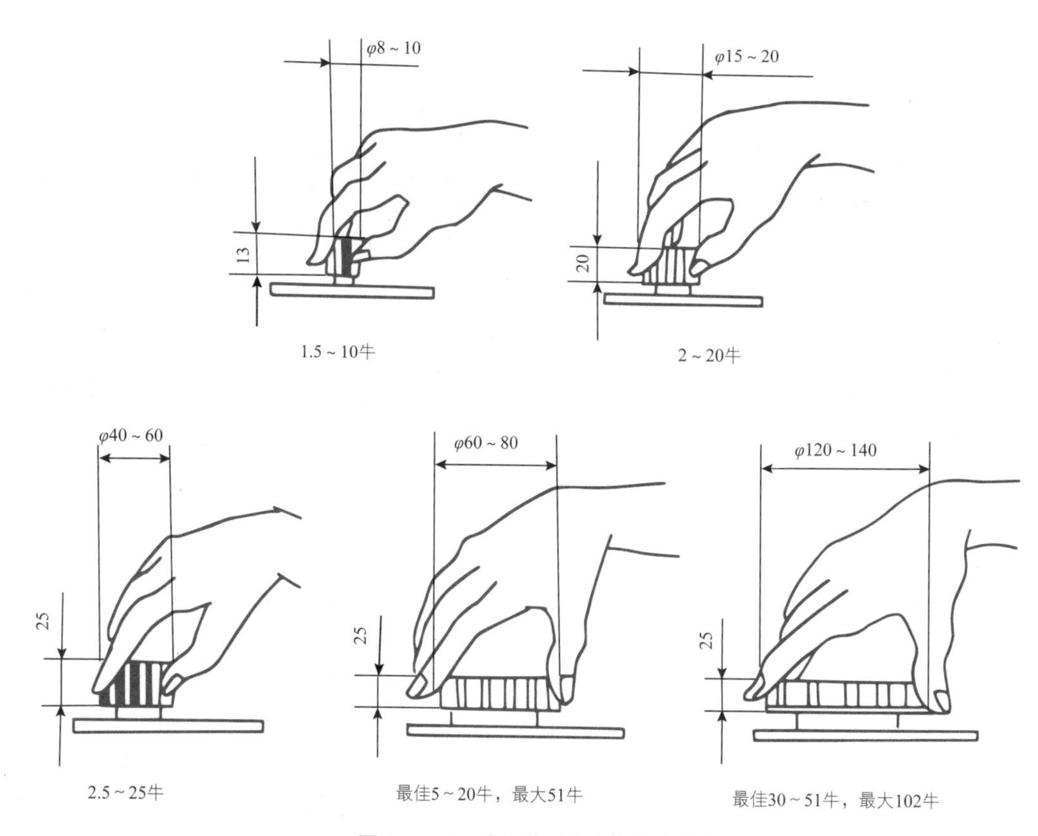

图2-4-10　旋钮的最佳直径和操作力

图2-4-11　汽车上的旋钮式操纵

少，在设计手柄时，为防止掌心受压，手柄形状应比掌心略小，握住手柄时掌心略有空隙减少压力和摩擦。如图2-4-12为手动挡汽车的档位手柄，多为近似球形，以使换挡操作更加灵活、迅速、准确。

为了减少手的运动、节省空间和减少操作的复杂性，采用复合多功能的操纵器有很大优点。如飞机上使用的复合型操纵杆上附设多种常用开关，飞行员的手可以不必离开操纵杆，就能完成多种操作。（图2-4-13）

3. 按压式操纵器

按压式操纵器一般只有接通和断开两种状态，操作方便、效率高，在现代产品中应用广泛，常见的如电源插线板、电视遥控器（图2-4-14）。开关键通常用作系统的启动和关停，有的还带有信号灯。开关键的尺寸主要按成人手指端的尺寸和指端弧形设计，使得操作更舒适。按键凸出面板一定高度，各个按键之间有一定的间距。有时，多个按键集中分布时，常用不同形状和颜色区分不同的功能，如遥控器和汽车多功能方向盘，按键位置固定，通过不同形态区分功能，方便操作。如图2-4-15电脑键盘使用的就是按压式按键，键盘要考虑指压键盘力度、回弹时间、使用频度、手指移动距离。同时，由于按键数量多，进行功能分区合理的布局和相对固定的位置关系有助于提高操作效率。电脑键盘可以实现盲打操作，一个熟练的使用者平均敲击速度可达5次/秒。

图2-4-12 手动挡汽车的档位操纵杆

图2-4-13 飞机上附设多种开关的复合型操纵杆

图2-4-14 各类按压式操纵器

图2-4-15 有功能分区的电脑键盘

4. 脚踏操纵器

脚踏操纵器包括脚踏板和脚踏钮两种形式。脚踏板多用于需较大操纵力、用手无法操作的场合，如汽车的加速器（油门）和制动器（刹车）。为了防误操作，脚踏有一个启动阻力，表面有防滑齿纹。脚操纵器的空间位置直接影响脚的施力和操纵效率（图2-4-16）。对于刹车踏板等蹬力要求较大的脚操纵器，其空间位置应考虑施力的方便性，使脚和整个腿在操作时形成一个施力单元，大小腿之间的夹角在105度至135度范围内，以120度最佳（图2-4-17）。脚踏钮多用于操纵力较小、需经常动作的场合，比如落地灯的脚踏式开关，对脚部施力方向与角度没有太高要求。（图2-4-18）

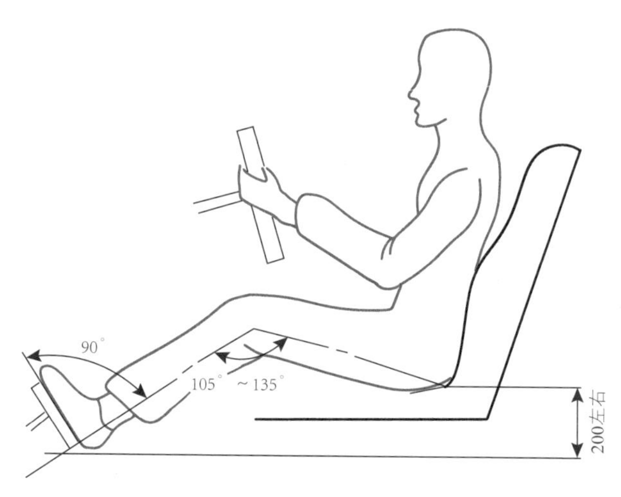

图 2-4-16 脚踏板的施力关系

图 2-4-17 汽车脚踏板

图 2-4-18 落地灯脚踏钮

第五节　足部构造与机能

在《中国成年人人体尺寸》（GB/T10000-1988）中，给出的足部尺寸，有足宽和足长两项，见图2-5-1、表2-7。除了足部尺寸差异之外，脚的形状个体差异也很大。例如即使相同长度的脚，宽度或足围、脚裸的高度等也会不同。另外，即使同一个人的脚左右也不一样，休息时、直立时、走路时形状或尺寸也会发生变化。

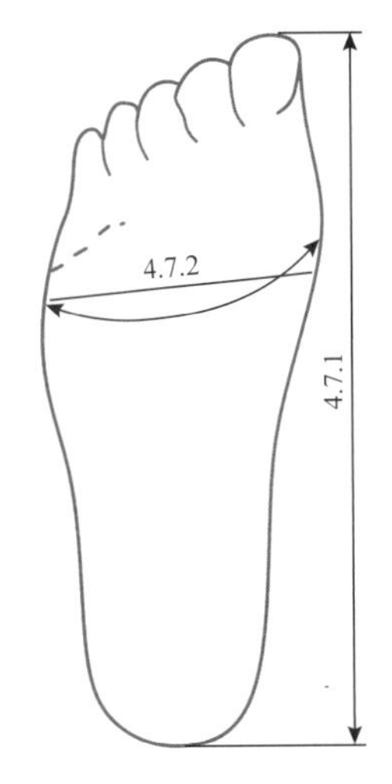

图2-5-1　人体足部尺寸测量

一、足部构造

足是由大小26块骨头构成的，足的构造如图2-5-2。从横向看，足部骨头可以分为两大群，连接踵骨、距骨、舟状骨、楔状骨、中足骨的拱形骨群A，以及连接踵骨、立方骨、中足骨、基节骨、中节骨、末节骨的拱形骨群B。当足着地时，骨群A在上侧位置，主要是承受运动的机能。骨群B位于地面一侧，起支撑体重的作用。支撑体重的骨群不易弯曲很牢固，掌管运动的上侧骨群和韧带结合与肌肉连接变得容易运动。另外，这两个拱形在足的前端成并列的形状，在后端上下重叠。掌管足运动的肌肉群是小腿的诸肌肉和足底肌肉群。向足里面弯曲的屈筋群数量较多，而向足背面弯曲的伸筋数量少且力量也弱，这个功能适合向后方踢地面、向前进的步行。

人在走路的时候，是按脚后跟、小脚趾根部、大脚趾的脚尖这样的顺序进行着地、离地的，也就是从足部外侧带动内侧进行的，走路时的“跨步”动作通过大脚趾的根部着地完成。模特走台步是沿着一条直线走的，比较容易疲劳。人在站立时，受体重作用，足宽和足长都会发生变化。（图2-5-3）

二、足部机能

足踝部可以适应不同类型的地面，承受数倍于自身体重的重量，并在运动中高效地储能和释能。在日常生活和运动中，足踝部进行的是由跖屈、背屈、内翻、外翻、外展、内收等六种基本运动形式

表2-7　人体足部尺寸（单位：毫米）

测量项目 \ 百分位数 \ 年龄分组	男（18—60岁）							女（18—55岁）						
	1	5	10	50	90	95	99	1	5	10	50	90	95	99
4.7.1足长	223	230	234	247	260	264	272	208	213	217	229	241	244	251
4.7.2足宽	86	88	90	96	102	103	107	78	81	83	88	93	95	98

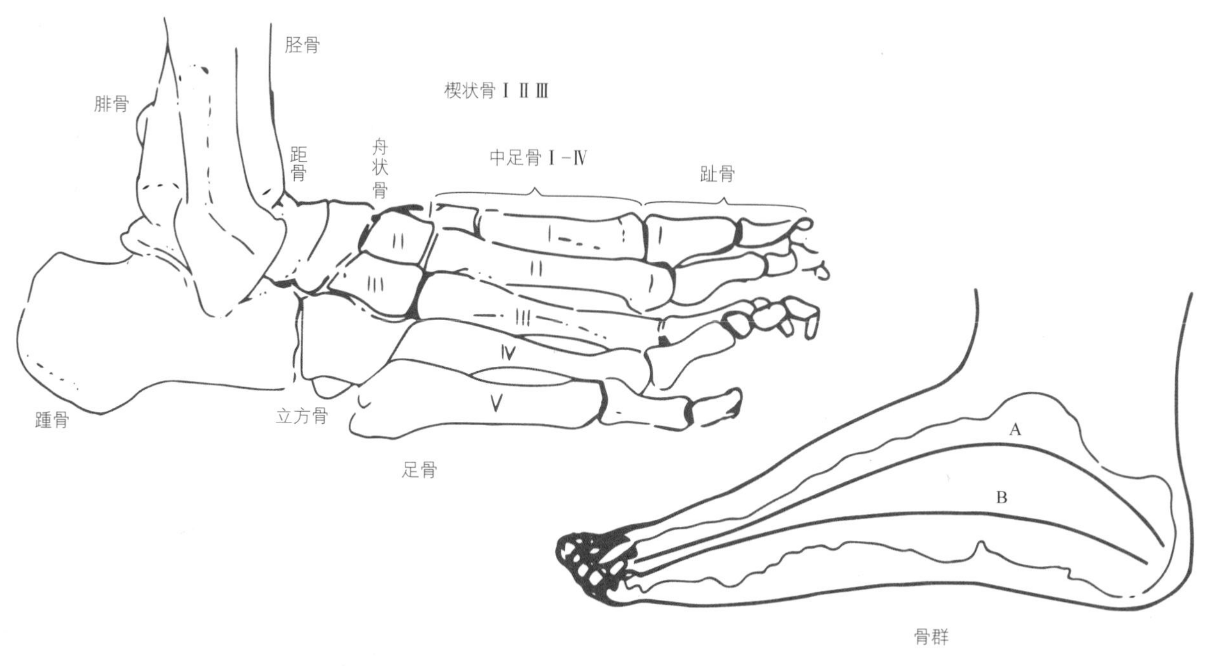

图 2-5-2　人体足部构造

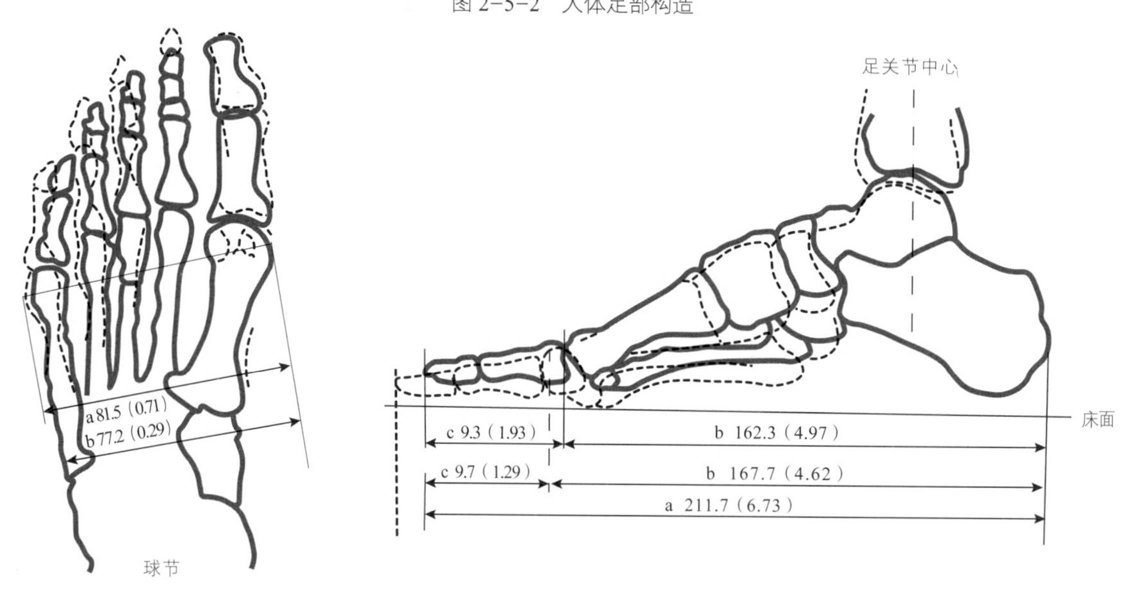

图 2-5-3　没承受体重（实线）和承受体重（虚线）时足部的变化

合成的组合运动（图2-5-4），以及两种组合运动模式，称为旋前和旋后。其中，旋前是指背屈、外翻和外展的组合，旋后则是跖屈、内翻和内收。

人类的步行需要高级的协调能力。步行时，交替地进行旋前和旋后，完成从足跟触地到下次足跟触地的步态周期，可以分为支撑相和摆动相（图2-5-5）。支撑相大约占步态周期的62%，摆动相占步态周期的38%。支撑相又可细分为跟着地—足平放—跟离地—趾离地这几个重要的时间区分点（图2-5-6）。

从初始足跟的外侧着地开始，使得后足、中足、前足依次进行旋前，同时腿部、髋关节、骨盆

和脊椎依次出现旋转。（图2-5-7）

旋后则从支撑相中期开始，后侧下肢依次进行旋后。（图2-5-8）

着地时，足部旋前，跗骨处于相对松弛的状态，有利于吸收震动，并将弹性储存在结缔组织中；而支撑相中期，脚后跟抬起时，跗骨锁定，储存于结缔组织的能量被释放，能更高效地推进身体向前。

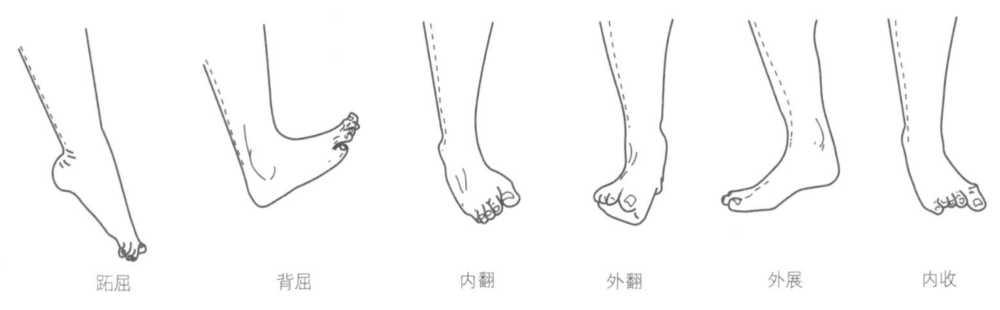

图 2-5-4　足踝运动基本形式

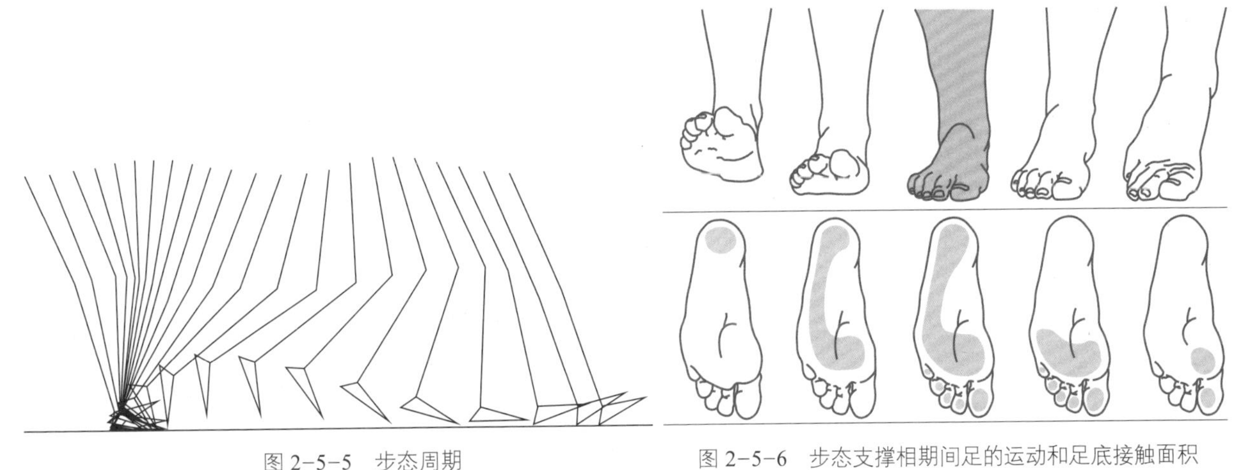

图 2-5-5　步态周期

图 2-5-6　步态支撑相期间足的运动和足底接触面积

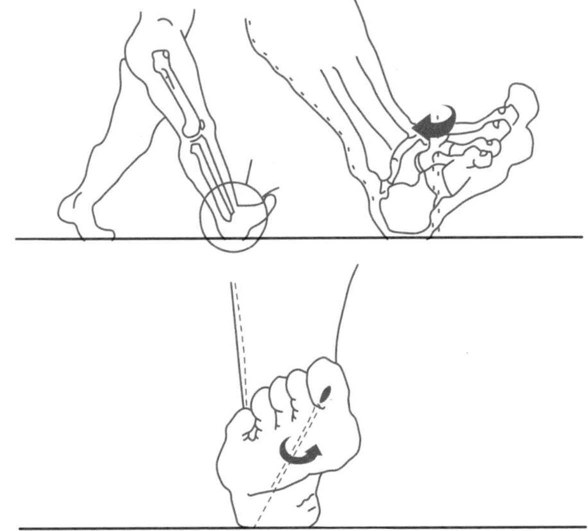

图 2-5-7　足部运动过程

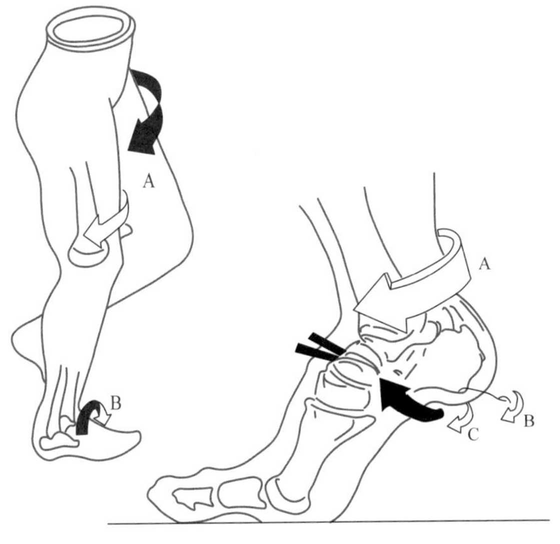

图 2-5-8　下肢旋后

三、鞋跟的作用

测试结果显示：鞋跟是3厘米以下时，小腿部的腓腹肌变化不大；3厘米以上时，肌肉活动急速增加。因此，鞋跟高度到3厘米是比较适合的，3厘米以上，随高度增加，肌肉疲劳程度增加（图2-5-9）。由于人的足部结构是不均匀的，无论是骨骼、肌肉还是韧带，足前掌都比足后掌差。人体一旦处于提踵状态，也就是后脚跟提起的时候，足弓缓冲震动的功能显著减小，并加剧跖骨疲劳和足底腱膜劳损，从而使足弓过劳性损伤概率大大增加。实验证明，穿上高跟鞋行走时，脚掌部分的骨关节受力显著增加，第一跖趾关节点的最大受力值，是穿球鞋时该点最大受力值的4倍（图2-5-10）。通过对比穿平底鞋与穿高跟鞋的足底压力分布得出，鞋跟越高，足前掌受到的地面反作用力越大，越容易导致腰背痛。当女性穿上高跟鞋后，骨盆前倾、重力线前移，为了维持稳定势必采取挺胸、翘臀、腰后伸姿势重新建立平衡，女性曲线美得以展现的同时，由于过度的腰后伸，使腰背肌收缩绷紧，腰椎小关节剪切应力增加，关节囊处于紧张状态，长期下去，腰背肌、关节囊及小关节易发生劳损，产生腰背痛。

四、合适的鞋

鞋子的主要功能是保护脚的，同时能够辅助我们更舒适地行走、运动，在现代生活中，它已成为服饰的一部分。我们有这样的生活经验，在商场买鞋时，要穿在脚上走几步试试。从脚的自身生理特征来讲，选购鞋子的时候要注意三点：首先，在下午试鞋，因为与上午相比下午脚的体积会增加约5%；其次，选左右脚中较大的一只试鞋，因为左右脚的长度或宽度都有差别；最后，穿鞋后走几步试试，因为体重负荷会使足部产生伸展和膨胀。

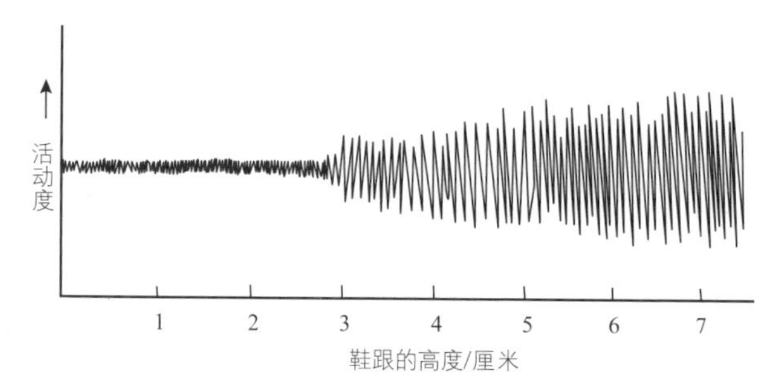

图2-5-9　鞋跟的高度和肌肉活动（根据针电极法）

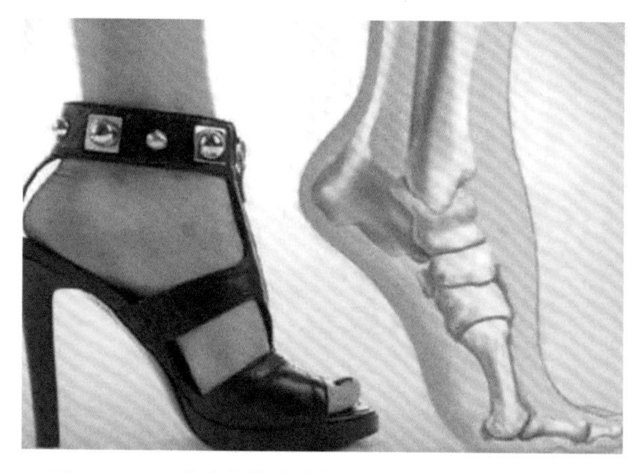

图2-5-10　穿高跟鞋脚掌部分的骨关节受力显著增加

第六节 设计舒适的鞋

一、鞋楦的重要性

鞋楦是鞋的成型模具，不仅决定鞋的造型和式样，更决定着鞋类产品是否符合脚型、能否起到对脚的保护以及好的舒适性，鞋所具有的功能性都是鞋楦赋予的。鞋楦的设计必须以脚型规律的研究为基础，在脚型规律研究中得出符合规律的脚部数据，脚部数据又成为产生鞋楦数据的重要依据，最终再按照鞋楦数据生成鞋楦。（图2-6-1）

鞋楦的造型设计分两部分：一是外观形态，包括头型、体态、底翘等；二是各部位宽窄、饱满度、弧度、跗背高低符合脚的特征实用功能。鞋楦造型的好和差直接影响着鞋类产品成型后的质量和效果，起着极为重要的作用，因此说它是“艺术和实用”的统一体。

二、鞋楦的关键数据

想设计出舒适的鞋，首先要确定鞋楦尺寸，鞋楦关键部位的尺寸关系如图2-6-2所示。

图2-6-1 鞋楦是鞋的成型模具

楦斜长：楦底前端点到统口后点的直线长度，用于鞋楦和鞋模的设计制作。

楦底样长：楦底前后端的曲线长度。楦底样长也是内底长，在鞋楦设计、鞋样设计和样板制作时都会用到。

楦底长：楦底前后的直线距离，用于鞋模的设计与制作。

楦全长：楦底前端与后跟突点的直线距离，用于鞋楦和鞋模的设计制作。

放余量：为使脚在鞋内有一定的活动余地所加出的余量。

后容差：鞋楦前后掌同处于一个平面状态下，楦底后端点与后跟突点间的投影距离。

三、鞋的前跷设计

脚的前跷又称自然跷度，是在不负重并自由悬空的状态下，由跖趾部位向前至脚趾自然向上弯曲并与脚底平面构成的角度。行业内以往默认把成年人脚的自然跷度角设为平均15度。在2002年进行的我国第二次脚型调研中，我国成年人脚的自然跷度角平均不大于10度，且女性大于男性。

鞋的前跷应以脚的自然跷度为依据。适当的前

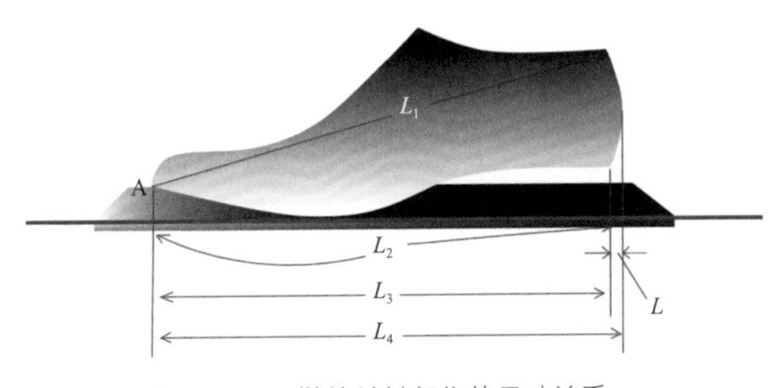

图2-6-2 鞋楦关键部位的尺寸关系：
L_1楦斜长 L_2楦底样长 L_3楦底长 L_4楦全长 L后容差

跷，在步行时脚的跖趾关节曲背运动相对减少，走起路来比较轻快。前跷过低，鞋前头底部受损加快；前跷过高，会导致前掌突度过大造成足横弓下塌，引起拇趾关节畸形等病症，还可能促使两侧腰窝的鞋帮起褶。所以，合理的前跷高度是鞋类舒适度首要考虑的因素。（图2-6-3）

四、鞋的后跟设计

后跷即后跟高，是指脚后跟垫起的高度。人在步行时，一般脚抬起的高度约为5厘米，如果穿2.5厘米高跟的鞋，起步时可节省一半的力量，减少外底与地面的接触面积，改进鞋子的导热性能，防止水分从腰窝和后掌部位透入鞋内，使体重均匀地分布在脚的前后部，提高足弓的弹性，固定鞋的形状。但过高的鞋跟会破坏足部的受力平衡，引发拇外翻等脚疾。注重舒适性的鞋楦设计中，跟高都设定在4厘米以下。

在鞋的设计中，跟高与前跷的关系密切，但无论怎样调节，楦和跟固定在一起时，楦的前掌部位和跟的基本面应该能够在平面上平稳放置，且跟的基本面完全与平面相吻合。

五、楦身尺寸的确定

鞋楦跗面曲线：一般低腰鞋楦的跗面曲线与脚型相同，但高度要大于脚型。

足弓曲线：腰窝曲线与足弓曲线相似，稍有差别。这是由于制作工艺的局限，楦的腰窝曲线不可能过于弯曲，要低于脚型，且后部平直。实际上，楦底只是支撑了脚的外纵弓，内纵弓是由鞋帮托起的。

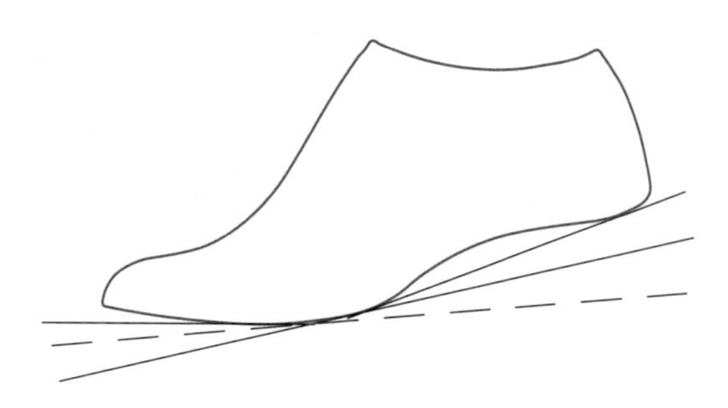

图2-6-3　鞋的前跷应以脚的自然跷度为依据

后跟弧线：后跟弧线是以脚的后跟凸点为设计依据的。上口收缩的尺寸，一般比鞋楦前头至后跟下端点的距离小3毫米到4毫米。若上口收得太少，鞋帮敞口不跟脚；若收得太多，则会造成帮口卡脚。

头厚：鞋楦头厚的确定主要依据拇趾厚度。

六、典型设计——女士高跟鞋

（一）高跟鞋与人体健康

高跟鞋是一种高跟的鞋，在17世纪是男性的增高鞋，后成为女鞋。高跟鞋有许多种不同款式（图2-6-4）。女性穿上高跟鞋可以让足背拱起来显得脚更小巧，让大小腿紧绷显得修长，重心前移让胸部挺起，腹收紧臀部挺高，让步态更优美。

穿着高跟鞋会产生诸多不适，且影响女性身体健康，后跟过高的设计本身就违背了人机工程学原理。穿着高跟鞋使身体重心向前倾斜，促使人增大腰椎生理曲度以适应这一变化，脊柱位置发生改变，使腰背部神经承受了额外的压力，引发腰痛，严重者可能发展成坐骨神经痛，即腰背部神经受影响，使患者从腰背部到脚部疼痛及麻痹。除此之外，由于整个矢状位力线的改变，膝部、足部的组织也受到不同程度的损害。（图2-6-5）

鞋跟越高，跖腱膜所受的拉力（张力）也就越大，如果长期拉力过大，跖腱膜松弛，足弓就随之降低，严重的会造成扁平足（图2-6-6）。

踝关节扭伤也是穿高跟鞋最常见的情况。正常人在行走和运动中，脚踝容易产生向内的翻转力，鞋的外侧总是最先磨损就是这个原因。人体本身可以自动调整这种翻转力以维持平衡，但穿上高跟鞋后，调整能力就会减弱，容易造成“崴脚”。

脚在跟高、头尖、底硬的鞋里，特别是那种形似酒杯跟的高跟鞋，不仅改变了脚部承受体重的合理比例，使脚趾受到挤压，而且不能减轻因行走、跳跃而产生的冲击，长期挤压着大拇指，还会造成拇指外翻”，见图2-6-7。合适脚的鞋首先要注意鞋尖造型与脚型的契合度，以脚尖舒适不受挤压为好，见图2-6-8。

正常走路会通过髋关节、膝关节、踝关节和大脚趾四个关节的弯曲来形成活动范围（图2-6-9）。而穿高跟鞋走路，因为削弱了大脚趾关节的灵活度，因此行走时只能依靠髋关节、膝关节和踝关节来承担本该四个关节分担的灵活度。穿高跟鞋走路更容易引起膝关节、髋关节、踝关节不稳，引起脚踝扭伤、膝关节痛和腰痛。

（二）高跟鞋设计中舒适性的影响因素

高跟鞋底部构件是制约高跟鞋足底受压舒适性的主要部位，下面从与高跟鞋穿着舒适性相关的跟

图 2-6-4　各类高跟鞋

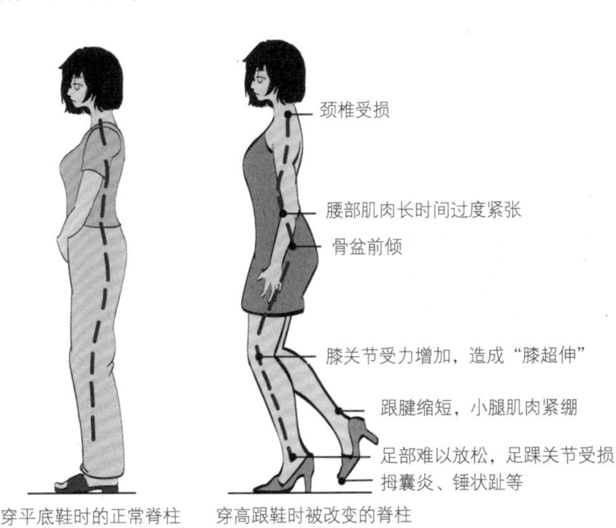

图 2-6-5　穿高跟鞋时脊柱变形

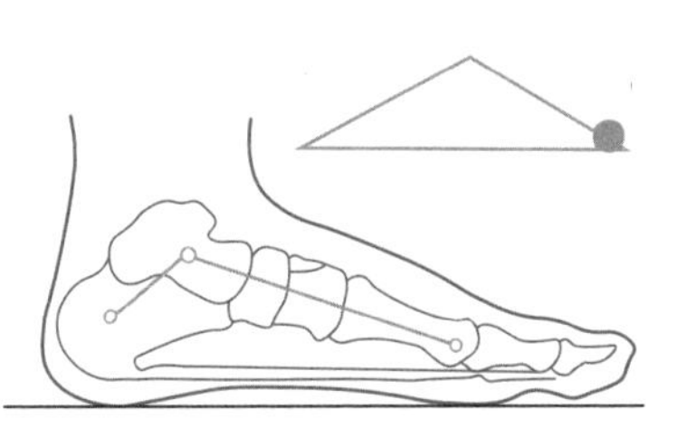

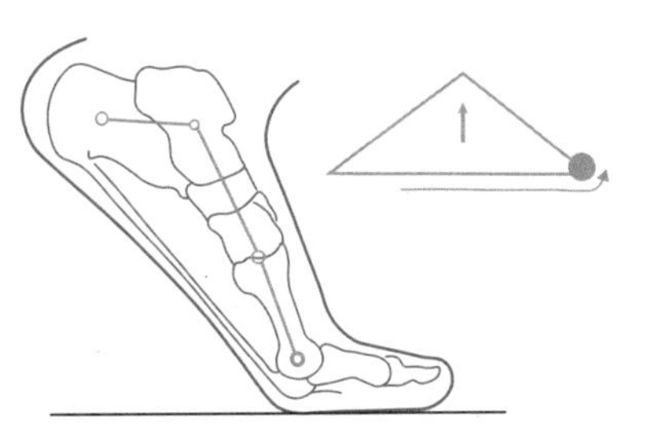

图 2-6-6　穿高跟鞋时足弓变形

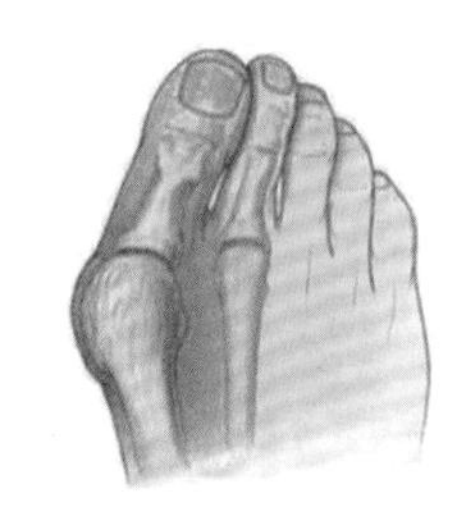

图 2-6-7　拇指外翻

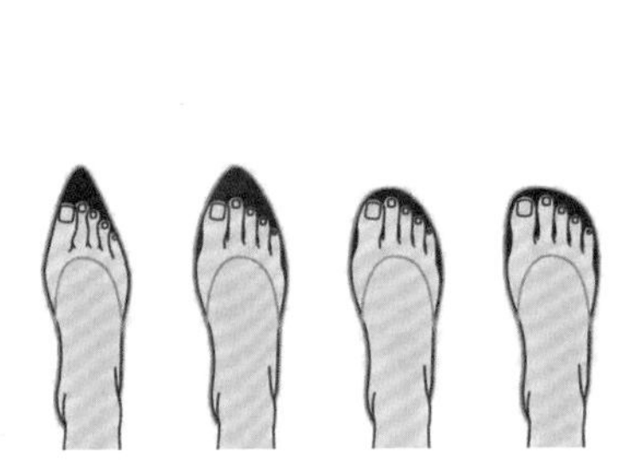

图 2-6-8　鞋尖与脚型

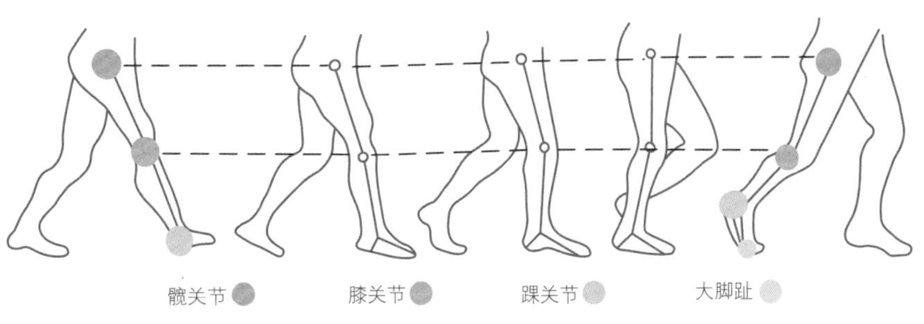

图 2-6-9　走路时各关节的配合

高、跟型、防水台、内置辅具等方面进行讨论。

1. 跟高对舒适性的影响

鞋跟高度是影响足底压力分布的主要因素。舒适性越高的鞋子跟高越低。对于高度在7厘米以下的高跟鞋，足底静态压强峰值产生在足跟区域，而随着跟高的增加，当跟高到达7厘米以上时，峰值会从足跟区域转向第一二跖骨（中足骨）区。与静态压强峰值不同的是，产生动态压强峰值的部位并不随跟高而发生转移，无论跟高是否增加，第一二跖骨区都是足底承受压力最大的区域。

跟高为3厘米与跟高为5厘米的高跟鞋之间足底压力峰值产生的区域与大小区别并不大。但是，鞋跟高为7厘米前脚掌内侧压力将会显著增大，足跟区域的足底压力会减小，脚趾和跖趾区域的足底负荷会明显增加，足底长期处于这种情况很容易引起鸡眼和胼胝等足部病变。当3厘米跟高的高跟鞋无法满足消费者对高跟的需求时，5厘米跟高的高跟鞋为较优选择（图2-6-10）。经调查，对于高跟鞋而言，最舒适的鞋跟高度是3厘米至6厘米之间。

2. 跟型对舒适性的影响

在跟高不变的情况下，跟型为粗跟的高跟鞋在拇趾、跖趾内侧、跖趾中部和足跟内侧区域的压强时间积分值相对较小，然而在行走过程中，拇趾、跖趾内侧和足跟内侧区域承受足底主要的压力，因此为了能够平衡足底压力的分布，可以适当选择粗跟的高跟鞋。

研究表明，在高跟鞋跟高一定的情况下，静态压强峰值锥跟最大，其次是直跟，压强峰值最小的是坡跟。跟型为坡跟的高跟鞋对足底部的支撑最好，使得足底各部分能够均匀受力。动态压强峰值与静态压强峰值不同地方在于坡跟鞋的足弓区，足弓区显示有较大的压力—时间积分值。测试显示，坡跟鞋并不适合较长时间的穿着，因此要时常换不同跟型的高跟鞋进行穿着，因为相同的跟型长时间穿着会使足底主要受力区域一定时间内处在高压力状态，使得患足部疾病的风险大大增加。

3. 防水台对舒适性的影响

防水台是高跟鞋前脚掌下面的鞋底被垫高的部分，当走过一些有水的地方时可以避免鞋面被水弄湿。（图2-6-11）

（1）减轻肌肉疲劳

防水台能有效减小高跟鞋鞋底和前脚掌之间的高度差，能够有效提升高跟鞋的舒适性。试验发现，防水台的改善作用是能够明显减小足底压力、减轻肌肉疲劳，同时还能起到减震的作用。此外，由于高跟鞋具有防水台的设计，可以使得高跟鞋的绝对跟高减小，鞋底弧线更加贴合足底的弧线，能够有效地分散足底的压力。

（2）避免足部疾病

研究发现，防水台的增加可以一定程度上提升高跟鞋的舒适性，但是过高的防水台会降低高跟鞋的稳定性。因此，当需要较长时间处于走路状态时，最好是选择不带防水台的高跟鞋更方便活动，这样可以有效避免足部疾病的发生。

图2-6-10　高跟鞋的不同跟高

图 2-6-11　高跟鞋的防水台设计

4. 内置辅具——鞋垫对舒适性的影响

随着鞋跟高度的增大，足前端压力、足底冲击力及行走过程中的不适程度也会增大，同时鞋底的硬度也与鞋的舒适性有关，并且影响人的步行能力。而在鞋里加上一定硬度的内置辅具，如内置后跟杯和足弓支撑垫，将会有效减少后跟压力、冲击力和前掌压力。加入适当硬度的乙烯－醋酸乙烯共聚物（EVA），能增大受力面积，改变足底压强分布，从而避免足底局部高压强区的产生，压力的作用时间也会适当延长，进而缓解最大压力峰值，防止疲劳过早产生，提高鞋子的穿着舒适性。这些辅具的造型设计，分散了足底因穿着高跟鞋而引起的局部高压，使足弓部位也分担部分压力，从而改善了压力舒适性。一定硬度辅具的加入能够缓冲地面对足部的冲击力，这在一定程度上也提高了穿着的舒适性。

（三）鞋垫设计

1. 设计合理的鞋垫结构提升高跟鞋舒适性

（1）防止压力集中

在足底压力最为集中的前脚掌部位，设计一定的下凹弧度，并选取有一定的柔软度和厚度的轻量化减震的材质作为鞋垫，可以为高跟鞋的前掌提供缓冲，防止压力的集中。

（2）前掌外侧加高

前掌外侧加高可以增加前足的接触面积，减小足前中部的足底压强，分散一定的足底压力，同时能够提高侧向的稳定性。

（3）添加足弓支撑垫

穿高跟鞋时，足底压力大多体现在足跟区域和前掌的部位，但在足弓区域添加适当高度的足弓支撑垫，可以增大足底与鞋底面所接触的面积，对于减小前掌区域和足跟部位的足底压强有一定的帮助。

（4）腰窝设计

足弓需要一定的支撑，腰窝部位的设计能够防止脚的下滑趋势，防止人体不稳导致身体前倾。当足弓区域提升 1 厘米的腰窝足部承托时，走路横向的稳定性能大幅度地提升。（图 2-6-12）

（5）后跟垫（后跟杯）

在足跟区域选择厚度和硬度适当的后跟垫，并在足底外侧区域添加一定形状的楔形支撑，不仅能够明显减小后跟部区域的足底压力，缓冲跟着地时的冲击力，提高舒适型，还能有效减小膝关节的内翻力矩，增加侧向稳定性，减少关节摩擦。使用后跟垫，可以分散足跟所受压力，减轻运动时脚踝、膝关节、髋关节和脊椎所受压力，同时预防足底筋膜炎等疾病的发生。（图 2-6-13）

2. 选择适合的鞋垫材料提升高跟鞋舒适性

适合的鞋垫对提升高跟鞋的稳定性有较大的影响。鞋垫使用有一定柔软度、弹性与摩擦力的材料，前后方向的稳定性可以明显得到提升，因此通常采用 EVA、乳胶等材料。鞋垫设计时，要根据不同运动状态，对足底不同的部位进行区分，选用

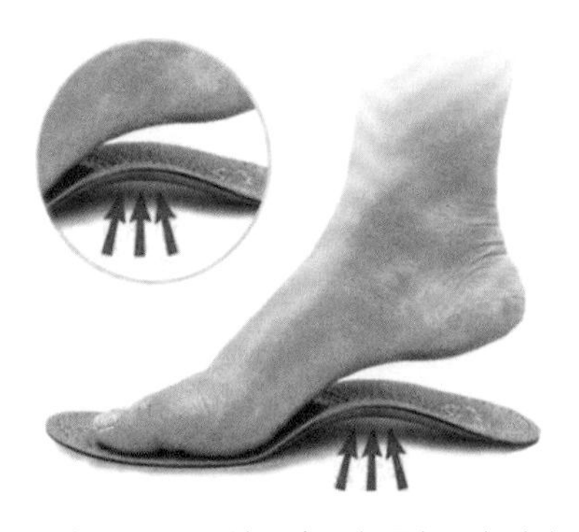

图 2-6-12　提升足弓区域腰窝足部承托，提高行走稳定性

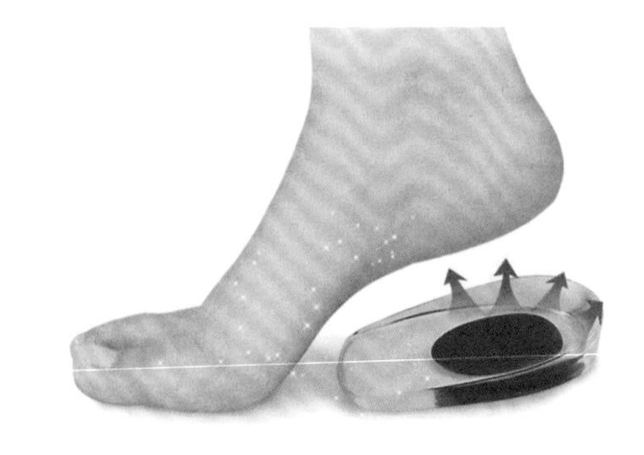

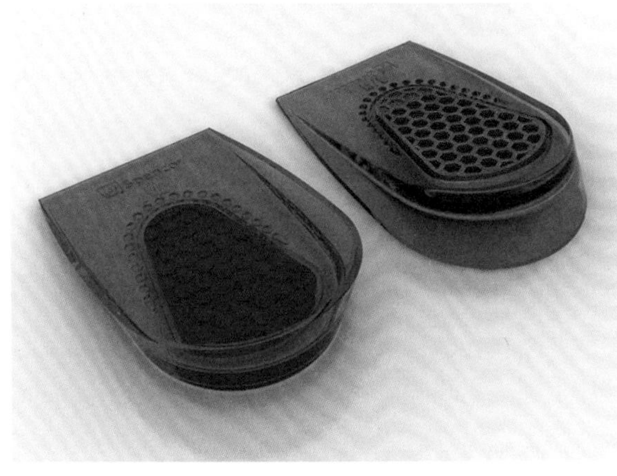

图 2-6-13　后跟垫

相对应的软硬度和薄厚程度的材料，同时可添加气囊结构提高舒适度。

如图2-6-14是一款用于运动鞋的EVA鞋垫，绒毛面料，轻质的EVA能缓冲作用力。前掌、足弓、后跟三点支撑，适用于足弓压力导致的痛。根据力学设计的足弓凸起部分，增加了足底接触面。"U"形跟杯包裹后跟设计，防止滑动，保护足踝关节，缓冲运动时脚部所承受的压力，减少脚与鞋的摩擦。

七、典型设计——男士皮鞋

男士皮鞋的舒适性主要体现在柔软度、透气性、减震性等方面，如图2-6-15男士皮鞋结构。一般男士皮鞋最容易出现透气性差和走路易累等问题。透气性差会导致鞋内脏湿空气排不出去，不能有效调节温湿度，捂脚导致脚臭等问题。走路易累主要由于鞋太硬，行走时跟足部压力分布不均。因此，要从温湿度和足部压力方面对鞋的舒适性进行设计。

（一）温湿度设计

温湿度调节是男式皮鞋设计要解决的重点问题。脚部有着占人体40%以上的汗腺组织。当人行走或运动时，汗液会成倍增加，鞋内温度和湿度适宜细菌繁殖，继而产生鞋臭。所以，判断舒适性的最主要因素就是鞋内的温度和湿度，二者共同主导着鞋腔内的微气候环境。随着鞋腔内温湿度增高，足部舒适感会逐渐下降，当腔内温度为24至32摄氏度、相对湿度小于70%时，足部的舒适度最高。温度过高或过低都会影响脚部舒适程度，而解决温湿度问题的最佳方式是使得脚部汗液和湿气得到快速排解与更换。在男式皮鞋的设计制作过程中，大多采用透气性良好的真皮及类似材质，同时

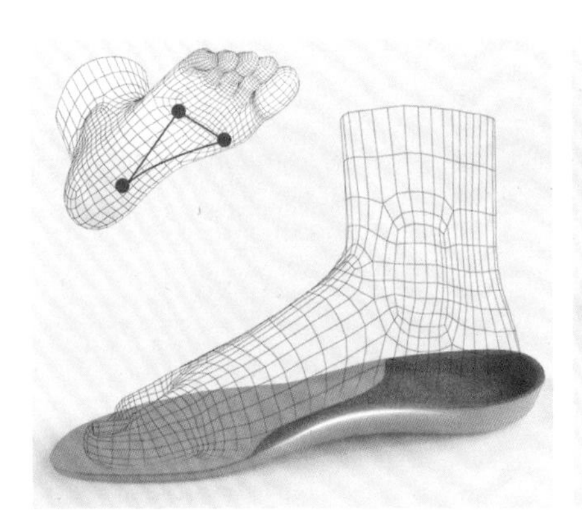

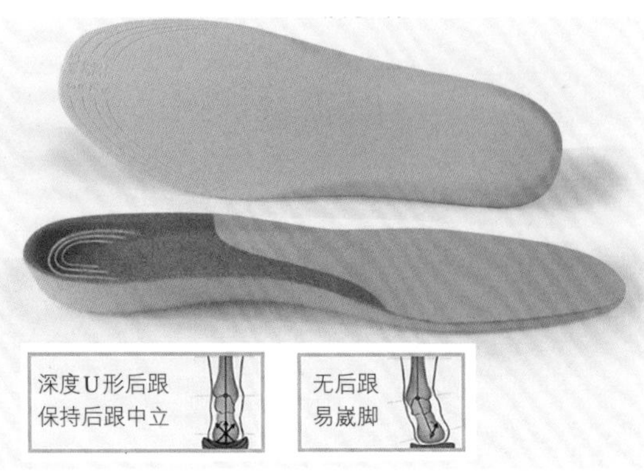

图 2-6-14　用于运动鞋的柔软耐磨 EVA 鞋垫

结合鞋的局部结构设计增加整体透气性，调节鞋内温度。如图2-6-16在皮鞋鞋面冲孔，增加透气性，调节温湿度。

（二）鞋底设计

鞋底设计主要解决柔软性、减震性、耐磨性及透气性等问题。鞋底材料由下至上可以分为外底、大底、中底。鞋底过硬或过软都不利于人体健康。考虑到质轻、舒适的要求，一般选择橡胶发泡材料作为大底进行主体结构制作。这种材料还具有减震、受温度影响较小的特点。但其缺点是不耐磨，所以要选择耐磨、防滑、柔软度好的橡胶材料做外底（图2-6-17）。常用的还有植鞣革、纸浆、EVA、PU等材料的中底，保证鞋底的舒适、透气、排汗的设计要求。如图2-6-18中鞋底采用减震橡胶柱设计，柔软有弹性，能起到很好的减震、缓冲的作用，有效吸收、减少地面对足部的冲击力。

鞋垫设计要有一定透气性与柔软度，一般由皮革、海棉、绒布等材料复合而组成，起到透气、缓冲、减震的作用，能进一步减轻落地压力，同时增加鞋的包裹性与舒适性。（图2-6-19）

（三）鞋帮设计

鞋帮设计主要解决与脚贴合度、透气性、穿脱方便等问题。制作符合脚型的鞋楦是解决鞋帮与脚贴合的方法，主要从脚厚与脚宽两个尺度去考虑。

图2-6-15　男式皮鞋结构

图2-6-16　改变鞋面的结构增加透气性

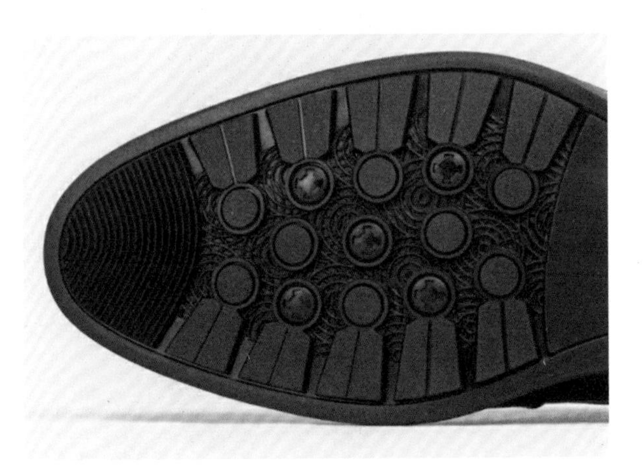

图2-6-17　橡胶成型底柔韧、防滑、耐磨

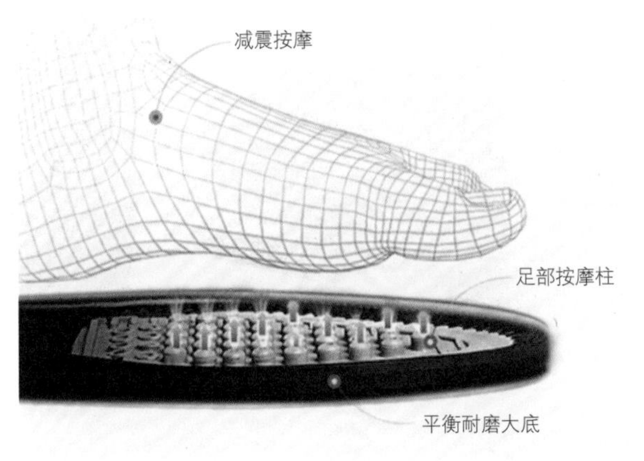

图2-6-18　弹性、柔软，鞋底有良好的减震、缓冲的作用

可以根据不同类型的脚型设计不同类型的鞋楦，如图2-6-20。

鞋帮面主要材料为天然皮革，由于皮革上面有毛孔，具有一定的透气与吸湿性，里料和辅料也要选用无涂饰、透湿性好的材料。帮面材料尽量不涂饰或轻涂饰增加透气性。同时为了更好提升透气性，常常在鞋帮结构设计上进行改进，如减少帮面覆盖面积、表面冲孔等。（图2-6-21）

第二层牛皮分布透气孔，让双脚保持凉爽干燥

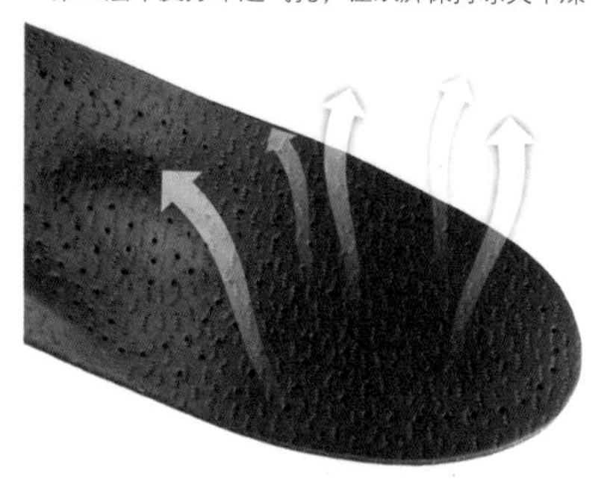

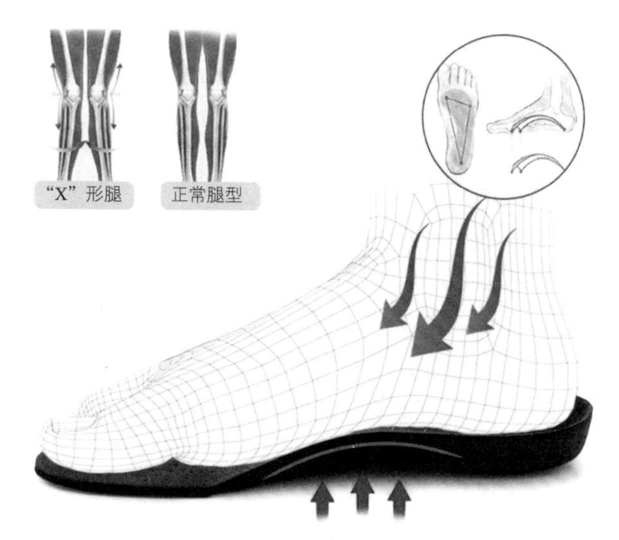

足弓支撑，足部压力平均分散

图2-6-19　鞋垫由多种材料复合而成，透气、减震，增加脚的舒适性

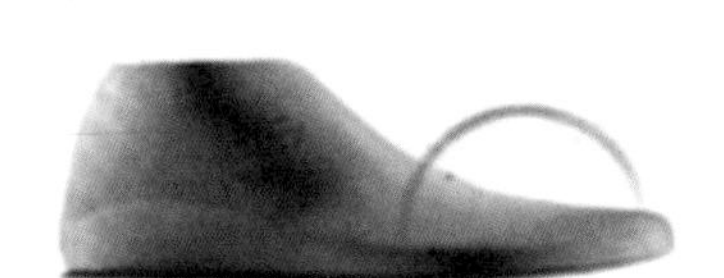

G标准楦
正常脚型，脚背厚和脚面宽男士可选择加宽楦型

H加宽楦
适合脚较厚、脚趾较宽的男士

图2-6-20　制作符合脚型的鞋楦保障鞋帮与脚的贴合

图2-6-21　表面无胶孔隙可以起到较好的透气效果

第七节 设计案例

一、项目简介

成长型多功能儿童车是为解决儿童成长迅速、与不同年龄段对童车类型要求差异的矛盾，提高童车的使用率、延长童车的使用周期而设计的。针对1—4岁儿童不同年龄段的学步车、搬运车、手推车、滑板车、骑行车5种产品进行原型分析，以实木为基材，以模块化设计思路开展产品整体设计，以模块化零部件单元结合可拆卸的连接结构，组成适合1—4岁儿童不同阶段的各种功能儿童车形态，增加人与产品互动，同时能显著提高生产效率、节约家庭购买费用、减少对环境资源的消耗。（图2–7–1）

产品人机设计必须依据1—4岁儿童的生理、心理特点，遵循人机工程学原则，结合设计实践中各项测试，对产品的操控性、便捷性、安全性等进行不断完善。

二、儿童（1—4岁）生理、心理特点

儿童产品设计的出发点应当建立在对儿童生理、心理、行为偏好的分析研究之上。1—4岁儿童成长变化快，在设计中应当更多地考虑儿童作为使用者在不同时期生理及心理层面的需求，同时还应简化实现尺寸变化的方式，更多地让儿童参与以便培养自主性和动手能力。

1—4岁儿童生长发育虽不及婴儿迅猛，但生理与认知水平变化非常快速。如2岁时身长比前1年增加11至13厘米，3岁时增加8至9厘米，头围约以每年1厘米的速度增长。这一时期智能发育较快，语言、思维能力逐步增强。3岁时平均身高94厘米左右，体重13千克左右（表2–8）。骨化过程正在进行，骨骼的坚硬度比较低，容易变形。肌肉

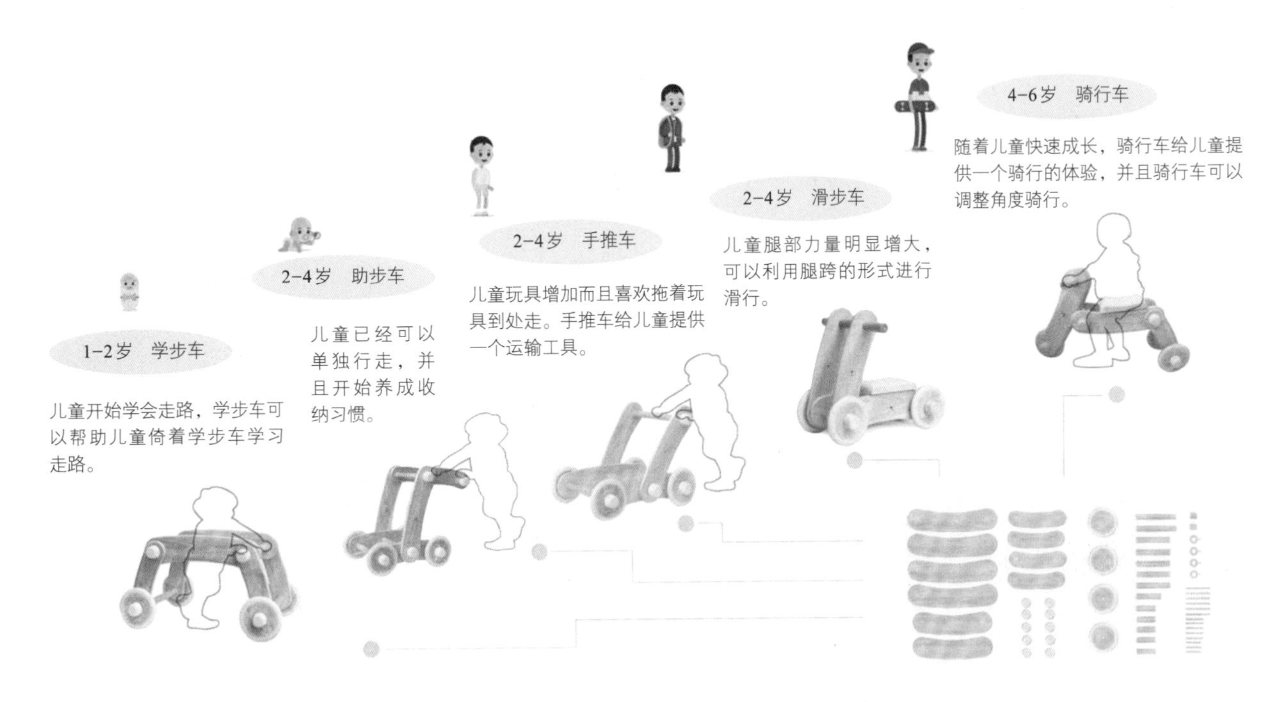

图2–7–1 成长型多功能儿童车产品五种形态

发展速度加快，但肌纤维的力量承受能力有限，运动时容易疲劳。四肢动作以粗大动作为主，精细动作处于起步与发展阶段，缺乏准确性与精细度。

三、人机设计原则

在本设计案例中依据1—4岁儿童生理、心理特点，结合坐和站二种姿态，运用人机工程原理，遵循《国家玩具安全技术规范》标准，进行了基于人机工程学的设计。儿童车人机设计主要解决三方面问题：人机尺度、操控性、安全性。

（一）人机尺度设计

产品的人机尺度要兼顾儿童学步车、搬运车、手推车、滑板车、骑行车五种产品功能需求，以及1—4岁儿童身体各部分尺寸。

（二）操控性设计

产品应依据儿童动作尺度、活动范围、动作特点进行产品操控设计，使其符合儿童自身操控能力。由于儿童受年龄的限制，其自身的协调能力并不强，在进行儿童车的操控过程中，有些操控动作需要身体各部位之间相互协调合作，如眼睛与肢体之间、四肢之间的协调。儿童操控儿童车时，需要通过眼睛获取周围环境信息，然后再通过肢体进行操作，这就需要两者间的协调能力，有时需要手脚之间进行相互协调操作。同时要考虑五种产品形态之间转换时，模块化零部件单元组装的操作过程也要符合1—4岁儿童生理、心理特点与认知水平。

（三）安全性设计

安全性是儿童乘骑类产品设计首要原则，在设计时要关注产品静态承重能力、动态撞击能力、稳定能力，以及外观形态无安全隐患、材质符合环保要求等方面，以保障产品使用过程的安全性。

四、人机设计方案

针对产品主要的人机工程学问题，依据儿童生理、心理、认知及行为特征，分析得出下面产品人机设计方案，见表2-9。

表2-8　各年龄段儿童人体常用尺寸（单位：毫米）

年龄	体重	身高	坐姿高度	坐姿肩高	大腿长度（臀后到膝弯）	小腿长度
0—12个月	0—10千克	708	450	280	195	125
0—18个月	0—13千克	820	495	305	201	173
1—3岁	9—18千克	980	560	335	262	205
4—6岁	15—25千克	1166	636	403	312	283
7—10岁	22—36千克	1376	725	485	376	355

表2-9 产品人机设计方案

主要人机问题	儿童生理、心理、认知及行为特征	人机设计方案
人机尺度	身体发育快速，各部分尺寸变化大，特别是手脚在身体尺寸中的比例增加。	应用模块化设计，使单个零部件尺寸契合不同产品形态下的多个功能尺寸，并进行产品测试。
操控性	手眼协调能力不强，力量较弱。手足动作以粗大动作为主，准确性、精细度差。	功能的设计上简单明确，适当加大儿童操作部分，如连接件手柄、坐凳、把手等的体积，提升操控性，并可在家长辅助下完成，增加互动。
	视觉发育不完善，对形态与色彩感知能力较弱，喜欢单纯造型与明快的色彩。	产品各部分造型简洁，布局分明，方便儿童操作。运用简洁形状与纯色，突出认知功能。
	无法完成复杂操作。	简化产品操作流程、组装方式，由家长辅助完成产品操作与产品组装。进行组装测试。
安全性	动作协调性、平衡能力差，易摔倒。	产品结构牢固，重心稳定，进行安全性测试。
	手指触感较弱，皮肤敏感，易受硬物伤害。	采用触感柔和的环保材质，设计圆滑简洁的形态，避免尖锐造型。
	好奇心强，喜欢将物品放入口中。	零件尺寸不宜过小，避免误食伤及身体。
	喜欢用手指掏洞。	零部件缝隙尺寸适度，保障不夹伤手指。

五、产品设计方案

（一）模块化设计适应不同阶段产品转换

设计模块化零部件单元及平板化包装，方便运输与贮藏。零部件可灵活拆卸、组装，设计儿童学步车、助步车、手推车、滑步车、骑行车5种产品。（图2-7-2至图2-7-8）

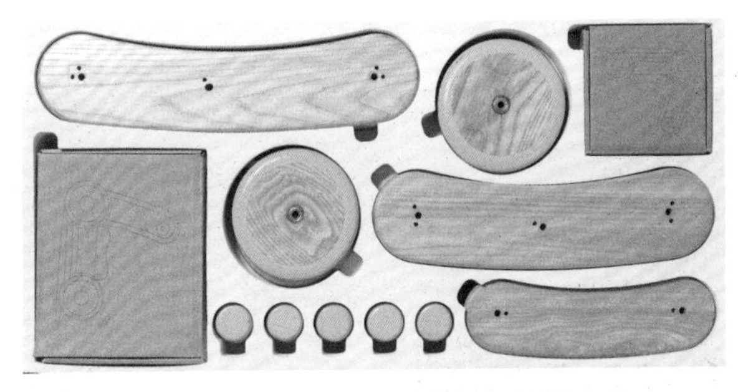

图2-7-2 模块化零部件单元及平板化包装

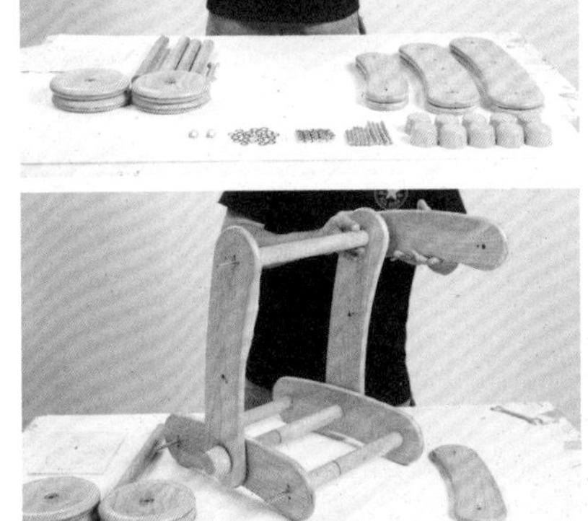

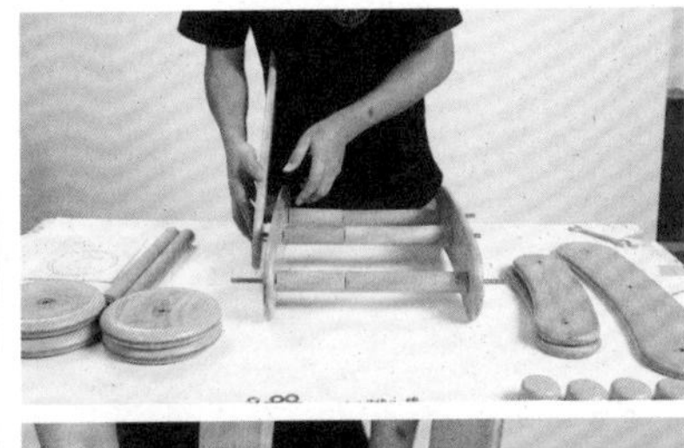

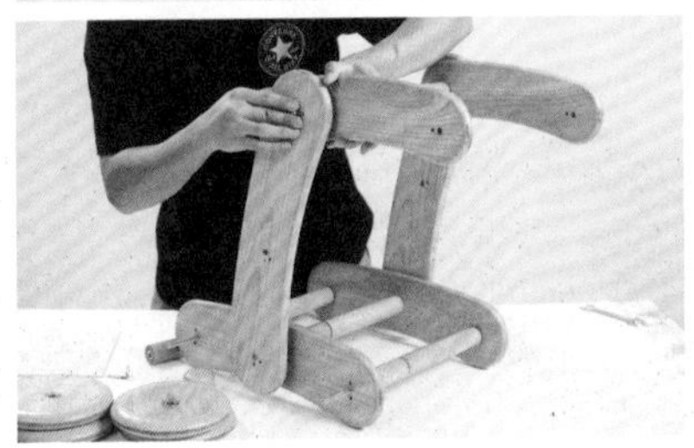

图2-7-3 产品组装过程

图2-7-4　学步车（1—2岁）

图2-7-5　助步车（2—4岁）

图2-7-6　手推车（2—4岁）

图2-7-7　滑步车（2—4岁）

图2-7-8　骑行车（4—6岁）

（二）产品尺寸符合1—4岁儿童人机尺度（图2-7-9、图2-7-10）

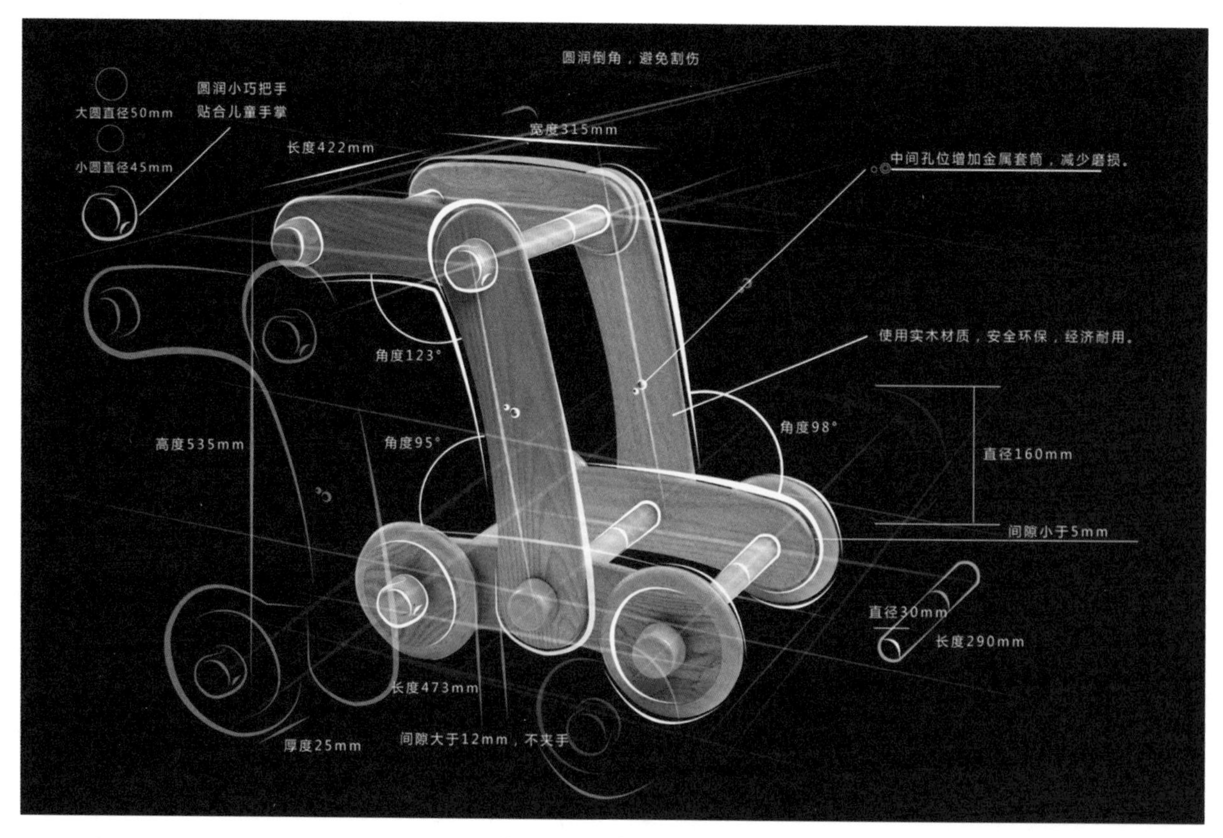

图2-7-9　产品尺寸图

图 2-7-10　科学的车身比例具有舒适感，骑行不驼背

图 2-7-11　家长辅助完成童车组装与拆卸

图 2-7-12　产品组装方式简单

（三）操控性符合 1—4 岁儿童生理、心理、认知及行为特点

产品造型以简单的圆及圆弧组成，配色方案采用天然实木与饱和度高的纯蓝色搭配，符合儿童心理及认知特点。操作手柄形态圆润适合儿童操作。产品组装方式简单，并可由家长辅助完成，增加产品互动。（图2-7-11、图2-7-12）

（四）产品安全性能高

经多次测试，5种童车的力学结构稳固，不易侧翻，安全性高。造型圆润的实木材质，不易划伤身体皮肤；零部件缝隙尺寸适度，保障不夹伤手指；用于儿童操作的零部件（把手、手柄等）尺寸相对较大，消除安全隐患。（图2-7-13、图2-7-14）

项目设计：广东轻工职业技术学院施海涛

项目指导：白平

作业与思考

1.从日常生活类常用工具中如刷子、剪刀、刀具等选择一类，应用所学知识，结合实际体会，总结、分析产品人机设计现状与问题。

2.收集、分析日常生活中好的工具、产品设计是怎样解决人机问题、进行合理的人机设计的。

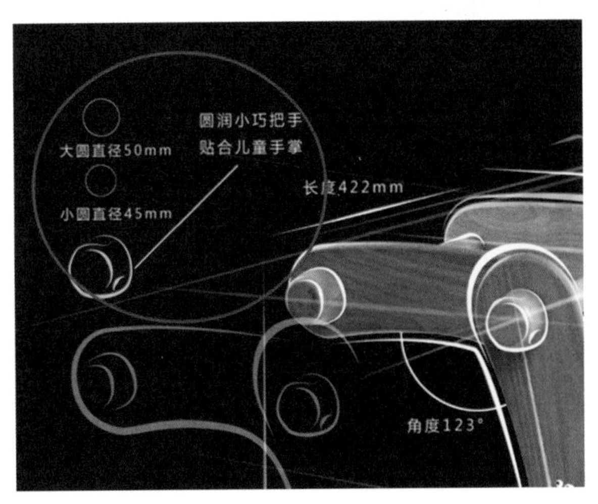

图 2-7-13　把手贴合儿童手掌

3. 指出2至3种左手优势者使用不便的工具、产品，并提出改进方案。

4. 列举2至3种可以进行盲操作的产品，分析其操纵器的设计思路与方法。

5. 比较分析你所见的高跟鞋与男式皮鞋中人机设计现状，针对问题提出解决思路。

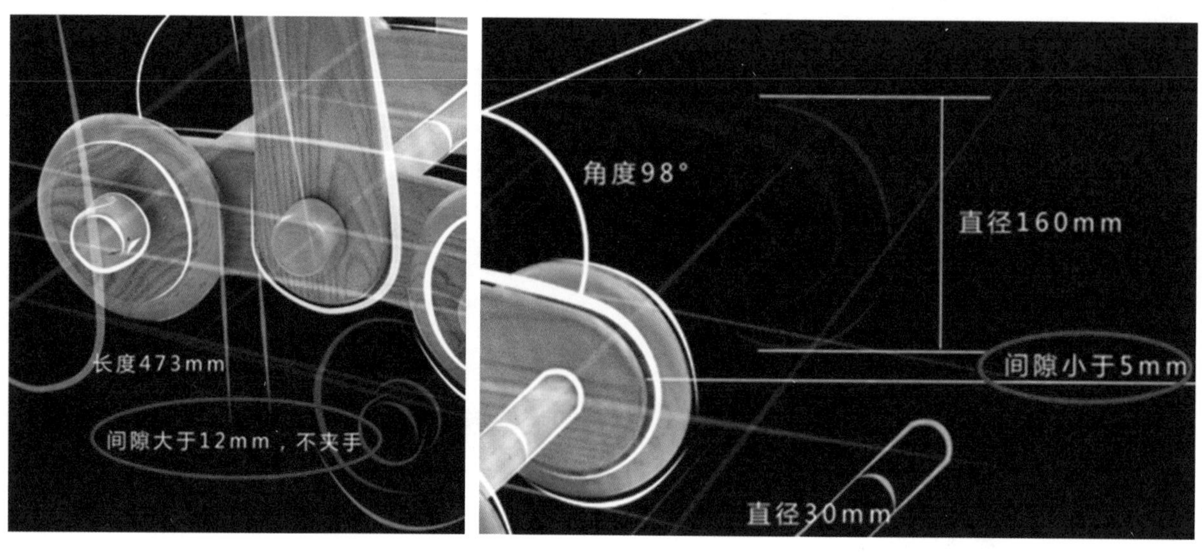

图 2-7-14　零部件间隙设计大于 12 毫米或小于 5 毫米避免夹手

学生笔记

模块3　科学的坐具

第一节　坐姿的脊柱变化

第二节　坐姿的体压变化

第三节　座椅的功能尺寸

第四节　座椅设计

第五节　桌椅系统

第六节　设计案例

模块3　科学的坐具

学习目标

知识目标

了解人体脊柱的基本结构。理解坐姿与人体骨骼结构、血液循环、体压、肌肉、神经等解剖生理学因素的关系，理解坐姿下的体压变化和脊柱的形态变化、坐姿工作时的合理姿态、椅面与桌面的高度关系以及不同场景下桌面的高度要求。掌握座椅主要功能尺寸的设计要求。

能力目标

能够对坐具产品的人机关系进行分析，能够按使用功能要求设计人机关系合理的坐具类产品，能够设计功能尺寸合理的桌椅系统。

重点、难点指导

重点

座椅的功能尺寸的确定，功能尺寸与产品形态的关系。

难点

脊柱的生理特征和不同坐姿下脊柱的形态变化、坐姿与体压分布、体压分布与坐面倾角、软硬度的关系。

坐，是一种姿态。古人席地而坐，从两膝着地的跪坐到双腿叠放的盘坐，都不能算是一种健康的坐姿。直到魏晋南北朝时期，起源于古埃及、印度等国的垂足坐传入中国，历经千年演变，成为标准的健康坐姿。

坐具是指与人体直接接触、起着支承人体活动的一类家具，如椅、凳、沙发等。坐是人们日常生活的主要行为之一，不论在工作还是在休息中，在家还是在公共场合，如何舒服地休息、如何高效地工作是坐具设计的要点。

座椅最早是权力、地位的象征，其坐的功能是次要的。直到20世纪初，随着工业化生产的快速发展，人们才认识到坐着工作可以提高工作效率，减轻劳动强度。坐着，已成为现代人们主要的工作和休闲方式。

坐姿对人体有很多好处：解除上半身体重对两腿的压力，减轻足踝、膝、髋等关节所受压力，减轻全身特别是腿部的肌肉负荷，降低人体能量消耗；放松腿部肌肉，使血液易于向心脏回流循环，能缓解疲劳；有利于身体稳定和情绪安定，适宜脑力劳动、视觉作业和精细操作；解放了双脚，使腿、脚方便参与控制类操作，同时借助靠背易于发挥腿、脚的蹬力。

坐姿也有不利的方面：操作范围、动作幅度和操作力小于立姿，对环境振动的敏感性增加。

第一节　坐姿的脊柱变化

虽然坐下工作对人体有益，坐姿工作已经成为人们主要的工作姿态，但不正确的坐姿也会影响人们的身体健康，下面我们从人机工程学的角度讨论坐具设计。

一、脊柱的生理特征

我们知道，人体骨骼共有206块，分为中轴骨和四肢骨两大部分，如图3-1-1所示。其中，支撑头颅与全身的骨结构包括脊柱、骨盆与下肢等部分。脊柱由24节椎骨组成，分4个区段：上段是7节椎骨组成的颈椎，中段是12节椎骨组成的胸椎，下面5节椎骨组成腰椎。脊柱的下端是骶尾骨，由5块融合成一体的骶骨和4块融合成一体的尾骨构成。（图3-1-2）

脊柱由韧带将每块脊骨紧紧连接在一起。每两节脊椎骨之间的软组织称为椎间盘（图3-1-3）。由于构成椎间盘的软组织可以变形，才使得整个脊柱能够实现弯曲变形。在正常情况下，椎间盘上下的脊骨与椎间盘的接触面是平行的，脊柱受力后，通过椎间盘上下传递，椎间盘在脊骨间起到缓冲压力的作用。全部椎间盘的厚度之和约占脊柱总长度的1/4，其中以腰椎段的椎间盘为最厚，所以人体上身腰部的灵活度比较大。

如图3-1-4所示，人在直立时脊柱从侧面看呈现一个英文字母“S”的形态。在此形态下，椎骨间的压力（即椎间盘承受的压力）是比较均匀、比较小的正常状态。脊柱正常生理弯曲状态的特征是：颈椎是略微向前凸的弧形，胸椎是略微向后凸的弧形，腰椎段是向前凸的弧形，且弧度较大。

如图3-1-5所示，坐姿会引起脊柱形态的改变。图3-1-5（a）表示站立时的脊柱生理曲线，即腰椎向前凸，且曲度较大。图3-1-5（b）表示坐下时脊柱曲线形态的变化。站立时大腿与脊柱的

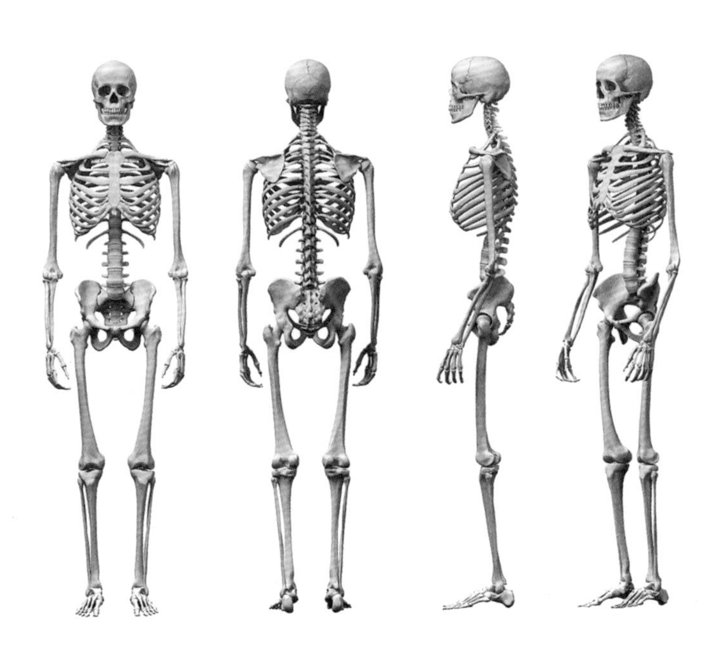

图3-1-1　人体骨骼

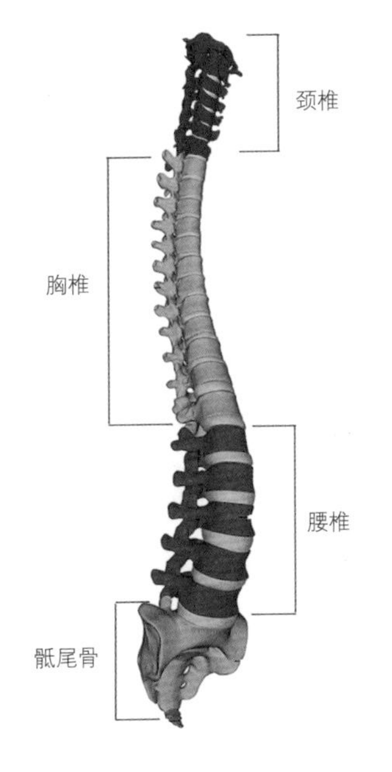

图3-1-2　人体脊柱模型

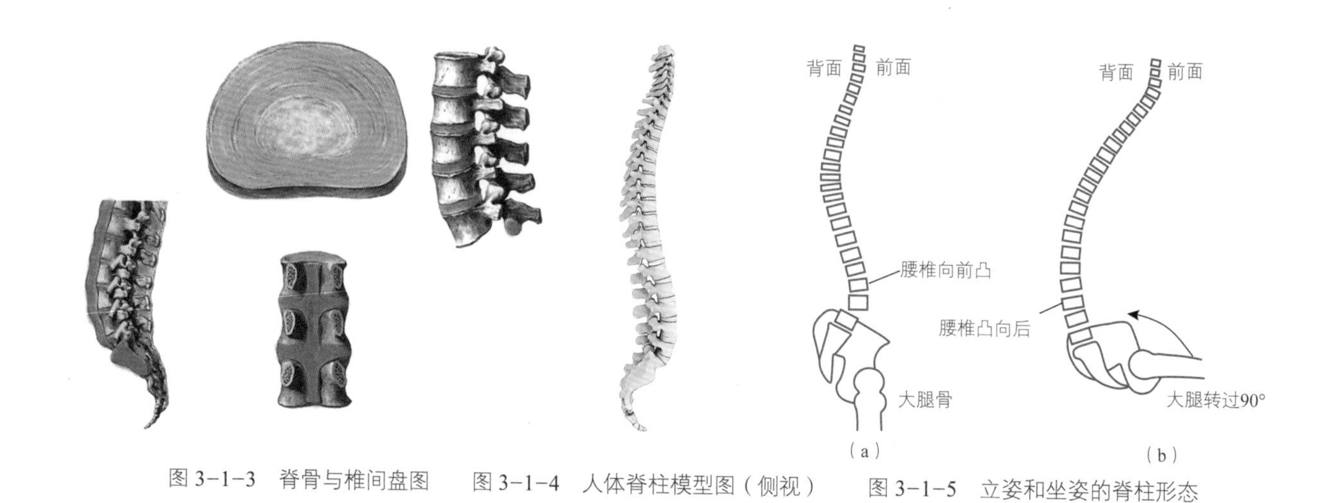

图 3-1-3　脊骨与椎间盘图　　图 3-1-4　人体脊柱模型图（侧视）　　图 3-1-5　立姿和坐姿的脊柱形态

方向一致，都是垂直方向的。坐下时相当于大腿骨连带的髋骨一起转过了90度，嵌插在左右髋骨腔孔里的骶尾骨也发生了相应的转动，从而带动整个脊柱各个区段的曲度都发生一定的变化，其中以腰椎段的曲度变化最大。从腰椎的局部区段看，其由向前凸趋于变直，甚至略向后凸的形态。因此，腰椎间的压力不能再维持正常、均匀的状态，对坐姿舒适性会产生明显的不利影响。特别是坐在没有靠背支撑的凳子上，这种感觉尤其明显。如果坐在靠背有一定后仰角度的座椅上，靠背分担了一部分上身的体重，影响程度有所缓解。

二、腰椎间盘突出症

图3-1-6是腰椎局部的模型图。正常情况下，相邻两个腰椎骨的端面是互相平行的，椎间盘在椎骨间起到缓冲作用。坐下时脊柱腰椎段形态发生改变，腰椎由向前凸到变直，甚至向后凸，原来相互平行的椎骨端面间形成了一定的角度，椎间盘在上下两个脊骨不平行的接触面的挤压下，向开口较大的方向（也就是向人体后方）移动，如进入椎管腔压迫神经，人会产生腰部酸麻的感觉，如图3-1-7所示。此时，站起来活动一下，椎间盘归位，压迫解除，可恢复正常状态。如果长期保持这种压迫状态，会引起椎间盘病变，产生不可逆的破坏，长期压迫神经引发疼痛，就是通常所说的腰椎间盘突出症。

图3-1-8是汽车驾驶员不同坐姿引起的脊柱变化模型图。挺胸抬头，坐姿腰弧曲线正常时，椎间盘上受到的压力均匀而轻微，几乎无推力作用于

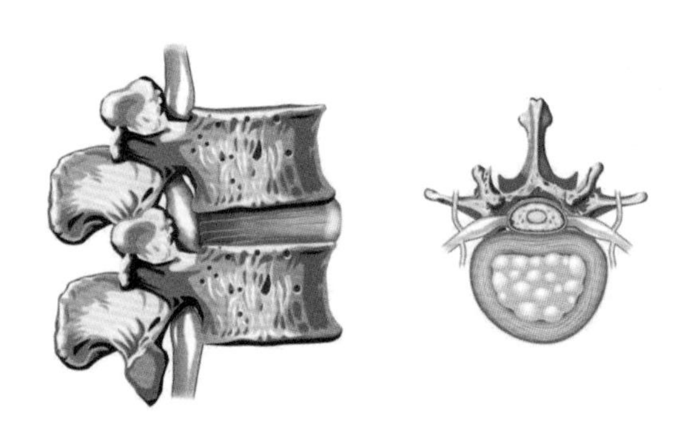

图 3-1-6　正常的腰椎

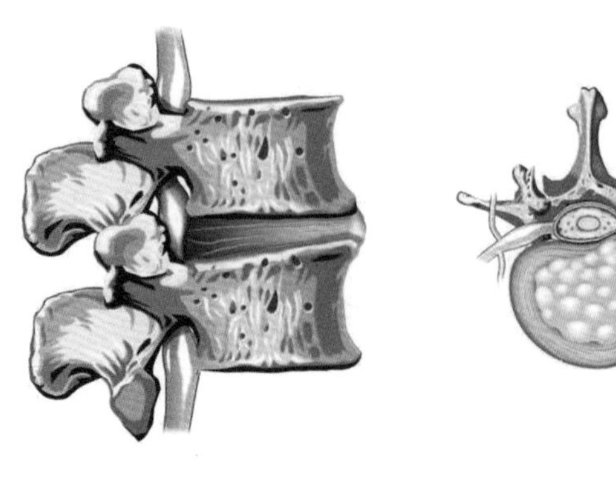

图 3-1-7　腰椎间盘压迫神经

韧带，韧带不拉伸，腰部没有不舒适的感觉，如图3-1-8（a）。低头含胸，人体处于前弯坐姿时，椎骨之间的间距发生改变，相邻两椎骨前端间隙缩小，后端间隙增大，如图3-1-8（b）。椎间盘在间隙缩小的前端受推挤和摩擦，迫使它向韧带作用一个推力，从而引起腰部的不适感，长期积累作用，可造成腰椎间盘病变。有经验的司机会在腰部放一个腰垫。现代汽车座椅多采用有可调腰靠结构的多功能座椅使腰部受力显著改善，如图3-1-9、图3-1-10所示。

三、不同坐姿下椎间盘的压力变化

有研究人员做过试验，坐姿时，第三和第四腰椎所受的压力最大，若将人体直立时第三和第四腰椎之间所承受的压力定为100%，其他不同姿态下的相对压力如图3-1-11所示。

从图中可以看出，坐姿时的椎间盘压力明显增大。如果立姿时腰椎受力为100%，则直腰坐和弯腰坐分别为140%和190%，坐姿对下肢有利而对脊椎不利。当人躺下的时候，椎间盘的压力只有24%，可以看出，仰卧是对脊椎最好的养护。设计座椅时要尽量减少椎间盘的内压力。研究脊柱的受力对椅子的设计极其重要，在椅子的人体工程学研究中，需要对椅子进行各种尺寸和角度的测试，以满足不同坐姿下的使用要求和舒适性。

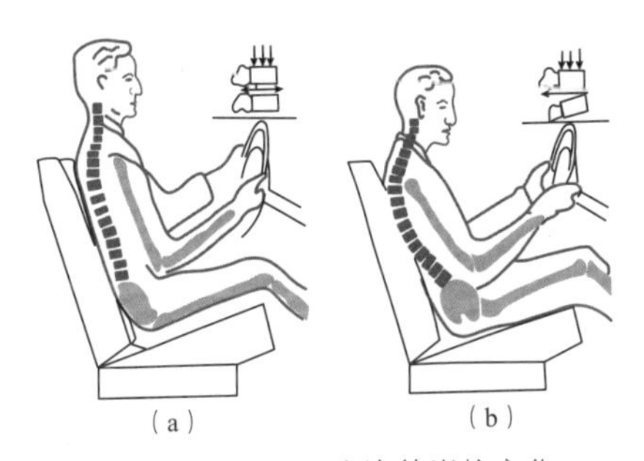

图3-1-8　不同坐姿的脊柱变化

图3-1-9　活动腰垫的使用场景

图3-1-10　带活动腰托的座椅

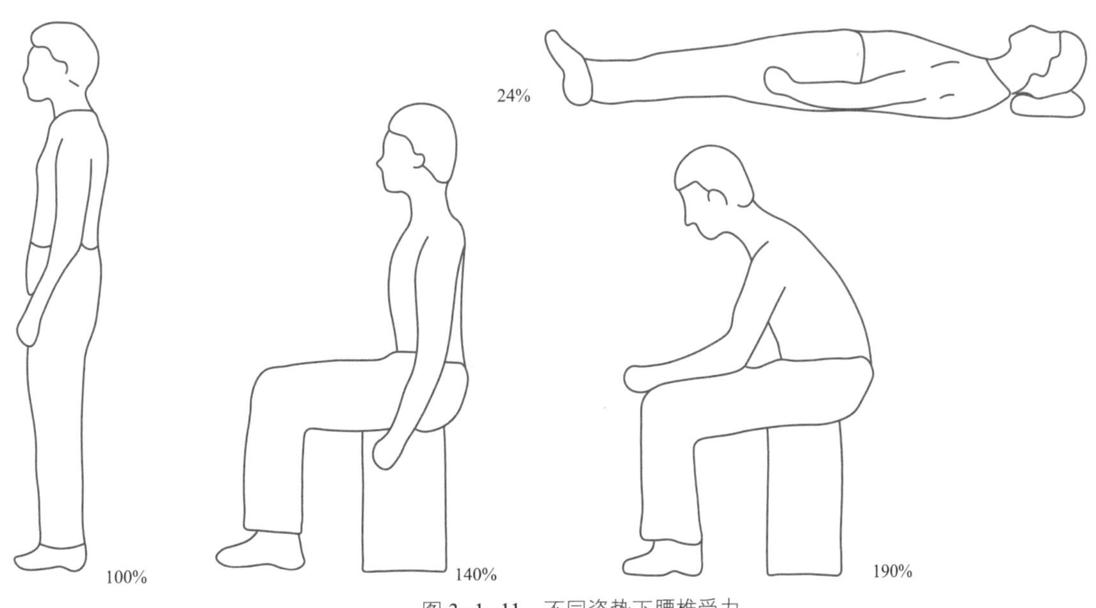

图3-1-11　不同姿势下腰椎受力

第二节　坐姿的体压变化

人在坐姿下，臀部、大腿、腘窝等部位会受到来自座面的压力，腹部、背部等多处肌肉受力，关系到坐姿的舒适性。

一、坐姿的体压分布情况

由于人类进化的结果，人体骨盆下部两个突出的坐骨粗大健壮，能承受更大的压力，坐骨处局部的皮肤也比较厚实，所以坐骨部位承受了坐姿下的大部分体压。人体结构在骨盆下面有两块圆形的凸起称为坐骨结节，如图3-2-1中红色部分所示。坐姿时，这两块面积很小的坐骨结节能支撑上身大部分重量。因大腿底部有大量的血管和神经，压力过于集中会影响毛细血管内的血液循环，压迫神经末梢，时间长了会引起麻木和疼痛。因此，坐垫设计遵循压力分布不均匀原则：坐垫承受的压力应按照臀部不同部位承受不同压力的原则来设计，即坐骨处压力最大，向四周逐渐减小，到大腿部位时压力降至最低值。有些软椅和沙发坐久了中间部位会出现凹陷现象，就是局部压力集中造成的。

影响椅面上臀部与大腿体压的主要因素是椅面的软硬、高度、倾角以及坐姿等。

图3-2-2所示的是比较理想的坐垫体压分布曲线，图中各条曲线为等压力线。坐骨结节下面承压较大，沿它的四周压力逐渐减小，在臀部外围和大腿前部只有微小压力，对身体起一些辅助性的弹性支撑作用。人坐在硬的椅面上，上身体重约有75%集中在左右两坐骨结节下各25平方厘米左右的面积上，这样的体压分布是过于集中了。在硬的椅面上，加一层一定厚度的泡沫塑料垫子，椅面与人体的接触面积由90平方厘米增加至1050平方厘米，坐骨下的压力峰值将大幅下降，即可改善体压分布的情况。但若坐垫太软、太厚，则身体稳定性差，舒适感下降。

二、坐高与座面体压

人坐低凳子的时候，臀部承压面积小，坐骨下压力过于集中，不舒服。坐在过高的凳子上，因小腿不能在地面获得充分支撑，使大腿与椅面前缘间压力加大，影响血液流通，也不舒服。

如图3-2-3给出了座面高度与体压分布关系。

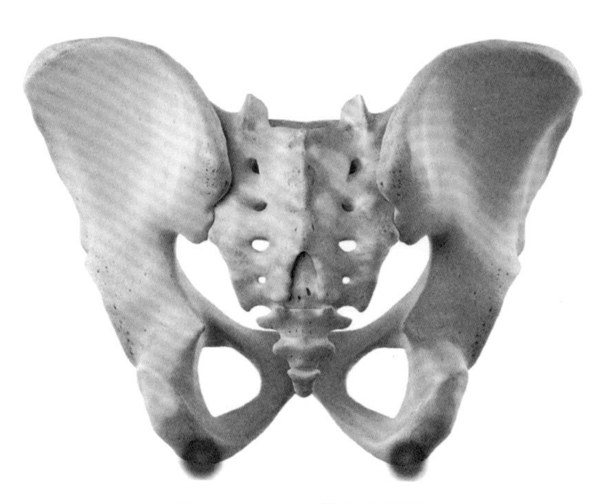

图3-2-1　人体骨盆结构

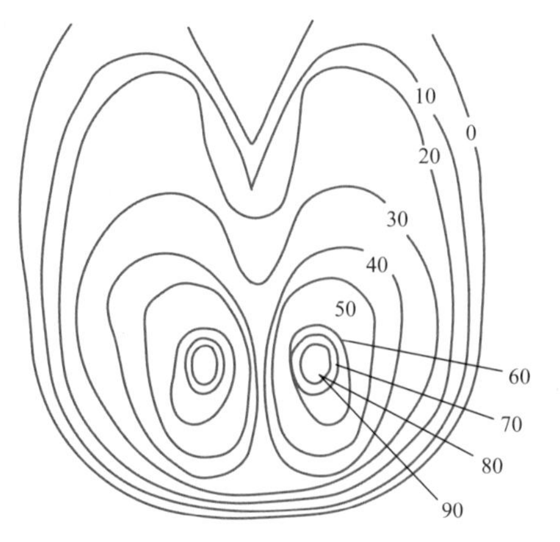

图3-2-2　理想状态坐垫体压分布（单位：10^2帕）

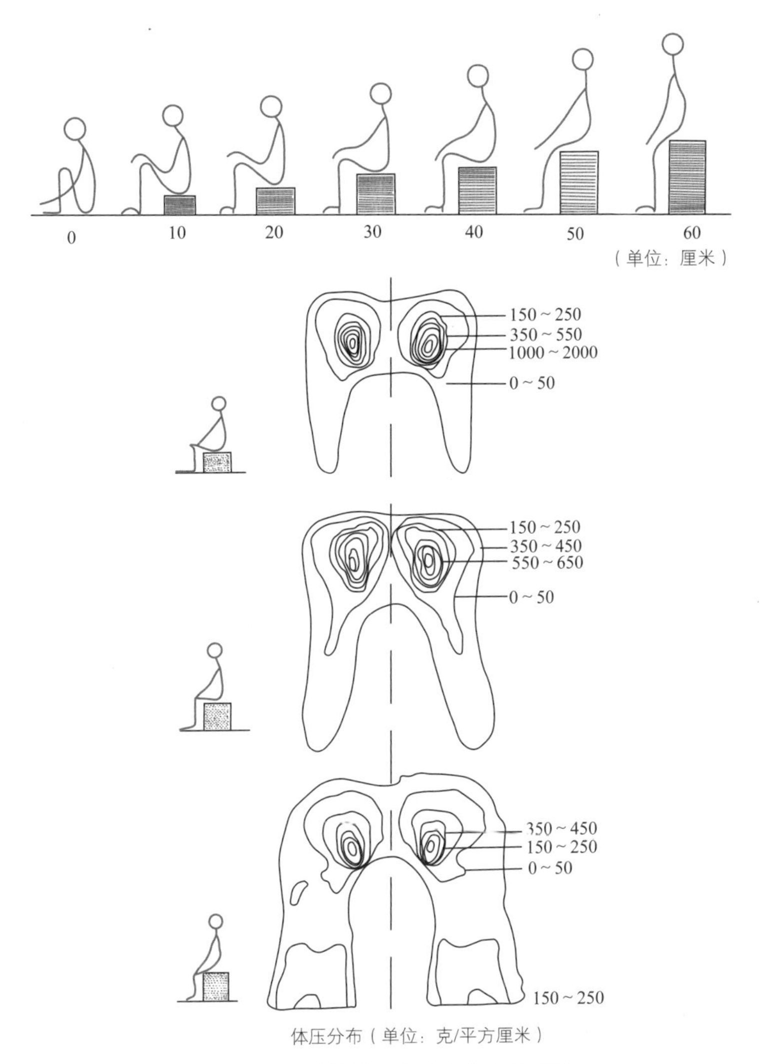

图 3-2-3　座面高度与体压分布的关系

在图中可以看出，当座高低于膝盖高度时，体压集中在坐骨结节点上；当座高与膝盖同高时，体压主要分布在坐骨节点部分，但稍向臀部分散，这种情况较符合坐骨能承受较大压力的现象；当座高高于膝盖高度时，两腿悬空，使大腿内侧受压，妨碍血液循环而引起腿部疲劳。一般来说，椅面高度与《中国成年人人体尺寸》（GB/T10000-1988）中的“小腿加足高”接近或略小有利于获得合理的座面体压分布。

三、椅面倾角与椅面体压

椅面倾角对体压分布的影响与坐姿有关。一般座椅的椅面前缘略高并向后倾斜，阅读、书写、就餐等身体前倾的坐姿，会对大腿相应部位产生较大的压力，影响血液循环，使人感觉不舒服。仰靠休息时，身体重心后移，靠背分担了部分上身重量，压力减轻感觉舒服很多。

四、腘窝压力的影响

膝盖的背面大腿与小腿连接处的凹坑称为腘窝。通向小腿的血管和神经从离体表较浅的腘窝部位经过。腘窝处的皮肤细嫩，对体压敏感，此处受压，小腿的血液循环流通会受到阻碍，坐久了小腿就会感觉到麻木不舒服。座面高度过高或座面进深过深，都会造成腘窝受压，如图3-2-4箭头所示。

五、“翘二郎腿”与人体平衡调节理论

在正常坐姿下，身体重量由骨盆上两个坐骨结节平均分担。有的人坐着时会有“翘二郎腿”的习惯，就是一条腿抬起放到另一条腿上，让抬起的一条腿获得一段时间的放松。从体压分布图上可以看出，与正常坐姿相比，翘二郎腿时，抬起腿的一侧臀部体压减小，而受压一侧的臀部坐骨结节处承受更大的压力（图3-2-5）。翘二郎腿的危害主要包括：危害脊椎，影响下肢血液循环，导致静脉曲张或血栓；导致骨盆发生倾斜，出现一边高一边低。

为什么有人会喜欢如此不合理的坐姿？事实上，这并不是说明两侧受压不均匀才合理，这是生理调节的需要。采用“翘二郎腿”坐姿的时间一般不会很长，或者换回正常坐姿，或者架起另一只二郎腿，使单侧受压的位置发生转变。在现实生活中我们有这样的感受，无论姿势怎么合理，坐的时间长了，都会产生不舒适的感觉。这个时候，需要活动一下身体，使各个部分的体压状况有所变动，使骨骼肌肉的状态有所转换、变更，这才符合人体的自然要求，也就是“人体平衡调节理论”在人体姿势中的体现。

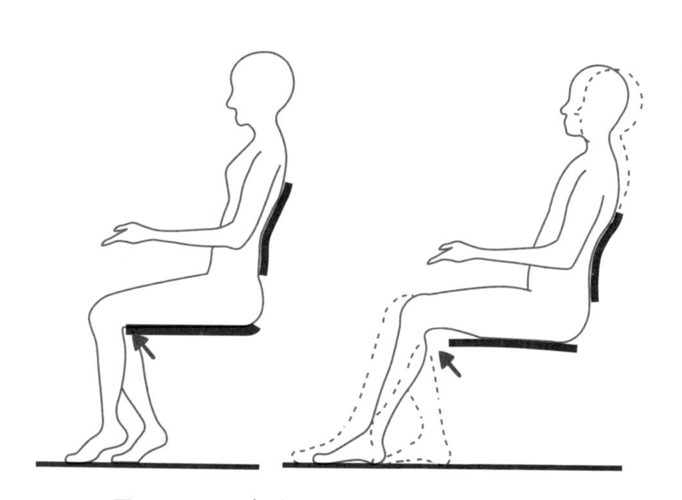
图3-2-4　腘窝受压原因是座面过高或座面过深

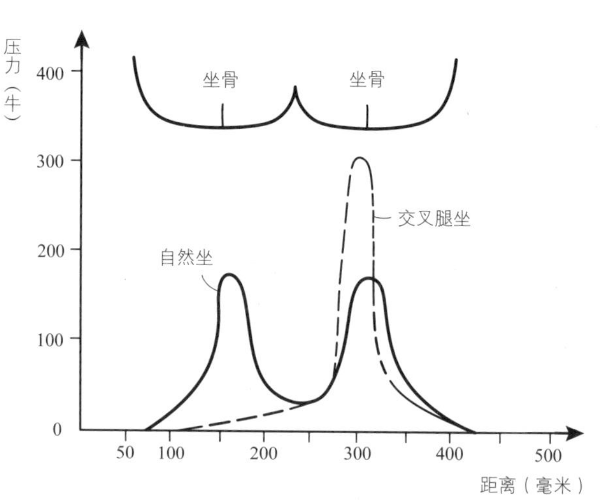

图3-2-5　“翘二郎腿”与正常坐姿下的椅面体压

第三节　座椅的功能尺寸

椅子是一种常见的家具，历史悠久，能够让人舒适地坐着是它的主要功能。下面我们以坐姿的解剖生理学分析为基础，讨论座椅的各项功能尺寸。按照不同的使用功能，我们把座椅分为工作椅、休闲椅和办公椅三类。工作椅，主要指就座者在面前的桌面上进行手工操作或视觉作业，如阅读、打字、精密检测、维修等；休闲椅，就座者的主要要求是放松、休息，如候车室的座椅、公园休息椅、沙发等；办公椅的使用要求介于上面两种之间，就座者有时低头伏案工作，有时身体后仰，有听、看、说等动作。下面我们以工作椅为例，分析座椅的功能尺寸。

一般座椅主要有座高、座宽、座深、座面倾角、靠背形式等几个主要功能尺寸（图3-3-1）。图3-3-2所示为日本设计师设计的中靠背座椅的功能尺寸。

一、座高

座面的高度简称座高，是指座椅前沿到地面的垂直高度。座高的设计主要关注以下要点：

大腿水平，小腿垂直，脚放在地面上，使小腿的重量获得支撑。如座高过高，则小腿悬空，大腿受到椅面前缘的压迫，时间长了会影响局部血液循环，导致腿部麻木肿胀；座高过低，坐下时膝盖拱起，大腿悬空接触不到椅面，体压集中在坐骨结节附近，时间久了会有疼痛感。

腘窝部位不受压迫。椅面前缘应低于腘窝部位并且做成圆弧形。

臀部边缘及腘窝后部的大腿在椅面获得“弹性支承”。座面太低，坐下时会引起骨盆后倾，正常的腰椎曲线被拉直，时间长了会出现腰酸麻木等不适症状。

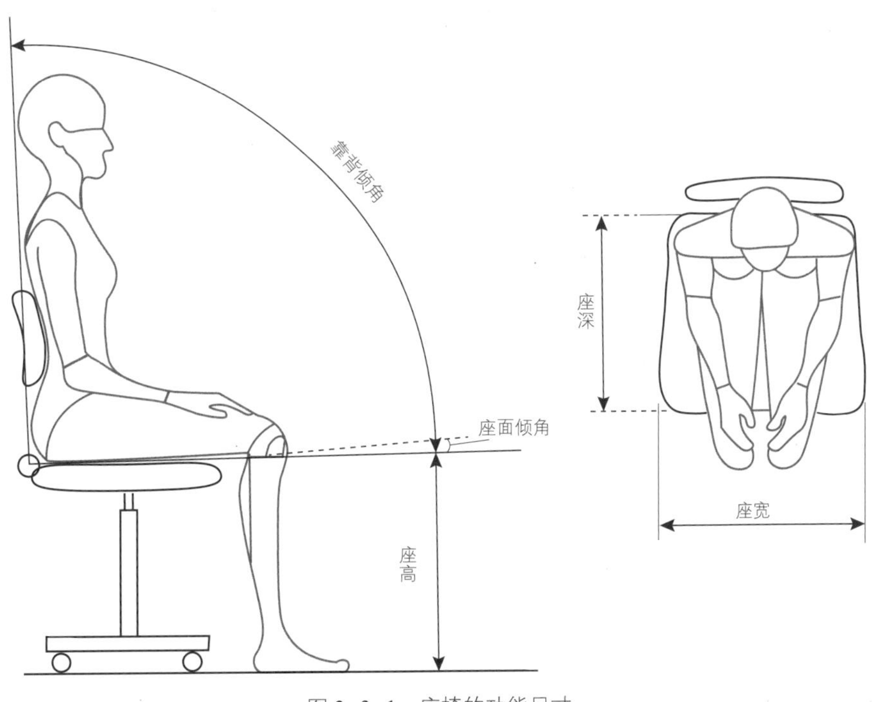

图3-3-1　座椅的功能尺寸

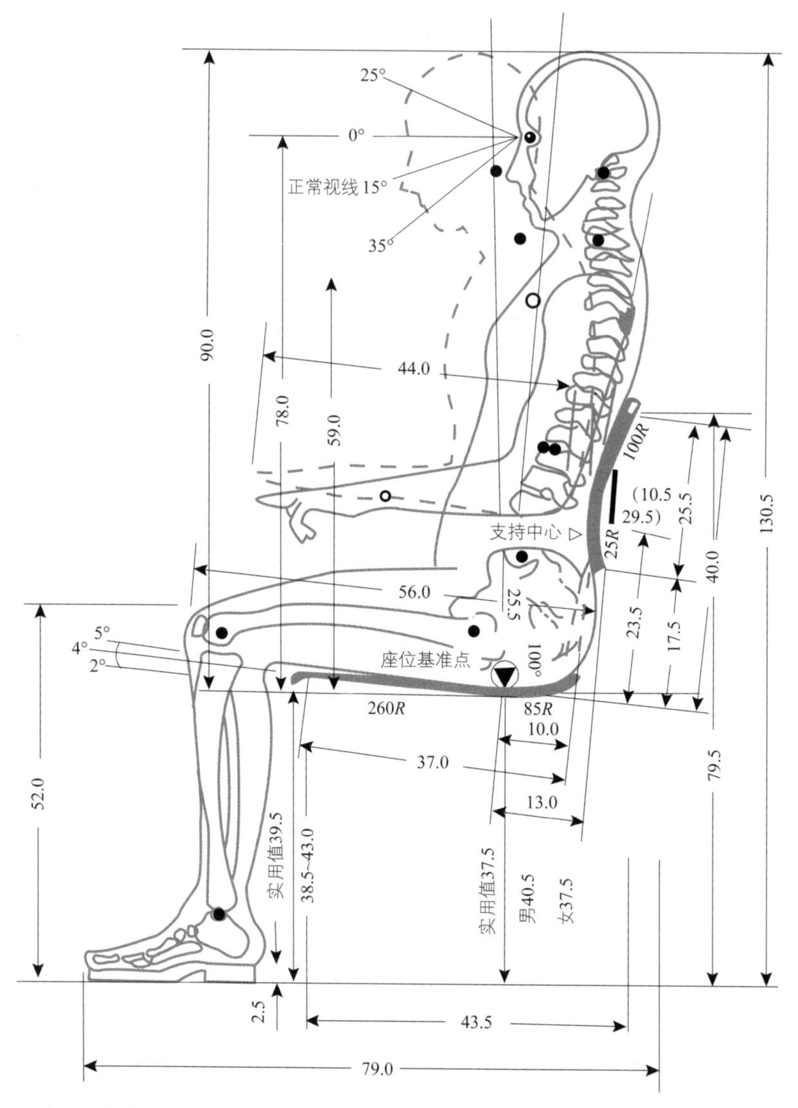

图 3-3-2　中靠背座椅的功能尺寸（单位：厘米）

下面我们对工作椅的座高进行分析、计算。

按产品功能分类，椅子属于男女通用的Ⅲ型产品，查表1-3可得，中国成年男女“3.8项小腿加足高”第50百分位数分别为$P_{50男}$=413毫米，$P_{50女}$=382毫米，加上穿鞋修正量（男25毫米，女20毫米）、穿裤修正量（−6毫米）、姿态修正量（−10毫米），这里的姿态修正主要考虑坐姿时小腿可自由活动缓解肌肉紧张，得出适合第50百分位数身高男子的座高为413+（25−6−10）=422（毫米），适合第50百分位数身高女子的座高为382+（20−6−10）=386（毫米）。男女座高相差36毫米。

我们再按Ⅰ型产品，男第95百分位数、女第5百分位数同样查表1-3，得$P_{95男}$=448毫米，$P_{5女}$=342毫米，加修正量后，得出适合第95百分位数身高男子的座高为448+（25−6−10）=457（毫米），适合第5百分位数身高女子的座高为342+（20−6−10）=346（毫米）。

通过以上计算可以看出，第95百分位数的男子和第5百分位数的女子适合的工作椅座高相差很大，达到111毫米，这样会直接影响坐姿的舒适性。所以，工作椅的座高应该在一定范围内可调整才是合理的。

我们对上面的尺寸进行整理，按四舍五入得出中国男女通用的工作椅座高尺寸的调节范围：350—460毫米。

其他非工作椅，依据各自的使用功能不同，会有不同的座高要求，通常都会比工作椅的座高低。座高越低，小腿的活动范围越大，越放松，如会议室椅、公共座椅、休闲椅、沙发等的座高是依次降低的。但座高过低，起、坐就不方便了。

二、座宽

座宽就是椅子座面的水平宽度。根据人的坐姿变化，一般椅子座面呈现前宽后窄的形状，座宽一般是指椅子座面前沿的宽度。座椅的宽度应使臀部得到全部支承并有适当的活动余地，便于坐姿姿态的变换。单人用座椅的座宽，按略大于人体水平尺寸中的“4.6坐姿臀宽”计算（表1–4）。因为这项人体尺寸女性大于男性，所以取女子第95百分位数作为设计依据，适当增加穿衣修正量和姿态修正量。查表1–4可得，中国成年人“4.6坐姿臀宽”的女性第95百分位数为$P_{95女}$=382毫米，加修正量，推荐值为400毫米。

《工作椅一般人类工效学》（GB/T14774–1993）给出的座宽数值范围为370—420毫米，推荐值为400毫米。

对于有扶手的座椅，考虑坐姿的舒适性，座面宽度要比无扶手的略宽一些。如果太窄，会使人的手臂往里收紧不能自然放松；如果太宽，手臂外展不能自然垂放也不舒服。有扶手的椅子一般以扶手的内宽作为座宽的尺寸，《家具桌、椅、凳类主要尺寸》（GB/T3326–2016）推荐扶手内宽≥480毫米。

三、座深

座深是指椅子座面前沿与后沿之间的距离。座深对人体坐姿的舒适性影响很大。如果座深过大，超过了大腿的水平长度（表1–3，3.9坐深），腰背部无法有效依靠椅背，腰部缺乏支撑点出现悬空，会加剧腰背部肌肉疲劳，同时座面过深还会使腘窝受压，出现腿脚麻木的症状，难以直立行走。如果座深过小，大腿前部悬空，小腿受压，座椅不能有效分担人体重量，容易疲劳。有些品牌汽车已经在座椅上增加可调节腿部支撑设计，用调节座深的方式满足长腿人群的舒适性需求，让驾乘更加舒适，不易疲劳（图3–3–3）。有些经济型轿车，受结构尺寸限制，通过减小后排座椅座深的方式使后排空间显得宽敞，但长期乘坐容易疲劳（图3–3–4）。

座深的设计应满足以下两个条件：

座面要有必要的支撑面积，臀部的边缘和大腿能够从椅面获得弹性支撑，辅助上身稳定，减少背部负担。

在腘窝不受压的条件下，腰背部容易获得椅子靠背的支撑。

通常座深应略小于坐姿时大腿的水平长度，使座面前沿离开小腿有一定距离，保证腘窝不受压，

图3–3–3　有腿托的座椅

图 3-3-4　经济型轿车后排空间

同时小腿有一定的活动自由。

符合上述要求的工作椅的座深比坐姿人体尺寸中的“3.9坐深”（参见图1-3-3，表1-3）略小。

由表1-3可查得，中国成年人“3.9坐深”的男性第5百分位数和女性第5百分位数分别是$P_{5男}$=421毫米，$P_{5女}$=401毫米。

按工作椅的座深“宁浅勿深”原则，《工作座椅一般人类工效学要求》（GB/T 14774-1993）给出的座深范围是360—390毫米，推荐值为380毫米。

关于座深的尺寸，在不同的使用场景中，可参照不同的标准。《家具桌、椅、凳类主要尺寸》（GB/T3326-2016）规定，一般靠背椅座深是340—460毫米。休闲椅或沙发，座深可以稍大些，通过小腿前伸减轻腘窝压力、放松腿部肌肉紧张。《软体家具沙发》（QB/T1952.1-2012）规定沙发的座深是480—600毫米。对于大座深沙发，可以通过加腰枕的方式调整坐的舒适性，拿掉腰枕又可以得到比较大的座面，满足躺、卧等休闲姿势的需要。

四、座面倾角

座面倾角是指座面与水平面的夹角。座面倾角的大小与坐姿密切相关。通常人坐在椅子上休息时，重心后移，上半身后倾，背部靠在椅背上，座面向后倾斜形成的座面倾角是为了防止身体向前滑动。当人身体前倾伏案工作时，重心前移，椅面前部对大腿的压力增大，大腿腘窝上部受压，影响血液循环，容易使腿部麻木、疲劳。因此一般工作椅的座面以水平甚至前倾为好，座面向后倾斜的椅子，是不适合身体前倾伏案工作的。（图3-3-5）

一般办公椅的座面倾角 α=0°—5°，推荐取值 α=3°—4°。休闲椅因采用后依靠坐姿，座面倾角较大。常见椅类家具座面倾角如表3-1所示。

表3-1　常见椅类家具的座面倾角

家具种类	座面倾角（°）	家具种类	座面倾角（°）
餐椅	0	休闲椅	5—23
办公椅	0—5	躺椅	≥24

图 3-3-5　座面倾角与坐姿

用于前倾工作的座椅座面前沿低，座面倾角为负值，可有效减轻腘窝部位受压，但需要腰、背、臀部肌肉维持身体平衡。若工作时前倾程度较大，且持续时间长，可以通过加大座面倾角的方式满足使用者维持姿态的解剖生理学要求，为防止身体下滑，需要在膝部增加一个带有软垫的“膝靠”。儿童坐姿矫正椅和平衡椅就是根据这一原理设计的（图3-3-6、图3-3-7）。把人的重量分布于坐骨支撑点和膝支撑点上，使人体自然向前倾斜，使背、腹、臀部放松，便于集中精力，提高工作效率，但长期使用时，不能通过调整姿势来放松身体，也会造成相应的肌肉疲劳。

现代办公椅设计，可以满足前倾工作和后仰放松两种使用状态，能在一定范围内自动调节座面倾角和靠背倾角，使两种状态下都有比较舒适的姿势。（图3-3-8）

低矮松软的休闲沙发，人坐下时重心后移，上身后倚靠在靠背上，小腿前伸呈现比较舒适的坐姿。如果要保持正襟危坐，如身体前倾的姿态，维持正常商务礼仪，需要克服大座面倾角引起的重

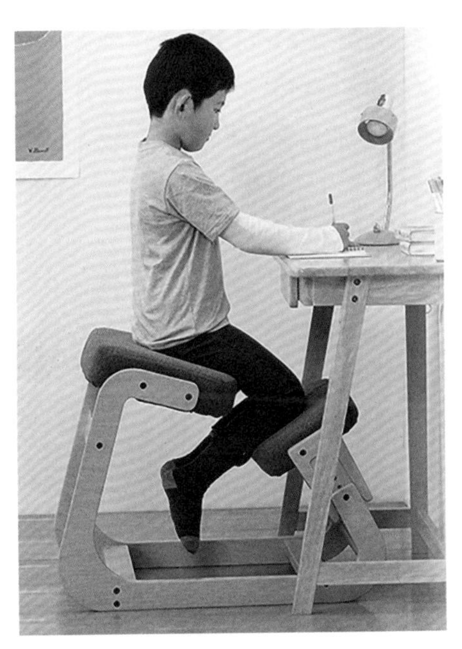

图3-3-6　儿童坐姿矫正椅

图3-3-7　平衡椅

图3-3-8　办公椅的前倾后仰模式

心后移，这会增加腰背部肌肉疲劳。因此，这种沙发不适合放在办公室用于商务接待使用，商务会客更适合摆放座高较高、座面倾角较小的沙发。（图3-3-9、图3-3-10）

五、靠背

靠背的作用就是使躯干得到充分的支撑，缓解体重对臀部的压力，减轻腰部、背部和颈部肌肉的紧张程度。靠背的形式、倾角和尺寸，关系到坐姿脊柱形态、座面和背部的体压、背部的紧张程度等，是座椅人机工程设计中的重点内容。下面我们分别从靠背倾角、靠背高度和靠背形状等方面进行分析。

（一）靠背倾角是指靠背与水平面的夹角

靠背倾角越大，休息效果越好，但倾角过大，会使起坐不方便。休闲椅靠背长度增加，倾斜角度也会随之增加。如图3-3-11是不同靠背倾角下的肌电图和椎间盘内压力关系图。图中显示的是通过实验测得的不同靠背倾角时第三和第四腰椎间盘的内压力，以及第八胸椎附近的肌电活动电位的大小。可以看出，当座面与靠背夹角在110度以上时，椎间盘压力显著减小，此角度可以作为工作椅与休闲椅区分的设计参考。

（二）靠背的高度

中背椅（图3-3-12）的靠背上沿不宜高于肩胛骨（相当于第8、第9胸椎），高约460毫米。工作椅（图3-3-13）靠背较低，属于低背椅，一般支承位置在腰凹部（相当于第3、第4腰椎），高180—250毫米。低背椅便于腰关节的自由转动和人体上肢前后左右比较自由地活动，适合进行各种

图3-3-9　休闲沙发

图3-3-10　商务会客沙发

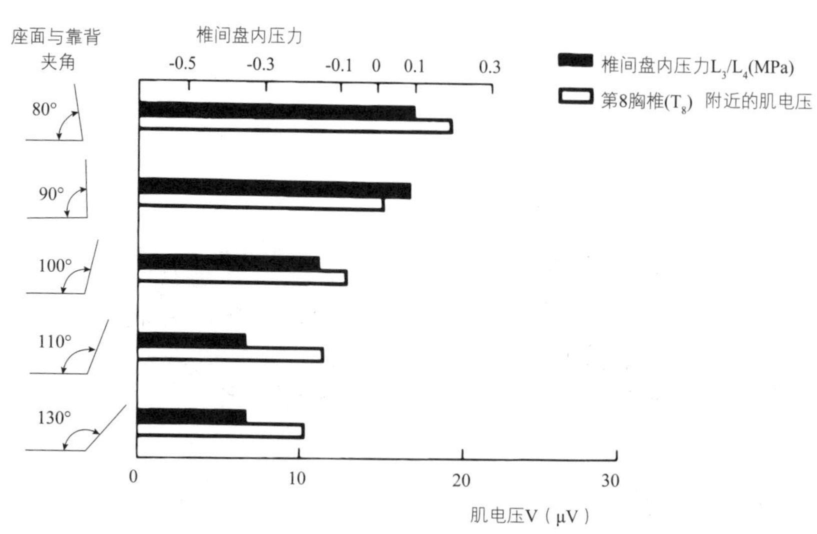

图3-3-11　靠背倾角与椎间盘内压力和肌电压的关系

操作。高背椅（图3-3-14）适合仰靠休息，靠背倾角大，靠背上沿超出肩高，颈部有头枕支撑，一般不小于660毫米。

（三）靠背的形状

从产品设计的角度看，座椅就是满足坐的工具。从教室的学生椅到牙科诊所的综合治疗椅，座椅的复杂程度及其涉及的人机关系大不相同。由于椎间盘的内压力和腰背部肌肉疲劳程度是影响坐姿舒适性的主要原因，因此，通过改变座椅靠背与人体腰背部接触面的形状，使之更符合人体的解剖生理学要求，可以有效改善腰背部受力，提高坐姿的舒适性。例如在座椅靠背下部腰的位置放一个5厘米左右厚度的腰垫，有助于保持腰椎的自然曲线，使人坐着更舒服。有的办公椅在腰部设有可随坐姿变化调整位置和力度的腰靠，如图3-3-15所示。

在设计座椅时，在靠背的下部增加垫腰的凸沿能起到腰靠的作用，凸沿的顶点应在第3、第4腰椎骨之间的部位，即顶点高于座面后沿10至18厘米。腰靠的凸沿有保持腰椎自然曲线的作用，可减少椎间盘的内压力。

头枕的主要作用是通过衬托颈椎放松头部，缓解工作疲劳，可根据坐姿调节头枕高度和方向以保证贴合颈椎。选择网布类柔性的透气材料，能使头枕用起来更舒适。（图3-3-16）

图3-3-12　中背椅

图3-3-13　底背椅

图3-3-14 高背椅

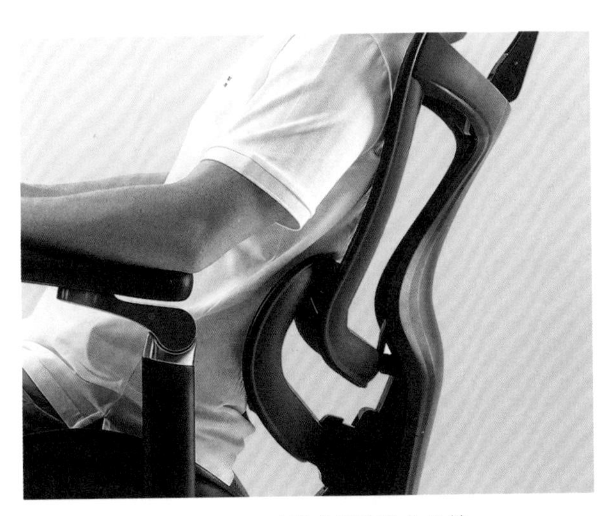

图3-3-15　有独立腰靠的办公椅

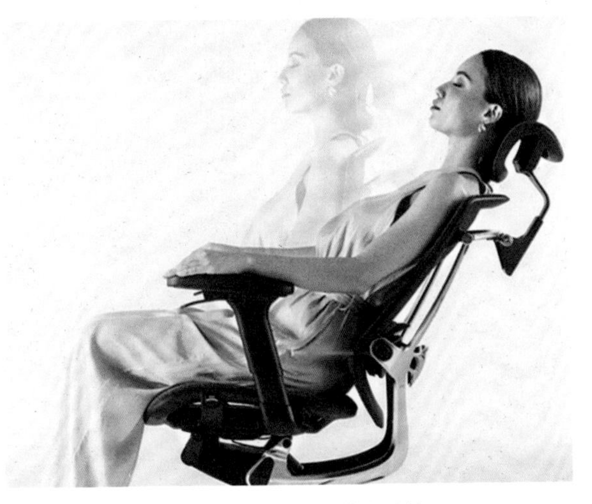

图3-3-16　有头枕的办公椅

六、扶手

休息椅和办公椅常设有扶手，工作椅一般不设扶手，便于人自由起坐，不妨碍手臂活动，特别是在手臂两侧较低部位的活动和操作。扶手的主要功能包括以下几方面：

辅助手臂调整体位或起坐时稳定身体，特别是躺椅、安乐椅等靠背倾角较大的椅子落座、起身时需要扶手提供辅助支撑。

支承手臂重量，减轻肩部负担。有些汽车驾驶室门内侧设有起支撑手臂作用的台阶，中间扶手箱的高度和前后左右位置也对手臂起到一定支撑作用，可以减轻长时间驾驶时手臂的疲劳。（图3-3-17）

在公共座椅上还可以通过扶手把相邻两个座位隔开，起到空间划分的作用，如图3-3-18为机场候机厅内的旅客休息椅。

扶手的高度是扶手设计的关键参数。从解剖生理学的角度看，扶手高度约等于人体坐骨结节点到上臂自然下垂的肘下端的垂直距离；从产品设计的角度看，扶手高度就是扶手上表面到座面的垂直距离。扶手过高时，会使肩部耸起，两臂不能自然下垂；扶手过低，则两肘不能自然落靠，起不到支撑手臂部分重量的作用。此两种情况都易引起肩部肌肉紧张疲劳。符合上述要求的座椅扶手高度应略小于坐姿人体尺寸中的“3.5坐姿肘高”。查表1-3得，中国成年人“3.5坐姿肘高”的男性第50百分位数、女性第50百分位数分别为$P_{50男}$=263毫米，$P_{50女}$=251毫米。

这两个数值的平均值为257毫米，公共座椅的扶手高度应略低于这个数值。注意：在此项目中，衣着修正量包含穿裤和穿衣修正量两部分内容，衣服袖子和裤子同时加在扶手和座面上相互抵消了，所以修正后的数值不变。《工作座椅一般人类工效学要求》（GB/14774-1993）推荐的扶手高度为230±20毫米。

对于老年人用椅，扶手在起坐、稳定身体方面的作用更大，可适当加高扶手高度。休闲椅扶手前端略高，随着座面倾角与靠背倾角的变化，扶手倾斜度一般为±10°—20°。

扶手在水平方向的左右偏角在±10°，一般与座面形状吻合。扶手内宽应稍大于肩宽，一般不小于460毫米，沙发等休闲用椅可加大到520—560毫米。

图3-3-17　汽车内扶手箱的支撑作用

图3-3-18　候机厅内休息椅

七、坐垫

坐垫的主要作用是缓解由于硬的座面形成的压力集中给人带来的不舒适感。通过坐姿体压分布分析可知，人坐着时，人体重量的75%由约25平方厘米的坐骨结节周围部位来支撑，由于压力过于集中，久坐容易产生压迫疲劳，导致臀部酸痛、麻木，如果在此处加上一个坐垫，可使压力适当分散，增加舒适感。

评价坐垫的舒适性主要考虑以下两个方面：

（一）坐垫的软硬程度

硬的坐垫使人体的局部压力过于集中，引起不舒适；坐垫过软，在人体压力下产生较大的变形，对人体形成“包裹”，同样不舒服。如图3-3-19所示，比较适合的坐垫硬度能够适当增大与人体的接触面积，有效缓解局部压力集中带来的不适感，同时又能避免对臀部形成“包裹”状态，产生不稳定的感觉。

（二）坐垫材质的舒适性

坐垫的材质包括面料和芯材两部分。

坐垫面料材质应透气，有利于保持皮肤干爽；表面有一定的粗糙度，不易打滑；有一定的柔韧性，舒适，触感良好。

芯材是坐垫的主体部分，具备透气和一定的保温性能，具有一定的密度，以维持形态稳定。根据不同的使用功能有不同的硬度和厚度要求，一般办公椅稍硬、薄一些，沙发类休闲椅软、厚一些。

以聚氨酯泡沫为例，办公椅坐垫厚度一般在20—40毫米之间，工作椅一般在25毫米左右。沙发类坐垫厚度一般在40—80毫米之间，有时为了增加填充后的饱满感会充填一部分羽绒，如图3-3-20所示。

硬座面，局部体压过于集中

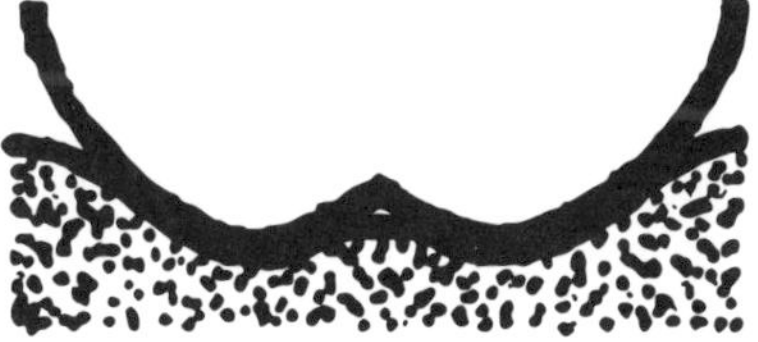

坐垫过软，不利于生理调节

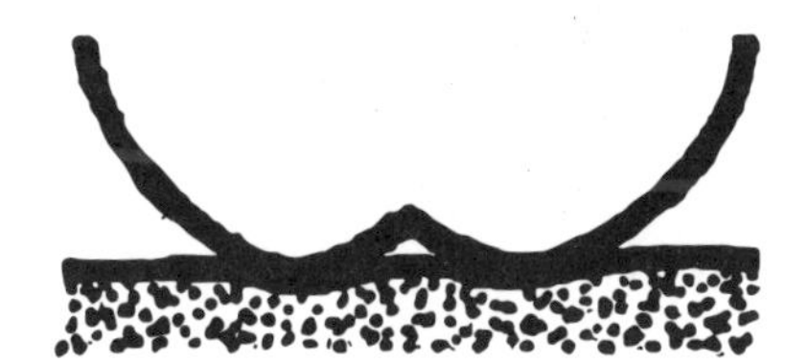

软硬性能适宜的坐垫

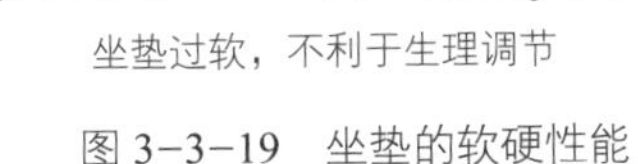

图3-3-19　坐垫的软硬性能

图3-3-20　充填羽绒的沙发坐垫

第四节　座椅设计

椅子的尺寸直接影响人的坐姿，在设计时需要适应人体形态尺寸和生理特征。前面我们分析了座椅的主要功能尺寸，下面我们对不同用途座椅的人机关系进行分析。这里我们讨论的尺寸是椅子在使用状态下的尺寸，也就是通常说的人机尺寸，主要涉及座高的变化。对于硬座面的椅子，通常人机尺寸与结构尺寸相同，软座面的会有相应的变化。

一、工作椅

工作椅主要用于各类工作场合，设计时要考虑座椅的舒适性、方便性、稳定性和安全性，腰部要有适当的支撑，确保体重均匀分布在座面上。工作椅可分为轻型工作椅、办公椅和会议椅。

轻型工作椅的特点是：靠背倾角较小，一般为95度左右，座面倾角0度—3度，靠背较短，主要用于与桌面配合的工作和学习场合，如图3-4-1为轻型工作椅的人机尺寸。

办公椅座面倾角稍大，为2度—5度，靠背倾角约110度，靠背能支撑上身休息（图3-4-2）。现代办公椅为适应不同工作模式的需要，需保证靠背倾角、座面倾角和座面高度能随意调节。如图3-4-3所示，靠背随着倾角的变化能够自动上下移动，保证任何姿势下腰部支撑处于最佳位置。传统椅子靠背相对固定，在这种状态下无法获得正确的腰部支撑。

工作椅设计的要点有以下几方面：

结构安全可靠，能与坐姿工作的各种操作相适

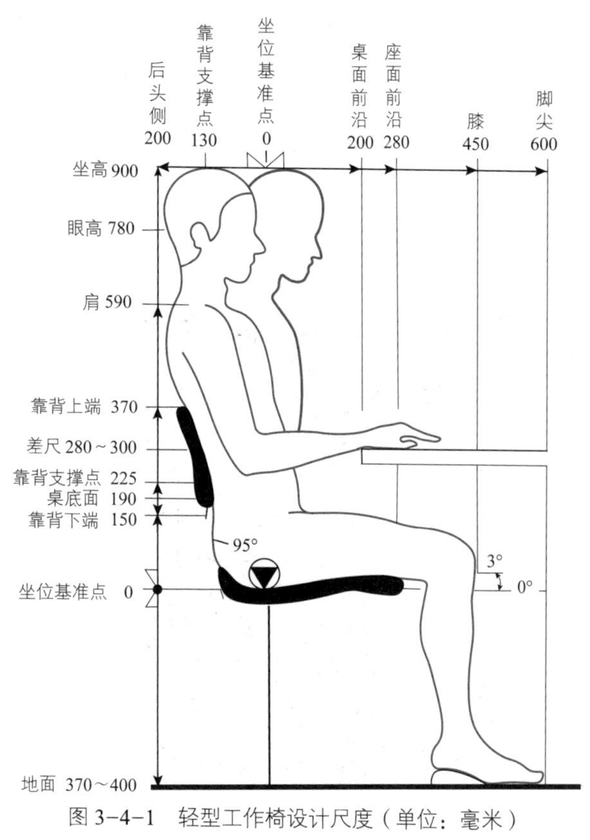

图3-4-1　轻型工作椅设计尺度（单位：毫米）

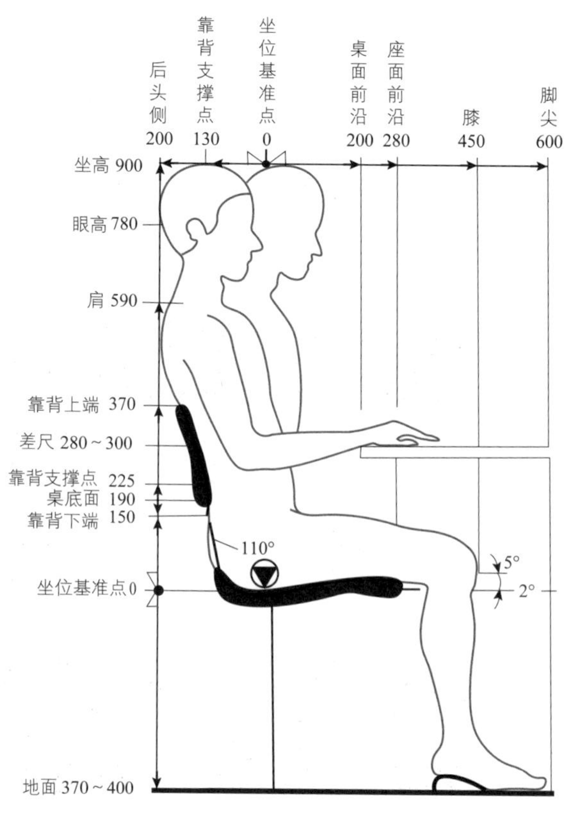

图3-4-2　一般办公椅设计尺度（单位：毫米）

应，保持坐姿的舒适和稳定。

座高可以从女子第5百分位到男子第95百分位自由调节。

靠背设计有一定的弹性和足够的刚性，倾角不超过115度，有腰靠设计，维持腰椎的自然曲线。

扶手高度舒适、安全，不妨碍工作。

蒙面材料柔软、防滑、吸汗、透气性好。

图 3-4-3 靠背随倾角变化移动

二、休息椅

休息椅的种类和造型多种多样，其设计的重点在于使人体得到最大的舒适感，消除身体紧张与疲劳，包括一般休息用椅、沙发、躺椅和摇椅等。按放松休息的程度，可以将休息椅分为轻度休息椅、中度休息椅和高度休息椅。

轻度休息椅的设计尺度如图3-4-4所示，座面高330—360毫米，座面倾角5度—10度，靠背倾角约110度，靠背较高，适宜长时间会议和会客用。

如图3-4-5是中度休息椅的设计尺度，腰部位置较低，适合家庭客厅和会议室长时间休息和会客用，沙发就属于这一类休息椅。

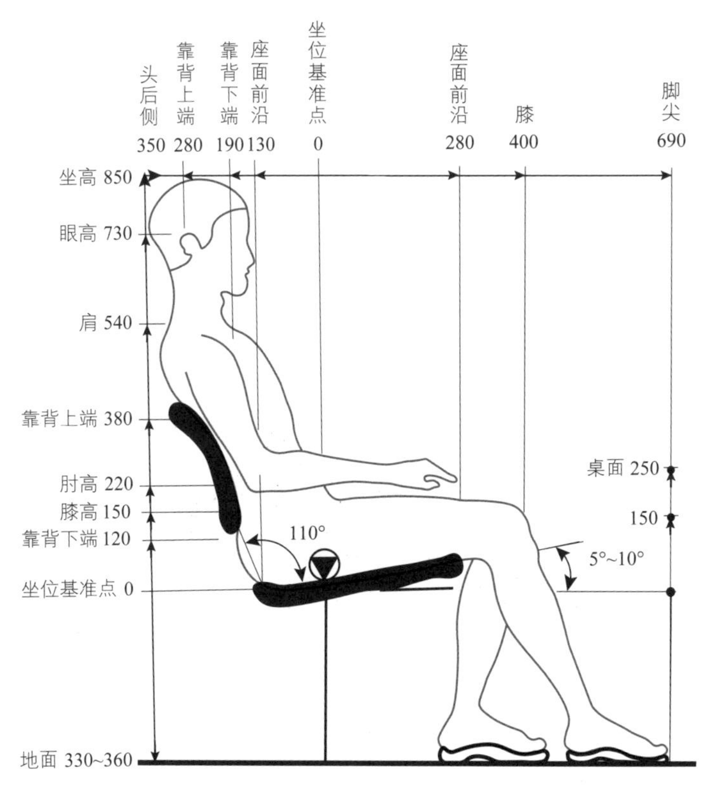

图 3-4-4 轻度休息椅尺度（单位：毫米）

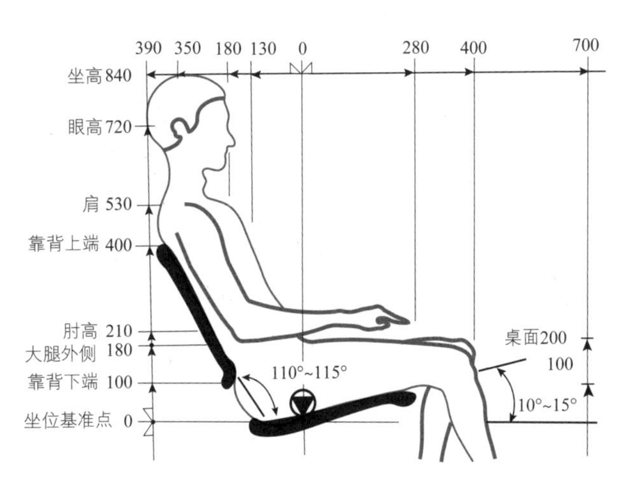

图 3-4-5 中度休息椅尺度（单位：毫米）

图3-4-6中看到的是高度休息椅的设计尺度，靠背倾角较大，一般有头靠和脚凳，可用于轻度睡眠使用，伊姆斯躺椅就属于这种类型（图3-4-7）。

也有附带脚凳的办公椅，方便临时休息。如果将躺椅靠背放平，就具有床的功能了，折叠躺椅更偏重床的功能，如图3-4-8、图3-4-9所示。

沙发和躺椅是典型的休息椅，也是日常生活中普遍使用的家具类型。沙发的尺寸与弹性材料的软硬程度密切相关，一般要求柔软但不能过度，不然会造成骨骼及坐卧习惯的偏差。沙发的结构直接影响舒适性，采用蛇簧加弹性网带与后坐垫相结合，可有效提高舒适性。靠垫也是影响舒适性的因素之一，一般配靠垫的沙发座深要大些，靠垫软硬程度适中，太软不能使脊柱得到良好的支撑。

在一些公共场合，有时需要提供简单的依靠，使腿部获得短暂的休息，如图3-4-10。城市轨道交通系统运输量大，特别是高峰时段客流量大，车厢内拥挤，设置半靠椅能有效缓解疲劳，节约空间，如图3-4-11。

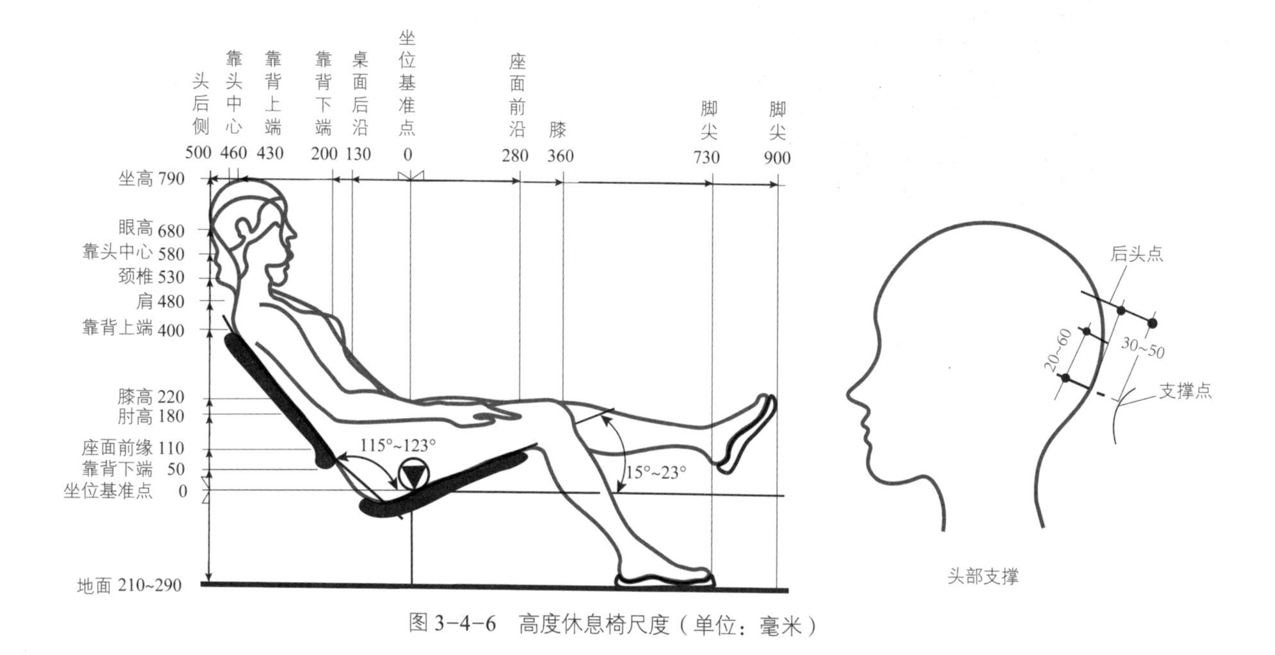

图3-4-6 高度休息椅尺度（单位：毫米）

图3-4-7 伊姆斯躺椅

图3-4-8 折叠躺椅

图 3-4-9　附带脚凳的办公椅

三、多功能椅

通过多种功能设计满足人们在各种姿态下的使用要求是这类椅子的设计重点。挪威设计师彼得·奥普斯韦克（Peter Opsvik）设计的重力平衡椅（图3-4-12），通过三种不同的倾斜角度，给人们提供舒适的阅读和休息体验，感受摆脱重力束缚的前所未有的感觉。

HAG椅以优雅的曲线、精美的造型和灵活性

图 3-4-10　休闲半靠椅

图 3-4-11　城市轨道交通车厢内的半靠椅

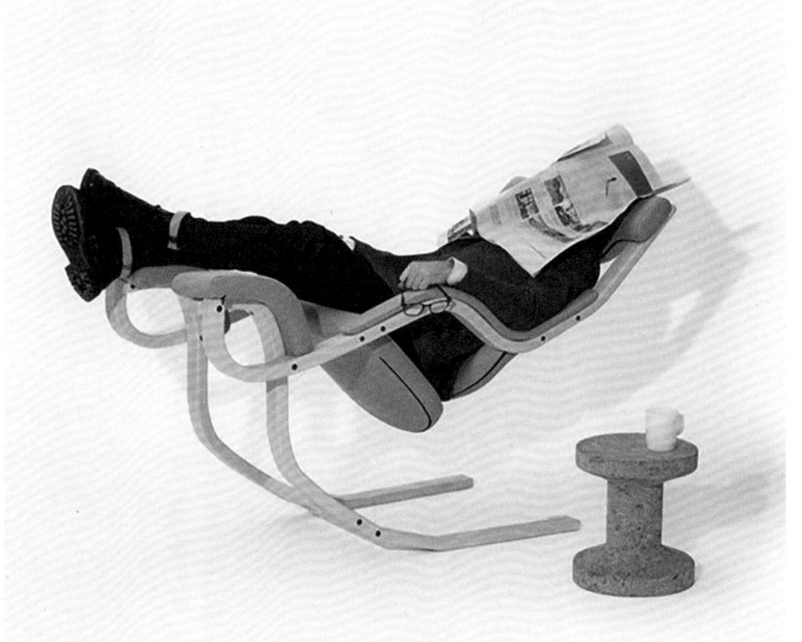

图 3-4-12　重力平衡椅　彼得·奥普斯韦克　挪威

适合不同的坐姿。特殊的马鞍形座椅设计，使人在坐的时候保持骨盆自然前倾，让脊柱自然挺直。特殊造型的靠背给身体提供足够的支撑又不限制活动空间，如图3-4-13所示。

图3-4-13 HAG椅

如图3-4-14，根据不同的使用场景要求，椅子的靠背和胸托之间可以自由转换。

图3-4-14　儿童椅

如图3-4-15所示的休闲椅，通过改变椅子座高，适应不同的场景下的坐姿需求。图3-4-16所示的多用途椅，不同使用模式实现不同需求。

图3-4-15　休闲椅　蔡凤琼　广东轻工职业技术学院

图3-4-16　多用途椅　林海滢　广东轻工职业技术学院

第五节　桌椅系统

坐姿是现代办公的主要姿势。桌子是为了方便人们坐着工作的，所以桌面的高度应以椅面作为基准，加上合理的“桌椅面高度差”来确定合理的桌面高度。

如果桌面偏高，小臂在桌面上工作时肘部连同上臂、肩部被托起，肩部因耸起而使肌肉处于紧张状态，容易疲劳。长期耸肩工作会带来颈椎、大小臂，特别是肩胛部位的不适和酸痛感，不仅影响工作效率，还会诱发疾病。据统计，文书一类工作人员中，肩胛部位有不同程度疾患的比例高达18%左右，远高于其他职业人群。

桌面过低，会使工作时的脊柱弯曲度加大，腹部受压妨碍呼吸和有关部位的血液循环，同时使背肌承受较大拉力。如果同时承担视觉负担重的工作，颈椎弯曲尤其厉害，会造成更多不良后果。儿童青少年处于生长发育期，身高增长较快，按《学校课桌椅功能尺寸及技术要求》(GB/T3976-2014)要求，应选配不同型号的课桌椅。可调节高度的课桌椅具有一定的实用性，如图3-5-1所示。

图3-5-1　可调节高度的学生课桌椅

一、桌面的高度

综合分析桌椅的使用状态，桌面高度由人体功能尺寸与座椅功能尺寸共同确定。桌面高度等于坐骨结节点到桌面的距离（桌椅面高度差）与该点到地面的距离（座高）之和，即桌面高度＝座高＋桌椅面高度差。

桌椅面高度差是一个非常重要的尺寸，应根据人体测量尺寸和实际功能要求确定，经过大量的测试研究，一般取值为：坐姿时上身高也就是坐姿人体尺寸（见表1-3）中“3.1坐高”的1/3。

例如，经常用来书写的桌子，合适的桌椅面高度差＝坐高/3-（20—30）毫米修正量，按此推算出中等身材中国成年男子、女子书写用桌面高度＝座高＋（坐高/3）-20毫米，即：第50百分位数身高的男子的座高$_{50男}$=422毫米（参见第三节座高），坐高$_{50男}$=908毫米（参见表1-3），得出书写用桌高$_{50男}$=422+（908/3）-20=705毫米；第50百分位数身高的女子的座高$_{50女}$=386毫米（参见第三节座高），坐高$_{50女}$=852毫米（参见表1-3），得出书写用桌高$_{50女}$=386+（852/3）-25=645毫米。

考虑日常使用中的男女通用性，《家具桌、椅、凳类主要尺寸》(GB/T3326-2016)中规定，桌椅面高度差为250—320毫米，同时规定桌面高度为680—760毫米。

对于一般的坐姿作业来讲，理想的作业面高度在肘高（坐姿）以下5—10毫米比较合适。在精密作业时，需要手眼之间的密切配合，桌面高度需要适当增加，此时视觉距离决定了人的作业姿势。办公室工作，由于有视距和手的精密工作（如书写、打字等）要求，一般办公桌的高度常会在坐姿肘高以上。

一般办公桌应按身材高大的人体尺寸设计，身材矮小的人可以通过加高座面和使用垫脚来适应。如果身材较大的人使用低办公桌，就会导致腰腿的疲劳和不舒服。

一般休闲用桌的桌面高度低于工作用桌的桌面高度，以使上臂处于自然下垂的放松状态。当然，也可以通过调整桌子高度的方式，来适应不同身高使用者和不同工作性质的要求。能够简单、方便调整桌面高度的桌子结构相对复杂，成本较高。

二、桌下“容膝空间”

容膝空间也就是桌下放腿的地方，是横向和纵向两个方向的尺寸围成的一个空间。其中，横向尺寸由宽度和深度两个尺寸组成。纵向尺寸=桌面高度-座面高度，这部分包括腿的厚度和桌面板的厚度，剩余的空间可以用来安放较薄的抽屉或键盘托。为了方便腿部移动，保证腿在桌下能适当活动，有利于腿部血液循环，实际可用空间并不多。《家具桌、椅、凳类主要尺寸》（GB/T3326-2016）中规定：桌下净空高≥580毫米，净宽≥520毫米。

三、桌面尺寸

桌面的宽度和深度是以坐姿时手可达的水平作业域为基本依据，并考虑桌面可能放置物的性质及尺寸大小。《家具桌、椅、凳类主要尺寸》（GB/T3326-2016）中规定：双柜写字桌宽1200—2400毫米，深600—1200毫米；单柜写字桌宽900—1500毫米，深500—750毫米；特殊定制产品，不受此限制。

餐桌与会议桌的桌面尺寸以人均占周边长为准进行设计。一般人均占桌周边长为550—580毫米，较舒适的长度是600—750毫米。考虑中式用餐习惯，方形餐桌空间利用率高，适合小家庭；圆形餐桌比较占地方，适合多人聚餐。

四、桌面的倾斜度

对于阅览、绘图等工作，适当的倾斜桌面更适合这类作业，如图3-5-2所示。与水平作业面相比，考虑颈椎的自然生理弯曲及人的最佳视觉区间（参阅模块8第一节视觉功能）的影响，特别是在绘图时，适当的倾斜桌面能让人的颈部和背部更舒服，兼顾图面大小对绘图姿势（从坐姿到立姿）的影响。一般绘图桌的桌面倾斜角度在75度以下。按《学校课桌椅功能尺寸及技术要求》（GB/T3976-2014）要求，中小学课桌面倾斜度在12度以下。

图3-5-2　可倾斜桌面的绘图桌

第六节　设计案例

一、办公椅——“Suit”健康办公椅

对于以坐姿为主的上班族来说，有三分之一的时间是在椅子上度过，健康的坐姿是人们普遍关注的。本案例设计师从关注健康的角度出发，研究人与椅子之间的人机关系，设计符合健康要求的办公椅。“Suit”的设计灵感来源于“背心”，是一款同步倾仰的随背靠椅，依靠多支点的移动，使人像穿着背心一样，既体贴地保护了身体，又不妨碍正常的活动，在各种情境中为使用者提供健康的坐姿和舒适的感觉。(图3-6-1、图3-6-2)

图3-6-1　健康办公椅

设计师通过对就座过程的分解研究发现，人在坐下时给椅子的作用力是非线性的，由体重形成的压力慢慢加到椅子上，压力达到一定的程度后不再变化，如图3-6-3、图3-6-4所示。传统椅子的底座多为直线型运动方式，在落座和起身的瞬间对人体的冲击力很大。

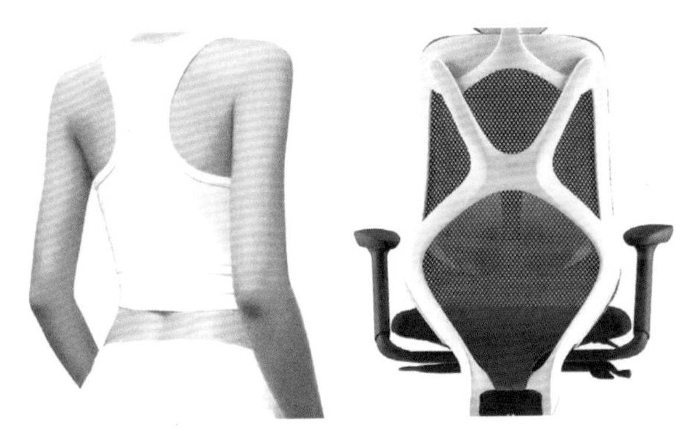

图3-6-2　背心式靠背

在进行了座椅尺度实测与人机活动、坐姿的体重压力分布、人体脊椎与坐姿舒适性等研究后，设

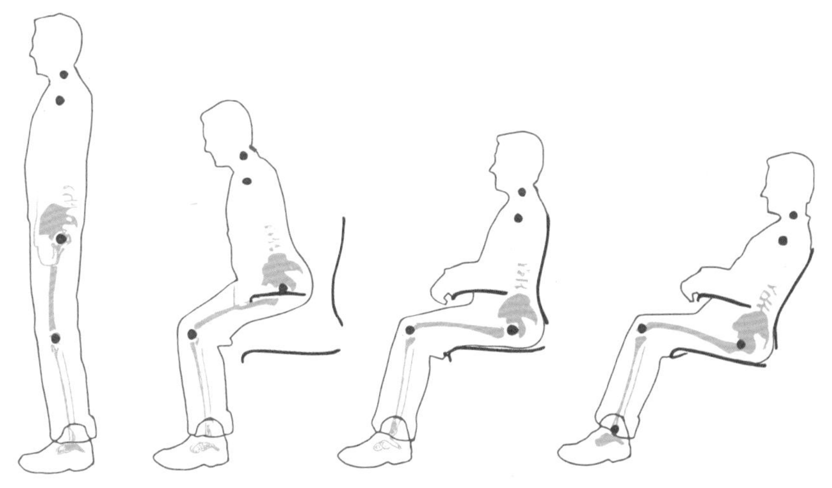

图3-6-3　就座过程分解

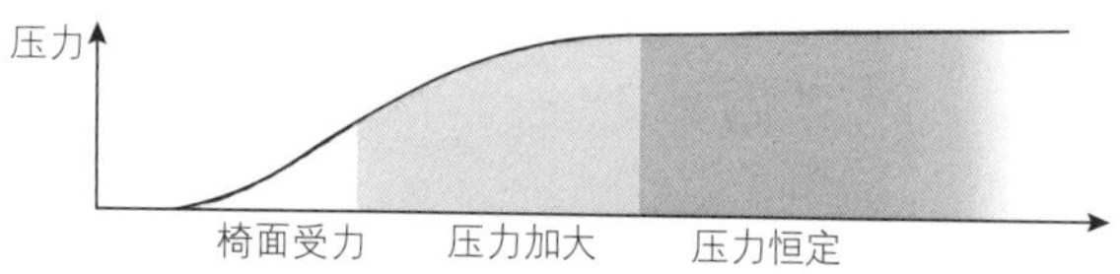

压力
椅面受力　压力加大　压力恒定

图 3-6-4　就座时椅面压力曲线

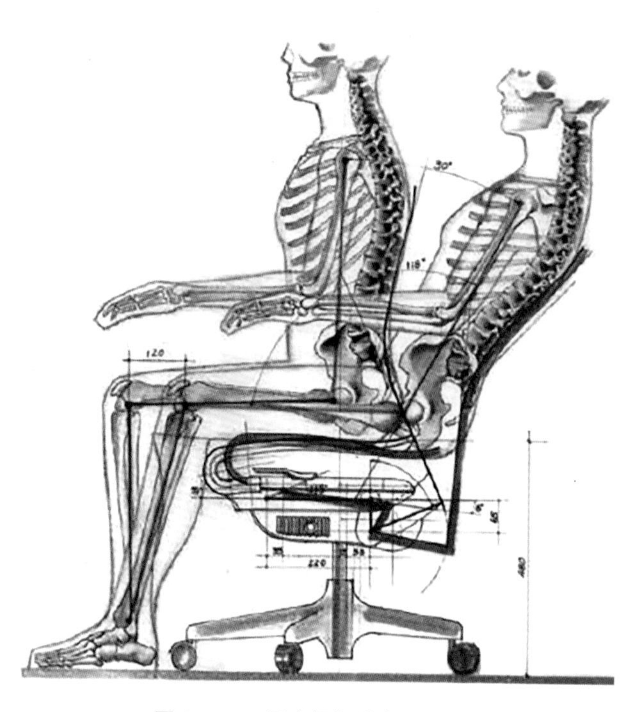

图 3-6-5　同步倾仰活动方式研究

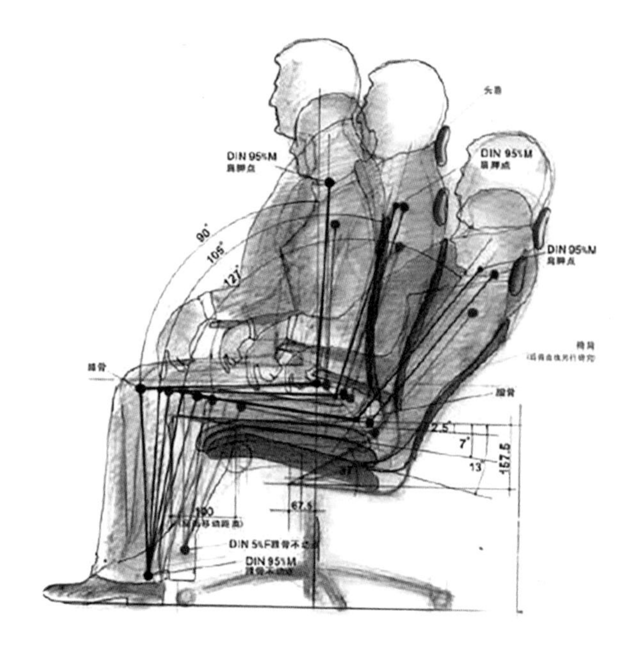

图 3-6-6　人体坐姿活动与椅子活动范围及方式的研究

计师确定了人体在倾仰活动中椅面、坐垫及靠背调整的基本尺寸范围和移动方式，明确了椅面和椅背的倾斜角度、椅面不同部分的受力、椅背的支撑点、保持不同坐姿的舒适性是健康椅设计的核心。（图3-6-5、图3-6-6）

“Suit”健康椅采用独特的悬浮式座面设计，可根据需要自动调节前后，增加其舒适性与自由度，靠背、坐垫选用富有弹性的绷网，均匀分配压力，具有良好的透气性。（图3-6-7）

二、儿童书房家具——多功能书桌椅

一款学习桌的好坏不仅影响到儿童的学习效率，更会对其行为习惯养成以及身心健康发展等方面产生影响。因此，学习桌的功能、形态、结构应能满足儿童成长过程中生理和心理变化的需求。

我们知道，在青少年时期，人的身高随着年龄增长而增长，“小腿加足高”“坐姿肘高”“座深”等人体尺寸的变化尤其明显。为了让产品能够伴随孩子一起成长，产品主要尺寸要能够在一定范围内变化，以适应人体尺寸的变化。下面我们以某公司

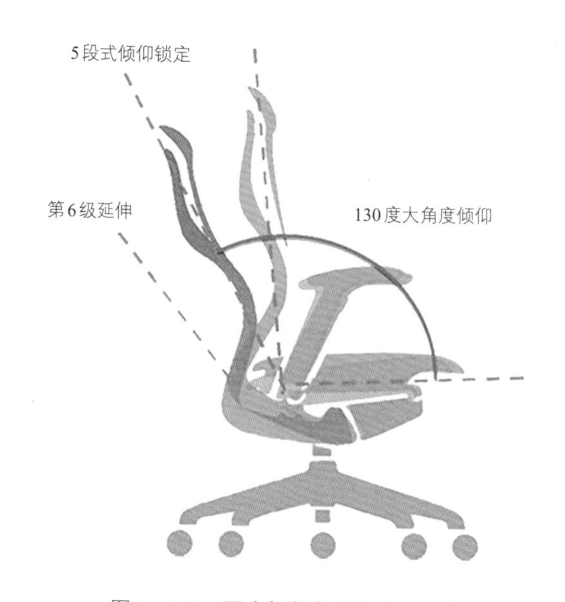

图 3-6-7　同步倾仰角度与底盘调节

产品为例，从人机工程学角度进行分析。

该款多功能书桌椅包含书桌和学习椅两个部分，其中，学习椅的椅面高度可根据需要升降，学习桌的桌面除了可以调整高度，还可以调整桌面倾斜的角度，如图3-6-8所示。

针对书写、阅读、绘画、创作等不同用途，桌面有2/3的部分设计成可倾斜桌面，倾角可在0度—60度之间调整，桌面高度可在634—794毫米之间分级调节，与此相对应，桌下高在532—692毫米之间调节。成长型学习椅座高在355—483毫米之间分5挡调节。（图3-6-9至图3-6-11）

图3-6-8 多功能书桌椅

图3-6-9 可分档调节高度

图3-6-10 可倾斜桌面

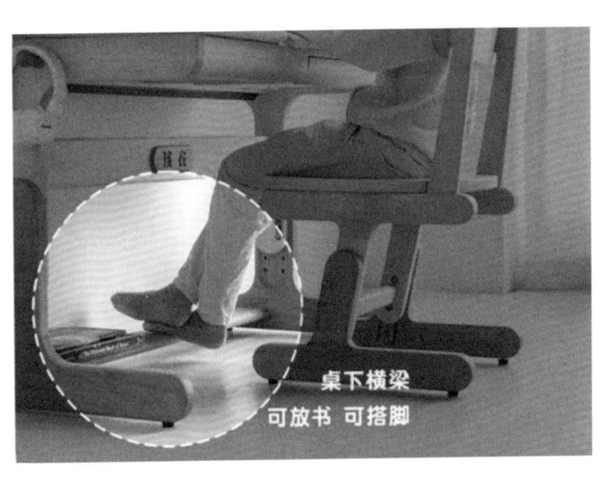

图3-6-11 桌下空间拓展功能

三、学生作品

如图3-6-12所示，“乐趣”木马是两种不同使用功能合二为一的产品，在两种不同的使用状态下，产品需要适应不同的人体尺寸要求。考虑作为木马时跨骑的舒适性，“U”形外壳弯曲部分的曲率半径不宜过大，同时应在下部设计一对脚踏。

如图3-6-13所示的梯凳，通过凳面的翻折实现爬梯和凳子的功能转换，体积小，结构简单，方便实用，适合家庭。凳子全高600毫米，站上后立姿眼高可达2168—2054毫米（按男、女第50百分位数计算），可满足大部分居家生活场景。

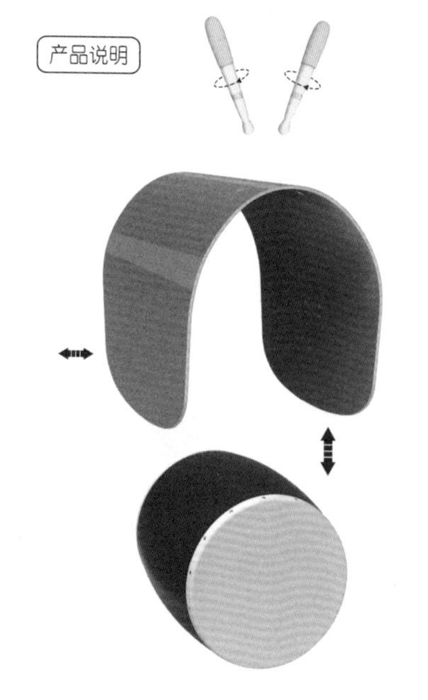

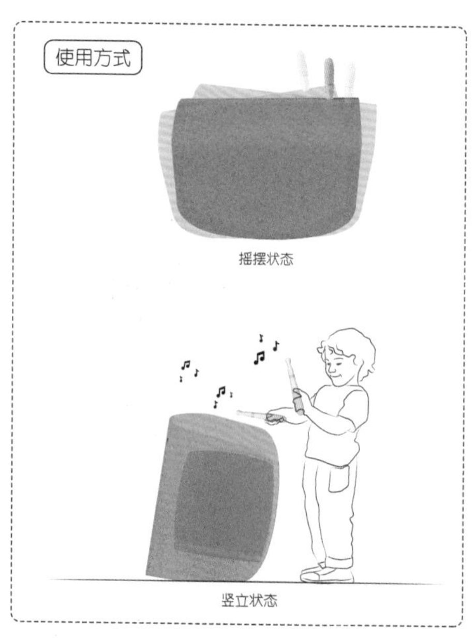

图3-6-12　“乐趣”木马　王景立　广东轻工职业技术学院

梯凳

设计说明：

它看起来很简洁，却蕴含着多种变化的可能性。符合现代家具多功能、无限定、简约的特征。

它不仅仅作为一个凳子使用，还可以作为小爬梯、储物架或者任何你能想到的方式来使用。它没有多余的装饰，是蓝色的，加上淳朴的木质材料，干净而不乏味。

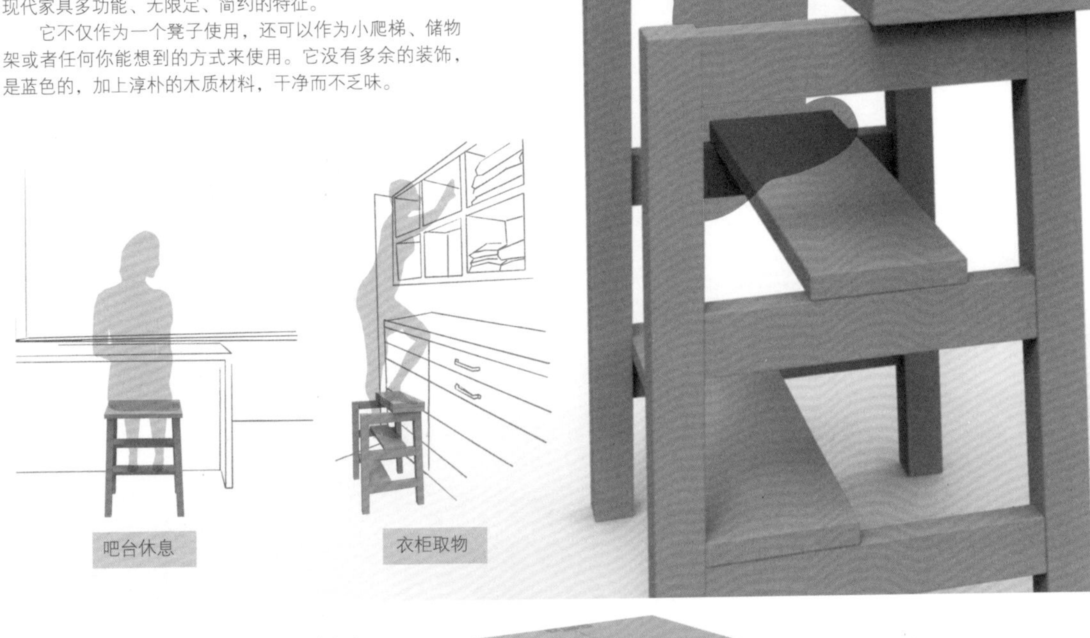

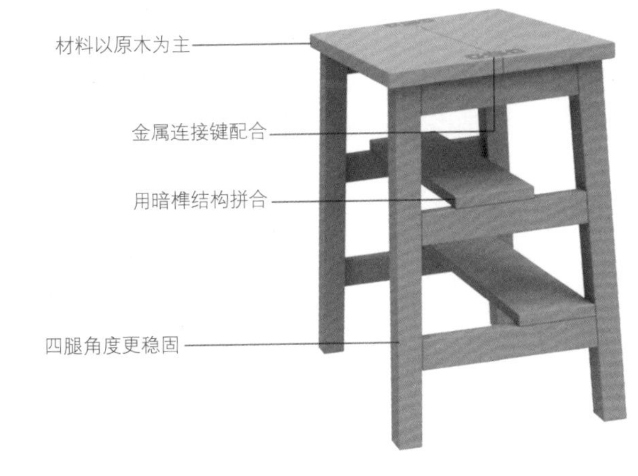

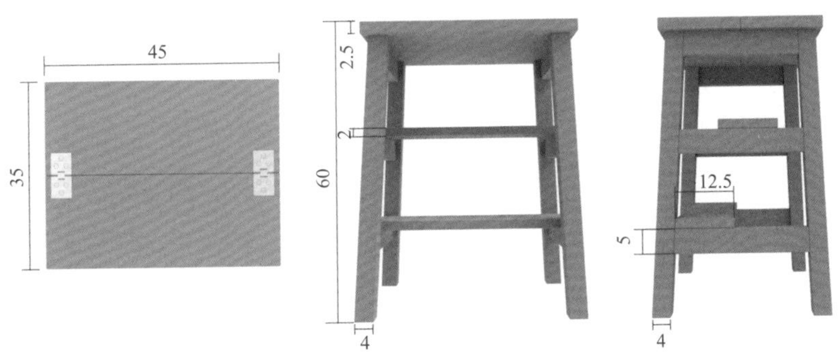

三视图与尺寸（单位：厘米）

图 3-6-13　梯凳　武培健　广东轻工职业技术学院

作业与思考

1. 舞蹈演员排练间隙，席地而坐，休息片刻，如图3-6-14所示。试分析：

（1）从坐姿的脊柱形态、臀部体压、腰背肌肉三方面来看，这种休息姿势是否符合解剖生理学的舒适性要求？为什么？

（2）如果对答案（1）的回答是否定的，为什么会觉得休息一会儿还挺舒服的？

2. 根据本章节学到的知识，分析宿舍的学习桌和配套的椅子是否符合你的人体尺寸要求。

3. 分析图示3-6-15办公椅的主要功能尺寸的设计依据（明确涉及的人体尺寸测量项目和百分位数选择）。

4. 分析如图3-6-16所示的公交车站候车亭里的长凳，凳子的长、宽、高尺寸是多少比较合理？请解释原因。

图3-6-15　办公椅

图3-6-14　席地而坐

图3-6-16　公交站候车亭长凳

学生笔记

模块4　舒适的床

第一节　卧姿与睡眠

第二节　床的功能尺寸

第三节　设计案例

模块4　舒适的床

学习目标

知识目标

了解人体卧姿的生理特征，理解仰卧时的体压变化和脊柱的形态变化、良好睡眠对床的要求，掌握床的功能尺寸设计要求。

能力目标

能够设计符合人机关系要求的床及合适的寝具。

重点、难点指导

重点

床的功能尺寸设计，特别是床长的设计要求。

难点

卧姿的舒适程度与体压分布的关系。

第一节　卧姿与睡眠

睡眠是人类生活不可缺少的，人生约1/3的时间是在睡眠中度过的。通过睡眠，人们可以消除疲劳，恢复体力和脑力。因此，睡眠质量与人们的健康和精神状态息息相关。

一、睡眠的特点

睡眠的生理机制十分复杂，自古以来人们就从生理学、心理学等方面对人的睡眠进行了许多研究，但至今也没有完全解开其中的秘密，只是对它有一个初步的了解。睡眠是人的中枢神经系统兴奋与抑制的调节产生的现象，休息的好坏取决于神经抑制的深度，也就是睡眠深度。

人的睡眠深度不是始终如一的，而是在进行周期性的变化。如图4-1-1通过测试发现，一般睡眠分为4至6个周期，每个周期约90分钟。从慢波睡眠开始到快波睡眠结束，睡眠初始阶段较深，临近觉醒时睡眠较浅。慢波睡眠分为4个阶段：阶段1睡眠比较轻，随时会醒；阶段2进入浅睡，眼球活动停止，大脑活动变慢，体温降低，呼吸规律；阶段3、4进入深睡，逐步丧失意识，体温降低，然后进入快波睡眠，此时心跳呼吸加快，脑血流量和耗氧量增加，血压升高，会出现眼球运动，也叫快速眼动期。慢波睡眠主要修复人体机能、补充能量，促进发育；快波睡眠主要恢复体力，对神经和智力影响较大。

人在睡眠时身体在不断的运动。睡眠深度与活动的频率有直接关系，频率越高，睡眠深度越浅。据调查，健康人在8小时睡眠中，姿势变换20—45次，而且有一半的姿势在不到5分钟就变换一次，其中60%是仰卧，35%是侧卧，5%是俯卧。（图4-1-2）

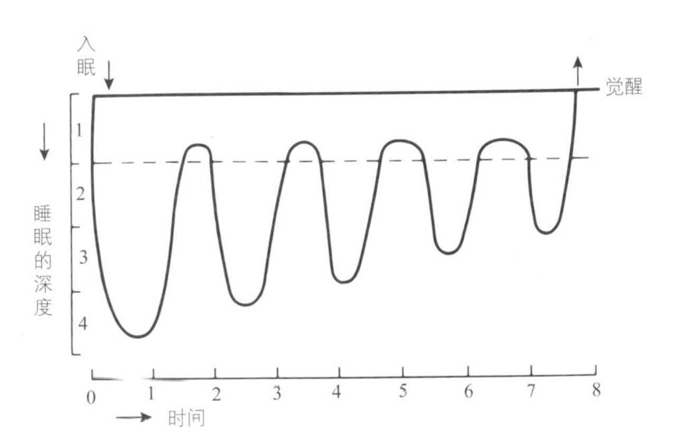

图4-1-1　睡眠深度随时间呈周期性变化

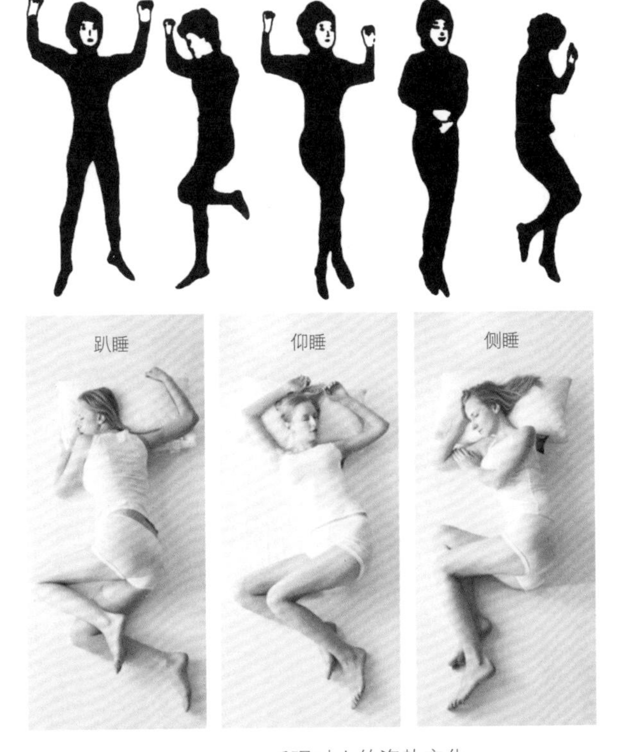

图4-1-2　睡眠时人的姿势变化

二、睡眠的姿势

人站立时，自然形成的背部曲线是肩胛部位和臀部向后凸出、腰部向前凹进，凸出点和凹进点的距离一般为4—6厘米。在仰卧时，人体所受的重力方向改变，凸出凹进的距离缩小，距离缩小到2—3厘米时，符合全身放松的解剖生理状态（图4-1-3）。

不论立或坐，人的脊椎骨骼和肌肉总是受到压迫和处于一定的收缩状态。仰卧的姿态才能使脊椎骨骼的受压状态得到真正的松弛，从而得到最好的休息。因此，从人体骨骼肌肉结构的观点来看，仰卧不能看作站立姿态的横倒，其所处动作姿态的腰椎形态位置与正常腰椎曲线最接近（图4-1-4），卧姿是人体最好的休息状态与睡眠姿势。

三、床垫与睡眠

床类寝具是影响人体睡眠质量的重要因素，舒适的床垫是获得优质睡眠的首要条件。影响床垫舒适性的因素有床垫界面压力分布、不同卧姿下的脊柱形态、床垫材料本身的力学性能等。良好的床垫人机设计主要体现在良好的透气性、精准的支撑性、完善的贴合度、面料的环保与舒适性等方

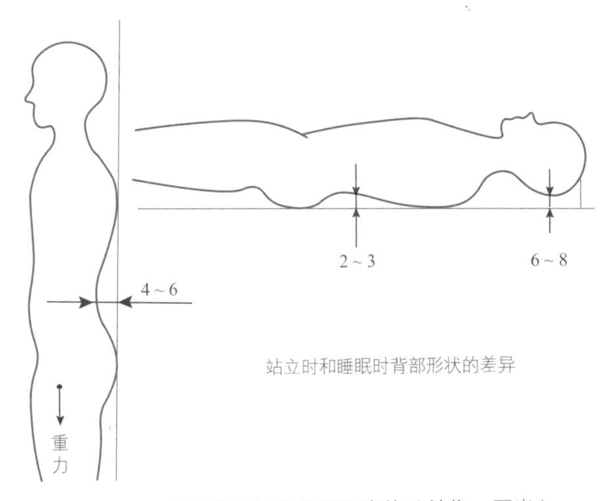

图4-1-3　卧姿是人体最佳睡眠姿势（单位：厘米）

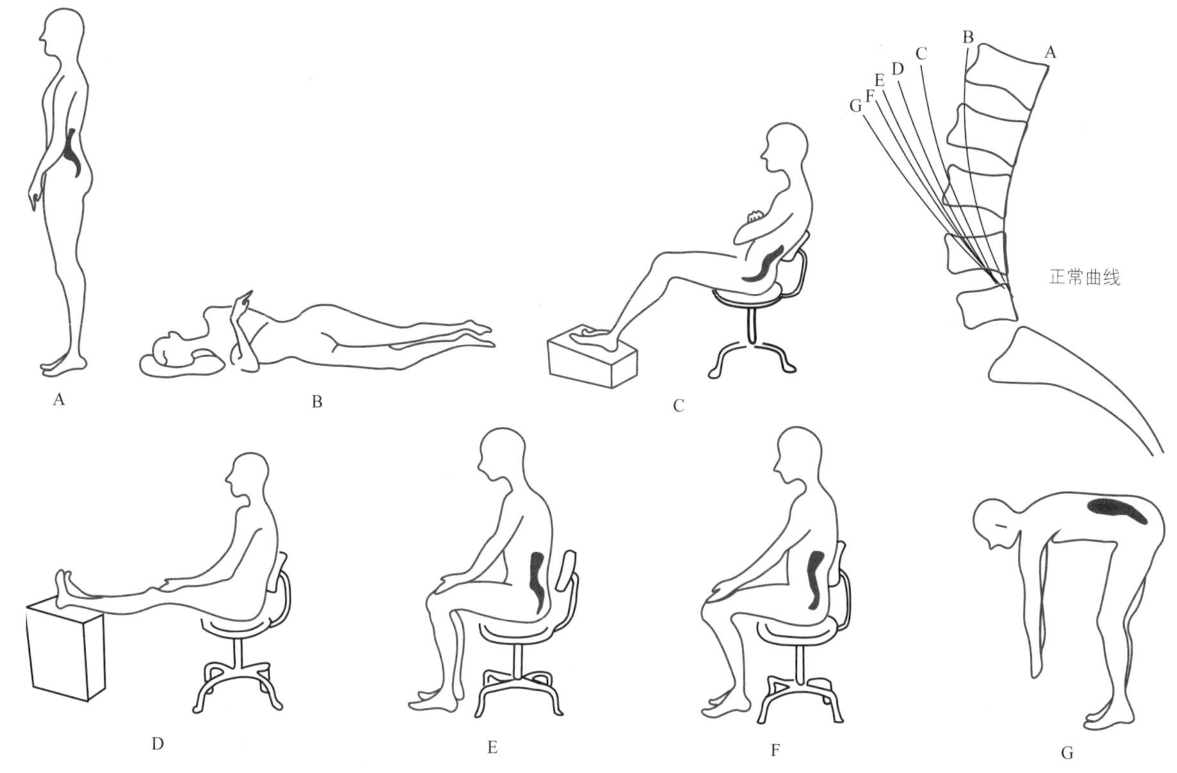

图 4-1-4　人体不同姿态与腰椎变化的关系

面，同时需要针对不同人群与使用场景需求，结合睡眠过程人体动作的不断变换，提升床垫自主适应能力。

人体的头部、胸部和臀部在站立时，三部分的重力方向基本上是重合的，而卧姿时，三个重力的方向则是平行的，分别会对脊柱产生弯曲作用。因此，虽然卧姿是相对最舒服的姿势，但要保证人体卧姿的舒适性并不是一件容易的事情。

如果支撑人体的垫子很软时，身体较重的部分，臀部和背部肩胛位下陷较深，其他部分下陷较浅，这样使腹部相对上浮，造成身体呈“W”形，使得脊柱、肌肉、韧带均呈现不自然状态，翻身改变卧床姿势也不方便，不利于人进入深度睡眠。如果床垫太硬，背部的接触面积减小，局部压力增大，背部肌肉收缩增强，也会使人不舒适。因此，床垫软硬必须合适，才能保证人的睡眠质量。

人体在卧姿时的体压情况是决定卧姿体感舒适度的主要原因之一。床面过硬，人体与床接触的凸出点面积小，压力集中使局部微血管中血液循环受到阻碍，神经末梢受压过大感觉不舒服。床垫过软，使背部和臀部下沉腰部突起，身体呈“W”形，形成骨骼结构的不自然状态，肌肉和韧带处于紧张的收缩状态，人体感觉敏感的与不敏感的部位均受到同样的压力，需要通过不断的翻身来调整人体敏感部分的受压感，使人不能熟睡，影响正常休息。图 4-1-5 是仰卧时不同硬度床垫的身体体压

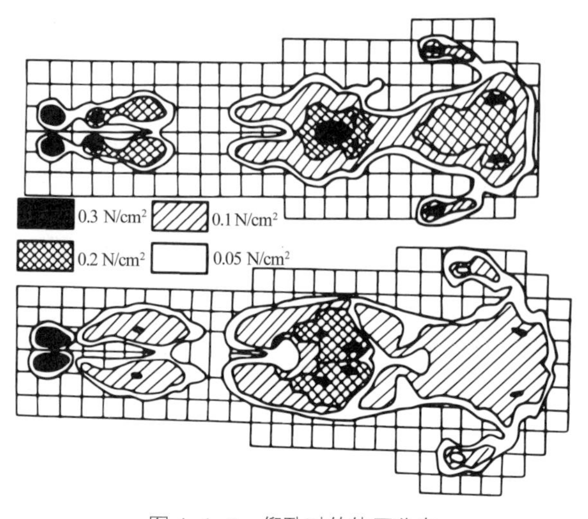

图 4-1-5　仰卧时的体压分布

分布情况图。上图显示的体压分布基本与人体各部位对压力的耐受特性相符合，感觉舒服，利于安睡，说明床垫软硬得当；下图是床垫过于柔软时的体压分布情况，与人体解剖生理学要求并不符合，不利于睡眠。另外，床的软硬程度对睡眠姿势也有影响。调查发现：使用过软的床，约8%的时间处于仰卧状态；床硬度适中时，45%的时间仰卧；偏硬的床，30%的时间仰卧。因此，过软的床不如硬板床。

现代家具中使用的床垫，需要在提供足够柔软性的同时保持整体的刚性，这就需要多层的复杂结构，一般为不同材料搭配的三层结构（图4-1-6）：最上层A层与人体接触部分采用柔软材料，可用海绵等混合材料来制作；中层B层则采用较硬的材料，由木棉、羽毛等压制而成，可保持身体整体水平上下移动；下层C层是承受压力的支承部分，要求受到冲击时，能起到吸振和缓冲作用，采用弹簧、棕垫等缓冲吸振性好的材料构成。这种软中有硬的三层结构做法，有助于人体保持自然良好的仰卧姿态，从而得到舒适的休息。

四、枕头与睡眠

枕头是我们睡眠中必不可少的寝具，也是影响睡眠的因素之一。枕头的作用是在睡姿下保持适合颈椎的生理曲度，使颈项部皮肤、肌肉、韧带、椎间关节及穿过颈部的气管、食道和神经等组织与整个人体一起放松、休息，在睡眠中解除颈椎肌肉、韧带的疲劳。枕头影响人的睡眠舒适度有很多因素，衡量枕头的性能主要参数有枕头的高度、软硬度、透气性等。

（一）枕头高度与人体健康

1. 睡枕高度对睡眠的重要性

枕头过高或过低都对人体健康不利。枕头过高，无论是仰卧还是侧卧，都会使颈椎生理状态改变，使颈部某些局部肌肉过度紧张，久而久之，颈部肌肉就会发生劳损、挛缩，促使颈椎位置发生微小变化，引起颈部神经和血管受刺激或压迫，出现反射性痉挛，甚至造成脑部供血不足，产生颈、肩、背、臂麻痛或头晕、头痛、视力下降、耳鸣、恶心、听力减退等症状。高枕是引起落枕、颈椎病的常见原因之一。此外，高枕会增大颈部与胸部角度，使气管通气受阻，易导致咽干、咽痛和鼻鼾。高枕还能使胸背肌肉长期紧张，胸部受压，妨碍正常呼吸，长此下去必定给身体带来不良影响。同样，枕头过低也会改变颈椎生理状态。因头部的静脉无瓣膜，重力可使脑内静脉回流变慢，动脉供血相对增加，从而出现头涨、烦躁、失眠等不适。低枕对于高血压和动脉粥样硬化病人尤其有不良影响。

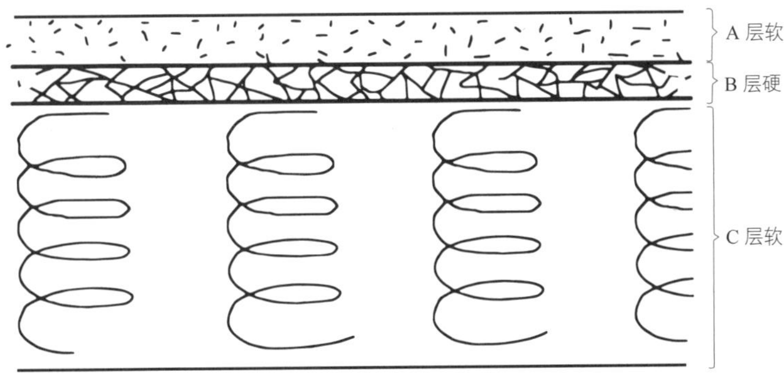

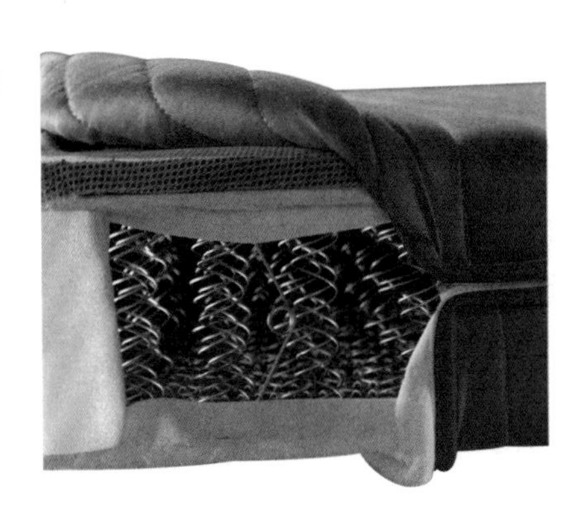

图4-1-6　床垫的复合结构

（1）维持睡眠时的颈部生理曲度

为了保护颈椎，使颈部在睡眠时处于放松状态，维持颈椎正常的前凸生理曲度，无论是侧卧睡姿还是仰卧睡姿，睡枕应与每个人的身体成比例，以使颈椎处于一个正常位置，维持颈椎外部平衡和内部平衡，保证睡眠时保持放松和舒适状态。颈椎的外部平衡主要是颈部周围的肌群、韧带等软组织处于相对平衡状态，不出现某一侧肌肉或者韧带的紧张或者松弛；而颈椎的内部平衡主要是颈椎椎管内的生理和解剖状态未受到影响和改变。

（2）预防和治疗颈椎病

睡枕除了维持睡眠时颈部的正常位置外，合适的睡枕高度对颈椎病的预防和治疗亦起重要作用。过高或者过低的睡枕都会影响甚至破坏颈椎椎管的内外平衡状态，从而导致诱发或者加重颈椎病。如果仰卧位时睡枕高度过高，会使得颈椎过度前屈，颈椎后部肌肉和韧带短缩或挛缩，从而导致后部硬膜囊被拉紧，椎管容积变小，甚至挤压颈髓，从而诱发或加重颈椎病。如果仰卧位时睡枕高度过低或不使用睡枕，会使得颈椎前凸生理曲度变小甚至消失变直、反弓，颈椎前部的肌群和韧带短缩或挛缩，同时，椎管后方的黄韧带增厚向前挤压椎管，椎管容积变小，从而诱发或加重症状。侧卧位睡枕的过高或过低会破坏颈椎椎管内外的平衡，亦会诱发或加重颈椎病症状体征。

正确的仰卧位睡姿应该使睡枕位于头颈后部，维持颈椎正常生理前凸的曲度，使得颈部肌肉在睡眠中充分休息；侧卧位时，睡枕位于头颈下方，使颈椎保持中立位，可保持颈部肌肉的平衡。

2. 不同睡姿下睡枕的适宜高度

对正常人而言，枕头的高度究竟多高才合适呢？不同睡姿需要不同的睡枕高度（图4-1-7）。由于肩膀的宽度，枕头侧卧位的睡枕高度要高于仰卧位的睡枕高度。合适的枕头高度有助于减小气管压力，减少打鼾。仰睡高枕相当于“低头看手机的姿势睡觉”。

研究表明，枕头在使用状态下一般以6—8厘米为最佳。根据测试，仰卧位睡姿的睡枕最佳高度值为6—7厘米时，受试者的自觉舒适性高，能最好保持颈椎生理曲度，侧卧时7—8厘米的睡枕高度是最合适的高度。

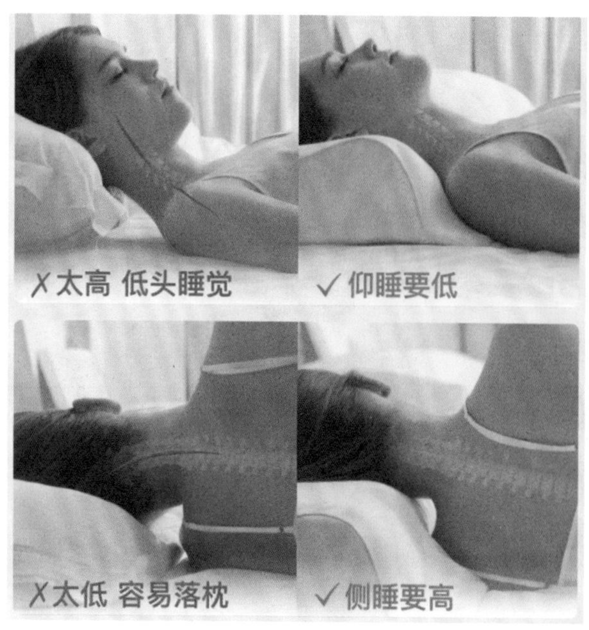

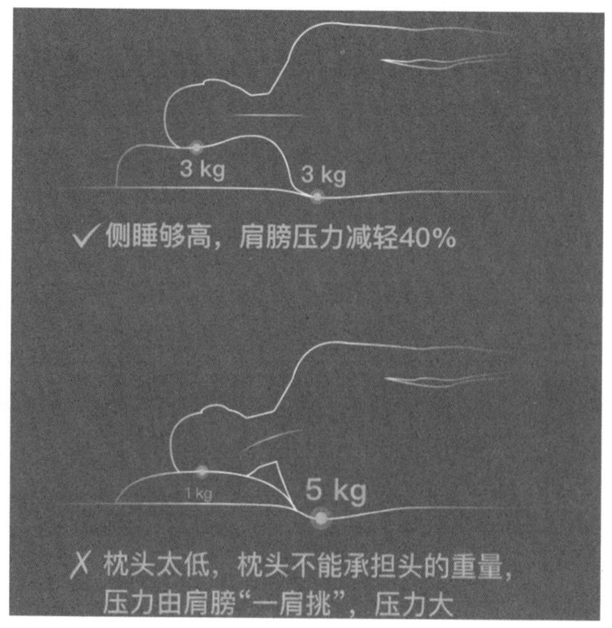

图4-1-7　不同睡姿睡枕高度

但人们的睡枕高度往往因人而异，与每个人高矮、胖瘦、肩宽窄、头围、脖子的长短、颈部弧度有关，并无一定的标准。适宜仰卧位的睡枕高度约在一拳高度（一般是6—7厘米），支撑脖子的部位比拳再高3—5厘米；而侧卧位睡枕高度约在一拳半高度，枕头支撑脖子的部分，最好和一侧肩宽等高，计算公式是（肩宽－头宽）/2。一般人睡眠使用仰卧姿势时间较多，建议使用一拳多一点的高度为宜，不宜达到一拳半的高度。另外，枕头的宽度至少是肩宽的1.5倍，睡觉时脑袋才不容易从枕头上滑下。

（二）枕头软硬度、透气性与人体健康

枕头具有合理软硬度，是保障睡眠舒适性与人体健康的重要因素。软硬度稍硬的枕头有益于人体健康。枕头过软会导致翻身时头部会陷入枕头，使头部和身体不能同步，导致颈椎扭曲、颈椎得不到休息，容易造成落枕和脖子酸痛，甚至引发颈椎反弓、变直、增生等一系列颈椎疾病；枕头过硬导致头部与枕头接触面过少，局部压力增大，增加翻身次数，容易产生腰酸背痛、全身乏力的情况。

不同枕头枕芯材料决定了枕头的软硬度，以下面枕头为例排名为：荞麦枕（最硬）>记忆枕（偏硬）>乳胶枕（软硬适中）>纤维枕（偏软）>羽绒枕（最软）。

同时枕芯材料要有一定的透气性与较好的弹性，防潮、吸湿、易洗涤。

枕头的透气性和弹性主要源于枕芯材料。硬质材料如决明子、蚕砂、谷物等大都可以保证枕头的透气性良好，软质材料如真空棉、棉花、海绵等一般就可能存在透气性差、弹性差的问题。透气性能不好的枕头会使睡眠中的人们呼吸不畅，从而严重影响到人的身体健康甚至可能会造成安全问题。

弹性好主要是指软体枕芯材料可以避免枕头的塌陷，保证枕头长时间的舒适使用，增加对颈部弯曲的承托力，但是弹性好的枕头也存在睡眠姿势不稳定的缺点。最好的枕头需要弹性适中，承托力适中。

同时，枕头面料的良好皮肤触感、散热性、透气性、抑菌防螨等也是增加睡眠舒适性的重要因素。

五、被子与睡眠

盖被子的主要作用首先是保暖，其次是吸湿透气。被子的材料，既要保温又要有足够的透气性，不妨碍皮肤的正常呼吸。

被子的重量是影响睡眠质量的关键性因素之一。被子过重会压迫胸部、影响呼吸，肺活量也会减少，容易做噩梦。如果被子过轻，会使人有种不踏实的感觉，不能安然入睡。如果被子既柔软又轻盈，睡眠舒适度大大提升。

被子的厚薄对睡眠质量同样也很重要。被子过薄不能达到保暖的作用，被子过厚会让人的体温迅速升高，导致新陈代谢加快，大量排出汗液，血液变得更加黏稠，从而大大增加了心脑血管病的风险。

第二节　床的功能尺寸

根据床的使用特点，床的设计不能像其他家具那样以人体的外轮廓尺寸为准，而是要分析人的睡眠行为，以及在非睡眠状态下活动的自由与便利性，同时关注安全问题。床的功能尺寸包括床宽、床长、床高三个尺寸。其中，床宽与人的睡眠深度相关，影响睡眠质量；床的长度与睡眠姿势和被子的包裹性有关；床屏使人更舒适，增加心理安全感。

下面分别从床宽、床长、床高以及床屏等几个方面分析床的尺寸。

一、床宽

在确定床宽之前，我们先要了解睡眠时人的状态。实验研究发现，人在睡眠时，身体的活动空间大于身体本身，如图4-2-1所示的不规则区域就是人体的活动区域。

对不同宽度的床与睡眠深度的关系实验发现，人处于将要入睡的状态时，床的宽度需要约50厘米，由于熟睡后需要频繁翻身，所需要的宽度约为肩宽的2.5—3倍。另外，通过脑波观测睡眠深度与床的关系发现，床宽的最小界限是70厘米，比这个宽度再窄时，翻身次数和睡眠深度都会明显减少，影响睡眠质量，使人不能进入熟睡状态。床宽小于50厘米时，翻身次数减少约30%，睡眠深度受到明显影响。图4-2-2中实验的两种宽度的床，47厘米的宽度和70厘米相比，显然70厘米时睡眠深度要好很多。因此，单人床的宽度一般为70—120厘米，双人床一般为135—200厘米。火车硬卧铺宽是50厘米，而软卧70厘米铺宽比硬卧舒适很

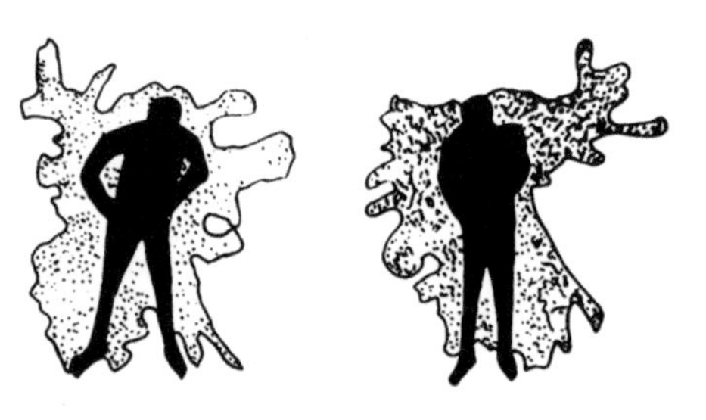

图4-2-1　睡眠姿势人体活动区域

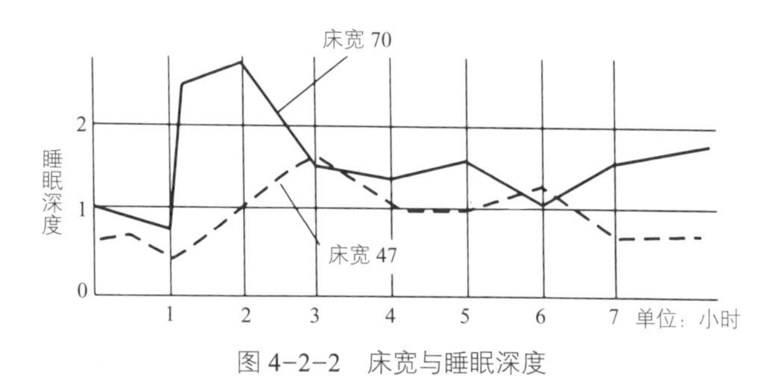

图4-2-2　床宽与睡眠深度

图4-2-3　火车硬卧与软卧

多（图4-2-3）。

二、床长

床的长度的设计要考虑到人在躺下的时候肢体的伸展，所以要比实际站立的尺寸长一点，再加上头顶和脚下要留出部分空间，所以，床的长度要比人体的最大高度多一些。床的长度可以按下面的公式计算：$L=h\times1.05+\alpha+\beta$（图4-2-4）。

L是床长；h是身高，此处取男第95百分位数；α是头前留空量（一般取10厘米）；β是脚后留空量（一般取5—15厘米）

脚后留空量应包括姿势修正量和着装修正量两部分。人在自然仰卧时，脚部自然放松，脚面与小腿夹角大于90度，脚掌及脚趾部分自然伸长，此时的身体长度大于人直立时的身体长度，此部分增量为姿势修正量。在盖被子的时候，被子的下部预留超过脚长并且向内翻转包裹的多出部分就是着装修正量。

国家标准《家具床类主要尺寸》（GB/T3328-2016）规定，床面长度有1900—2220毫米（嵌垫式）和1900—2200毫米（非嵌垫式）两种，见图4-2-5、表4-1。嵌垫式床的床铺面宽应增加5—20毫米，见图4-2-6。宾馆的公用床，一般脚部不设床架，便于超高的客人加脚凳使用。

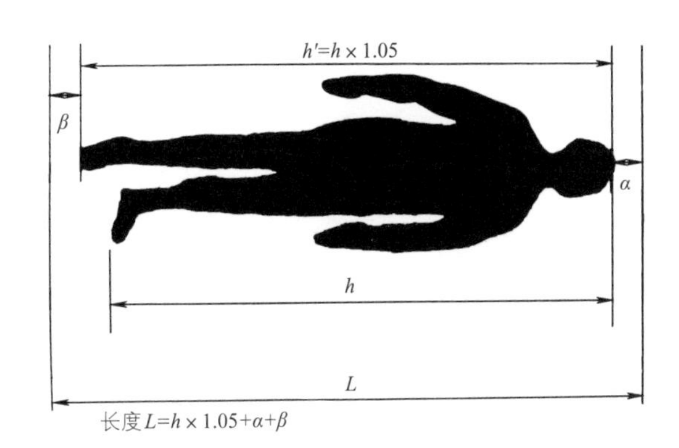

图4-2-4　床长计算示意图

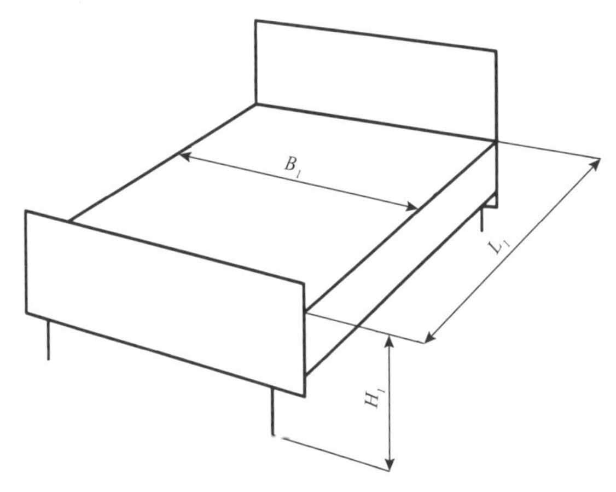

图4-2-5　单层床主要尺寸示意图

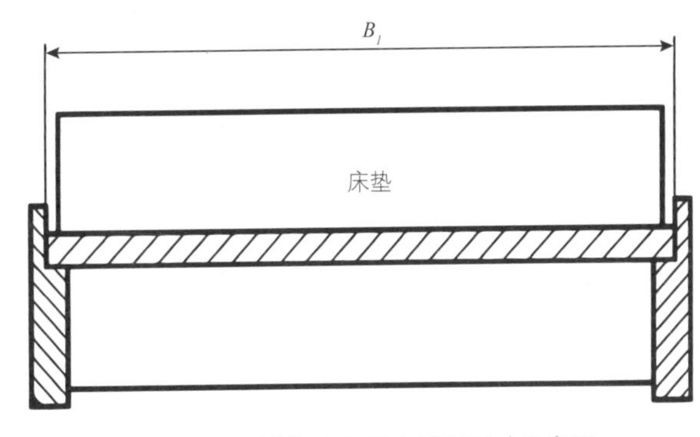

图4-2-6　嵌垫式床的床铺面尺寸示意图

表4-1　单层床主要尺寸（单位：毫米）

床铺面长L_1		床铺面宽B_1		床铺面高H_1
嵌垫式	非嵌垫式			不放置床垫（褥）
1900—2220	1900—2200	单人床	700—1200	≤450
		双人床	1350—2000	
注：当有特殊要求或合同要求时，各类尺寸由供需双方在合同中明示，不受此限制。				

三、床高

床高就是床面距离地面的垂直高度。因为床同时具有坐、卧功能，一般与椅子的座高相同，另外，还要考虑人的穿衣、穿鞋等动作。

双层床的层间净高必须保证下铺使用者在就寝和起床时有足够的动作空间，但又不能过高，过高会造成上下的不便及上层空间的不足。国家标准《家具床类主要尺寸》(GB/T3328-2016）规定：单层床铺面高≤450毫米，双层床的底床面高≤450毫米，层间净高为≥980毫米（不放置床垫）和≥1150毫米（放置床垫），见图4-2-7、表4-2。图4-2-8为某品牌双层床主要尺寸示意图。

学生公寓组合床是综合利用空间的多功能产品（图4-2-9）。床在上面，是睡眠休息区。床的下面，有书桌、衣柜、置物架等，是生活和学习区。与双层床一样，床的高度既要保证床下净高满足日常生活、学习的安全性、舒适性要求，又要权衡上下的方便性和上层空间的舒适性。参考国标中双层床的有关规定，床下高度在160—170厘米比较适合。

如图4-2-10火车卧铺有硬卧和软卧之分，硬卧是三层铺，软卧两层。显然，软卧的空间比硬卧舒适很多。

表4-2 双层床主要尺寸（单位：毫米）

床铺面长 L_1	床铺面宽 B_1	床铺面高 H_2	层间净高 H_3		安全栏板缺口长度 L_2	安全栏板高度 H_4	
		不放置床垫（褥）	放置床垫（褥）	不放置床垫（褥）		放置床垫（褥）	不放置床垫（褥）
1900—2020	800—1520	≤450	≥1150	≥980	≤600	床褥上表面到安全栏板的顶边距离应不小于200	安全栏板的顶边与床铺面的上表面应不小于300
注：当有特殊要求或合同要求时，各类尺寸由供需双方在合同中明示，不受此限制。							

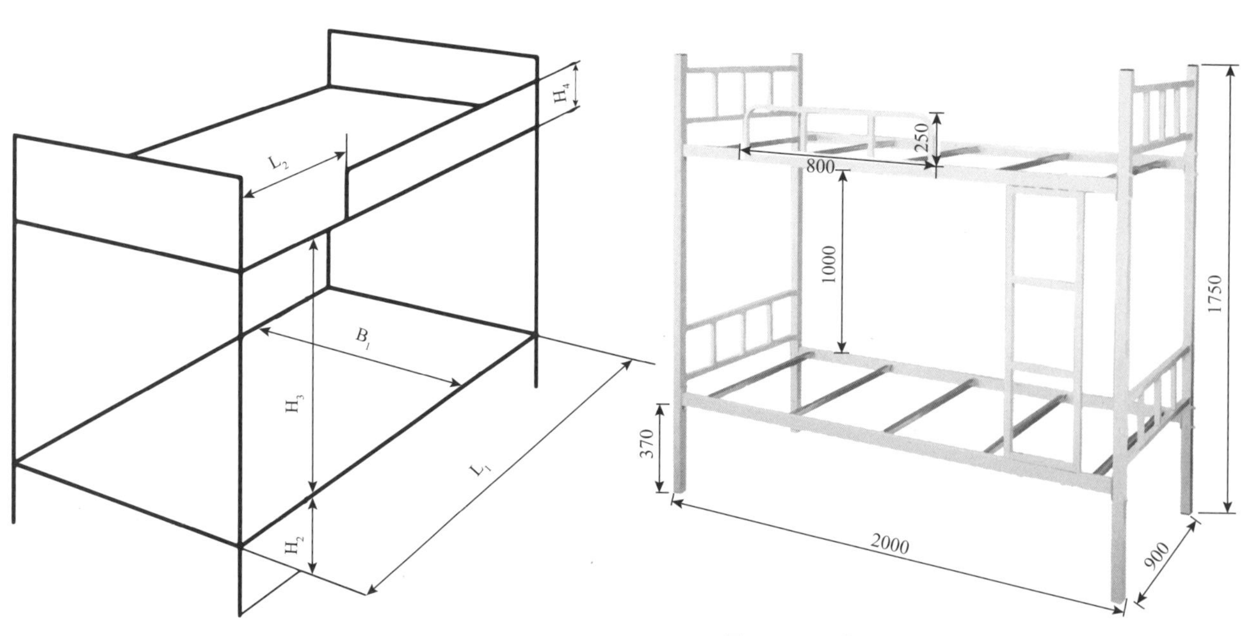

图4-2-7 双层床主要尺寸示意图

图4-2-8 某品牌双层床尺寸（单位：毫米）

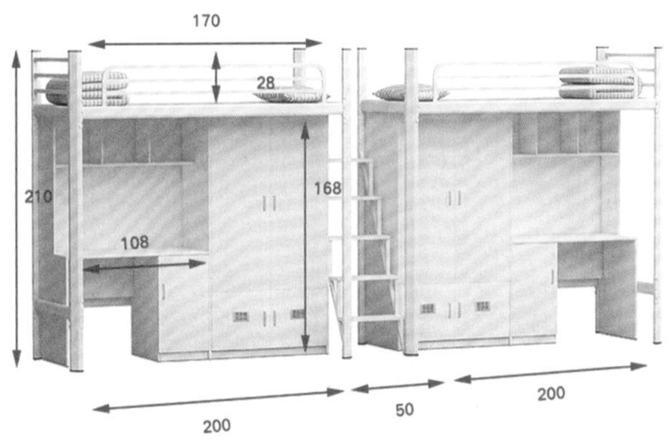

图 4-2-9　学生公寓组合床（单位：厘米）

图 4-2-10　火车硬卧与软卧不同层间高

四、床屏

床屏原为放置于床前的屏风，起遮挡作用。现代床屏还可满足倚靠坐的需求，在设计时需要考虑头、颈、肩、背及腰部等身体各部位的舒适度。床屏的第一个支撑点为腰部，依据《中国成年人人体尺寸》（GB/T 10000-1988），腰部到臀部的距离是230—250毫米；第二个支撑点是背部，背部到臀部的距离是500—600毫米；第三个支撑点是头部，头部到臀部的距离是800—900毫米（图4-2-11）。从人机工程学角度看，床屏不仅要有承托人体背部的合理尺寸、符合人体倚靠姿势的合理倾角、软硬适中的床屏材料，还要有符合背部曲线的床屏形状。

床屏高度是床屏上沿中点至地面的垂直距离。依照《中国成年人人体尺寸》（GB /T10000-1988），背部到臀部距离为500—600毫米，床屏的高度设计为920—1020毫米。如果床屏高度设计高于1050毫米，应考虑增加头靠等支撑功能。

床屏宽度是指床屏的水平距离，它不是影响人体倚靠舒适性的关键因素，一般由床体宽度来决定。

床屏角度是指床屏与水平面间的夹角。从人机工程学角度来看，90度的床屏倚靠舒适性较低，100度—120度的床屏可适当增加调节功能，以提高背部倚靠的舒适性；若床屏角度大于110度，一般要增加头靠功能。如图4-2-12床屏设计107度斜角更贴合脊椎坐位时的“S”形弯曲，带来更舒适的倚靠体验。

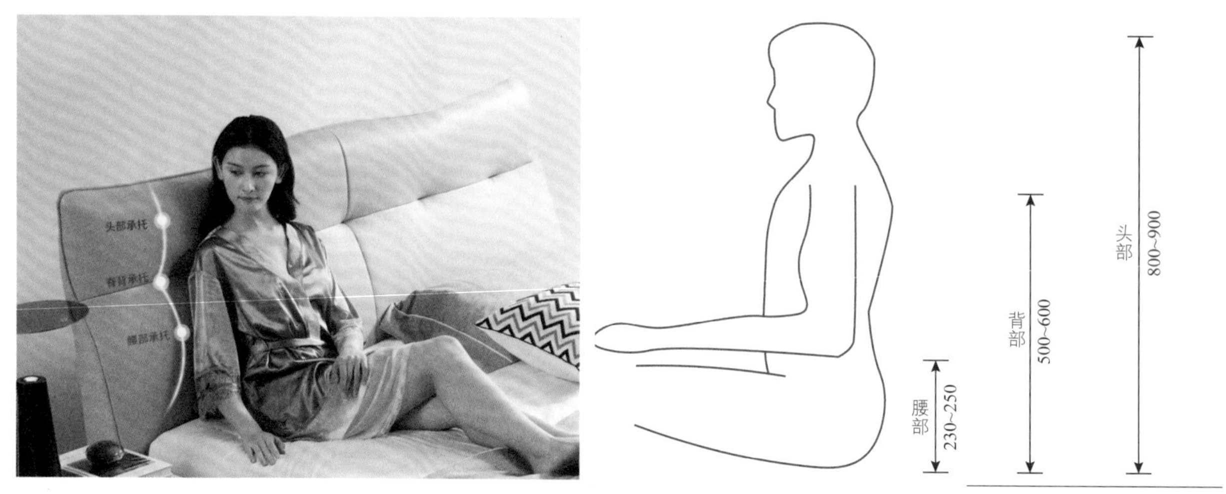

图 4-2-11　床屏支撑点设计（单位：毫米）

在床屏形状上，内凹形床屏相比扁平形、圆弧形及半圆形床屏舒适性高。“S”形虽是按人体脊椎形态曲线来设计的，但其曲线形状会限制背部活动，倚靠舒适性反而较差。

考虑到人体尺寸的差异性和需求的特殊性，国家标准规定特殊定制产品尺寸不受限制。

图 4-2-12　床屏的斜度设计

第三节 设计案例

T10AI智能床垫在解决床垫的支撑性、贴合度与透气性等方面基础上，依据人体睡眠工学大数据，运用AI人工智能及软硬度调节算法，通过精密的感应装置和智能控制系统，主动感知用户身材体型，在超软、软、中、硬全面覆盖的范围内自动调节床垫软硬度，从而实现最佳卧感。床垫左右分区，可独立进行调节，让体型不同的二人都拥有舒适睡感。（图4-3-1）

床垫内置有三个压力传感气囊，精准多点位支撑人体，分别调节人体的肩膀、腰臀、臀部的支撑感（图4-3-2）。传统的三区固定支撑，通过AI人工智能技术扫描和检测出相应部位的压力值、重量、身体弯曲等，对身体不同部位提供针对性的支撑，从而做出调整，实现量身定制的支撑。

如图4-3-3，床垫依照人机工程学原理，根据体型和睡姿的变化智能匹配支撑点，快速调整支撑，顺应人体的曲线完全贴合身体，维持人体的脊椎正常曲线，提升睡姿舒适度。

床垫根据用户的个性化需求，设置了强化调节、精准调节、手动调节等模式，依据人体睡眠不同姿态以及个人测试数据，及时动态调整不同部位（肩膀、肩背、肩颈、腰部、臀部、膝部）的软硬度。

如图4-3-4为智能床垫调节过程。通过操作APP，床垫扫描身体，床垫先变软再逐渐变硬，直到到达系统设定的理想的压力值。调节完毕，手机端会显示支撑硬度（图4-3-5）。正躺情况下，床垫对测试员的肩、腰、臀的支撑硬度为95、100、95。这时候，臀部和肩部得到中等包裹，没有压迫感，腰部的支撑力强，与床面紧紧贴合，有被向上托的趋势。很明显，在智能调节模式下，床垫加强了对脊柱的保护。翻身时，床面有柔和的弹跳，给人体做了适当缓冲，避免生硬，也带来了慵懒的睡眠氛围。从正躺变为侧躺姿势，床垫根据测试员的身体做出了调整，肩、腰、臀的支撑硬度分别是100、120、100，三个数值都比正躺时略高（图4-3-6）。为避免肩膀过多陷入到床垫内，床垫自动增加了对肩膀和臀部的硬度，达到和正躺时一致的睡感和压力感，既有充实承托，也方便手脚活动。

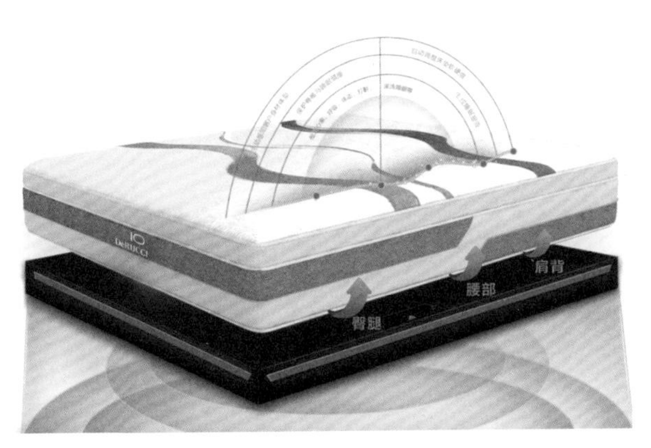

图4-3-1 T10AI智能床垫

图4-3-2 智能床垫的三区气囊支撑

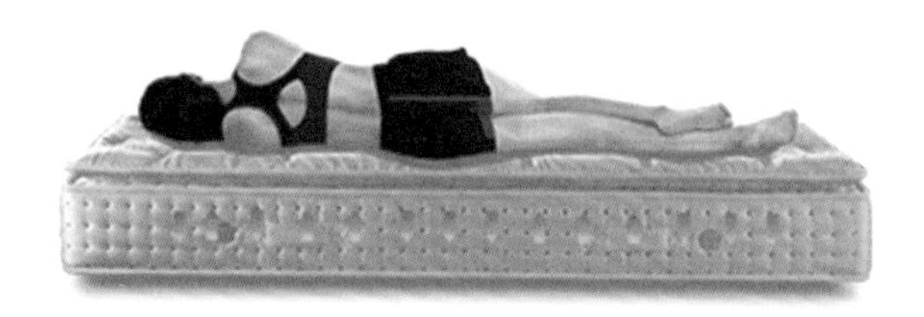
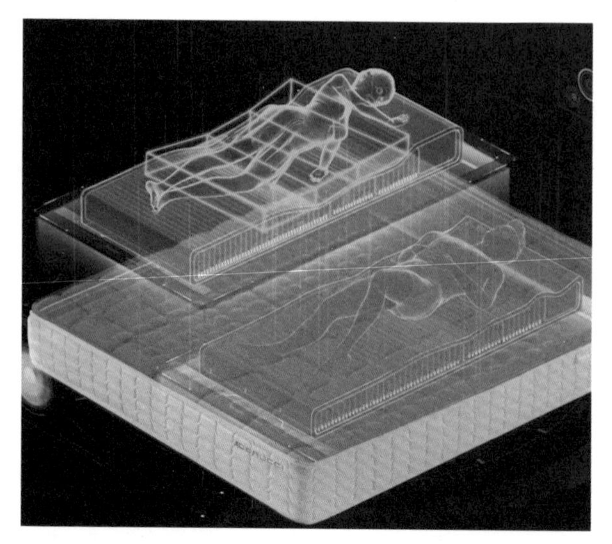

图 4-3-3　智能贴合人体仰卧与侧卧自然曲线

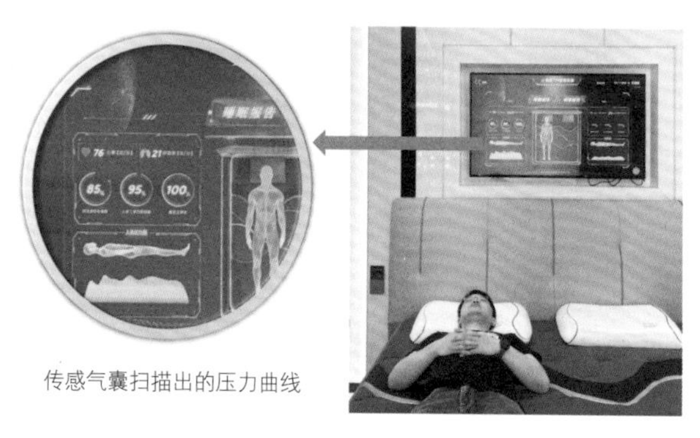

图 4-3-4　智能床垫调节测试

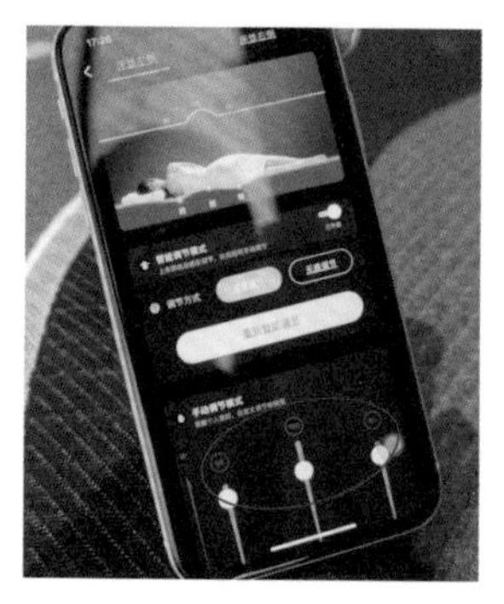

图 4-3-5　智能床垫硬度调节

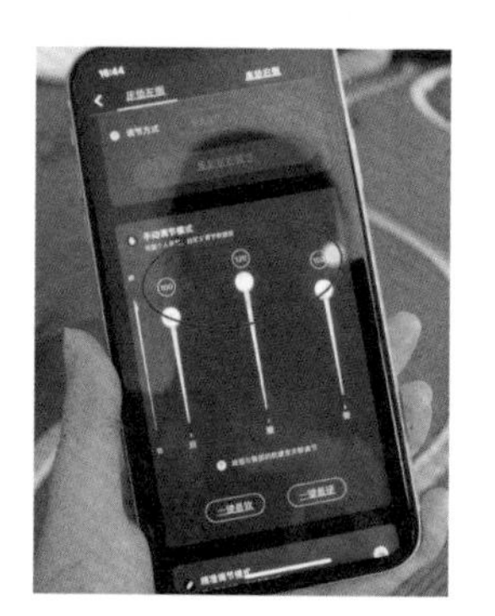

图 4-3-6　侧卧软硬度变化

作业与思考

1. 分析人体卧姿生理特点是怎样影响睡眠质量的。

2. 分析床的人机工程学尺寸设计考虑的因素。

3. 分析你现在使用的床的舒适性。

学生笔记

模块5　好用的柜子

第一节　柜类家具的作业域

第二节　柜类家具的功能尺寸

第三节　设计案例

模块5　好用的柜子

学习目标

知识目标

了解柜类产品的储物特征，理解人体立姿作业域和水平作业域的概念，掌握柜类家具的功能尺寸设计要求。

能力目标

能够设计符合人机关系兼顾个性化需求的柜类产品。

重点、难点指导

重点

柜类产品内部功能区划分和功能尺寸设计

难点

对立姿作业域和柜类产品内部区域划分的理解

第一节　柜类家具的作业域

一、柜类家具的功能

柜类家具主要用来储存各类物品，根据存放物品的不同，主要可分为柜类和架类两种不同储存方式。柜类主要有衣柜、壁柜、书柜、床头柜、陈列柜、酒柜等，而架类主要有书架、食品架、陈列架、衣帽架等。从人机工程学角度考虑，储存类家具的功能设计必须考虑人与物的关系：一方面，要求储存空间划分合理，方便人们存取，有利于减少人体疲劳；另一方面，又要求储存方式合理，储存数量充足，满足不同物品存放的要求。

二、柜类家具人体作业域

（一）柜类家具与人体动作范围

为了正确确定柜、架、隔板的高度及其空间分配，首先要了解人体所能及的动作范围。第一章介绍了立姿的水平和垂直作业域的划分，在柜类家具中，柜体的深度受人体立姿水平作业域影响。

（二）柜子内部空间的划分（垂直方向）

在垂直方向，我们将柜子的内部空间划分成三个区域（图5-1-1）。

第一区域的上限，按《工作空间立姿人体尺寸》（GB/T13547-1992）“双臂功能上举高”女性第50百分位数，加穿鞋修正量，距地面约1870毫米。第一区域的下限，是从地面到人站立时手臂下垂指尖的垂直距离，距地面约603毫米。第一区域是以人的肩部为轴、上肢为半径的活动范围，是拿取物品方便的区域。其中又以肩高（男女肩高的平均值加穿鞋修正量）1328毫米附近最为方便，它是人的视线最易看到的视域，也是存取物品最方便、使用频率最高的区域。

高度603毫米以下的区域是第二区域。该区域存储不便，人必须蹲下操作，一般存放较重而不常用的物品。

如果需要扩大储存空间，节约占地面积，可以设置第三区域，也就是1870毫米以上的区域。这个高度以上的区域，视线够不着，需要踮起脚，甚至站在凳子或者梯子上才能拿取物品，一般可存放棉被等较轻的季节性物品。

在上述存储区域内，根据人体动作范围及存储物品的种类，可以设置隔板、抽屉、挂衣杆等功能部件。

1. 隔板设计

在设置隔板时，隔板的深度和间距，除考虑物品存放方式及物体的尺寸外，还需考虑人的视线（图5-1-2）。搁板间距越大，人的视线越好，但空间浪费较多，所以要统筹安排。挂衣杆的高度，以不超过使用者身高加200毫米为宜。

2. 抽屉设计

抽屉作为柜类家具的功能附件，具有储存、整理物品安全可靠、拿取方便的特点。抽屉是立面空间的活动单元，需要水平拉出后，才开始进入使用状态。物品存放的方式是平面布置的，储存小件物品优势明显，因其特殊的使用方式，使用范围在第一区域的中下部和第二区域。如图5-1-3是抽屉高度的上限和下限取值示意图，考虑取物时手臂动作和视线，抽屉上沿的上限和下限高度分别约为1360毫米和300毫米。综合比较隔板和抽屉储存物品的方便性，一般抽屉上沿高度上限可按《工作空间立姿人体尺寸》（GB/T13547-1992）“立姿肘高”女性第50百分位数，加穿鞋修正量，距地面约970毫米比较合理。在实际设计中，衣柜类产品，因有大量衣物可折叠收纳，隔板方式收纳效果更高，以及抽屉的制作成本等因素，第一区域内衣、饰品类使用抽屉较多，第二区域考虑使用的方便性，也是使用抽屉较多的区域。

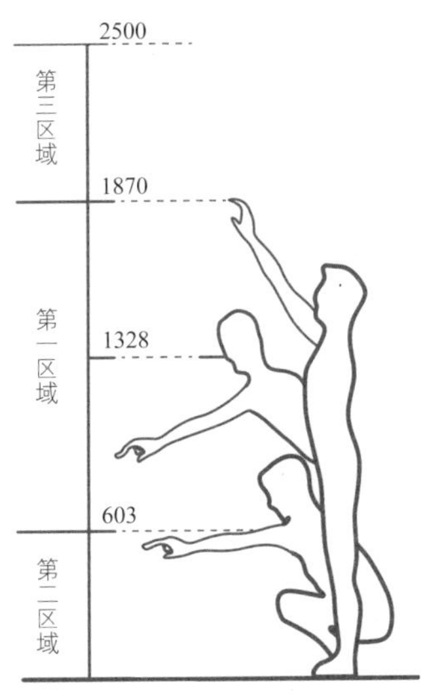

图5-1-1　柜子的内部空间三个区域（单位：毫米）

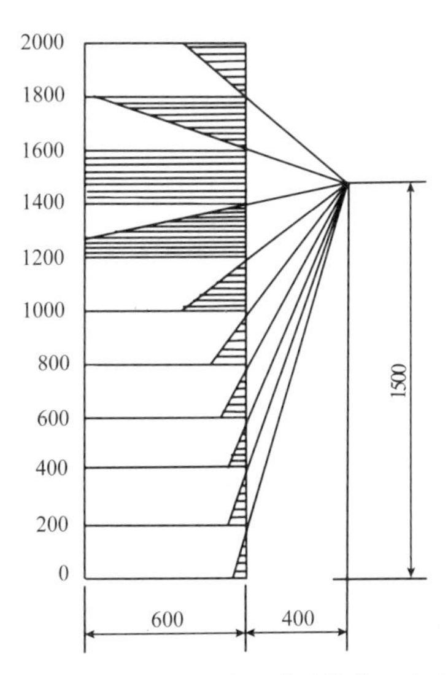

图5-1-2　隔板深度与视线区域（单位：毫米）

3.操作台设计

在橱柜类产品中，“立姿肘高”决定了操作台面的高度（图5-1-4），台面下主要用来储存炊具、餐具、刀具、调味品等厨房用品，其储存状态的安全、可靠以及拿取的安全、便捷是要首先考虑的因素，这些物品更适合专用置物架与抽屉结合的储存方式（图5-1-5）。而厨房内的水、电、燃气、排气设备需要预留维护空间，更适合隔板加柜门的方式。

这里需要强调，以上有关作业域的分析中，使用的尺寸是按产品功能分类原则中的Ⅲ型产品和《中国成年人人体尺寸》（GB/T 10000-1998）中对应的人体尺寸百分位数设计的，在定制家具产品日益丰富的今天，衣柜、橱柜等柜类产品的功能尺寸的确定，应以使用者本人的人体尺寸作为个性化设计依据。

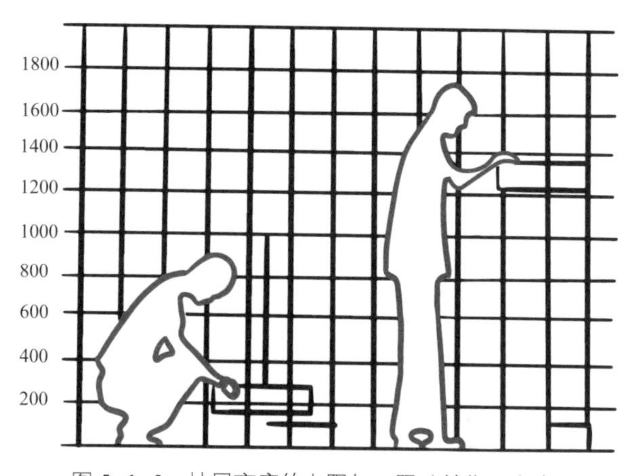

图 5-1-3　抽屉高度的上限与下限（单位：毫米）

图 5-1-4　“立姿肘高”决定了操作台面的高度

三、柜类家具与贮存物关系

柜类家具（贮存性家具）主要功能是储物，贮存的生活用品极其丰富，从衣服鞋帽到床上用品，从主副食品到烹饪器具、各类器皿，从书报期刊到文化娱乐用品，以及其他日杂用品、各种生活用品，尺寸不一，形体各异，要力求做到有条不紊、分门别类地存放，优化室内环境。电视机、组合音响、家用电器等也已成为家庭必备的设备，它们的陈放与柜类家具也有密切的关系。一些电气设备如洗衣机、电冰箱等是独立落地放置的，但在布局上尽量与橱柜等家具组合设置，使室内空间取得整齐划一的效果。

柜类家具设计时除了考虑与人体尺度的关系外，还必须研究存放物品的类别与方式，柜子的高度、宽度和深度的尺寸与存放物品的种类、数量、存放方式等有密切的关系。

依据贮存物品不同特点，其有各自的不同的存放形式。根据存放的开放程度，分为封闭式、开放式、综合式；按具体物品的存放方式分，衣物有挂放、叠放、卷放、摆放等，书籍有单排竖放、双排竖放、卧放等。

图 5-1-5　餐具、刀具、调味品等厨房用品的储存形式

第二节　柜类家具的功能尺寸

下面以常见的衣柜和橱柜为例，分析人机尺度与柜类家具的功能尺寸。

一、衣柜功能尺寸

一般衣柜柜体宽度常用800毫米为基本单元，参考衣物的悬挂宽度，衣柜的深度在520—600毫米。（图5-2-1）

（一）存放衣物的方式

根据衣物的尺寸范围和衣物材料质地的不同等因素，存放方式主要分为四种：挂放、叠放、摆放、卷放。不同的存放方式所需要的空间也不尽相同，如挂放及摆放占用的空间就相对较大，而叠放及卷放所需的空间就相对小一些。

适合挂放的衣服：西装、套装、裙子、裤子、外套、易皱的衬衫、亚麻、全棉等质地的衣服。

适合叠放的衣服：所有针织衣物，包括上衣、衬衫、毛衣、短裙、牛仔裤、厚T恤等。

适合卷放的衣服：普通的T恤、运动服、休闲裤或牛仔裤，可以用卷寿司的方法卷起来收纳，既省空间又容易拿取；领带、皮带、袜子、内衣等小件物品也可卷成圆形收纳，卷放比较节约柜内的空间。

适合摆放的衣物：包、帽子、鞋等，都需要设计单独的摆放空间。

（二）衣柜贮存功能分区

衣柜功能分区，可以按照衣服使用频率分为三

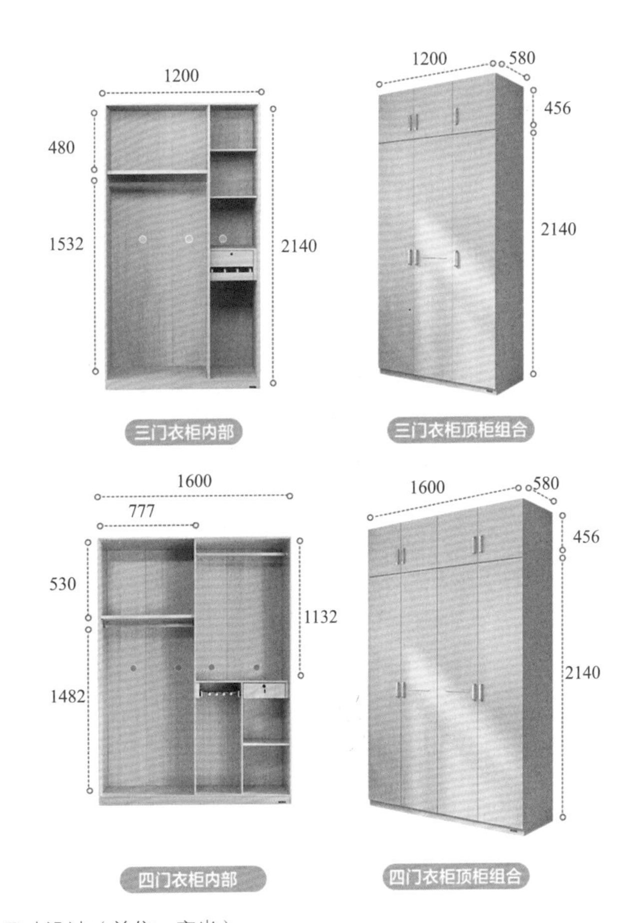

图5-2-1　衣柜总体尺寸设计（单位：毫米）

个部分。(图5-2-2)

低频区：过季衣物/被褥，适合防尘收纳盒。

高频区：常用衣服，适合采用悬挂法。

低频区：不常用/闲置衣物，适合做抽屉、拉篮等。

如图5-2-3，根据存放衣物分类与特点，进行衣柜多功能区规划与细分。不同功能分区容纳物品的数量不同，多区规划空间利用更高效。(图5-2-4)

下面对柜类家具中5个常见功能分区进行分析。

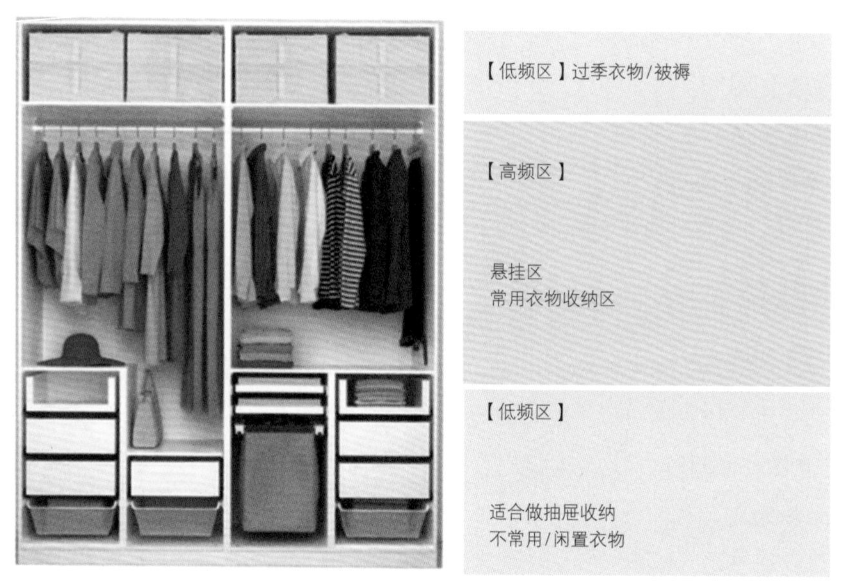

图5-2-2　依据衣物使用频率划分

图5-2-3　衣柜功能分区

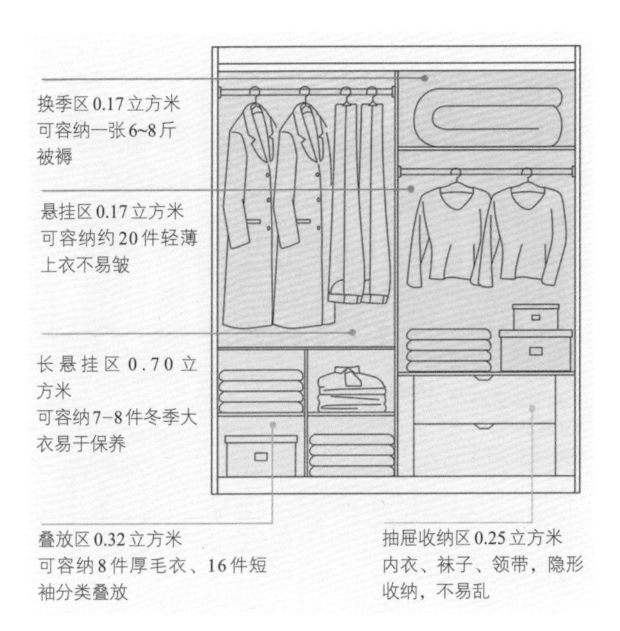

图5-2-4　功能分区体积与“容纳量”的对照参考

图5-2-5　被褥保管区

1.被褥区

被褥保管季节性比较强，不需要经常拿取，所以被褥区一般设置在衣柜的上方，也就是前面说过的第三区域。其高度在400—500毫米，足够存放被褥，又不会浪费空间。（图5-2-5）

图5-2-6　上衣、衬衫悬挂区

2.悬挂区

悬挂区主要用挂衣杆挂放熨烫后的衣物，如西装、长裙、礼服等，使衣物保持最佳外形状态，不产生折痕。通常男式大衣长度在1200毫米左右，女式大衣在1100毫米左右，连衣裙略短一些，在1000毫米左右，考虑到挂衣杆和拿取衣架的操作空间，也就是功能修正量，因此挂大衣的挂衣区高度在1400—1500毫米。如图5-2-6挂上衣、衬衫的在900—1000毫米，图5-2-7为悬挂区长短衣物分区。同时，挂衣杆高度要根据使用人群的不同身高进行调整，如图5-2-8是一款为不同家族成员设计的悬挂区高度尺寸。

图5-2-7　长短衣物合理分区

3.叠放区

叠放区用于放置一些折叠衣物，如毛衣、休闲

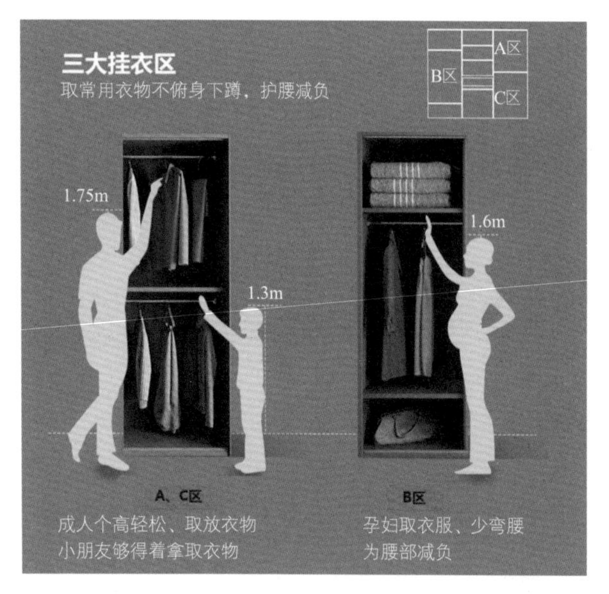

图 5-2-8　不同家庭成员挂衣杆高度

图 5-2-9　衣柜的叠放区

裤等。可以将折叠区设置在350—500毫米的高度，一方面考虑到衣物的存放量，太多不方便拿取，另一方面则考虑到衣柜的空间利用率存放量不能过少，同时可以利用层板，根据需要自由调整高度。（图5-2-9）

4.抽屉区

抽屉区可以用于放置证件、首饰等小件私人物品，必要时安装抽屉锁，安全可靠，也可以放置折叠好的衣物。抽屉的宽度和深度要按衣服折叠后的尺寸来确定，同时考虑柜体在造型和比例上的需要，以及抽屉本身在抽出和推进过程中的要求来确定抽屉的尺寸。用于存放衣物的抽屉高度不能低于190毫米，否则容易夹住衣物。如果是用来存放内衣、袜子等小件物品，可以在内部做小的隔断。（图5-2-10）

5.格子架

如图5-2-11格子架单层高度80—100毫米，便于放置皮带、领带、袜子之类的小物件，分类盛放，整洁清晰。

（三）不同人群衣柜功能设计

按照衣柜的使用人群来划分，各个功能区的需求有所不同。

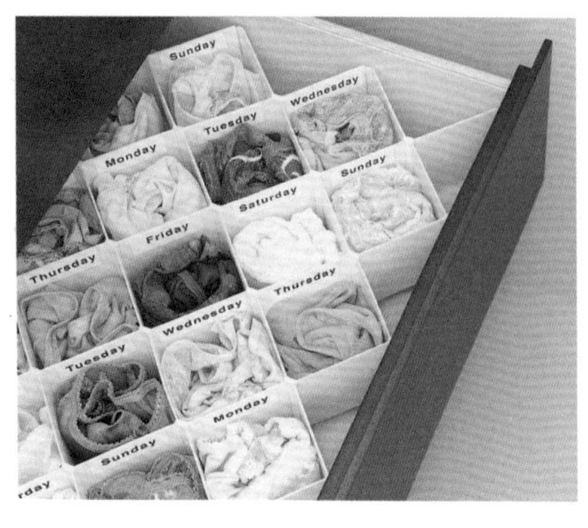

图 5-2-10　抽屉

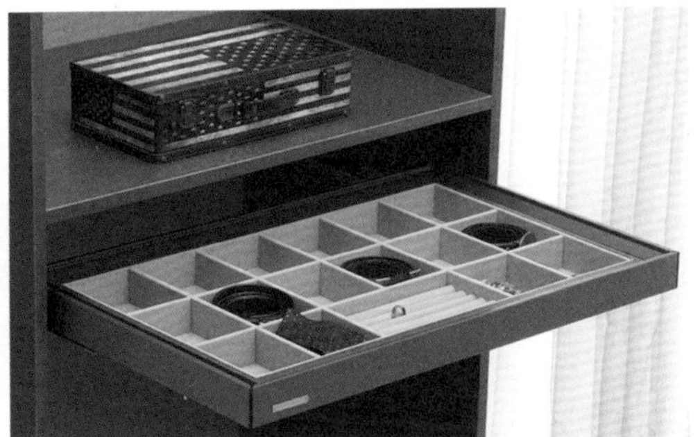

图 5-2-11　格子架

1. 老年人衣柜功能设计

老年人叠放的衣物比较多，挂件较少，在衣柜功能分区的时候，可以考虑多做些层板和抽屉。而且老年人因为身体状况的原因，不宜频繁地上爬或者下蹲，在设计衣柜里的抽屉就不宜在最底层，应该在离地面1米左右的高度，也可以在设计衣柜时，考虑在衣柜的上层安装升降衣架。（图5-2-12）

图 5-2-12　老年人衣柜使用

2. 年轻人衣柜功能设计

年轻人的衣物款式多，存放方式以悬挂较多，方便拿取。一般将衣柜左右设计成男女方各自的储衣空间。柜体内的挂衣区通常分为长短两层，分别存放大衣和上装，一般的衬衫也可以设计一个独立的小抽屉或者层板，这样不至于因为过多的衣物挤压在一起而皱折难看。而像内衣、领带和袜子这些小物件，可设计一个格子架来放置，既有利于衣物的保养，拿取物件也更直观方便。不常用的毛衣可放在较深的抽屉里，长裤则可设计一个专用的衣柜裤架存放。（图5-2-13）

图 5-2-13　年轻人衣柜设计，左图单身白领适用，右图夫妻适用

3.儿童衣柜功能设计

儿童的衣物，通常挂件较少，叠放的衣物较多，而且需要考虑儿童玩具的摆放问题，可以在衣柜设计时候，上层是挂衣区，下层设置隔层区与抽屉区，可方便儿童拿取玩具等物品。（图5-2-14）

二、厨柜功能尺寸

橱柜，是指厨房中存放厨具以及做饭操作的平台，具有特殊的功能性和实用性。人在厨房中进行着烹饪、洗涤、配料、备餐、储藏等多种行为，若长时间使用橱柜，必然会造成肢体疲劳。橱柜设计要充分考虑人作为“人—机—环境”的核心，一切设计都须以人为中心，提升使用时的舒适性、便捷性，实现橱柜设计的人机工程学目标。

图 5-2-14　儿童衣柜设计

橱柜包括底柜和安装在墙面上的吊柜两部分，其中有洗菜洗物的洗水池、炒菜烹饪的灶台、储物的储物柜，以及操作台面。主要功能尺寸包括：操作台高度、深度，厨柜深度，吊柜高度等。

（一）厨柜的平面功能布局

厨柜的平面功能布局应该以操作者使用橱柜的习惯和步骤作为设计的基础，根据其使用流程，可大致分为准备区、烹饪区、洗涤区和储藏区四个工作区。合理安排四个区域的操作位置，尽可能减少操作步数。

（二）操作台高度

操作台主要是进行配料备餐的工作，活动中需要借助手臂力量来实现切菜、洗菜、炒菜等操作。台面过低弯腰操作，会造成腰部疲劳；而台面过高，切菜时手、肘长时间抬高操作，不方便用力，并造成手臂肌肉及关节疲劳。炒菜时，烹饪区因为有炉灶和炊具，实际操作高度要比台面高，同样也容易造成手臂肌肉及关节疲劳（图5-2-15、图5-2-16）。通常在设计中参照立姿作业高度确定，

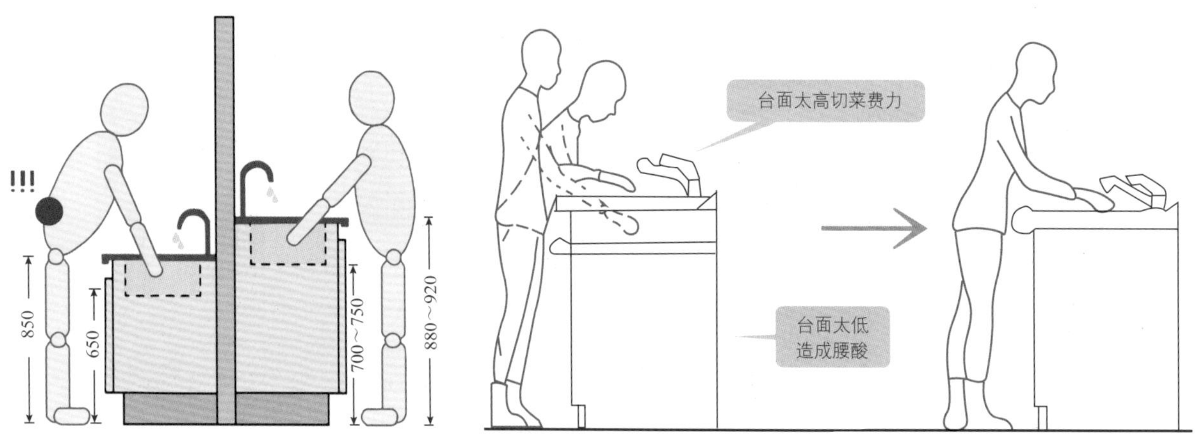

图 5-2-15　操作台洗菜、切菜对台面高度要求（单位：毫米）

橱柜台面的高度需要同时兼顾高个子的大尺寸与矮个子的小尺寸，参考男子、女子第50百分位数的“立姿肘高”平均值，经计算为992毫米，加穿鞋修正量20毫米，取整得1100毫米。橱柜台面的大部分操作为一般作业，也有少量重负荷作业，因此其舒适区间在手、肘以下一段距离，所以得出橱柜台面高度为880—920毫米之间。

为提升橱柜工作区台面操作舒适性，台面高度可以划分为不等高的两个区域。水槽、操作台为高区，燃气灶为低区，两者之间应有一定的高度差。

图5-2-16 烹饪区的实际操作高度比台面高

（三）橱柜及操作台面深度

厨柜的地柜和吊柜的深度会有一定的差距，地柜深度一般在600毫米左右，但吊柜的深度不一样，因为吊柜处在较高的位置对人的身高要求比较高，为了让吊柜空间不浪费、方便拿取，所以厨房吊柜的深度一般在300—450毫米之间。如图5-2-17地柜与吊柜尺寸相差太小容易碰头，要适当加宽操作台面深度。操作台深度在设计时要考虑到人在身体可弯曲范围内尽可能最省力。如果过深，那么人要拿到最里面摆放的物品就会很难；如果过浅，又没有足够空间去存放厨房用具。如图5-2-18按女性第10百分位数的“上肢功能前伸长”加穿鞋修正量，操作台的深度不宜超过650毫米。

（四）吊柜高度

吊柜高度是厨房储物空间的重要组成，影响取放物品的便捷性。通常工作区操作自由舒适和吊柜

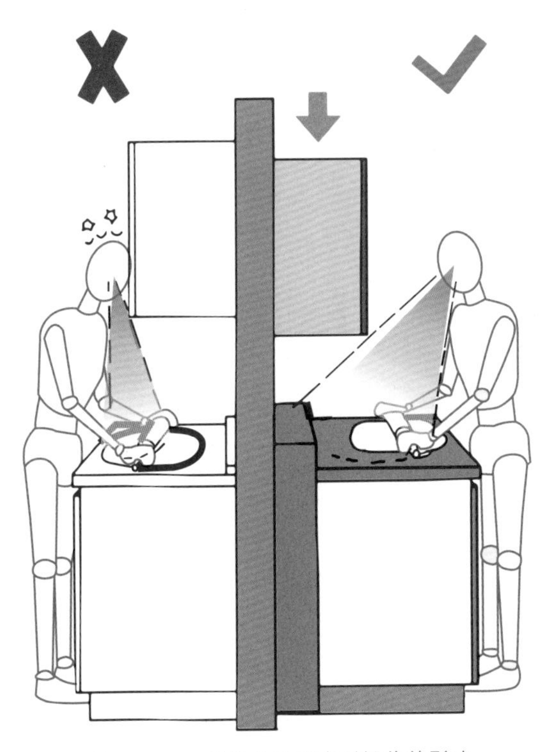

图5-2-17 操作台面深度对操作的影响

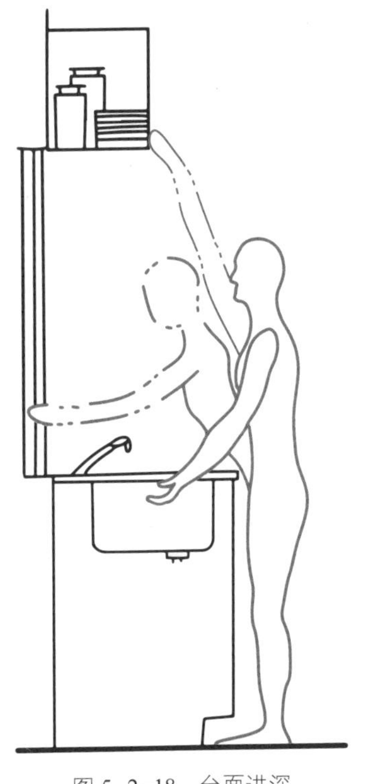

图5-2-18 台面进深

的便捷使用是有冲突的。如果吊柜高度布置较低，方便取放东西，但同时压缩了操作区上部空间，影响视野，容易碰头。如图5-2-19吊柜高度设置较高，取放东西又不方便。吊柜适宜高度应综合考虑人的视线高度与手臂操作方便性。

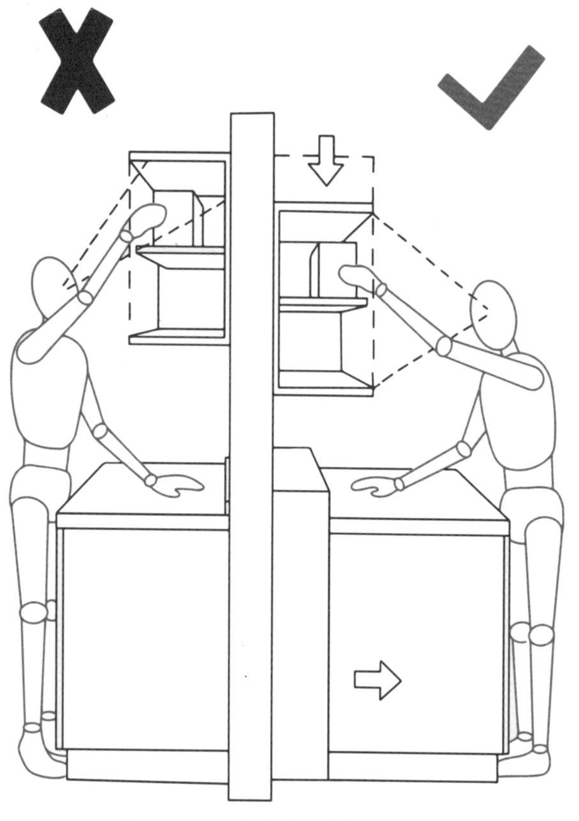
图5-2-19　吊柜高度对操作的影响

目前大多数成品橱柜吊柜以小个子女性够得着和大个子男性不碰头为原则，按国标《工作空间人体尺寸》（GB/T13547-1992）：参考女性第10百分位数的“双臂功能上举高”加穿鞋修正量，为1786毫米；男性第95百分位数“立姿眼高”加穿鞋修正量为1690毫米，综合后，取1750—1850毫米。如图5-2-20，为了在开启时使用方便，可将柜门改为向上的折叠门。

如图5-2-21通过增大橱柜操作台进深，可进一步降低吊柜布置高度，更好地平衡吊柜使用与工作区操作空间的冲突。采用进深为700毫米的橱柜，吊柜距离操作台高度可以降低到500毫米左右，视线上和操作的舒适度都有较好的提高。而采用进深为800毫米的橱柜，吊柜距离操作台高度可以降低到450毫米左右，吊柜的位置离脸部远出200毫米，可大幅提高工作区操作的舒适度和自由度，视野也更加开阔，还可以清楚地看到吊柜的第二层。

目前以定制为主的橱柜舒适性设计，需考虑家庭成员人体尺寸与操作习惯，设计符合个性化需求的橱柜台面高度、进深及吊柜高度等尺寸。

国家标准《家具柜类主要尺寸》（GB/T3327-1997）对柜类家具的某些尺寸所做的限定，见表5-1。

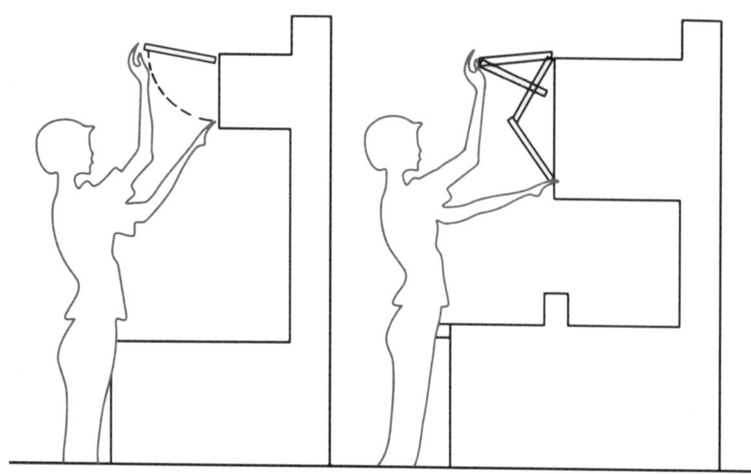

图5-2-20　折叠吊柜门

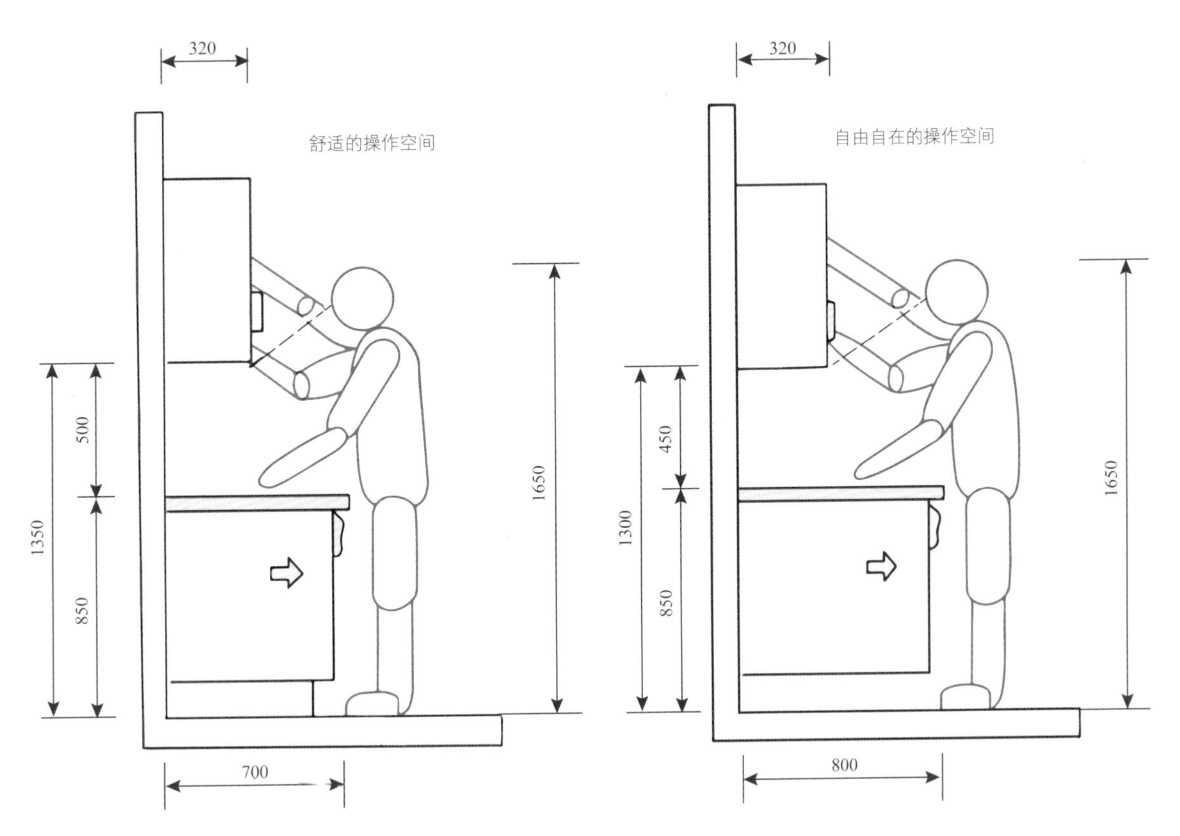

图 5-2-21　操作台进深与吊柜高度尺寸（单位：毫米）

表5-1　柜类尺寸限定表（单位：毫米）

类别	限定内容	尺寸范围	级差
衣柜	宽	≥530	50
	挂衣棒下沿至底板表面的距离	≥900（挂短衣）	
		≥1400（挂长衣）	
	挂衣棒下沿至顶板表面的距离	≥40	
	柜体深	挂衣空间深≥530 叠放空间深≥450	
	顶层抽屉上沿离地面	≤1250	
	顶层抽屉下沿离地面	≥60	
	抽屉深	400—500	
书柜	宽	150—900	50
	深	300—400	10
	高	1200—1800	50
	层高	≥220	
文件柜	宽	900—1050	50
	深	400—450	10
	高	1800	

第三节　设计案例

一、榻榻米多功能柜

榻榻米多功能柜通常以榻榻米床为核心平台，搭配衣柜、置物柜等，形成一个具备休闲、学习、睡眠、储物等多功能的空间。

如图5-3-1所示，榻榻米床通常与高箱床非常相似，床板通常都能打开，床体绝大部分空间能用来储物，具有强大的储存功能。在榻榻米床的中间也经常会设置升降桌，学习、休闲、娱乐的时候可以将桌面升高使用；需要躺下睡觉的时候，可将桌面收至床板高度，在床板的平面上铺床垫和被褥。床高度为450毫米，向室内一侧设两级台阶，有利于上下床的过渡，同时台阶内含抽屉，可增加收纳空间。向窗的一侧设置不高于窗台的置物柜，置物柜除了柜体具有储存功能，台面还可提供良好的承放功能，利于床边向外空间过渡。榻榻米床的床头与床尾分别定制接近天花板的衣柜和置物柜。考虑开门空间，衣柜一般设计为移门，衣柜内部存放衣物、被褥、饰品等卧室日常用品。置物柜可以设计部分亮格，增加展示空间。置物柜整体可以放置学习、休闲和娱乐的书籍、物品和工具等。

榻榻米下部床箱的透气性不好，需要经常给储物品通风换气；使用桌面时，虽然桌下有容膝空间可以实现垂足坐，放松腿部肌肉，但无靠背的坐姿不适合长期使用。

榻榻米空间向室内继续延伸可以设计与之风格相协调的学习空间、储存空间等。

二、定制橱柜

某品牌橱柜采用“整体厨房”概念，橱柜根据空间大小、家族成员身体尺寸、烹饪习惯等因素，采用分层分区设计，布局设计合理，收纳性强，在细节上进行了人性化设计。如依据人在烹饪时的活动特点，合理设计橱柜的平面功能区与动线（图5-3-2）；采用多层多格分区，分门别类，大容量收纳众多厨房用品，使用抽屉分类贮存，分类清晰，方便拿取（图5-3-3）；厨房电器内嵌设计，充分利用橱柜空间，使得橱柜整洁、干净（图5-3-4）；充分利用边角空间进行收纳设计（图5-3-5）等。

图5-3-1　榻榻米多功能柜

图5-3-2　橱柜平面功能布局与动线设计

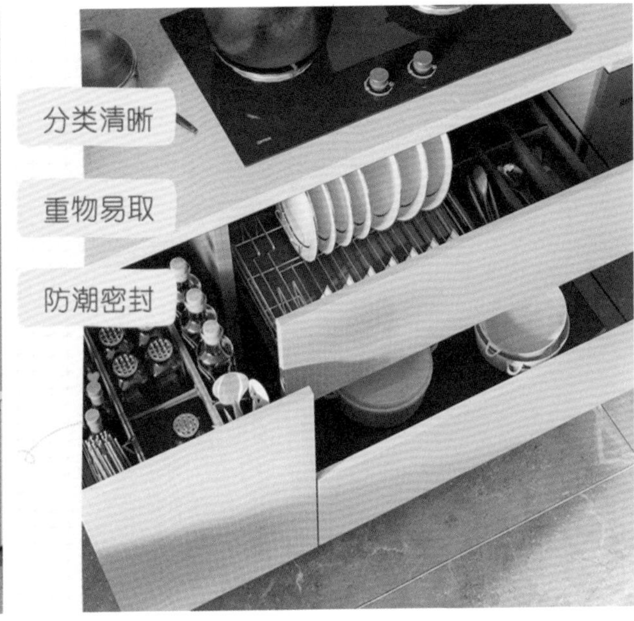

图 5-3-3　多层多格分区抽屉贮存方便拿取

图 5-3-4　厨房电器内嵌设计

图 5-3-5　边角空间收纳设计

作业与思考

1. 柜类家具尺寸与哪些因素有关？
2. 分析人体活动范围与柜类家具尺寸的关系。
3. 请对浴室更衣间内三层衣柜进行功能划分和尺寸设定。

学生笔记

模块6　适宜的居住空间

第一节　客厅

第二节　卧室

第三节　餐厅

第四节　书房

第五节　厨房

第六节　卫生间

第七节　设计案例

模块6 适宜的居住空间

学习目标

知识目标

了解居住空间的划分，理解居住空间与人体尺寸的关系，掌握室内生活空间的基本要求，能正确应用人体尺寸相关技术标准进行设计。

能力目标

建筑图认知能力，熟悉室内设计的基本内容和人机关系。

重点、难点指导

重点

常用生活空间尺寸范围及使用场景，及其对应的人体尺寸百分位数。

难点

人体活动空间的尺寸计算。

室内生活空间的人机关系涉及的范围很广泛，涵盖人的生理、心理、精神需求，以及社会与群体的行为和交往需要。室内空间尺度确定的依据可分为三个层面：一是根据居住标准确定的家具与设备的空间尺度，二是根据居住行为确定的人体活动空间尺度，三是根据居住者的心理要求确定的心理空间尺度。

家具与设备的尺度是最基础的尺度，这是硬性要求，主要涉及的是物体静态尺度，确定之后很少会去改变。家具与设备的尺度依据主要来源于人、物品以及建筑空间的尺度。

人体活动空间是设计室内空间尺寸的核心，同时由于人体活动的动态性，量化和运用的难度较前者更大一些。人体活动空间是由人体活动的生理因素决定的，也称为生理空间。它包含人体及人体活动范围所占有的空间，如跑、跳、蹲、躺等姿势所占有的空间。人进行活动内容的不同，人体活动空间尺度可以差别很大。如羽毛球场地大小需要符合人短时间来回跑动接杀球所占空间大小，而两人对坐下棋的场地则能正常摆放一桌两椅就基本满足。

心理空间是指家具设备空间和人体活动空间以外的空间尺度，是余量空间，由人的心理因素决定的空间，也可以理解为尺寸的心理修正量。如以第99百分位的男子中指指尖上举高2309毫米为高度设计居室层高，虽然能满足居室正常活动的尺度，但人会觉得净空太低，有强烈的压迫感。我国《住宅设计规范》（GB 50096-2011）规定：住宅层高宜为2800毫米，这个高度能够满足心理空间要求。

居室空间按照功能区域可划分为客厅、卧室、餐厅、书房、厨房、卫生间等常规空间，也有部分家庭设置了台球室、健身房、棋牌室等特殊空间。我们接下来将根据人体尺寸及其应用方法对居室常规空间的尺寸进行分析。其中的具体尺寸作为参考，在应用的时候可以根据实际情况进行调整。

第一节 客厅

客厅，有些地区也称为起居室，是居室的公共空间、提供家庭人员生活起居和会客的场所。客厅有时候兼用餐、学习与工作的功能，因此客厅是居室内活动最集中、使用最频繁的核心空间，在空间过渡上也可谓是家里的“交通枢纽”，所以设计上是整个居室空间的重点。

客厅家具主要包含沙发、茶几、电视柜等，这些家具的尺寸直接影响着客厅所需的最小空间：如图6-1-1所示，为常见客厅家具基本尺寸；图6-1-2、图6-1-3所示，为客厅的人体活动空间。在这些活动空间中，我们分析以下几处：

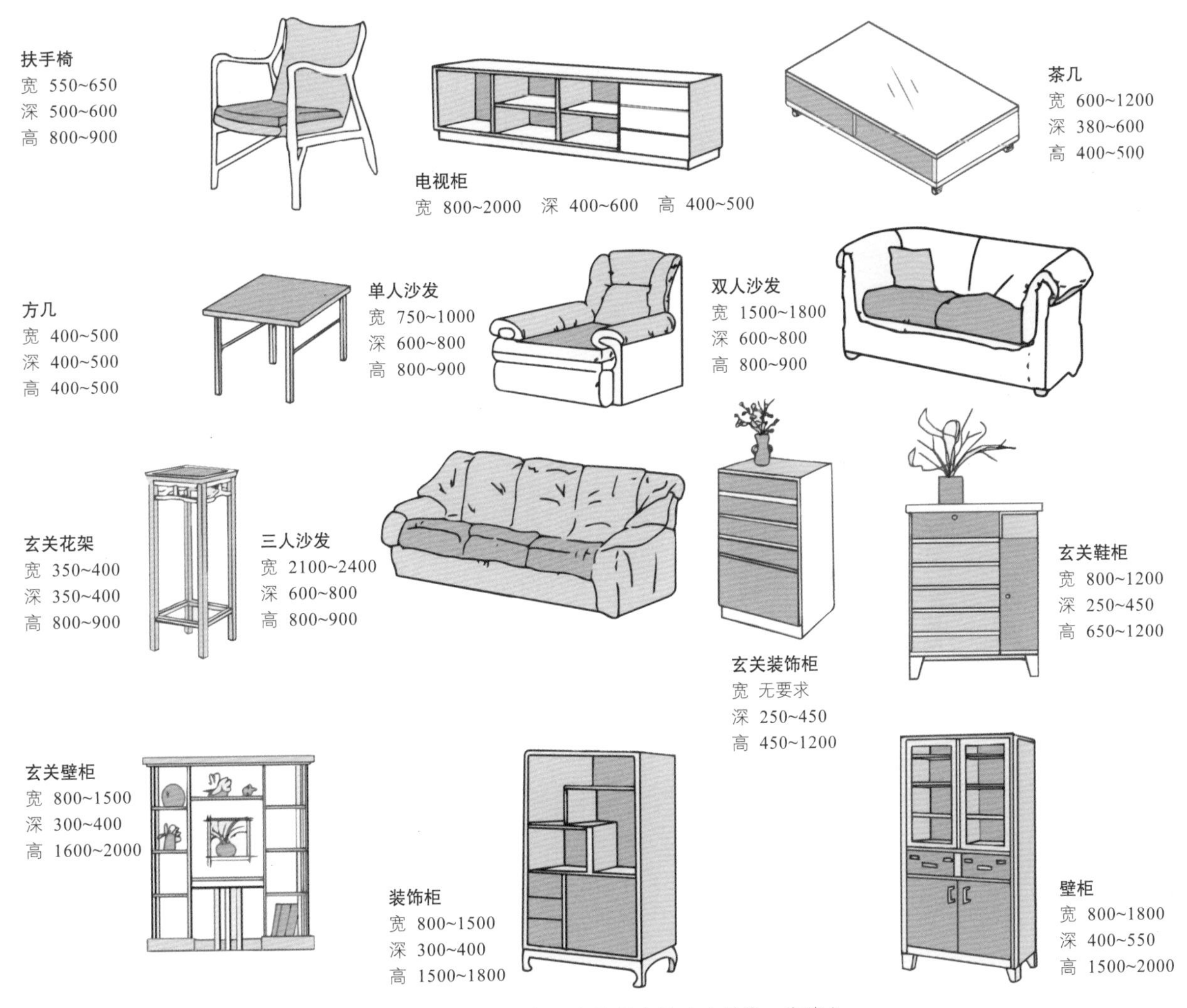

图6-1-1 常见客厅家具基本尺寸（单位：毫米）

一、人就坐于三人沙发所占尺寸的大小

宽度可以直接按照三人沙发宽度计算，计算依据为3倍就坐者宽度需求与2倍扶手宽之和。就坐者宽度需求可主要分解为坐姿体宽与两侧活动余量。坐姿体宽参考男性第95百分位数“坐姿两肘间宽”489毫米，加2倍穿衣修正量共30毫米，然后取整为520毫米。由于在居家环境中人的动作比较放松与休闲，其身体左右的活动余量较大，共取190毫米。计算得出单个就坐者宽度需求为710毫米。对于扶手宽，通常木质的尺寸较小，软包类的尺寸较大，我们取75—150毫米。计算得三人沙发总宽度为2280—2440毫米。人就坐于三人沙发深度尺寸为沙发深度与人腿部伸出的距离之和，沙发深度参考男性和女性第50百分位“坐深”平均数445毫米，加上沙发靠背深度150毫米左右，以及靠枕厚度60—170毫米左右，取整得770毫米。人腿部伸出的距离为足长与小腿倾斜所占尺度，估算为400—450毫米。计算得出人就坐于三人沙发所需深度尺寸为1060—1220毫米。

二、沙发与茶几的间距

在沙发上有人就坐的情况下，如果不考虑让另一人顺利从间距通过，则可控制间距为400—450毫米。如果考虑让另一人顺利正面通行，通行宽度取520毫米，加上就坐者的搁腿空间，要求间距要达到760—910毫米。

三、茶几与电视柜或是墙壁的间距

一般要允许两个人相向错肩通行，这个距离最低设计要求为1100毫米。

四、带有搁脚躺椅的尺寸

它所占用的深度尺寸可分解为“坐姿下肢长”与靠背倾斜的进深尺寸及靠背厚度，要求男性的尺寸是1520—1720毫米，女性的尺寸是1370—1570毫米。

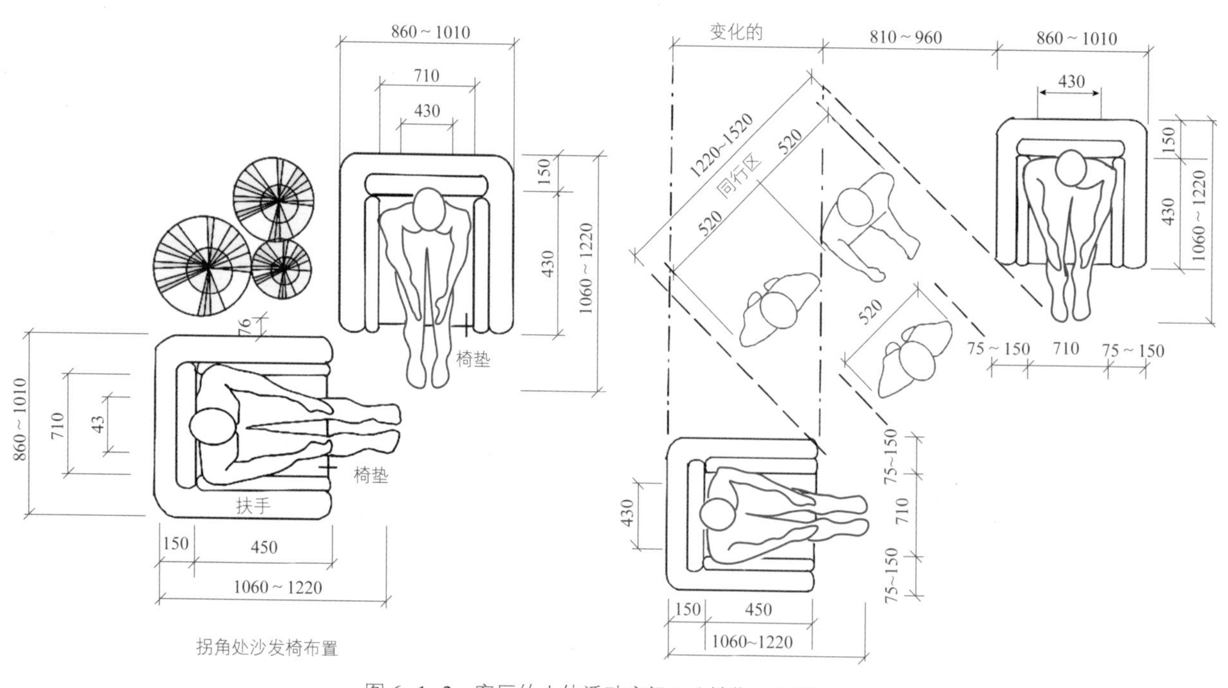

图 6-1-2　客厅的人体活动空间 1（单位：毫米）

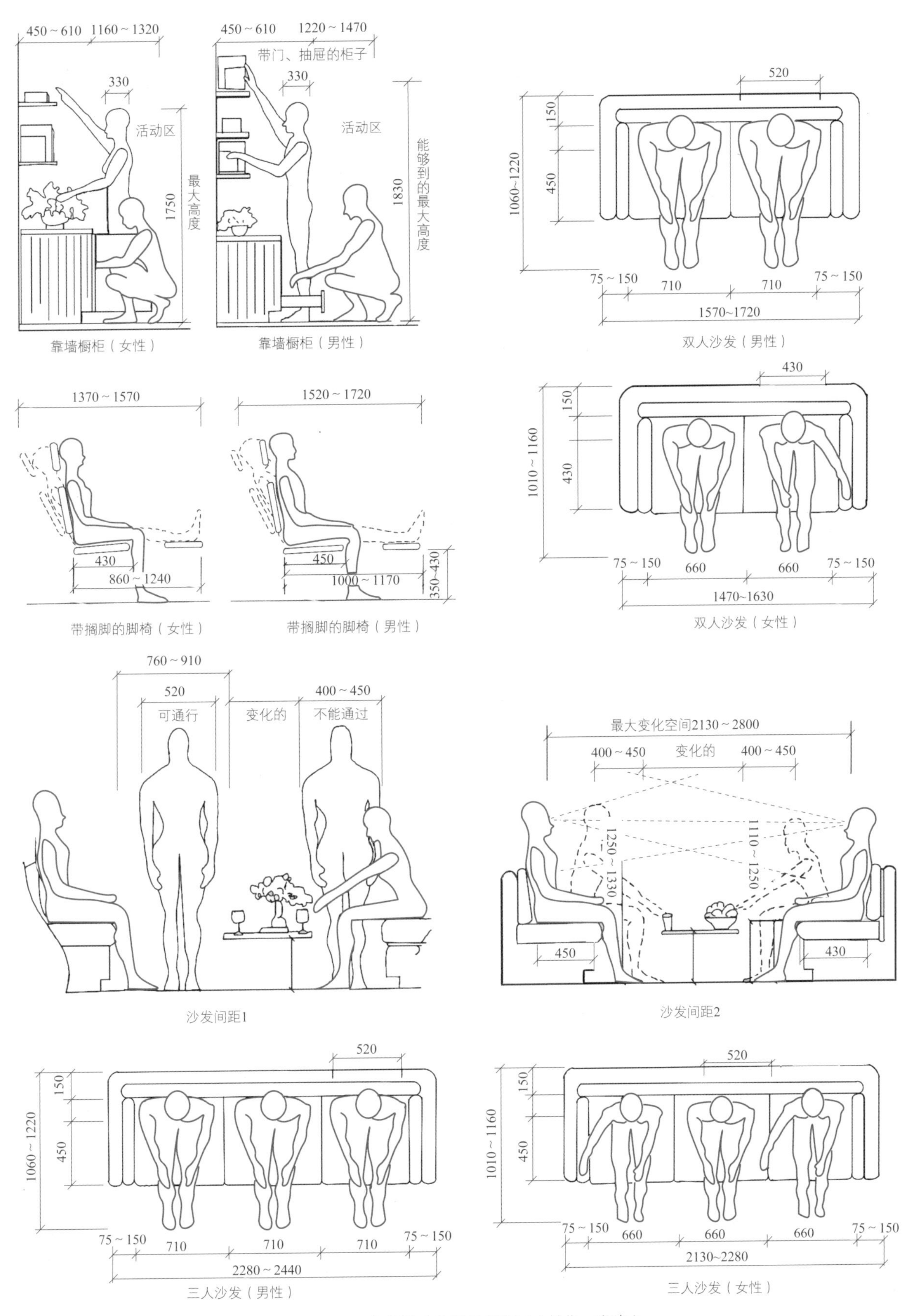

图 6-1-3　客厅的人体活动空间 2（单位：毫米）

第二节 卧室

卧室的功能主要是睡眠和休息，属于较私密性的空间，同时也兼具更衣、化妆、学习与工作、衣物与生活物品储存等功能，有的居室在卧室内会设置独立的衣帽间。卧室家具主要包含床、床头柜、梳妆台、衣柜等。如图6-2-1所示，为常见卧室家具基本尺寸。如图6-2-2、图6-2-3所示，为卧室的人体活动空间，这些活动空间中，我们分析以下几处：

一、床与侧面大衣柜的间距

主要涉及人通行宽度、床头柜宽度、衣柜柜门宽度等尺寸。床头柜取400—600毫米。人通行宽度参照男子第95百分位数的“肩宽”469毫米，加上行走与转身的余量，通行宽度取500—600毫米。衣柜柜门通常为400—600毫米宽，柜门打开之后扫过的深度与人通行宽度重叠，取二者较大者即可。按照人通行宽度500—600毫米计算，得出床与侧面大衣柜的间距为900—1200毫米。

二、床与小衣柜的间距

主要为抽屉抽出深度和人下蹲前后深度，以及适当的空间余量。抽屉抽出深度取400—500毫米。考量人体姿势，人下蹲前后深度参照男子第95百分位数的“臀膝距”，查数据为595毫米，加穿衣修正量15毫米，得610毫米。为了放心自如地起蹲的需要，我们取人与床间距的空间余量为50—110毫米。所以，得出小衣柜与床的间距在1065—1220毫米之间。

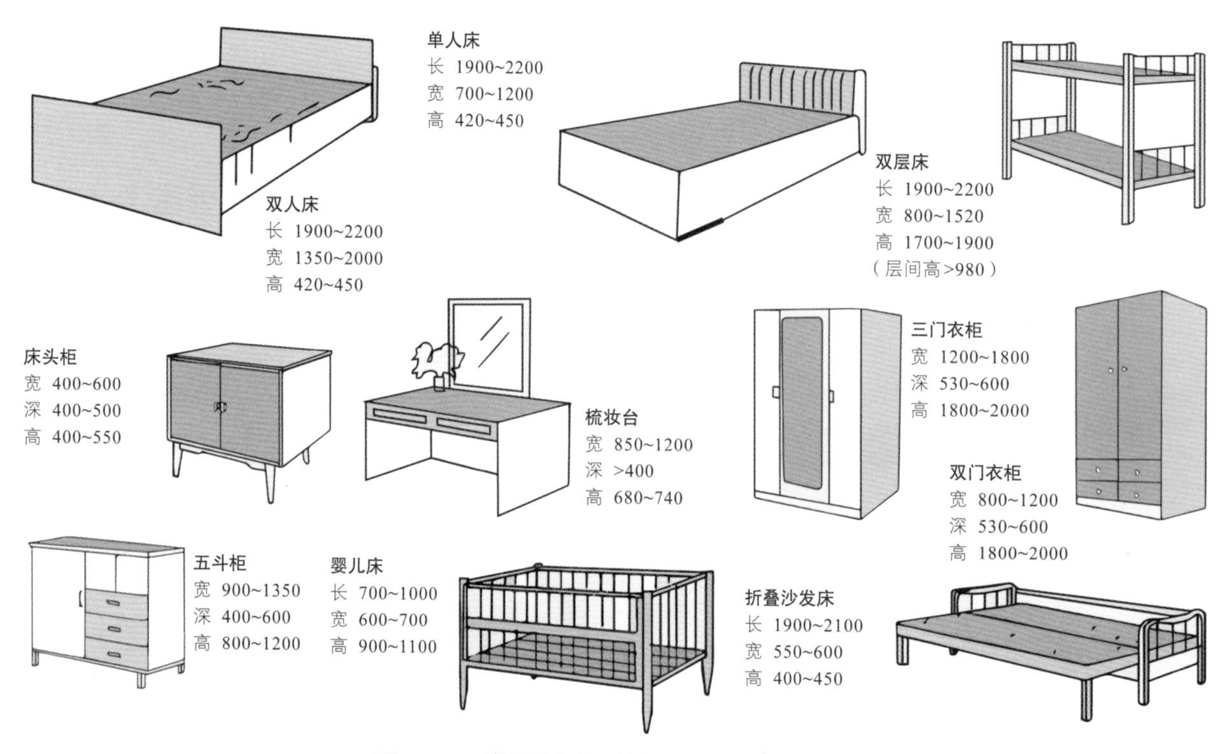

图6-2-1 常见卧室家具基本尺寸（单位：毫米）

三、衣帽间宽度

若考虑衣帽间两边均为挂衣储存，衣柜深度参照男子第95百分位数的“肩宽”469毫米，加上门板、背板厚度，以及适当空间余量，取550—700毫米。人在衣帽间穿脱衣服同样也参照男子第95百分位数的“肩宽”469毫米，取整为500毫米，由于穿脱的动作幅度较大，这里的空间余量我们取身体两侧各180—200毫米，得出两边均为挂衣储存的衣帽间宽度为1960—2300毫米。若考虑衣帽间一边为挂衣储存，一边为搁板储存，我们取搁板储存深度为300—450毫米，综合前面的数据，可以计算总宽度为1710—2050毫米。

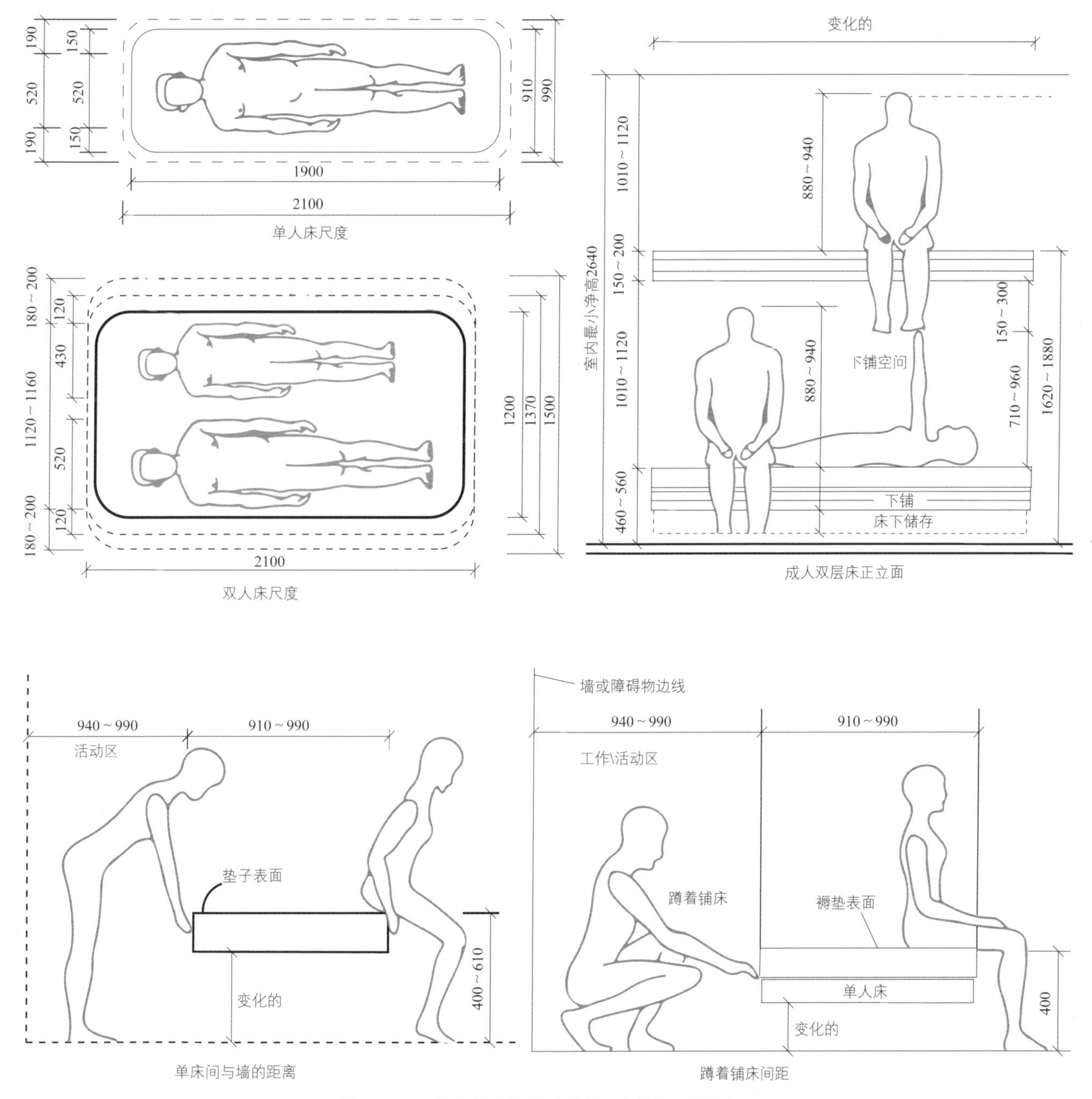

图6-2-2　卧室的人体活动空间1（单位：毫米）

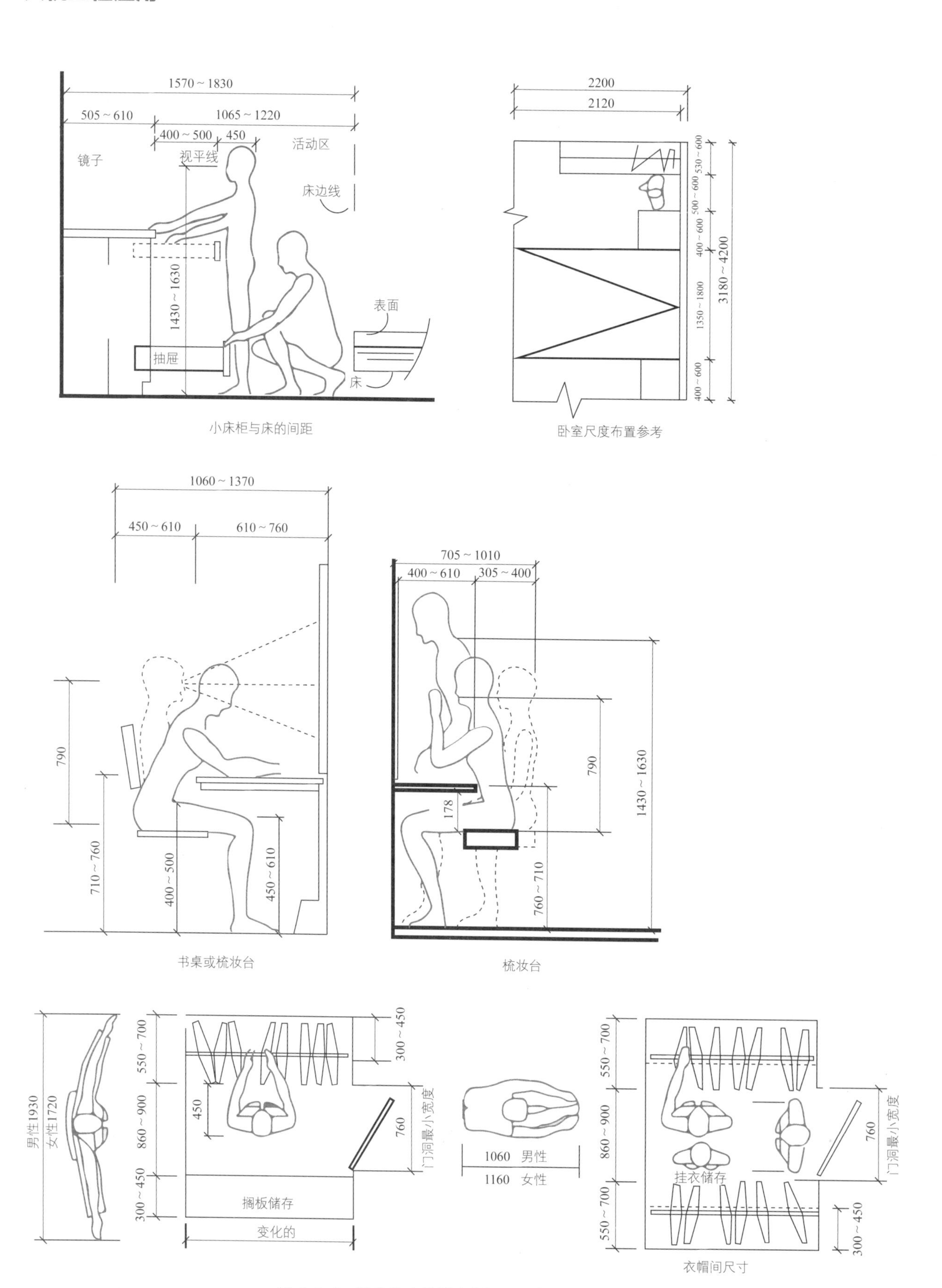

图 6-2-3 卧室的人体活动空间 2（单位：毫米）

第三节　餐厅

餐厅是家庭用餐的主要场所，较大面积的居室可以设置独立餐厅，当居室面积不够时，也可以在客厅或厨房设置用餐空间。餐厅的主要家具有餐桌、餐椅、餐边柜、酒柜、吊柜等。如图6-3-1所示，为常见餐厅家具基本尺寸。图6-3-2所示，为餐厅的人体活动空间，在这些活动空间中，我们对矩形餐桌和圆形餐桌的用餐空间进行具体分析。

一、矩形餐桌的用餐空间

矩形餐桌的宽度为几何倍数的单人用餐宽度与边缘余量宽度之和，而单人用餐宽度可分解为坐姿体宽与两肘活动空间。坐姿体宽与前面三人沙发宽度计算过程一致，结果为520毫米。两肘活动宽度两侧各取50—100毫米。对于中餐的合餐形式而言，要求就餐者尽量能夹取远处餐盘中菜肴，人与人间距不宜过大，两肘活动宽度宜取较小的数值；对于西餐分餐形式而言，两肘活动宽度宜取较大的数值。餐桌宽度方向的边缘余量宽度两端各取50—100毫米，餐桌深度方向的边缘余量宽度根据餐盘数量和大小、第10百分位数女子“上肢功能前伸长”、单人用餐宽度整合，两端各取100—160毫米。餐桌四边往外就座区深度均需计算450—610毫米。那么，以六人矩形餐桌为例，用餐空间为宽2360—2860毫米、深1740—2300毫米。四人、八人、十人则可以此类推。

二、圆形餐桌的用餐空间

圆形餐桌应该设置于餐厅中央，一般不应靠墙摆放，而且摆放后要注意留足餐椅后的通行空间。四人用餐桌推荐直径为1000毫米，加上就座

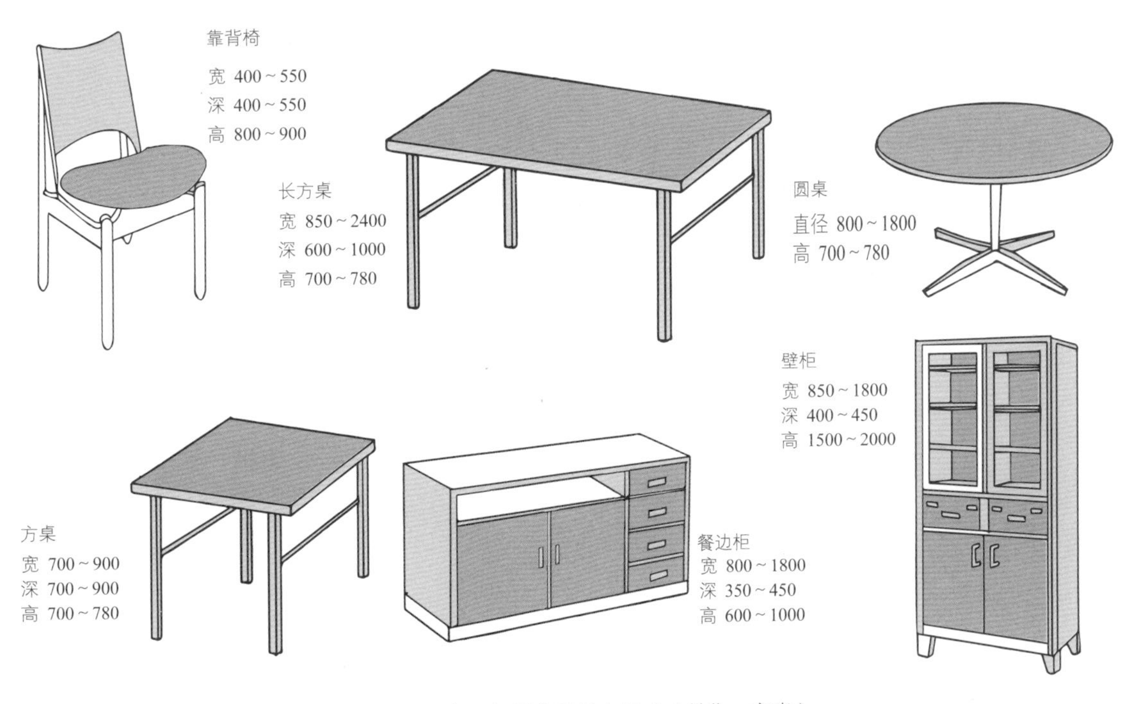

图6-3-1　常见餐厅家具基本尺寸（单位：毫米）

区深度460—610毫米，以及考虑就座区后的侧身通行空间300毫米，得出四人圆形餐桌用餐空间边长为2520—2820毫米。六人用圆形餐桌推荐直径为1350毫米，其用餐空间边长为2870—3170毫米。八人用圆形餐桌推荐直径为1580毫米，其用餐空间边长为3100—3400毫米。

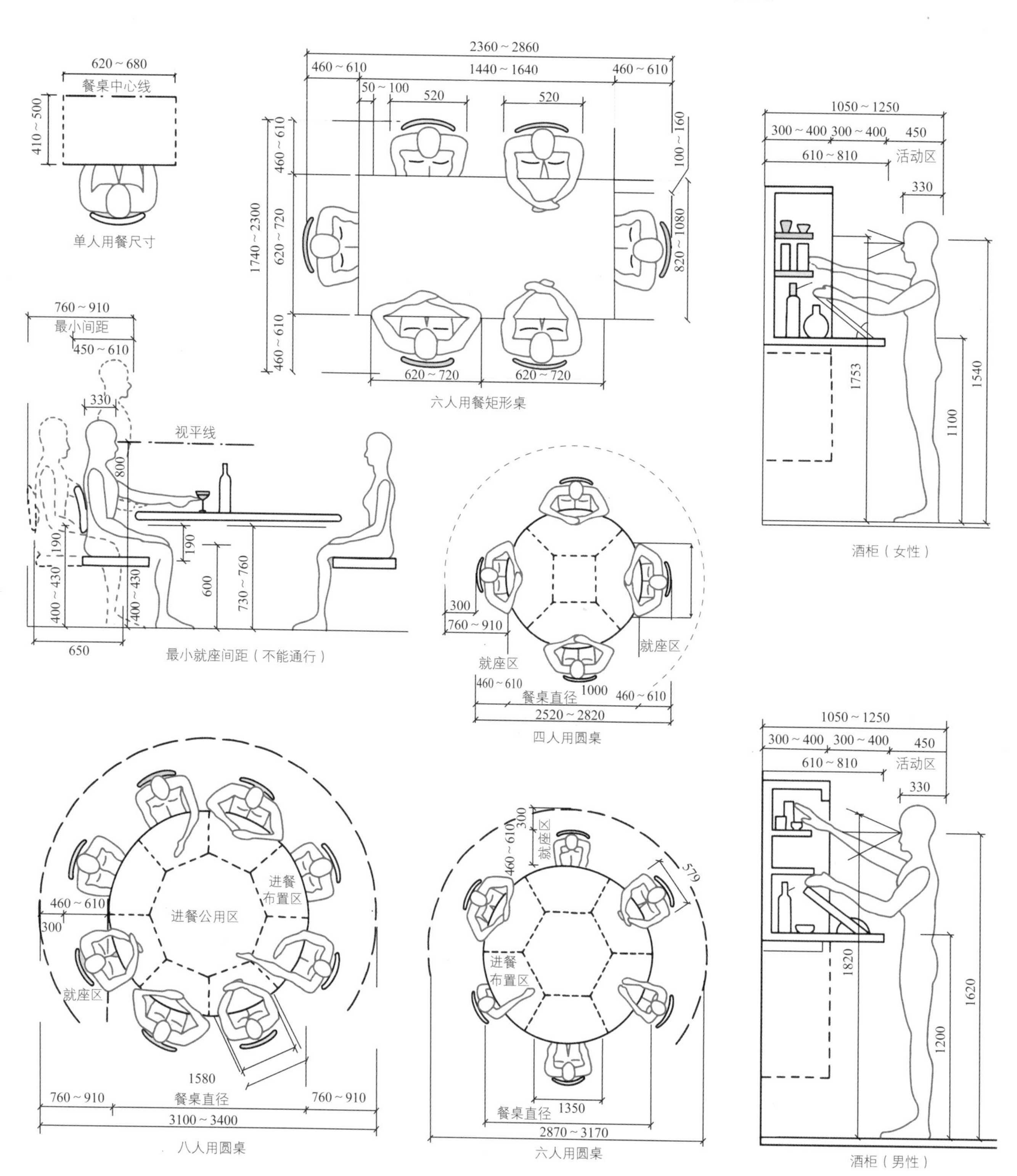

图 6-3-2　餐厅的人体活动空间（单位：毫米）

第四节 书房

书房是居室内专门用于阅读、书写、工作和密谈的地方，是居室中带有一定私密性的空间。若居室面积较小，可以在客厅或阳台设置开放式的学习或工作空间。书房的主要家具有书桌、椅子、书柜等。如图6-4-1所示，为常见书房家具基本尺寸。书房中的人体活动与办公空间类似，具体可以参考模块7第一节办公空间的人体活动分析。

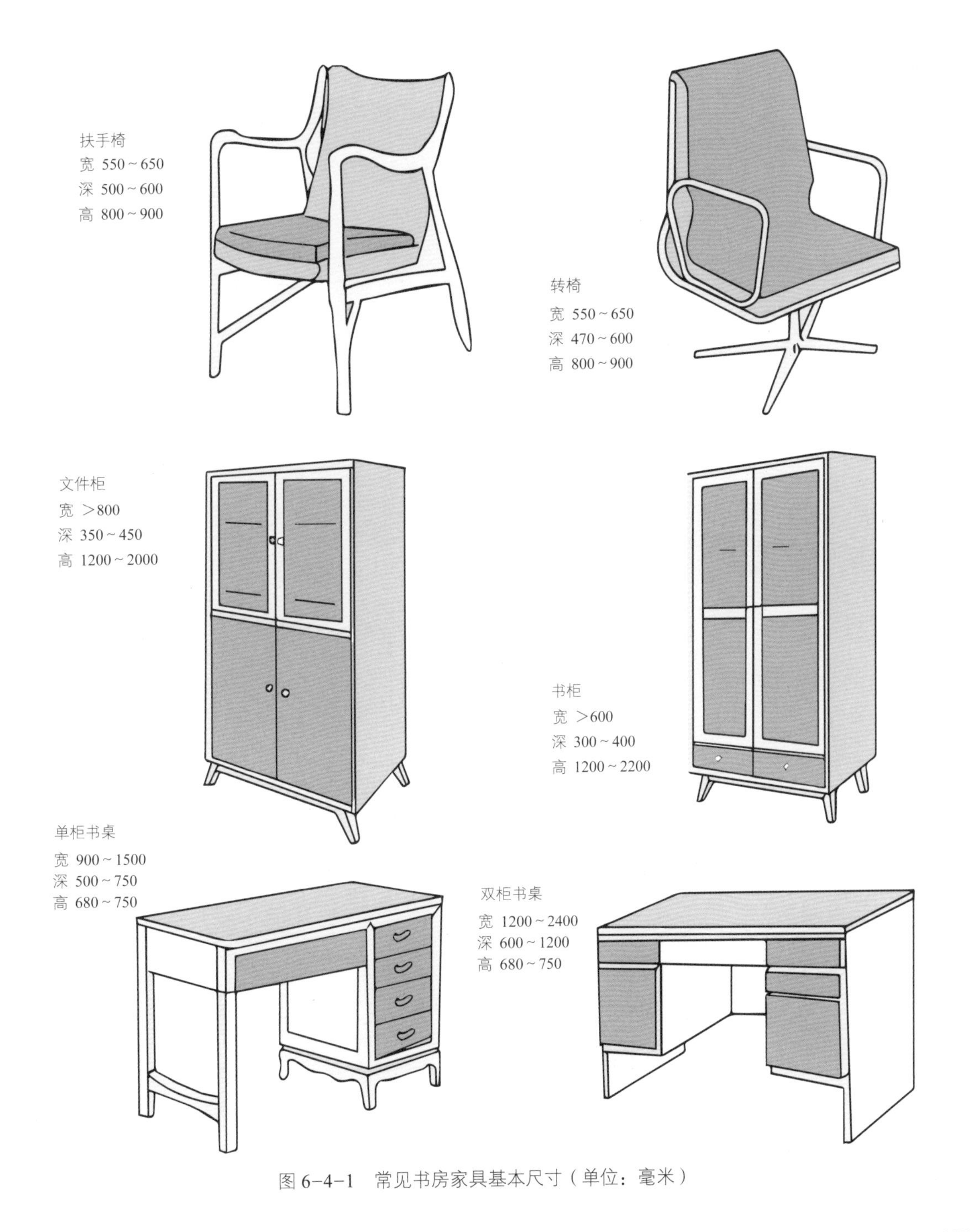

图6-4-1 常见书房家具基本尺寸（单位：毫米）

第五节　厨房

客厅、卧室和书房是人们日常活动、休息与工作的主要空间，而为这些活动、工作提供能源补给相关的区域，则更多的是在厨房和餐厅中完成。厨房是一个可以准备食物并进行烹饪的空间，一个现代化的厨房通常含有储存、清洗、备菜、烹饪等功能区。厨房布局主要可以分为“一”字形、并列型、“L”形、“U”形、岛形等。厨房内的操作通常在水池、炉灶和冰箱之间来回最多，现有的研究表明，这三点之间连线形成的三角形三边之和在3600—6600mm之间最为合适，过大耗能过多、容易疲劳，过小会让操作者感到局促。

厨房家具与设备主要包含橱柜、冰箱、微波炉、烤箱、燃气灶等。如图6-5-1、图6-5-2所示，为常见厨房家具与设备基本尺寸。图6-5-3至图6-5-5所示，为厨房的人体活动空间。橱柜尺寸的确定已经在第五章第二节中分析过，以下分析厨房的人体活动空间。

一、厨房通道宽度

综合舒适、经济与人的能耗进行考虑，厨房通道宽度考虑一人正面和一人侧身的双人通行。

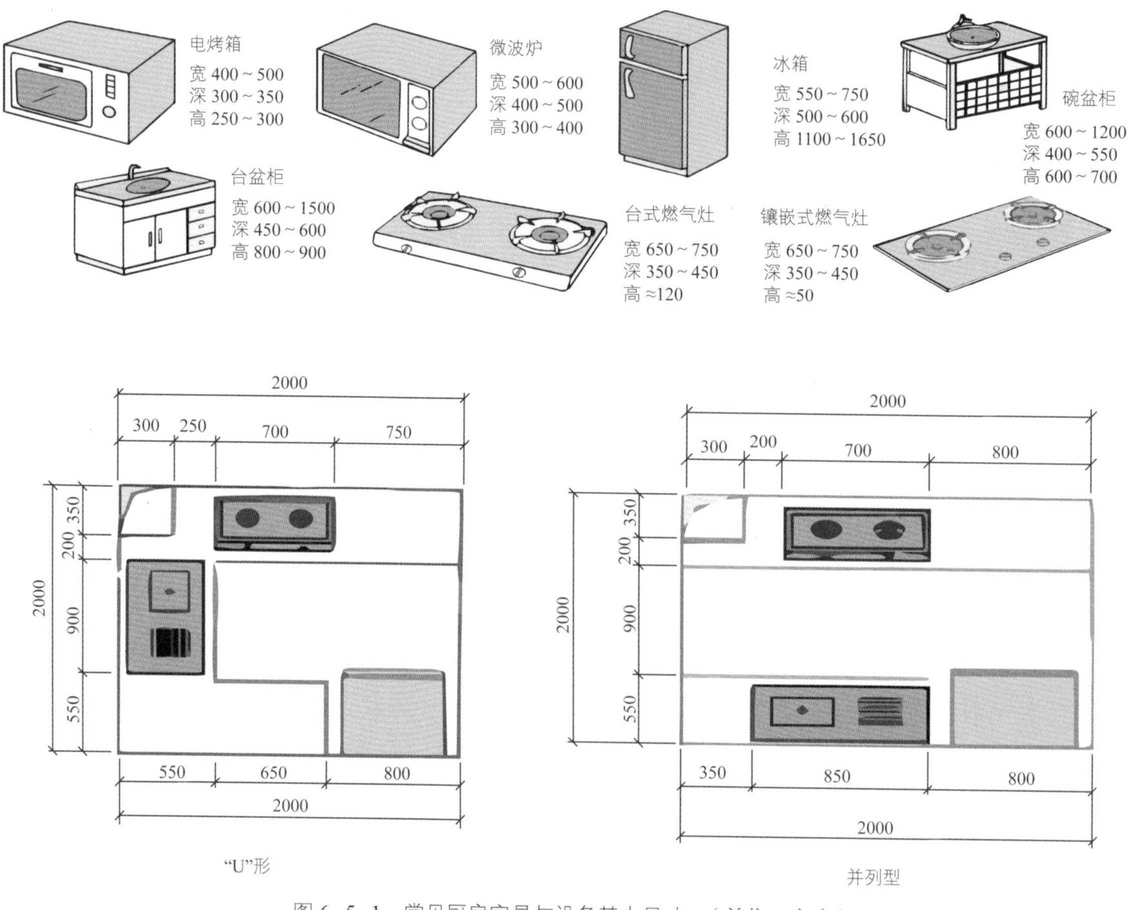

图 6-5-1　常见厨房家具与设备基本尺寸 1（单位：毫米）

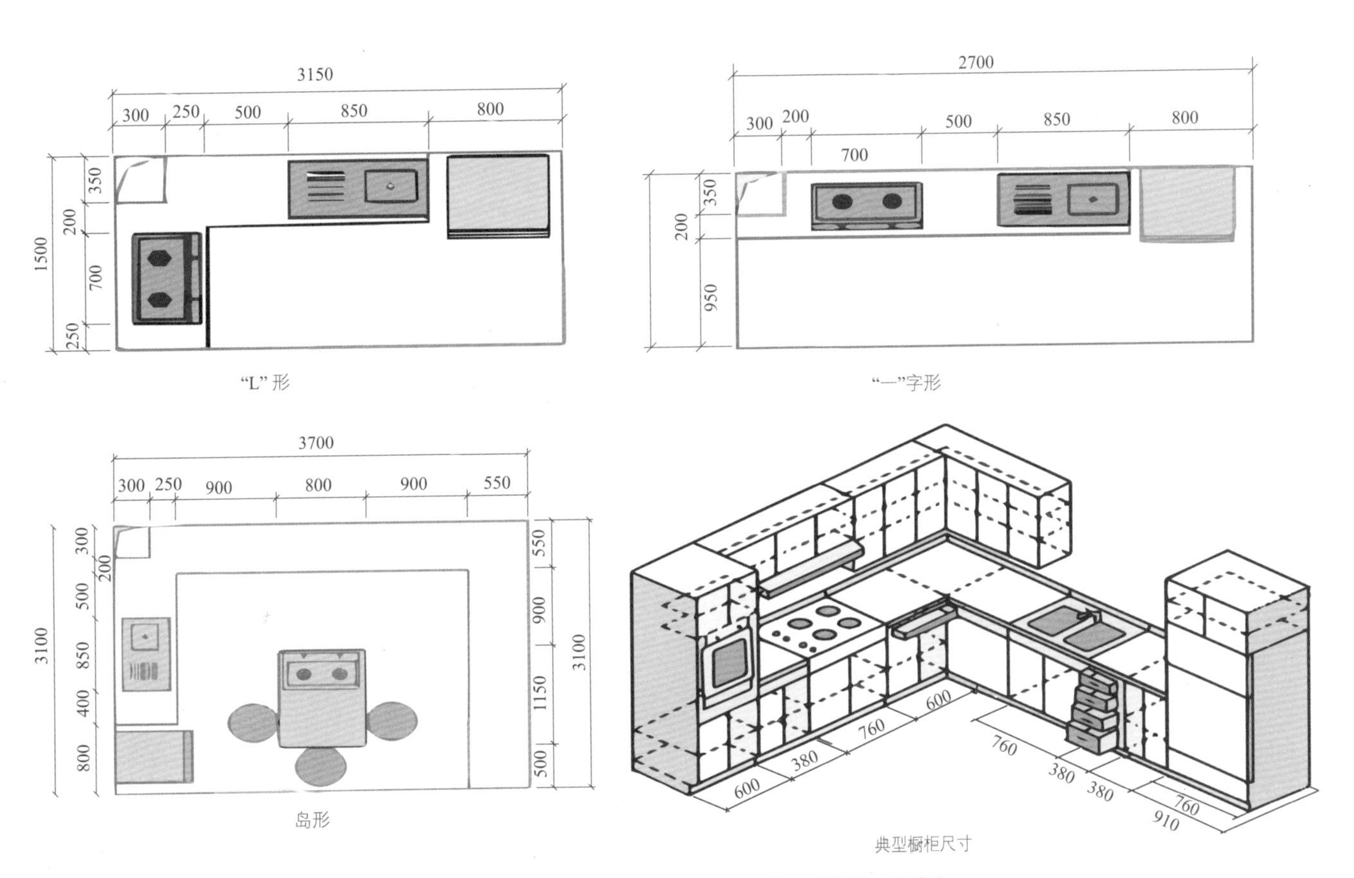

图 6-5-2　常见厨房家具与设备基本尺寸 2（单位：毫米）

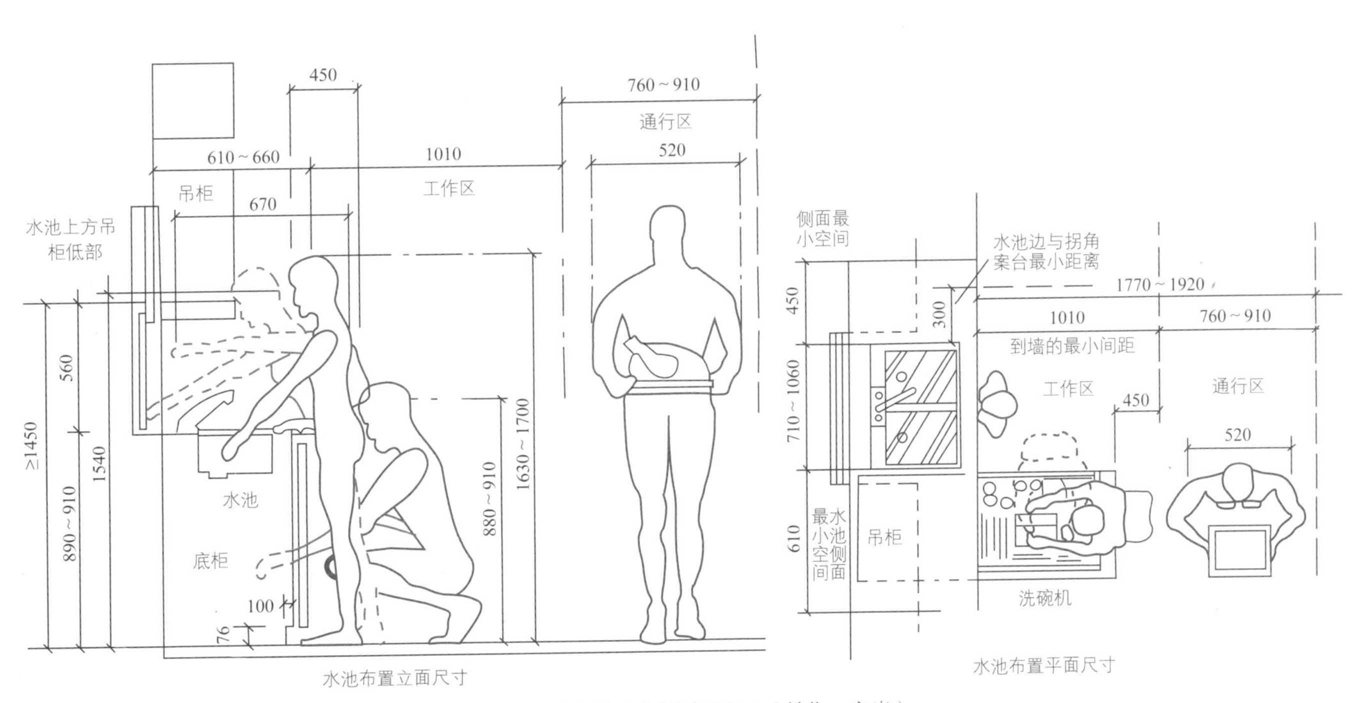

图 6-5-3　厨房的人体活动空间 1（单位：毫米）

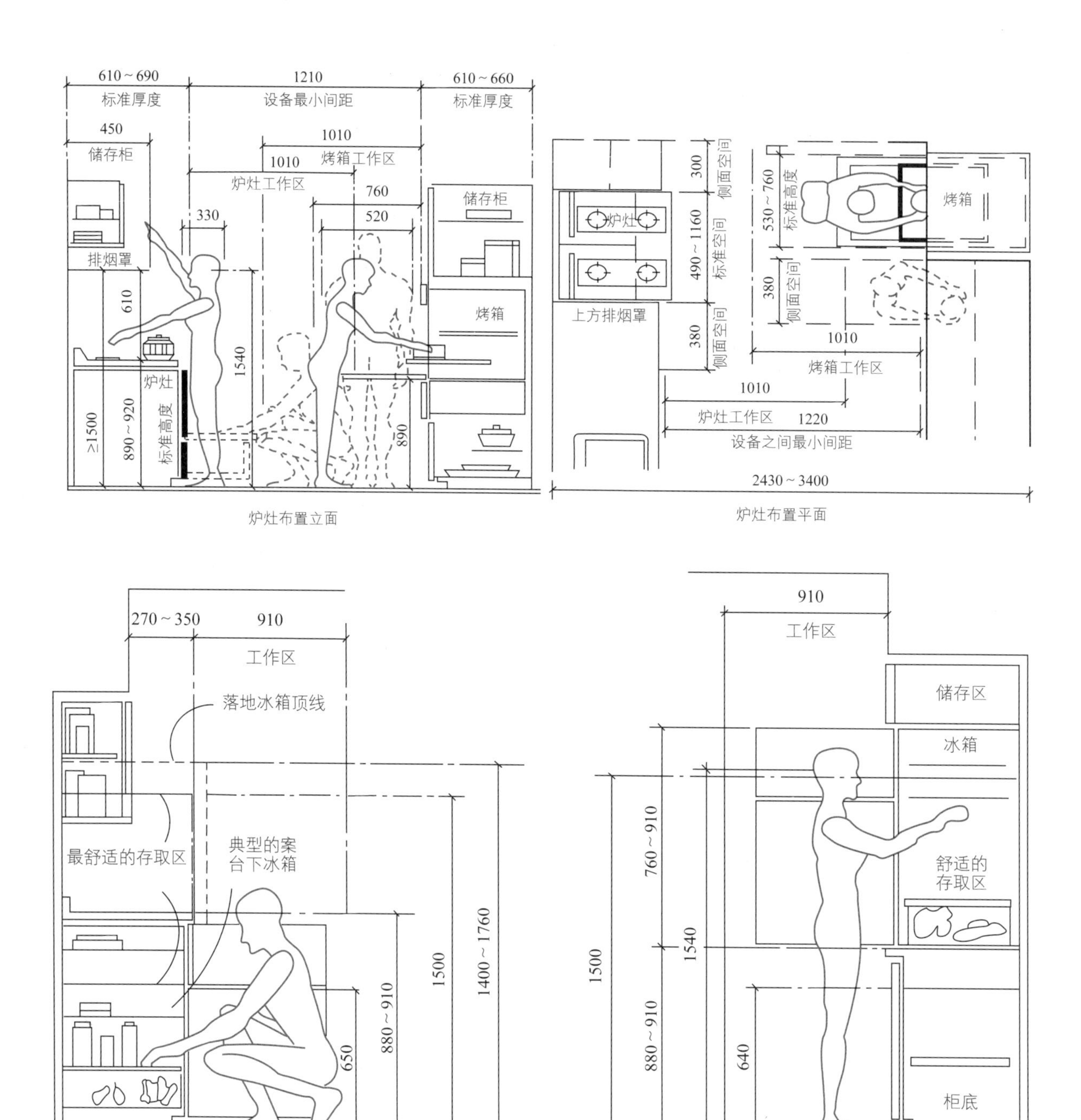

图 6-5-4　厨房的人体活动空间 2（单位：毫米）

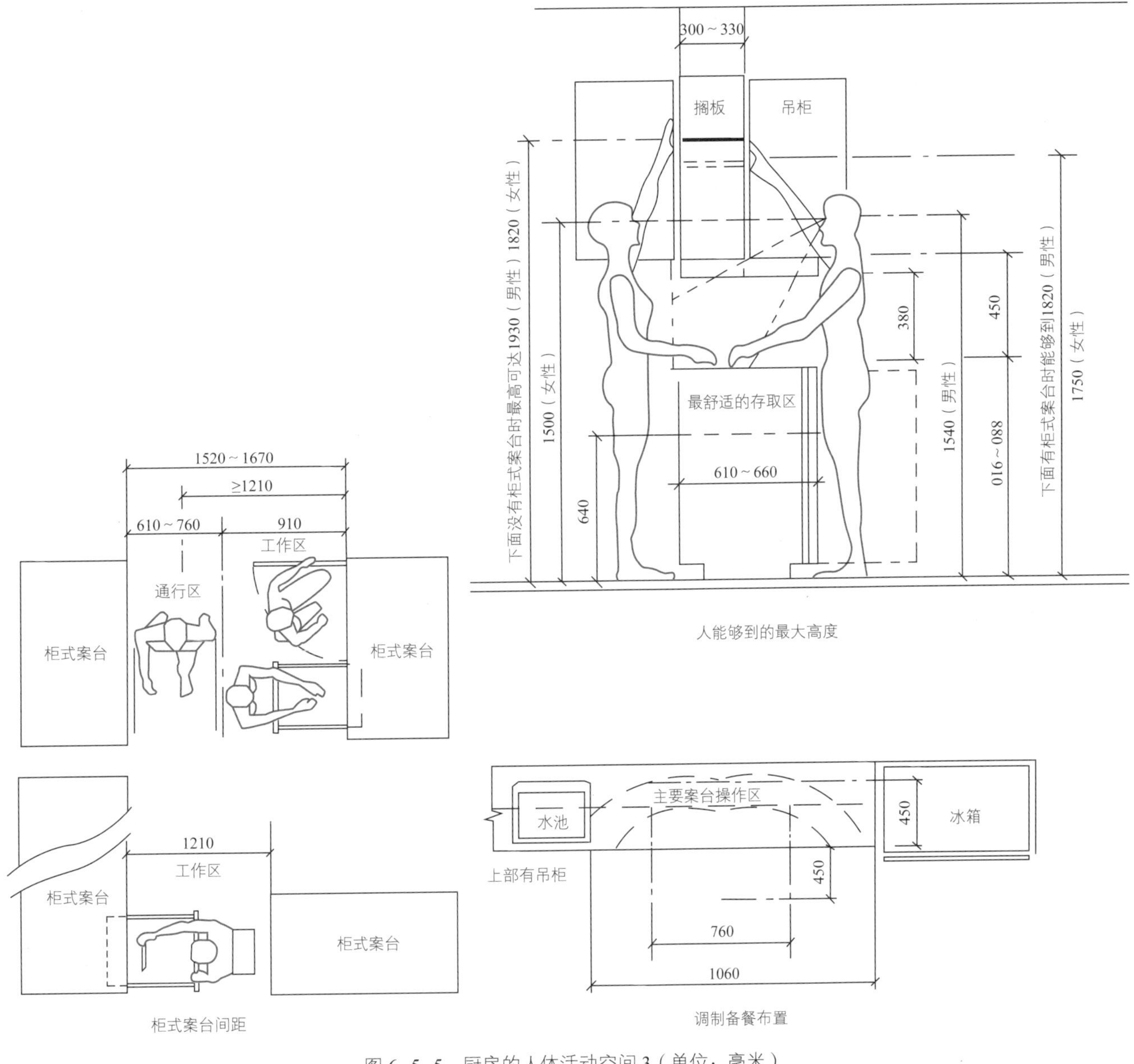

图6-5-5 厨房的人体活动空间3（单位：毫米）

正面通行尺寸参考男子第95百分位数的“最大肩宽”469毫米，加穿衣修正量21毫米，再加上端餐盘两肘略张开的尺寸，要求总宽不应小于520毫米。对于人侧身的尺寸，参考男子第95百分位数“胸厚”245毫米，加穿衣修正量21毫米，得266毫米。最后在正面通行与侧身通行的空间中加上一定的空间余量，厨房通道宽度要求为900毫米左右。

二、厨房总体平面尺寸

“一”字形推荐3350毫米×1500毫米、并列型推荐2000毫米×2000毫米、“L”形推荐2700毫米×1500毫米、“U”形推荐3350毫米×1500毫米、岛形推荐3700毫米×3100毫米。当然具体情况应具体分析，在应用中我们要根据现场实际建筑空间情况、设备尺寸、使用者的个性要求进行规划。

第六节　卫生间

卫生间也是一组复杂的空间，这组空间围绕着如厕、洗脸化妆、淋浴、洗涤四项基本卫生活动。卫生间中含有浴盆、脸盆、坐便器和洗浴设备。如图6-6-1所示，为常见卫生间家具与设备基本尺寸。图6-6-2至图6-6-4所示，为卫生间的人体活动空间。其中工作台面（洗手盆高）和柜类相关人机关系见模块5第二节，我们在此主要针对淋浴空间的人机进行分析。

一、手持花洒的高度

为了适应家庭不同人的身体尺寸，特别是有儿童的家庭，手持花洒一般设计成高度可调整的方式，所以手持花洒的高度会涉及到一个最高高度和一个最低高度。太低了人弯腰会比较吃力，太高了会有人够不到。一般6—7岁孩子在家里开始独立淋浴，儿童人体数据显示其身高均值约为1150毫米，估算其“双臂功能上举高”约为1342毫米，因此多数孩子能轻松够着1300—1350毫米的高度，这个数据可作为我们设计喷头可调的最低高度的依据。对于喷头最高高度，依据男子第95百分位数的“双臂功能上举高”数据进行设计，通常取1950—2000毫米。计算得出手持花洒的高度设计为1300—2000毫米之间可调整。

二、水门开关的高度

参考成年人男、女第50百分位数的“立姿肘高”的平均值，计算结果为992毫米，通常取900—1000毫米，6—7岁的孩子也容易够得着。

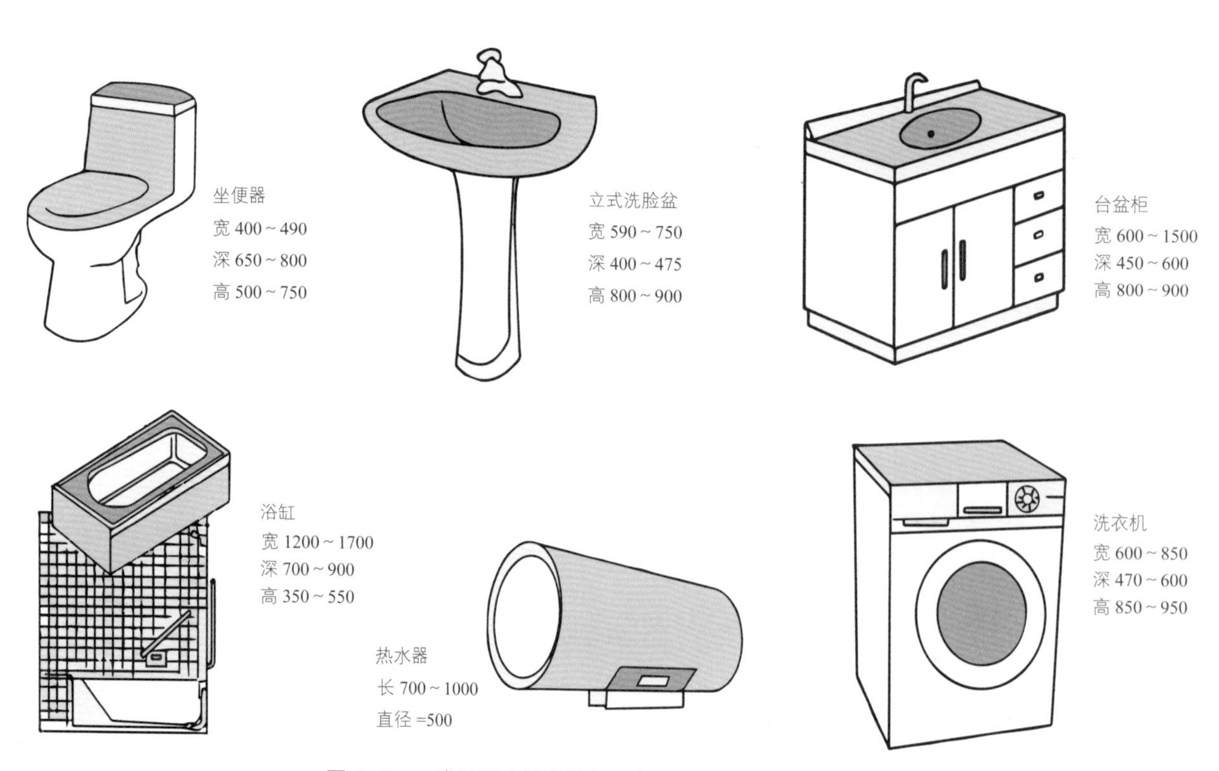

图6-6-1　常见卫生间家具与设备基本尺寸（单位：毫米）

三、坐位的高度

坐位应该低于工作椅的椅面高度，这样可以降低人的重心，减少因重心不稳而滑到的概率，通常取320—380毫米。

四、淋浴活动范围

参考淋浴间立面图，以俯身拣起掉落在地面肥皂的情景为“淋浴活动范围”的参照。在图中所画姿势下，头顶到臀部的距离与人体尺寸中的“坐高”非常接近。男子第95百分位数“坐高”为958毫米，考虑活动余量，则淋浴活动范围最少取1000—1060毫米。

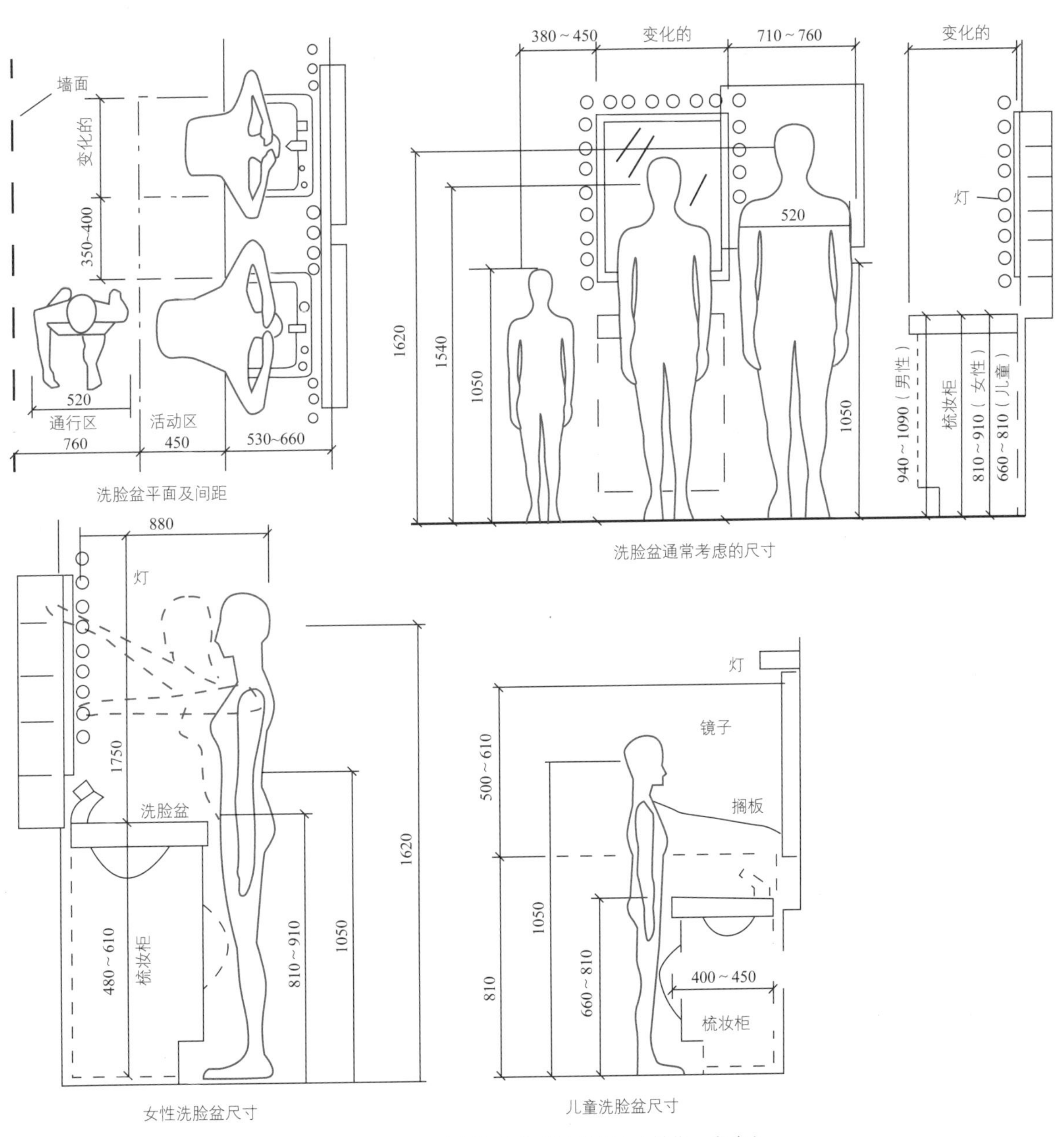

图6-6-2　卫生间的人体活动空间1（单位：毫米）

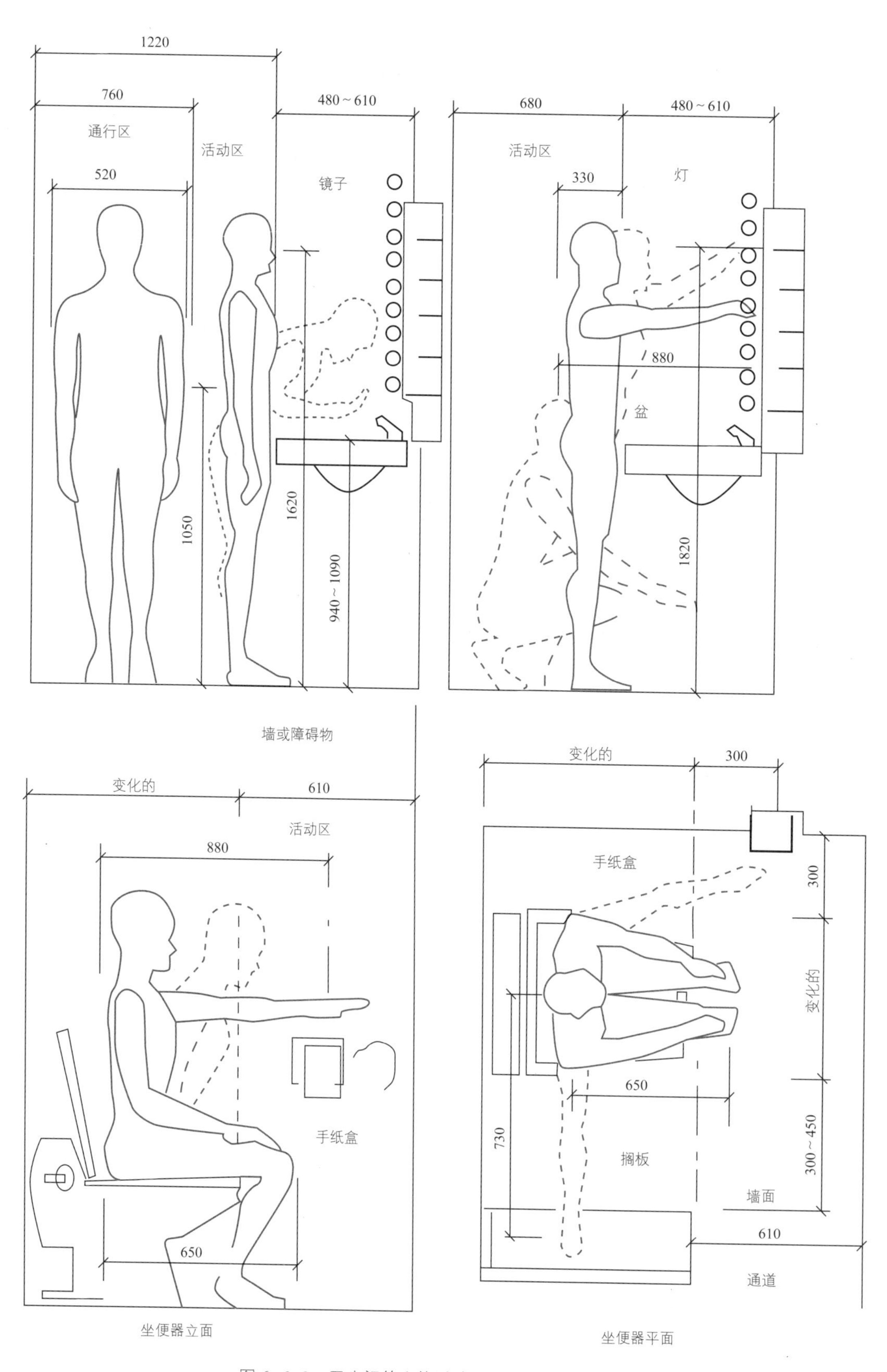

图 6-6-3　卫生间的人体活动空间 2（单位：毫米）

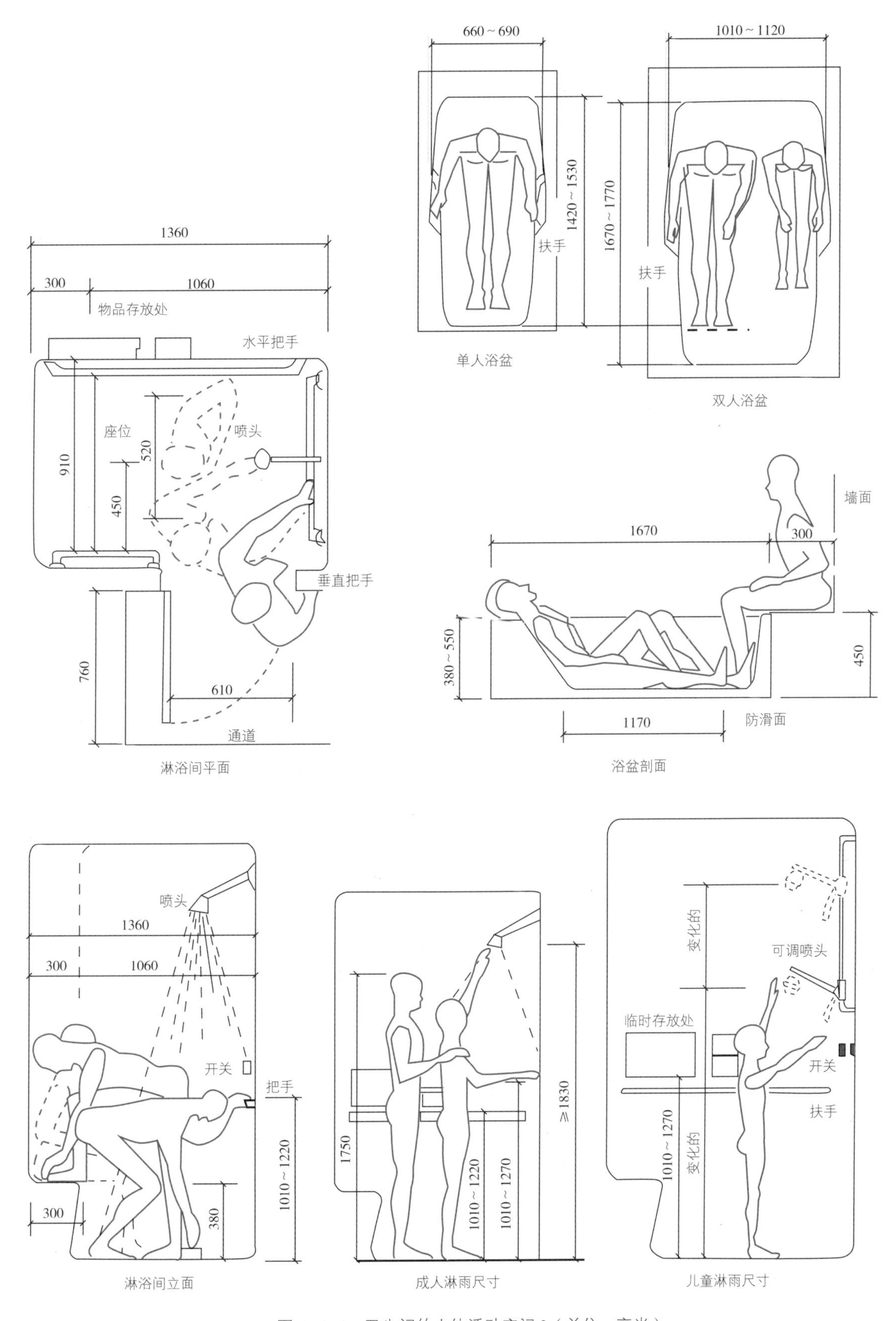

图6-6-4 卫生间的人体活动空间3（单位：毫米）

第七节 设计案例

一、《梦想改造家》27.52平方米老旧房改造

目标户型面积为27.52平方米，所在楼层为一楼，是宽3200毫米、深8600毫米、高3500毫米的长条盒状南北朝向户型，只有户型的两端有小窗户采光，地点位于上海昌化路。常住人口为委托人王先生（28岁）、王先生母亲、王先生外婆，王先生姐姐及姐姐的小女儿不定期返家探亲居住。王先生一家人的身高、体重等人体数据均接近男女第50百分位数值。王先生父亲早年去世，母亲靠自营的缝纫工作独立抚养王先生与姐姐成人。母亲因操劳过度身体情况不佳，年迈的外婆身患疾病需要赡养，王先生在企业正常工作，姐姐已出嫁并育有一女。

如图6-7-1至图6-7-4所示，目前居住困境如下。

生活区域划分不清。用餐区域在王先生与母亲的卧室中，母亲的缝纫机放在外婆的小卧室内，缝纫工作会影响外婆休息。

地方狭小，基本生活区域不够。王先生和母亲共用同一间卧室，且这间卧室也是家中的客厅，若姐姐和她的小女儿返家探亲过夜，王先生则只能睡地板，居室内也基本无私密性。

生活杂物过多，收纳与整理情况混乱。

空间密闭，通风采光非常差。

针对户型情况、居住人情况和目前居住困境，改造方案以合理分区、增加空间利用率、增加收

图6-7-1 用餐区域在卧室中

图6-7-2 外婆卧室采光差

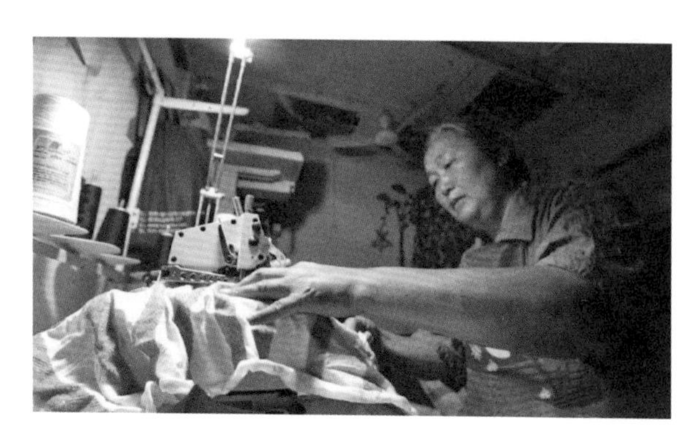

图6-7-3 母亲在卧室长期进行缝纫工作

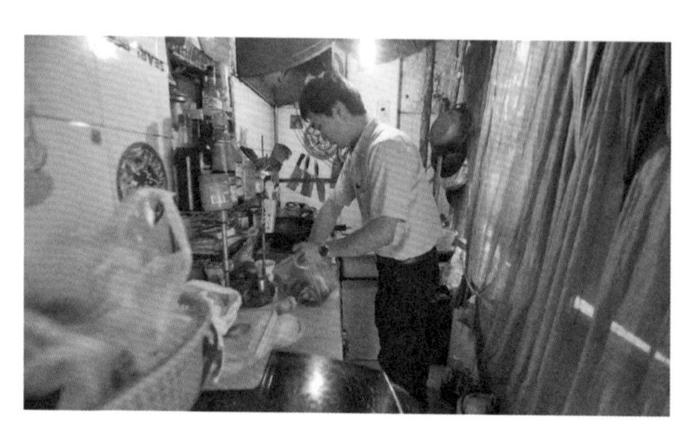

图6-7-4 厨房收纳凌乱

纳、增加私密性为目标，人机尺寸方面以实现家具与人体活动空间的功能尺寸为主、追求最优尺寸为辅的原则进行改造。改造过程如图6-7-5至图6-7-9所示，改造后效果如图6-7-10至图6-7-15所示，具体如下：

（一）划分明确的生活区域

考虑室内两端采光通畅，计划只在居室的中部做隔层。居室第一层空间从进门一端开始依次改造为厨房、卫浴空间、杂物间、楼梯、外婆卧室、客厅、母亲卧室，每个区域之间有相应的隔断。王先生卧室设计在二楼，卧室的活动区有放置书桌、书柜和工作椅的学习空间，床朝向通行活动区一侧边缘有400毫米深的就座空间，可多人就坐。二楼通过七步楼梯上楼，楼梯宽度为600毫米，参考男子第95百分位数的“肩宽”469毫米以及增加穿衣修正量与行走动作修正量计算确定，是单人通行宽度的功能尺寸。楼梯的另一侧二楼设置为储物间，供

图6-7-5　错高隔层概念设计

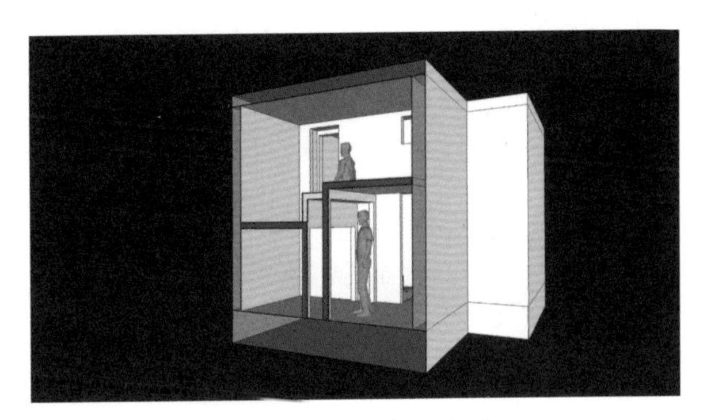

图6-7-6　错高隔层人机验证

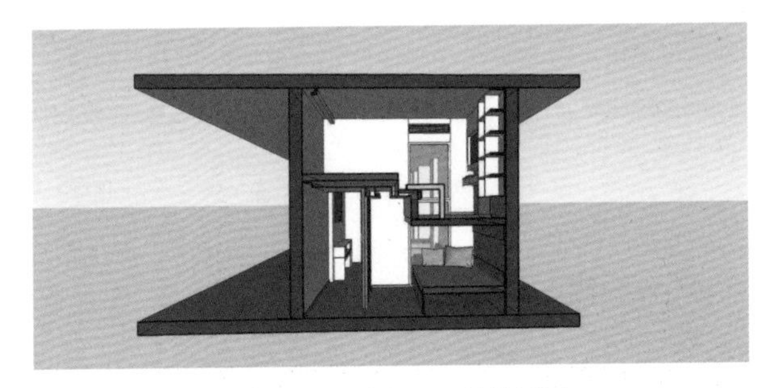

图6-7-7　错高隔层结构设计

图6-7-8　楼梯设计

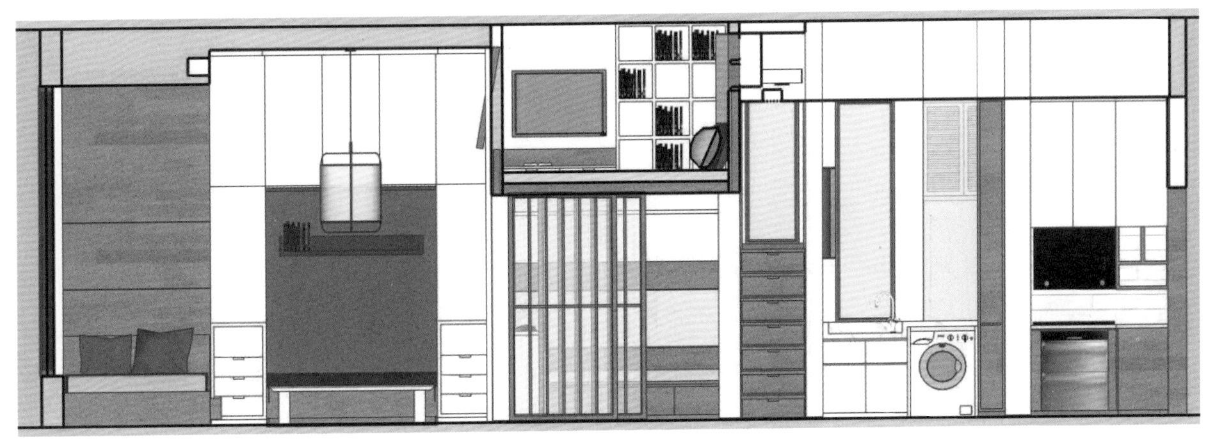

图6-7-9　立面效果

图 6-7-10　改造后过道效果

图 6-7-11　改造厨房效果

图 6-7-12　改造后一楼客厅效果

图 6-7-13　改造后二楼卧室效果

图 6-7-14　改造后外婆卧室效果

图 6-7-15　改造后卫生间效果

王先生衣物和生活物品储存使用，二楼储物间向下对应为一楼母亲缝纫机的储存空间。

（二）运用错高的方式进行隔层

隔层一楼为外婆的睡眠区和过道活动区，二楼为王先生的睡眠区和活动区。因为居室总高度为3500毫米，减去隔层楼板厚度100毫米，均分的两隔层每层只有1700毫米高，小于男子第95百分位数的“身高”1775毫米，人在其中不能直立行走。因此，采用错高方式进行隔层，将外婆睡眠区与王先生的行走活动区上下层对应，外婆睡眠区前的过道活动区与王先生的睡眠区上下层对应。外婆睡眠区与王先生睡眠区均为1400毫米高，大于床高与男子第95百分位数坐高之和；上下两层的活动区均为2000毫米高，男子第95百分位数身高者直立行走无碍。

（三）设计可升降式茶几

客厅茶几平时降下为400毫米高，利于就座时候的生活物品取放，用餐时候可升至750毫米高，作为餐桌使用，实现了客厅空间的多功能使用。

（四）配备折叠床

在客厅的沙发后面配备一张入墙式折叠床，平时收纳起来，空间占用极少。王先生姐姐和她小女儿返家探亲住可以将其展开，沙发前的茶几刚好起到支撑床的作用。

（五）增加储存空间设计

二楼单独隔出储物间供王先生使用；上楼的七步楼梯，每步215毫米高，均设计为抽屉式；母亲与外婆的床均为高箱床，床板下面的空间均可收纳物品；客厅与母亲卧室均定制了大量收纳柜；盥洗区旁对应狭窄空间设计了大深度的拉篮。整体居室收纳空间大大加强。

（六）运用活动隔断和调光玻璃

考虑采光，王先生卧室和外婆卧室一部分采光通道是通过母亲的卧室。另一方面，考虑私密性问题，这些采光的窗户选用调光玻璃，可通过开关控制来隔断视线，同时又保持采光。

（七）扩大窗户面积

原有房间朝南端的窗户面积太小，导致居室内采光非常差，因此扩大窗户面积至原有面积2倍左右。

二、远大“活楼”

“活楼”是远大科技集团规模化生产的不锈钢装配式建筑。如图6-7-16、图6-7-17所示，“活楼”的柱、梁采用厚壁不锈钢型材，楼板采用自研的超强超轻“不锈钢芯板”，不使用混凝土。结构、墙窗、机电、装修全部工厂制造，现场简化至螺栓

图6-7-16　“活楼”装配场景

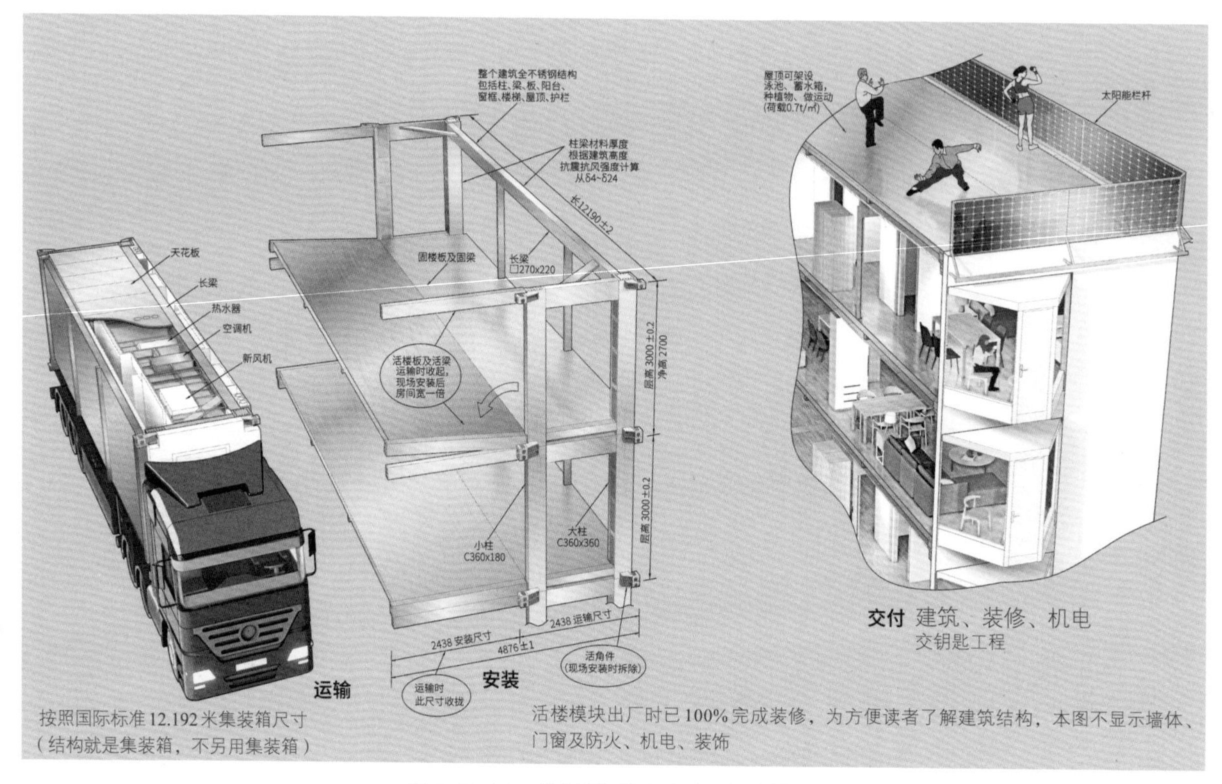

图 6-7-17　“活楼”单元模块与概念效果

连接、管线连接等基础安装。“活楼”性能良好，具有9度抗震、5倍节能、20倍净化的能力。“活楼”单元模块设计为12.192米标准集装箱尺寸运输，其结构本身就可当作集装箱，不另用集装箱，可无障碍、低成本运至世界各地。“活楼”空间尺寸与室内效果如图6-7-18至图6-7-20所示。

面积上：一个“集装箱”模块的展开安装面积为11700毫米 × 4800毫米，除了卫生间及排水管位置固化不变外，其他空间可自由划分出不同类型生活空间。远大科技集团给出了板楼住宅、板楼公建、塔楼住宅三种类型的中宅、小宅、中寓、小寓、酒店若干房型、宿舍若干房型的标准参考。中宅室内面积为119.41平方米，小宅室内面积为60.25平方米，中寓室内面积为34.59平方米至39.93平方米，小寓室内面积为16.71平方米至17.76平方米，酒店单间房室内面积为16.71平方米至17.53平方米，宿舍单间房室内面积为17.17平方米至17.76平方米。各房型的卫生间尺寸统一标准，卫生间中标准淋浴尺寸的宽度和深度分别为750毫米与1060毫米，蹲厕宽度为975毫米、深度为1110毫米，浴缸宽度为1660毫米、深度为750毫米，均能较好地适应人体尺寸和人的活动空间。其他生活空间可以4800毫米为边长，去进行相应的隔断划分。

高度上：层高3000毫米，除了卫生间区域为设置新风、空调、热水、电气而设有吊顶外，其他空间均为2700毫米高的平整天花板，天花板上设有横梁、灯具及电缆和多种传感器，必要时还可设置消防喷淋水管。居室的高度能符合人体活动空间尺寸和心理尺寸。飘窗宽度2574毫米，向外探出尺寸为1328毫米，可设一组休闲椅与茶几；飘窗净高2045毫米，人可以站立无碍。

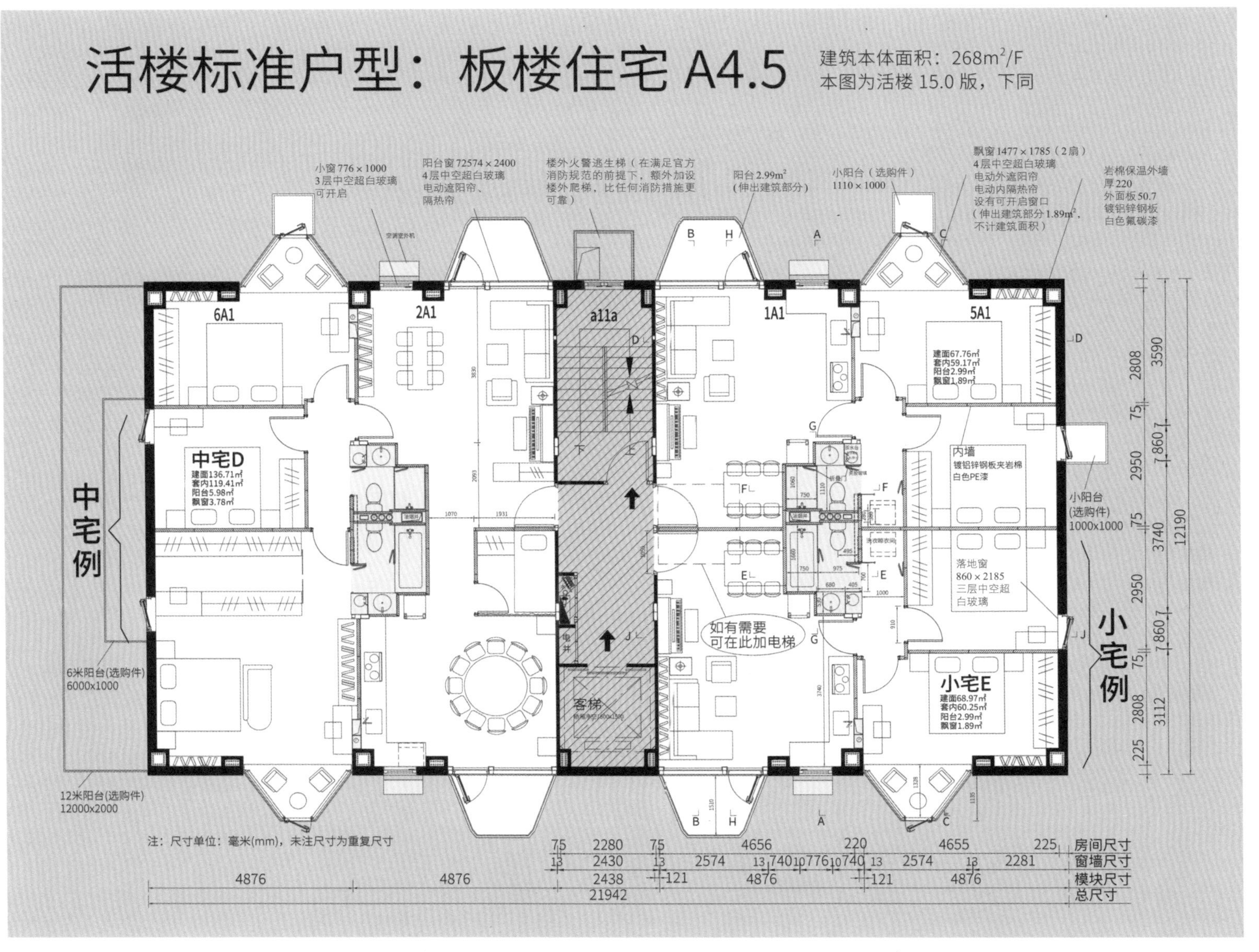

图 6-7-18 “活楼”标准户型：板楼住宅 A4.5

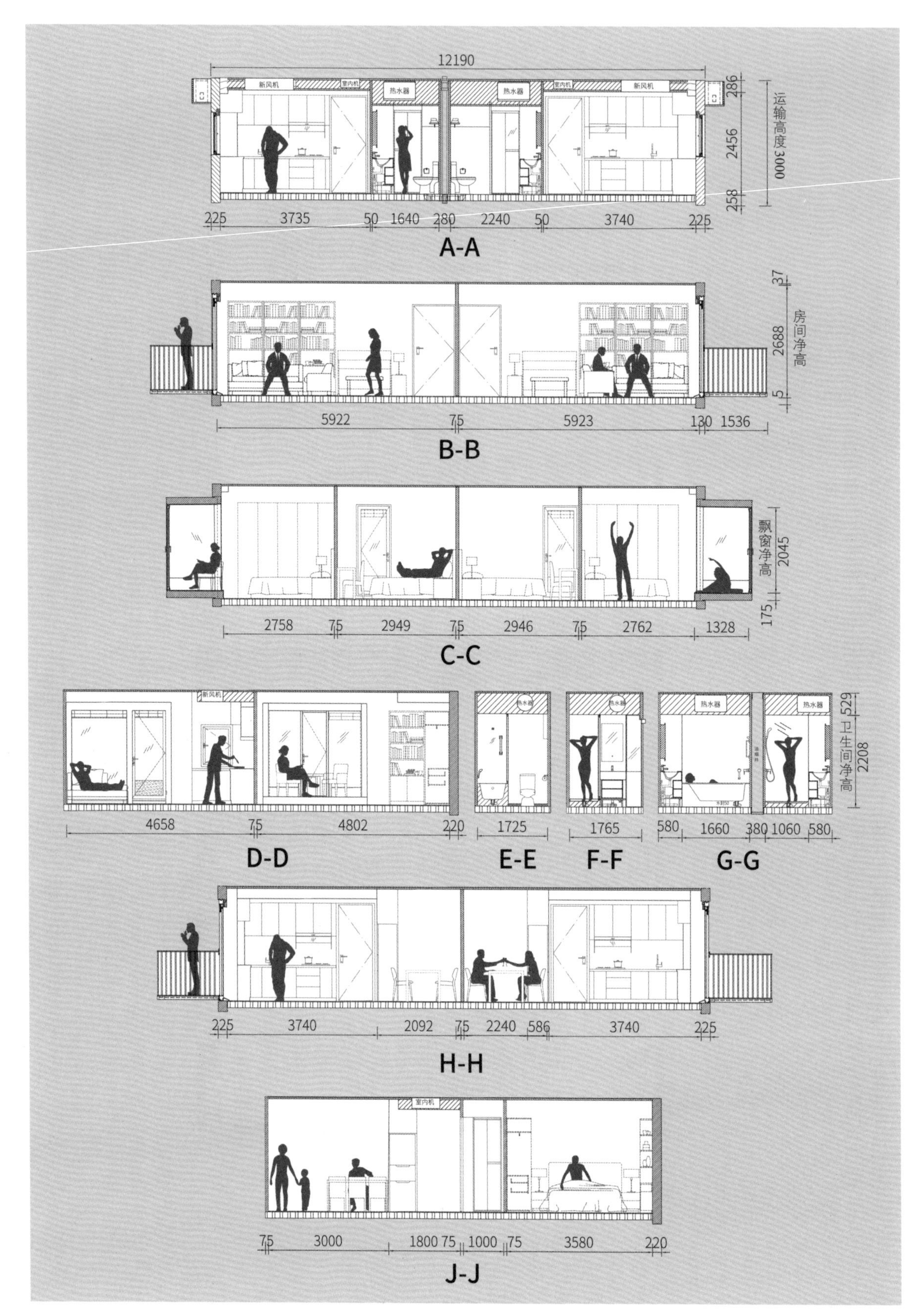

图6-7-19 “活楼”标准户型空间尺寸（单位：毫米）

图 6-7-20 “活楼”室内效果

作业与思考

1. 室内空间尺度确定的依据可分为哪三个层面？这三个层面分别有怎样的特点？

2. 人们不断追求美好生活，穿衣打扮也越来越讲究，家庭中单独划分出衣帽间越来越多，请你简要分析衣帽间的人机关系。

3. 请你分析设计卫生间花洒高度主要参考人体哪些尺寸、百分位数应该怎样选择。

学生笔记

模块7 合理的公共空间

第一节 办公空间

第二节 其他公共空间

第三节 设计案例

模块7　合理的公共空间

学习目标

知识目标

了解公共空间的范围，理解公共空间场景特征，掌握公共空间不同场景的尺寸范围及应用的人体尺寸百分位数。

能力目标

建筑图认知能力，熟悉公共空间的功能及人机关系。

重点、难点指导

重点

公共空间典型场景的尺寸范围和对应的人体尺寸百分位数

难点

多功能办公空间规划

第一节　办公空间

工作是人类最重要的活动之一，现今大部分人超过三分之一的时间在办公室度过。一个舒适与高效的办公空间能提高人的工作效率、保障人的身体健康与安全，也能使同事间的人际关系和谐。反之，一个不合理的办公空间则会影响工作效率、诱发职业病和滋生不和谐人际关系。可见，办公空间的人机关系非常重要。

办公空间根据其空间使用性质的不同分为主体工作空间、公共空间、配套服务空间等。主体工作空间是办公空间的核心区域，占有面积最大，按照人员的职位等级可以大致分为员工办公空间、经理与主管办公空间、领导办公空间。员工办公空间一般规划为开放式，经理与主管办公空间、领导办公空间一般规划为独立单间。公共空间是指用于会议、接待等活动需求的空间。配套服务空间是指为办公空间提供资料收集、整理存放以及为员工提供生活、后勤管理和卫生服务的空间，通常有陈列室、资料室、档案室、文印室、茶水间、休息室、后勤库房以及卫生间等。

不同的空间承担着不同的功能，办公空间的人机主要是围绕在每个功能空间中的家具、设备与人体行为模式及其活动空间之间的交互关系。以下，我们将分析一些典型的办公空间人机关系。其中的具体尺寸作为参考，在应用的时候可以根据实际情况进行调整。

一、基本办公单元尺度

以员工区的办公单元为例，常见的有矩形、“L”形和“U”形。对于桌面的宽度与深度，依据人的水平作业域最大作业范围，一般取宽1200—1820毫米。桌前端如果考虑放置少许办公物品，深度一般取600—915毫米。对于桌面高度，第一个依据是桌下要留有充分的容膝空间，容膝空间高度为小腿加足高、大腿厚度以及预留活动余量之和。第二个依据是人坐姿的手肘高度。国家标准《家具桌、椅、凳类主要尺寸》(GB/T 3326-2016)推荐桌的高度为680—760毫米。因为人久坐时，椎间盘压力会过大，引发腰椎疾病。针对这一情况，目前可升降式办公桌慢慢进入大众视野，这种办公桌可以兼顾立姿与坐姿两种工作状态，在立姿下的桌面高度设计参考人的立姿肘高，因此可升降式办公桌的高度调节范围应能覆盖680—1250毫米。如图7-1-1所示，矩形单元的椅子放置区参考男子第95百分位数“臀膝距”595毫米，计算适当的活动余量，需要760—910毫米深度，所以矩形办公桌单元总尺寸至少保证1360毫米 × 1200毫米的空间。如图7-1-2所示，“L”形至少保证1200毫米 × 1400毫米。如图7-1-3所示，“U”形单元中人会转向180度的人体活动空间，因此活动区需要1170—1475毫米的深度，综合办公桌和文件柜的深度，“U”形单元至少要保证1520毫米 × 2380毫米的空间。

二、可通行的空间尺度

在成排布置办公桌时，除了保证人有充足的就座空间，多人在同一排时，还要考虑人通行的尺度。如图7-1-4所示，办公椅放置区后需要保证至少一人能顺利通行，通行区参考男性身高百分位数最大身体宽度值，以及穿衣修正量和行走两侧的余量空间，需要留出760毫米左右。在成列布置办

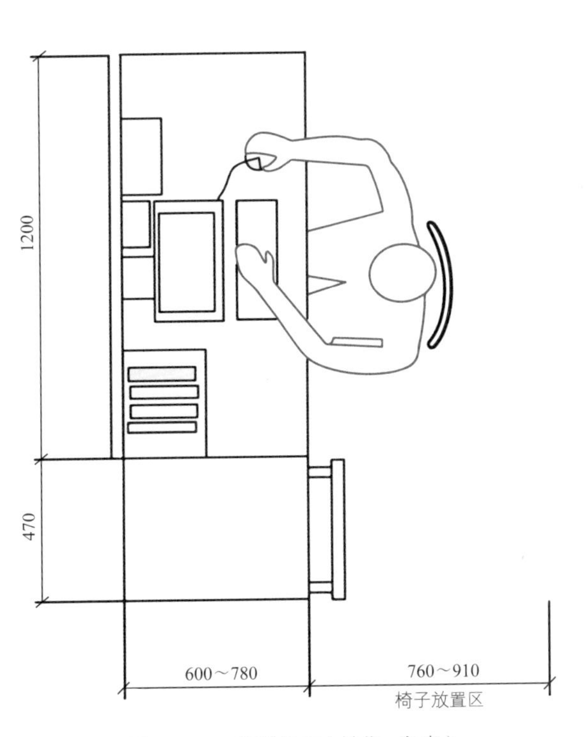

图7-1-1　矩形单元（单位：毫米）

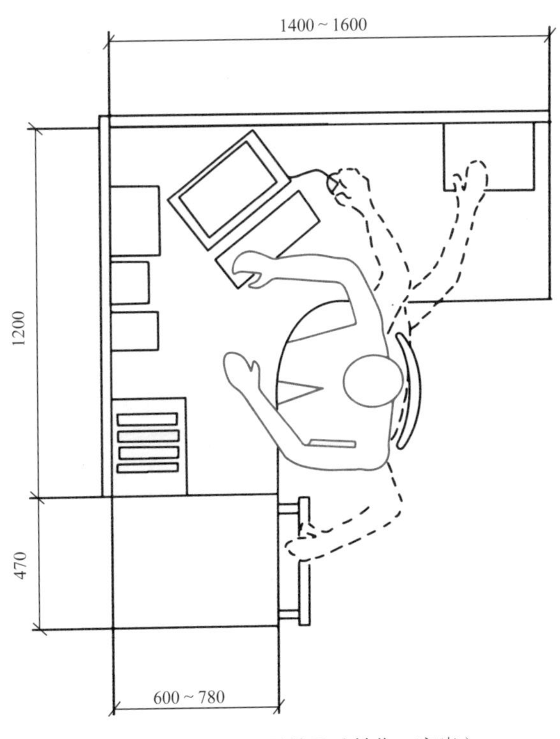

图7-1-2　“L”形单元（单位：毫米）

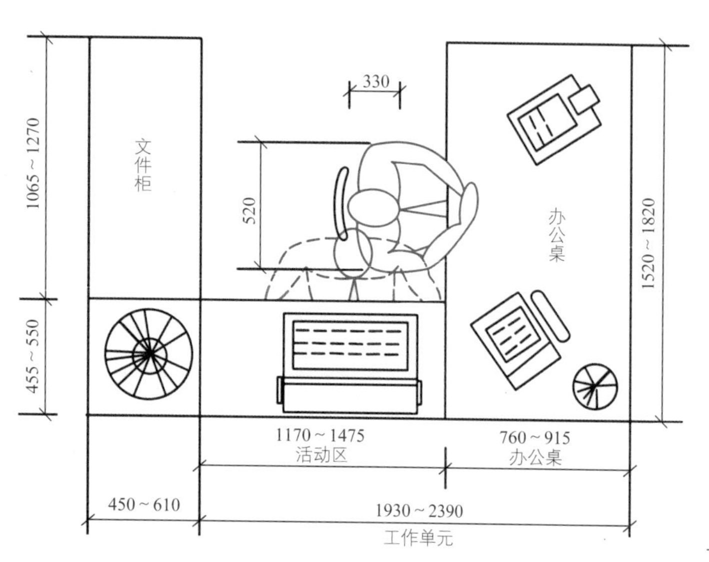

图 7-1-3 "U"形单元（单位：毫米）

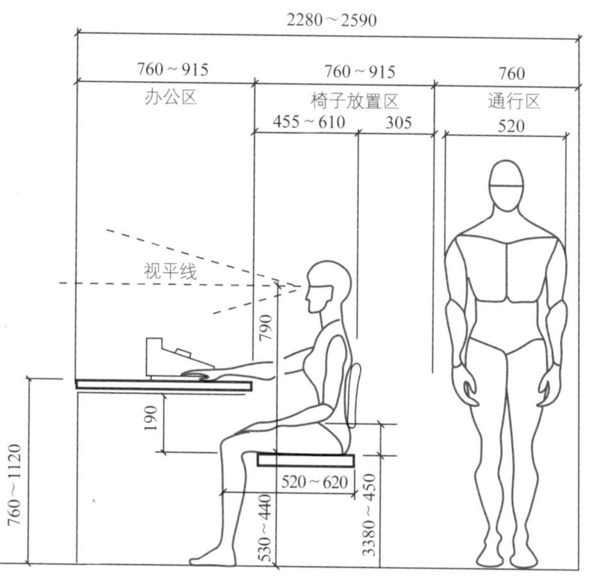

图 7-1-4 可通行的空间尺度 1（单位：毫米）

公桌时，还要考虑办公桌侧面的纵向通行区，如图7-1-5所示，此通行区一般涉及多排人群，行走的人较多，因此需保证双人同时顺利通行，至少设计1520毫米宽度。

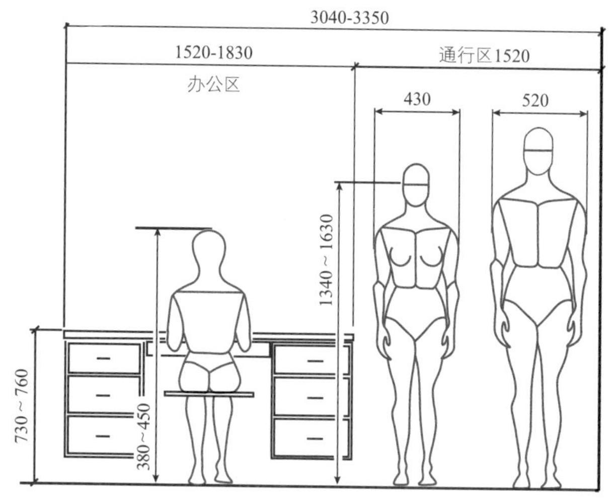

图 7-1-5 可通行的空间尺度 2（单位：毫米）

三、带文件柜的工作单元

如图7-1-6所示，为了减少来回走动造成的体力耗费，我们会将文件柜设在就座区附近，转向伸手即可取放资料。在此空间中，除了基本的办公桌深度、文件柜深度、就座区深度外，重点要留出向后旋转180度取放物品的转向工作区尺度。这个尺度太远将够不到抽屉，太近则会撞到拉出的抽屉，宜取760—1120毫米。最终计算出带文件柜的工作单元总深度为2440—3250毫米之间。

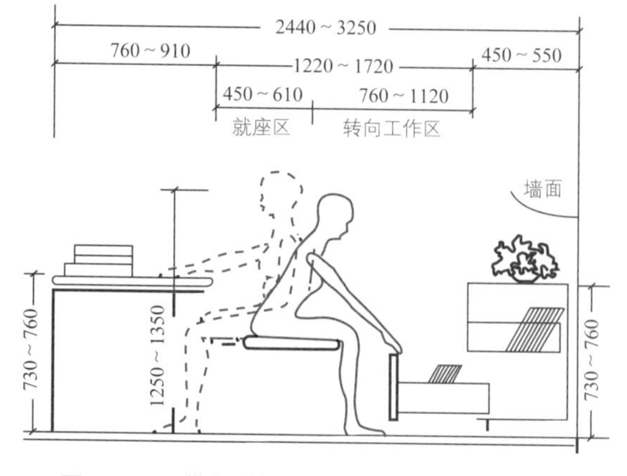

图 7-1-6 带文件柜的工作单元（单位：毫米）

四、带吊柜或层架的工作单元

如图7-1-7所示，为了增加储物空间，一些公司会在办公台面上设置吊柜或者层架。吊柜或层架的底层用于搁置随时取放的物品，依据是要让坐着的小身材女子能轻松够得着。同时，其高度要考虑

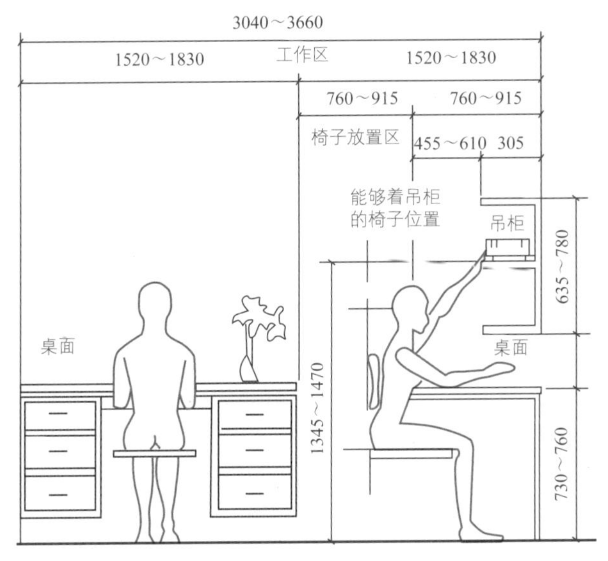

设有吊柜的书桌使用尺度

图 7-1-7　带吊柜或层架的工作单元（单位：毫米）

底下的办公桌台面能放置文件夹和其他办公用品，一般在桌面380毫米以上的高度设置底层层板，所以底层层板离地在1100毫米以上。再往上一层用于搁放使用频率略低一些的文件和物品，依据是最好能让人臀部不离开椅面就可以拿取，所以通常这一层在离地高度在1345—1470毫米之间。再往上的层板则需要人站立才能取放物品，要求最高层不能高于女性第5百分位数“双臂功能上举高”1766毫米，而层高则可以根据放置的物品灵活设置。吊柜或层架的深度主要参考放置文件与物品的深度，一般以A4纸为准，所以深度要大于210毫米，加上适当余量，一般可取到300毫米左右。

五、主管与经理工作单元

如图7-1-8、图7-1-9所示，主管与经理属于管理层，会有较多接待和会谈的工作内容，所以办公桌前面以及侧面需要留出来访者就座区。考虑必要的腿部活动余量，来访者就座区若是摆放轻便椅，则需要810—940毫米进深；若是沙发椅，则需要840—1090毫米进深。管理层的办公单元注重

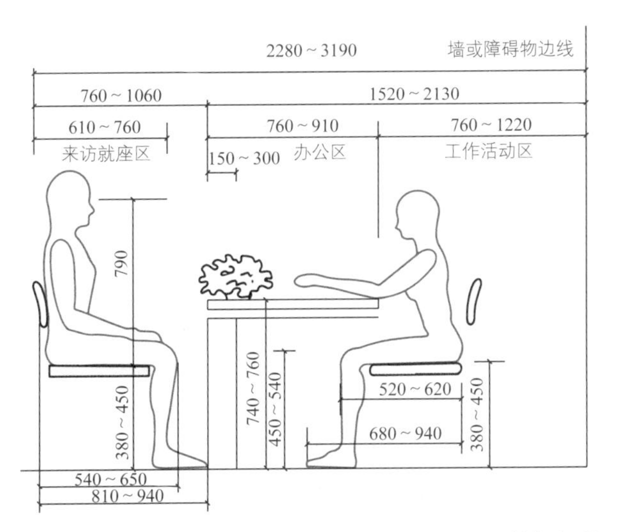

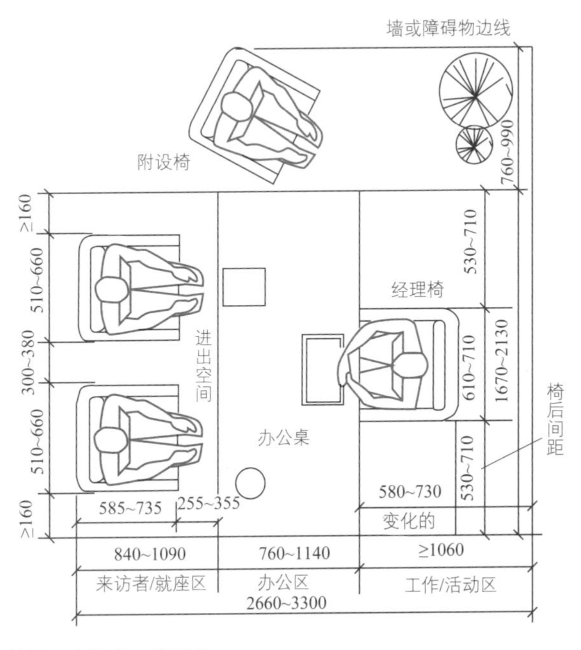

图 7-1-8　主管与经理工作单元 1（单位：毫米）

形象，彰显公司气质，其办公桌深度较普通员工要增加，通常取760—1140毫米。工作活动区的深度要考虑办公椅深度585—730毫米，以及后面留出文件柜抽屉拉开区或者柜门打开区355—560毫米，再设置适当的空间余量130—305毫米，得出需要大于1070毫米。至最少760毫米。所以主管与经理办公单元的总深度至少为2280毫米。若考虑后排设置文件柜，来访者就座区后有适当通行区，总深度至少为3250毫米。

六、隔断的高度

现代办公空间普通员工区多为开放式，在全神贯注投入工作与思考的状态中不希望被打扰，所以一定的隔断就显得有必要。我们在此分析两种典型的隔断，一种是办公桌上的隔断，另一种是落地式屏风。对于办公桌上的隔断，如图7-1-10所示，一般人直坐时的视线要求穿过隔断顶部，看到对面同事脸部表情，进行神情交流，因此隔断不应超过人坐姿的眼睛高度，参考男女第50百分位数“坐姿眼高”平均值与第50百分位数“小腿加足高”平均值，得出隔断上沿离地高度应小于1166毫米。同时，桌面隔断通常被要求能挡住相互之间台面上的内容，保障一定私密性。综合两种要求，办公桌上的屏风上沿离地高度一般设计为1100—1166毫米。起于地面的屏风，参考男子第95百分位数

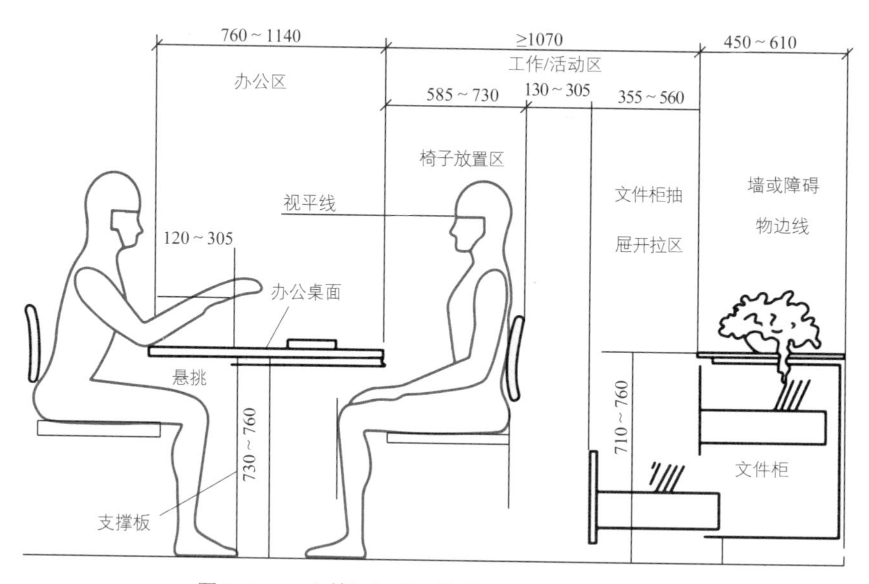

图7-1-9　主管与经理工作单元2（单位：毫米）

图7-1-10　隔断的高度

“眼高”1664毫米，考虑穿鞋修正量和私密性的心理修正量，通常这类屏风高度需达1800毫米左右，更高的可达2000毫米。

七、文件柜及其通行区

文件柜主要是储存功能，可以在办公空间不同的区域设置。在此我们分析两种不同情况。一种是资料室的纯文件柜形式，如图7-1-11所示，相邻两排文件柜的间距，要考虑两边抽屉拉出或柜门打开的尺寸，即两边各400—500毫米。其工作通行区不仅需要考虑人行走的宽度，还要考虑人下蹲或弯腰拿取文件的活动尺寸。根据人下蹲姿势的不同，其宽度的尺寸范围为560—915毫米。综合两边柜体各450—550毫米深度，一个单元的双排文件柜及其通行区的尺度应设计为3100—3500毫米。另一种是文件柜接壤办公区的形式，如图7-1-12所示，这里考虑办公区、就座区、通行区、抽屉拉出或柜门打开的工作区，以及文件柜深度，最终深度尺度应设计为2790—3450毫米。

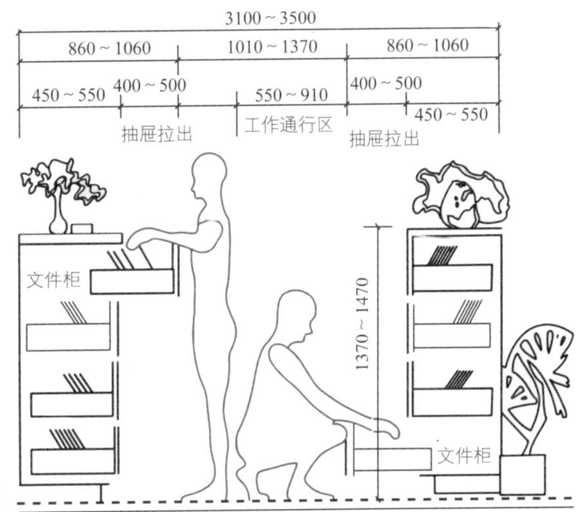

图7-1-11　文件柜及其通行区1（单位：毫米）

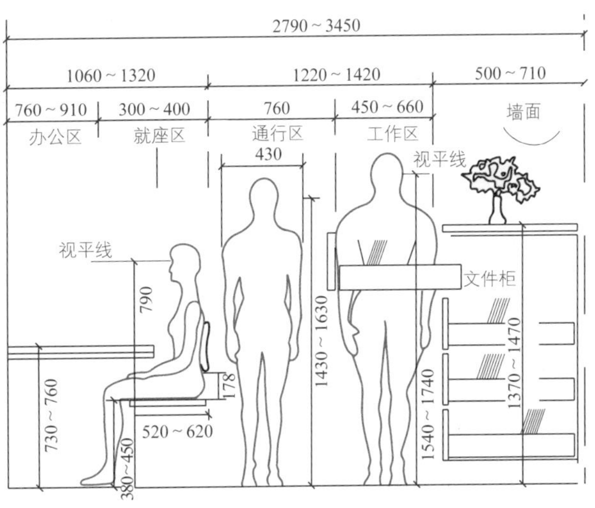

图7-1-12　文件柜及其通行区2（单位：毫米）

八、会议空间尺度

根据面积的大小和人的数量，会议室可以布置不同的规格类型。不同性质的会议组织方式也会不同，如探讨时采用长条桌或圆桌的方式布置，以方便面对面讨论；讲座时会采用课桌式的布置。以图7-1-13所示的十二人矩形桌会议空间为例，参考男子第95百分位数“坐姿两肘间宽”489毫米，加2倍穿衣修正量共30毫米，然后取整为520毫米，两侧手臂活动余量各100毫米，得出每人位所需宽度为720毫米。就座区深度450—610毫米，通行区宽度760—910毫米，图中所示十二人矩形桌会议空间需要宽5380—6000毫米、深3500—4120毫米。

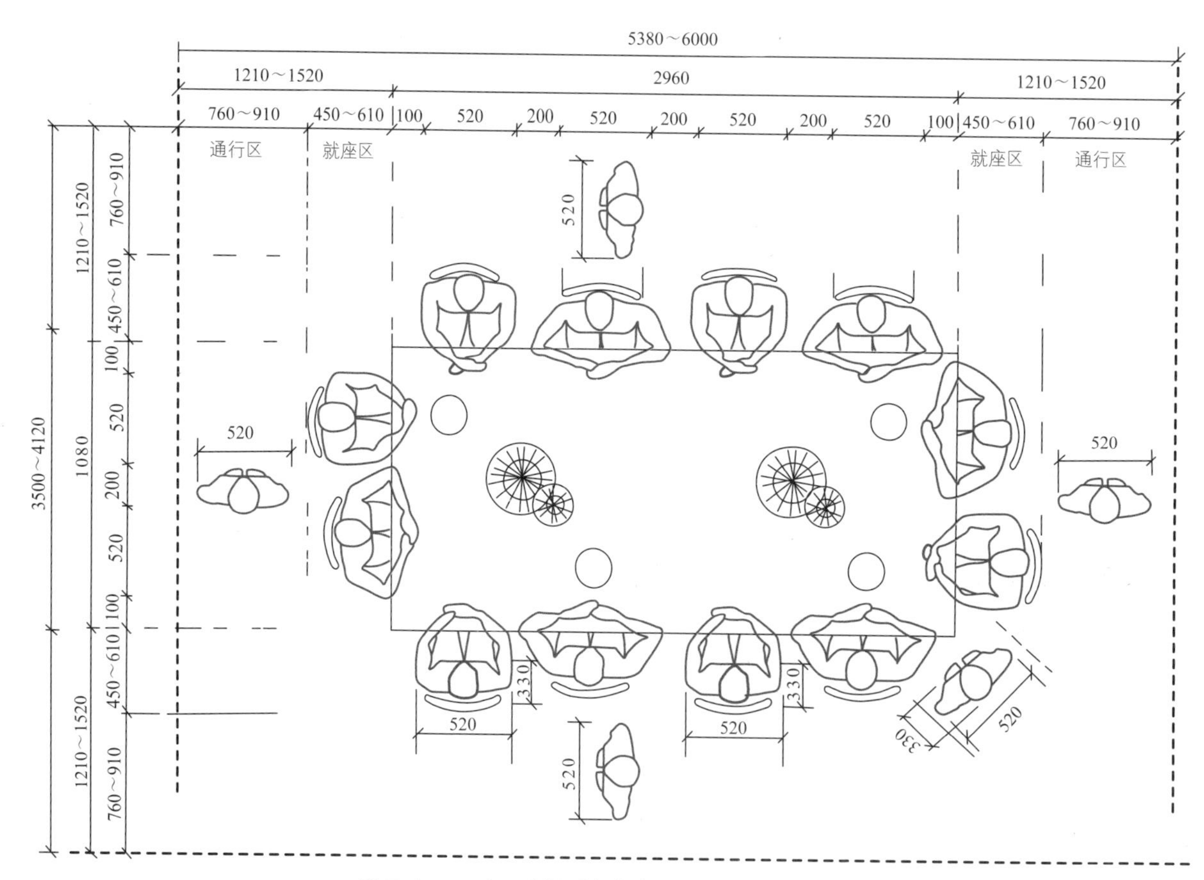

图7-1-13　十二人矩形桌会议空间（单位：毫米）

第二节　其他公共空间

公共空间中除了办公空间之外，我们还有非常多的典型空间，包含了丰富的人机关系，在这里我们具体分析以下几个案例。

一、货架与通道的尺寸

如图7-2-1所示，是一种典型的货架与通道关系，图中的货架分为下层、中层和上层。下层货架要求让堆积的商品在中等身高人的立姿“手功能高”高度上下，因此下层高度应略低于立姿“手功能高”，男、女第50百分位数“手功能高”的平均值为723毫米，加穿鞋修正量后约为750毫米，故下层货架的设计高度为600—700毫米比较合适。中层货架是摆放销售频率最高商品的地方，高度应该考虑在人的垂直作业域中最舒适的区域，同时要兼顾给底层留出适宜的商品摆放高度，最终通常取1000毫米左右的高度。上层货架高度考虑拿取方便，同时又不阻挡大部分成年人的视线，保持良好的空间通透感，使顾客觉得超市内视野开阔，其高度尺寸可取1300毫米左右。在货架宽度方面，考虑下层货架的商品在观察与拿取时的方便，我们从上往下会逐层探出一些尺寸，一般上层450毫米左右、中层两侧共600毫米左右、下层两侧共900毫米左右。推购物车通行的通道宽度，参考大号购物车宽度550毫米左右，以及购物车两侧的适当余量，设计成750—800毫米为好。最后综合货架与两边通道的尺寸，我们规划货架通道总宽一般为2400—2500毫米之间。

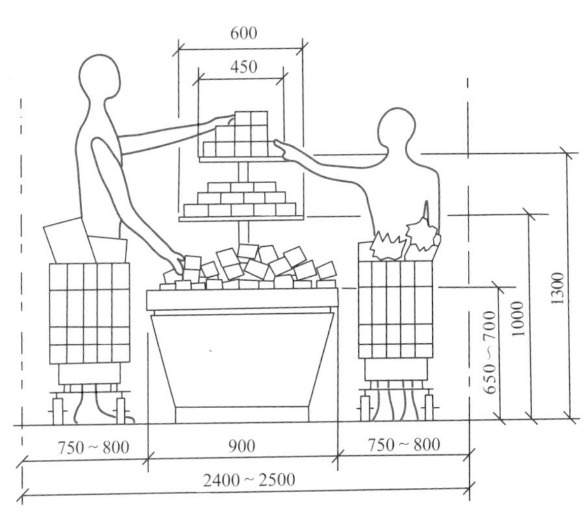

图7-2-1　典型货架与通道(单位：毫米)

二、公厕的蹲厕单元尺寸

因为使用马桶会与人肌肤接触，出于卫生方面的考虑，更多公共空间采用的是蹲位而非马桶。如图7-2-2所示，对于公厕的蹲位尺寸，大部分应以男子第95百分位数为考虑的依据，每个蹲厕单元的进深尺寸为成人蹲姿的前后距离和前后的空间余量两部分组成。成人蹲姿的前后距离为“臀膝距”加前臂在身前探出长度，这个距离最好大于800毫米。蹲姿的前后空间余量，考虑安全的需要和消除压抑感的心理需要，至少应设计400—500毫米，所以隔间的进深尺寸至少为1200—1300毫米。蹲厕单元的宽度尺寸为成人蹲姿左右宽度加上两侧的挂包空间与适当余量。成人蹲姿的左右宽度考虑不少于650毫米，一侧挂包、挂外衣的空间应留出300—350毫米，另一侧单纯的空间余量至少为100毫米，所以蹲厕单元的宽度尺寸至少为1050—1100毫米。

三、阶梯座位的尺寸

在报告厅、影院、剧场等大型空间中，阶梯座位比较常见，阶梯座位的关键尺寸是每个阶梯的深度与高度。确定阶梯深度的基本要求是：坐在里面座位的人进出通行时，保证坐在外边的人仍然可坐在座位上而不需起立避让。如图7-2-3所示，阶梯的深度尺寸可以分解为前排座位的靠背深度、通行避让距离、臀膝距三个尺寸。前排座位的靠背深度由靠背厚度和靠背倾斜所占进深两部分构成。阶梯教室里通常是直立的硬靠背座椅，这个尺寸较小，而剧场会考虑较好舒适性，采用软包靠背，座位的这个尺寸比阶梯教室的通常会更大，这里我们取60—160毫米之间。对于通行避让距离，从图中可以看出，进出座位需要别人避让的部位在膝盖附近，所以该尺寸可以适当小于我们身体的厚度，可取150—180毫米。臀膝距我们以男性第95百分位数的“臀膝距”595毫米为参考，加穿衣修正量15毫米，得610毫米，最终计算出阶梯的深度为820—950毫米之间。阶梯高度的确定基本要求是后排视线不能被前排人挡住。由于处在阶梯座位观看讲台、舞台、荧幕等不同目标的视线会不同，前后排座位有对齐也有错开的不同情况，我们在此以最常见的单元为例：假定视线为水平视线、前后排座位对齐、人体尺寸均取男女第50百分位数平均值，那么阶梯的高度加上后排人的坐姿眼高，应该高于前排人头顶到前一阶梯地面的高度，也就是前一阶梯座椅座面高度与坐高之和，计算出阶梯的高度至少为170毫米。

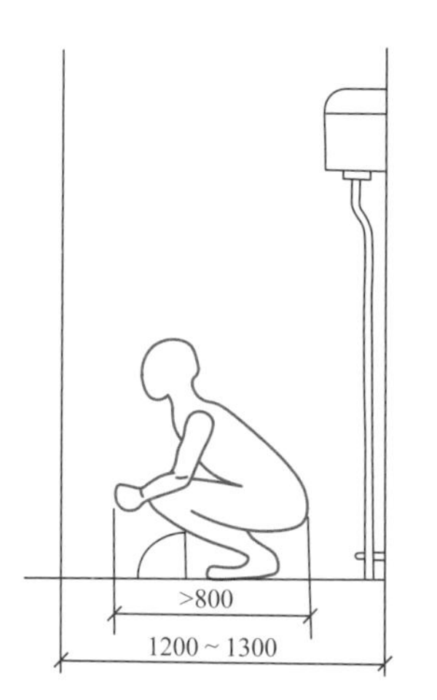

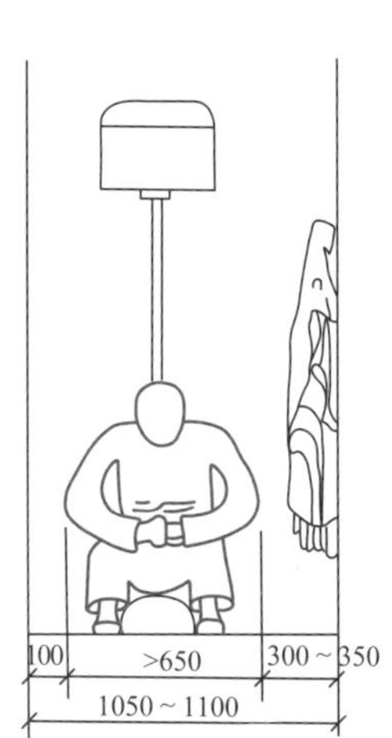

图7-2-2　公厕的蹲厕单元（单位：毫米）

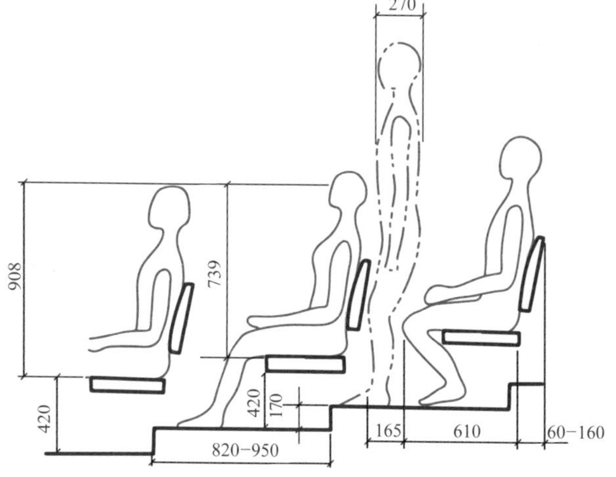

图7-2-3　阶梯座位的尺寸（单位：毫米）

四、典型通道的尺寸

图7-2-4所示，是人体移动所占用的空间尺寸要求，它与我们的通道设计直接相关。图7-2-5所示，车站、机场、地铁等一些特定场所的闸机口、安全门的宽度设计应该参照单人步行的尺寸，允许单人通过的这些通道不应小于600毫米宽。图7-2-6所示，我们常见的手扶电梯宽度，则参考两人并行宽度尺寸，应不小于1050毫米宽。图7-2-7所示，楼梯、走廊等通道，会有人相向而行的情况，宽度则应大于两人错肩行的尺寸，即不低于1100毫米宽。

除了以上的案例之外，生活中还有很多典型空间，有的可以直接参考人体尺寸进行设计，也有的比较复杂，涉及多重动态过程，需要综合大量调研、测量和分析，才能确认最终尺寸。同时，在人体尺寸之外，我们也需要考虑到人的心理需求，设置合适的心理尺寸。

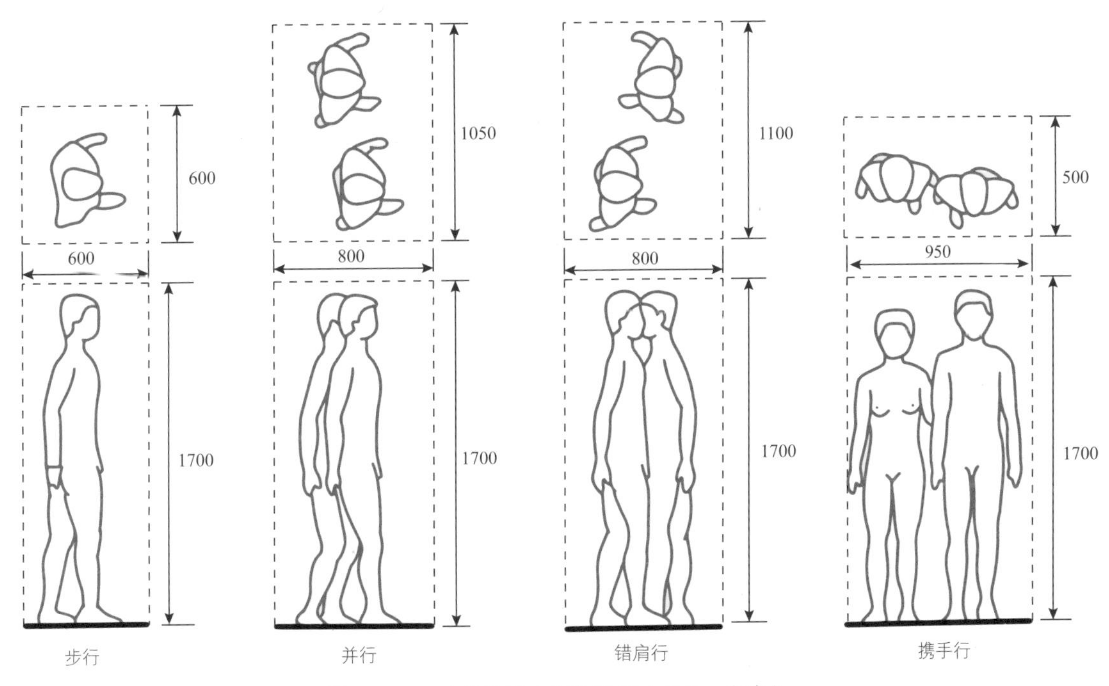

图7-2-4　人体移动占用的空间（单位：毫米）

图7-2-5　闸机口与安全门

图7-2-6　扶手电梯

图7-2-7　廊道

第三节　设计案例

一、广东轻工职业技术学院“工学商一体化”项目研发基地

广东轻工职业技术学院坚持立德树人根本任务，服务粤港澳大湾区轻工业转型升级与智能化发展，打造以产品艺术设计专业和广告设计与制作专业为核心的“工学商一体化”项目研发基地，旨在培养“精设计、懂科技、通商道、厚人文”复合型创新型技术技能人才，创新“工学商一体化”产教融合人才培养模式。

“工学商一体化”项目研发基地位于学校第二实训楼7楼。如图7-3-1所示为基地平面图，按照主体工作空间、公共空间和配套服务空间三种类型规划。主体工作空间规划四个区域：学生工作组共4个组、教师工作室5间、企业研发中心5间、名师工作室1间。学生工作组共有135个工作位，教师工作室共有24个工作位，企业研发中心共有48个工作位，名师工作室一间共有1个工作位，可至少容纳208人同时办公。公共空间规划会议室2间、多功能区1个。配套服务空间规划展示区1个、阳台休闲区4个、通道休闲区2个、手作区1个、水吧1个、杂物区1个、男女厕所各1间。如图7-3-2、图7-3-3所示，分别为入口的外景和内景。

如图7-3-4所示为学生工作组。学生工作组4个组采用矩形办公桌，每个工作位尺寸为1200毫米宽、600毫米深，五人连排布置。4个工作组外围工作位带1150毫米高落地屏风，内部对面相邻工作位设桌面屏风，桌面屏风上沿离地1100毫米。就座区深度450—610毫米，背向两排之间的通行区830—1200毫米宽，单人通行空间充裕，也可双人通行。学生工作组与两侧墙面之间的通行区1300—1475毫米宽，大于双人错肩行要求，空间充裕。

如图7-3-5所示为教师工作室。教师工作室平面尺寸约为7000毫米×3500毫米，进门处设1580毫米宽双人沙发，中部设1600毫米×800毫米工作台一张，4人位办公桌临近窗户，办公桌尺寸为2400毫米宽、1200毫米深，两侧就座区深度各450—610毫米，就座区后的通行区各540毫米—700毫米，办公椅后的通行区单人通行稍显局促。另有文件柜设置于窗前和办公桌一端，设置于办公桌一端的文件柜尺寸为1200毫米宽、400毫米深、1100毫米高，同时具有隔断遮挡的效果。

如图7-3-6所示为企业研发中心。企业研发中心与教师工作室类似，考虑更多企业人员入驻，企业研发中心的空间更大、工作位更多，收纳空间也增加，其中两间含有接待空间。

如图7-3-7所示为名师工作室。名师工作室参考经理和主管办公室规划，平面尺寸为7000毫米×7000毫米，设置2000毫米宽、2000毫米高书架作为玄关，内设一组多人沙发和茶几的接待空间，书架后布置2400毫米宽、1200毫米深的手绘台。办公桌2200毫米宽、890毫米深，带副柜，办公桌与文件柜有1600毫米距离，对于就座活动区和柜门打开区而言，尺寸比较充裕。办公桌与手绘台之间通行空间有1990毫米，能同时容纳办公桌前设置接待就座区和单人通行或者多人通行。

如图7-3-8所示为会议室。会议室共有2间，面积与家具布置均一致。会议室平面尺寸为7560毫米×4160毫米，配置会议桌尺寸为4200毫米×1200毫米，可容纳13人的会议。会议桌两侧就座区深度450—610毫米，座椅后通行区870—1030毫米，通行区尺寸比较充裕。

如图7-3-9所示为多功能区，有一张大型工

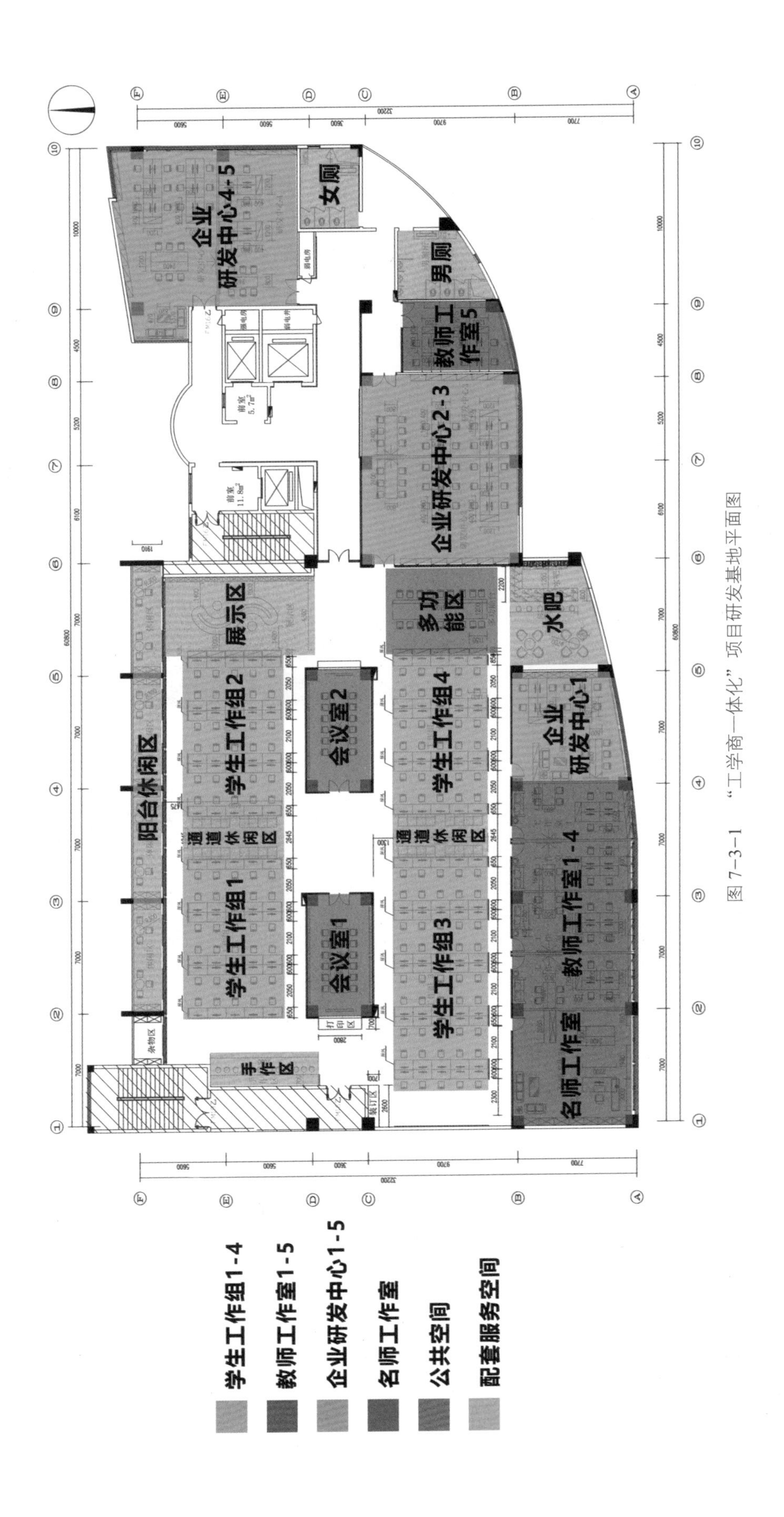

图 7-3-1 “工学商一体化”项目研发基地平面图

图 7-3-2　入口外景

图 7-3-3　入口内景

图 7-3-4　学生工作组

图 7-3-5　教师工作室

图 7-3-6　企业研发中心

图 7-3-7　名师工作室

图 7-3-8 会议室

图 7-3-9　多功能区

作台，工作台宽6000毫米、深1200毫米，两侧能同时容纳18人就座。由于视野开阔，可用于临时性非正式会议、大幅面图纸的研讨以及休闲和临时办公。

展示区规划在入口处不远，同时与学生工作组相接，视线开阔，因此定制了覆盖墙面的展架，展架宽9740毫米、高3000毫米、深400毫米。考虑美观大方，展示区选用了曲线造型夸张的“S”形休闲沙发，沙发与两侧展架通行区最小宽度为1000毫米，在有人就座的情况下，单人通行无障碍。

通道休闲区处于学生工作组中段，中段通道宽度达2645毫米，因此在通道两侧布置了休闲沙发，两侧沙发之间形成的通行宽度为1245毫米，双人错肩行无障碍。

如图7-3-10所示为阳台休闲区。阳台共5个并排，有墙作隔断，其中4个宽度7000毫米、深度1910毫米，每个阳台布置一桌三椅户外家具2套。另1个阳台宽度3500毫米、深度1910毫米，布置收纳柜，用作杂物间。

如图7-3-11所示为手作区。手作区定制宽度7000毫米、深度700毫米实木工作台，工作台下为柜体结构，能收纳手作相关材料和工具。手作区与学生工作区之间的通行宽度约3000毫米，可多人通行，利于手作区多人操作顺畅。

如图7-3-12所示为水吧，水吧为“U”形，总宽度4200毫米，总深度2200毫米，内部通行宽度1200毫米，可双人错肩行。水吧前有4800毫米×4500毫米左右的空间，布置休闲桌椅2套。

二、可伸缩看台

在体育场馆、剧院、礼堂、会议中心等场所，很大部分的空间需要用于观众就座，但平时在没有观众到场时候其就座区会难以利用到，导致空间浪费。如图7-3-13至图7-3-19所示，一个具有伸缩功能的看台能针对性解决这个问题。看台在不使用时，通过折叠方式嵌入墙内、固定于墙上或是靠墙存放，大大增加空间利用率。可伸缩看台主要有

图7-3-10　阳台休闲区

图7-3-11　手作区

图7-3-12　水吧

嵌入式、固定式、移动式。具备移动功能的可伸缩看台可用于室内和室外。看台通过人力或电机驱动，一般几分钟内可实现看台展开或收合。

可伸缩看台上通常安装简易座凳或折叠椅，看台规格可根据场地尺寸进行定制，其单排深度推荐800 —1000毫米，单排升高高度推荐170—360毫米。看台总展开深度计算为：（排数+0.5）× 单排深度+接合深度300—400毫米。看台收合后所有排数会折叠至同一深度内，收合深度计算为：单排深度+接合深度300—400毫米。看台宽度取决于每排设置的座位数量与阶梯通道数量。每个座位单元宽度参考男子第95百分位数“坐姿两肘间宽”489毫米，加上穿衣修正量、活动余量，推荐550毫米宽。上下阶梯通道要求大于双人错肩行的尺寸，推荐1100—1350毫米宽度，考虑通道的通畅，10人连座要求在左右两端各设置一个阶梯通道。看台左右两侧一般设置护栏，单个护栏宽度及与座位的间隙宽度约100毫米。所以看台宽度计算为：单排座位数 ×550+阶梯通道数 ×1100—1350毫米+两侧扶手宽度共200毫米。

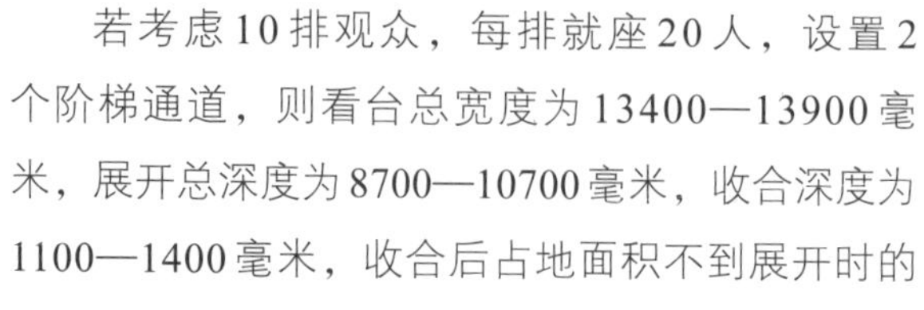

若考虑10排观众，每排就座20人，设置2个阶梯通道，则看台总宽度为13400—13900毫米，展开总深度为8700—10700毫米，收合深度为1100—1400毫米，收合后占地面积不到展开时的15%，释放出的空间为宽13400—13900毫米 ×深7600—9500毫米，超过一个羽毛球场面积13400毫米 ×6100毫米。

图 7-3-13 可伸缩看台收合状态

图 7-3-14 可伸缩看台展开过程

图 7-3-15 可伸缩看台展开状态

图 7-3-16 可伸缩看台收合状态

图 7-3-17 可伸缩看台展开状态

图 7-3-18　可伸缩看台的安装与搬运

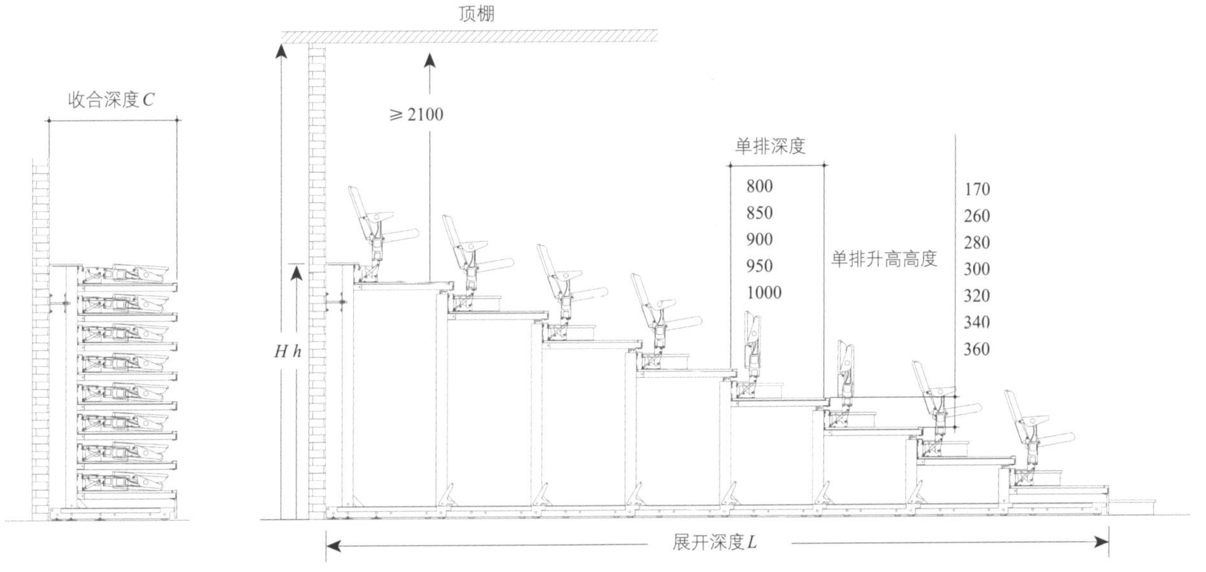

H=（排数 × 单排升高）+2100 毫米
h=（排数 × 单排升高）+170 毫米
L=（排数 × 0.5）+ 单排深度
C= 单排深度 +300~400 毫米

图 7-3-19　可伸缩看台结构与尺寸（单位：毫米）

若考虑20排观众，每排就座50人，设置4个阶梯通道，则看台总宽度为32100—33100毫米，展开总深度为16700—20900毫米，收合深度为1100—1400毫米，收合后占地面积不到展开时的7.5%，释放出的空间为32100—33100毫米×15600—19500毫米，超过一个篮球场面积28000毫米×15000毫米。

作业与思考

1.如果你的书桌前面靠墙，需要在墙上安装层架用于置物，请你从人机工程学的基本原理出发，分析一下层架的高度和深度尺寸。

2.考虑到工作中一定的私密性，现代开放式办公单元的桌上会设置隔断，请分析一下隔断的高度尺寸多少比较合适，你的依据是什么。

3.从人体尺寸出发，请你计算20人矩形会议桌的会议空间大小，并作简要分析。

学生笔记

模块8　视觉传达与人机

第一节　视觉功能与特性

第二节　视觉特性与界面设计

第三节　常用字体与字体设计

第四节　常用排版与排版设计

第五节　设计案例

模块8 视觉传达与人机

学习目标

知识目标

了解视觉生理诸因素在视觉传达设计中的作用，理解人体视觉器官解剖学原理，掌握光照度、视距与视觉对象的尺寸，视觉对象与背景的明度对比和色彩对比，视觉对象的清晰度与可辨性等在文字、图形符号及排版中的应用。

能力目标

具备一般产品的平面排版设计能力。

重点、难点指导

重点

视觉特征在交互界面设计中的应用

难点

人体视觉器官解剖学原理

第一节 视觉功能与特性

视觉是通过视觉系统的外周感觉器官（眼）接受外界环境中一定频率范围内的电磁波刺激，经中枢有关部分进行编码加工和分析后获得的主观感觉。人的眼睛是非常重要的视觉器官，它将我们和外界环境密切地联系起来。当外界光线进入眼球后将物体成像于视网膜上，并在视网膜上产生光化作用引起感光细胞的兴奋，再经过视神经传递给大脑的视觉中枢，我们就可以分辨所看到的物体的形状、大小和颜色等。

一、视觉功能

视觉器官由眼球、眼附属器和视神经三部分组成。人眼主要由角膜、视网膜、瞳孔构成（图8-1-1）。视网膜是感知光线强弱的主要介质，它的内壁上有两种感光细胞，一种为视杆细胞，一种为视锥细胞，直接接收来自折光系统的信息。这两种感光细胞是人眼感知不同亮暗状态下的物体的关键。

视杆细胞对暗光敏感，故光敏感度较高，但分

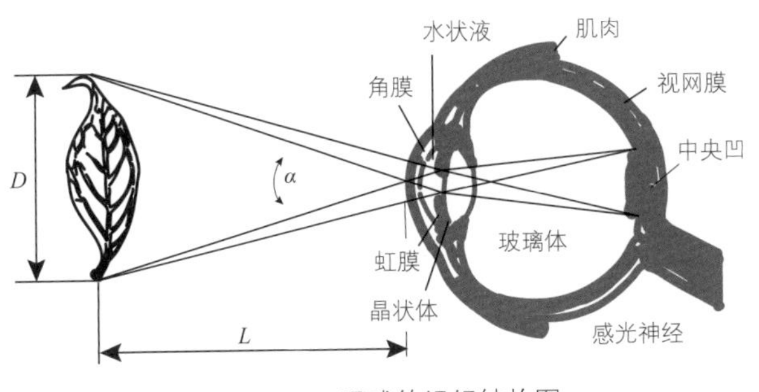

图 8-1-1　眼球的组织结构图

辨能力差，在弱光下只能看到物体粗略的轮廓，并且实物无色觉，对微弱光线更敏感。

视锥细胞是视网膜上的一种色觉和强光感受细胞，对空间分辨率高。（表8-1）

（一）视野

视野是指人的眼睛观看正前方物体所能看得见的空间范围，常以角度来表示。一只眼睛的视野称为单眼视野，两只眼睛的视野称为双眼视野。（图8-1-2）

水平方向的视区分布情况是：10度以内为最优视区，其中以1.5度—3度为特优视区；10度—20度为瞬息区，人能在很短时间内看清物体；20度—30度为有效区，人需要集中注意力方能辨认物体。头部不动时，120度为最大视区，处于120度边缘的物体，一般看起来模糊不清。若头部转动，则最大视区可达到220度。（图8-1-3）

垂直方向的视区分布情况是：视平线以下约10度为最优视线，在10度范围为最优视区；在视平线以上10度内与以下10度—30度的范围为有效视区；视水平线以上60度和以下70度为最大视区。（图8-1-4）

表8-1　视杆细胞、视锥细胞功能区列表

视杆细胞	视锥细胞
在低水平照明（如夜间）起作用区别黑白	在高水平照明（如白天）起作用区别色彩
对光谱中的绿色最敏感	对光谱中的黄色最敏感
在视网膜远离中心处最多	在视网膜靠近中心处最多
对极弱的刺激敏感	主要在识别空间位置和要求敏锐地看物体时起作用

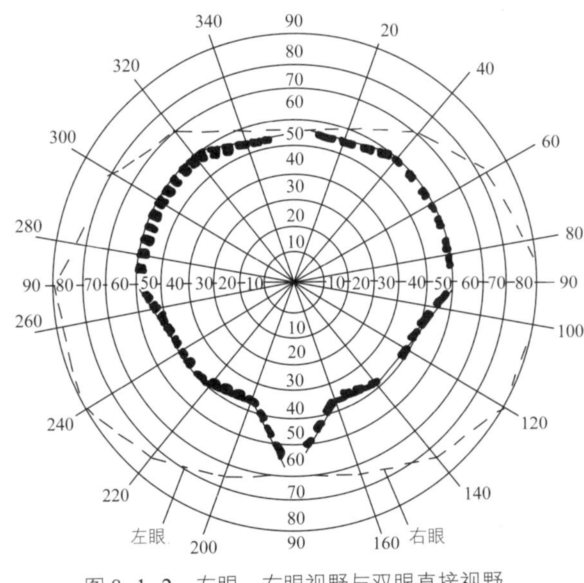

图 8-1-2　左眼、右眼视野与双眼直接视野

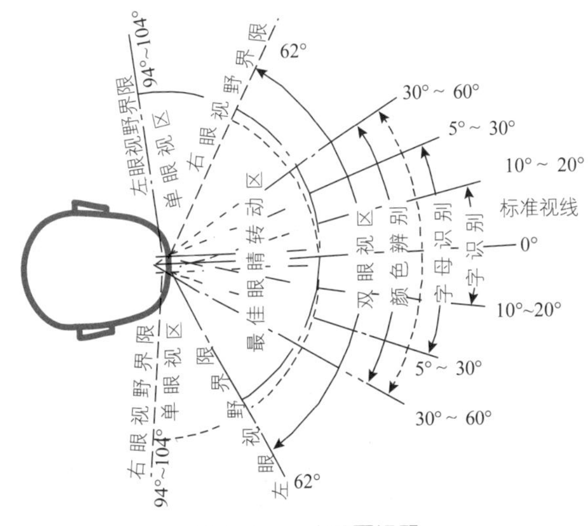

图 8-1-3　水平面视野

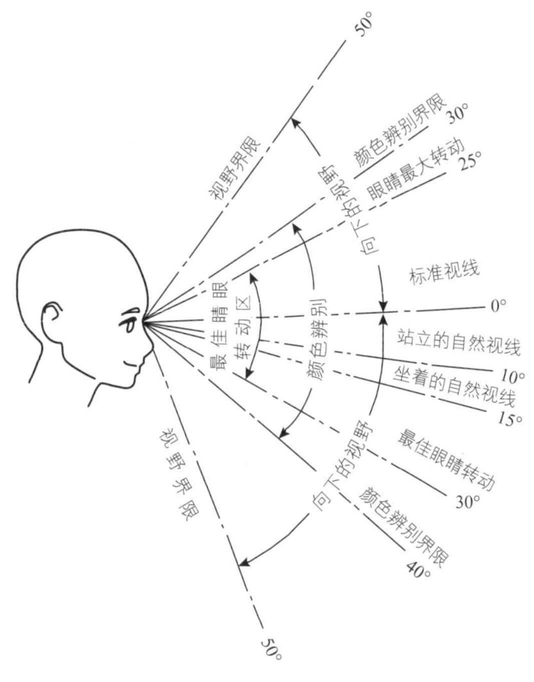

图 8-1-4　垂直面视野

尽管最优视野范围很小，但实际观看大的物体时，由于眼球和头部都可转动，因而被看对象的各部分能轮流处于最优视野区，快速转动的眼球将使人得以看清整个物体的形象。人机工程学中，通常以人眼的静视野作为依据进行设计，以减轻人眼的疲劳。

视野按眼球的工作状态可分为静视野、注视野和动视野三种状态。

1. 静视野

头部固定，眼球静止不动的状态下自然可见的范围。

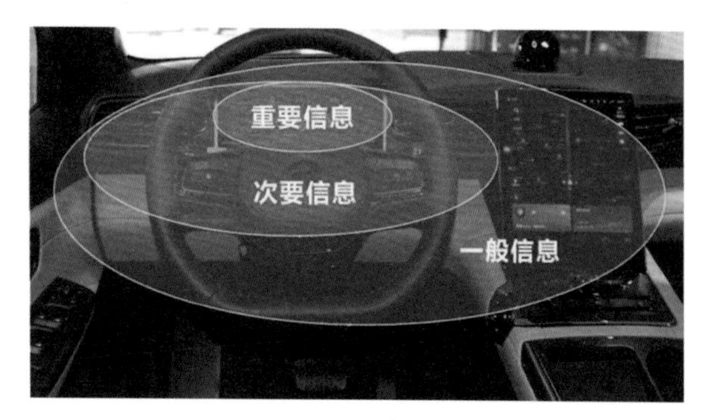

图 8-1-5　驾驶室中控仪表分布

2. 注视野

头部固定，而转动眼球注视某一中心点时所见的范围。

3. 动视野

头部固定而自由转动眼球时的可见范围。

人的三种视野中，注视野注视范围最小，动视野范围最大。动视野最佳值 = 静视野最佳值 + 眼球可轻松偏转的角度（头部不动）。注视野最佳值 = 动视野最佳值 + 头部可轻松偏转的角度（躯干不动）。

在视野边缘上，人只能模糊地看到有无物体存在，但辨不清其详细形状。能够清楚辨认物体形状的视野为有效视野。静视野的有效视野是以视中心线为轴，上30度，下40度，左右各为15度至20度，其中在中心3度以内为最佳视野区。如图8-1-5所示的汽车中控部分的仪表，根据信息重要程度分布在不同的视野区域内。

人眼在不同颜色刺激下的色觉视野是不同的，称为色觉视野。人眼对白色视野最大，对黄、蓝、红色依次减小，而对绿色视野最小。在设计产品上的显示器、公共设施上的标识符号的时候，均应该考虑人正常的色觉视野特性。

（二）视角与视距

视角是由瞳孔中心到视觉对象两端所张开的夹角。在图8-1-6中，*D*是视觉对象两端点间的距

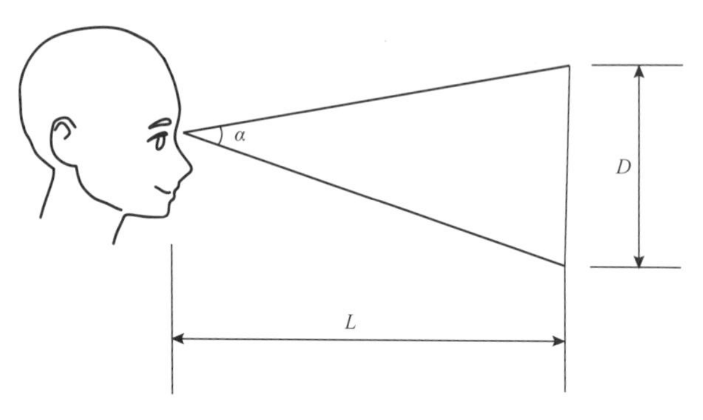

图 8-1-6　视角与视距

离；L是眼睛到视觉对象之间的距离，称为视距；α为视角。

（三）视力

视力是指视网膜分辨影像的能力。视力的好坏由视网膜分辨影像能力的大小来判定。人眼睛的最大特征是辨认细节的能力。人眼辨别物体细小部分的能力随着照度及物体与背景的对比度的增加而增加，随着年龄的增加，视力会逐渐下降，所以作业环境的照明设计应考虑工作者年龄的特点。视力表是根据视角分辨率设计的用于测量视力的图表，如图8-1-7。

（四）色觉

自然界之所以五光十色、万紫千红，是因为各种物体都有一定的颜色，人类识别这些颜色的功能就是人的色觉功能。色觉是视觉功能的一个基本而重要的组成部分，是人类视网膜视锥细胞的特殊感觉功能。正常人视觉器官能辨识波长380—760纳米的可见光，由紫、蓝、青、绿、黄、橙、红7色组成。一种颜色可以由一种波长光线作用而引起，如红、绿、蓝等称为原色，也可由两种或多种波长的光线混合作用而引起。（图8-1-8）

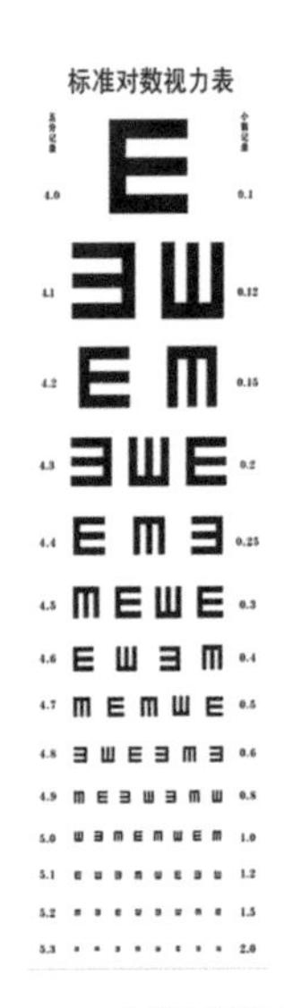

图8-1-7　国际标准视力表

视觉功能是人类视觉系统完成一定视觉任务的能力，主要包括以下几种：

1.察觉物体存在的能力

明视觉条件下察觉物体存在的能力主要是视网膜中央凹视锥细胞的功能，但在暗视觉条件下则是视网膜上视杆细胞的功能，通常用最小可察觉视敏度作为衡量指标。

2.分辨物体细节的能力

主要是明视觉条件下视网膜中央凹视锥细胞的功能，通常用最小可辨别视敏度来衡量。

3.觉察物体色彩的能力

视觉正常的人在明视觉条件下可分辨可见光谱上的多种色彩，这种对色彩的分辨能力主要来自视网膜中央凹视锥细胞，通常用色盲图来检查人对彩色的分辨能力。

4.从视觉背景中分辨视觉对象的能力

这种能力的大小可用人的视觉系统辨别视觉对象时要求的视觉对象和背景的差异程度（如对象与背景的亮度差）来表示。

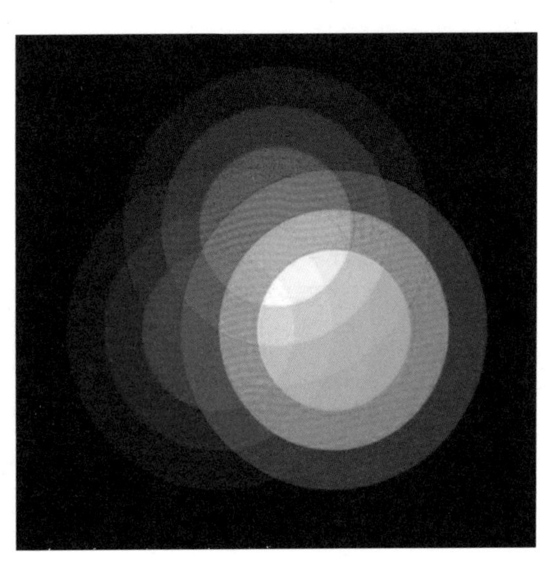

图8-1-8　原色光线混合

二、视觉特性

视觉特征与视觉运动规律有关。眼睛的水平运动比垂直运动快，即先看到水平方向的东西，后看到垂直方向的东西。所以，在广告设计画面中，重要的信息一般会编排在水平方向，如图8-1-9。

视线运动的顺序习惯于从左到右、从上至下，顺时针进行，如图8-1-10。对物体尺寸和比例的估计，水平方向比垂直方向准确、迅速且不易疲劳，如图8-1-11。

在视线突然转移的过程中，约有3%的视觉能看清目标，其余97%的视觉都是不真实的。所以在工作时，不应有突然转移的要求，否则会降低视觉的准确性。如需要人的视线突然转动时，也应要求慢一些才能引起视觉注意。为此，应给出一定标志，如利用箭头或颜色预先引起人的注意，以便把视线转移放慢，或者采用有节奏的结构，如图8-1-12。

对于运动目标，只有当角速度大于1—2度/秒时，且双眼的焦点同时集中在同一个目标上，才能鉴别运动状态，如图8-1-13。

人眼看一个目标要得到视觉印象，最短的注视时间为0.07—0.3秒，人眼视觉的暂停时间平均需要0.17秒。因此户外广告要想让观看者留下视觉印象，尽量使用简单易记的图形，少一些文字内容，如图8-1-14。

图8-1-9 《毕业设计作品展》海报设计学生作品

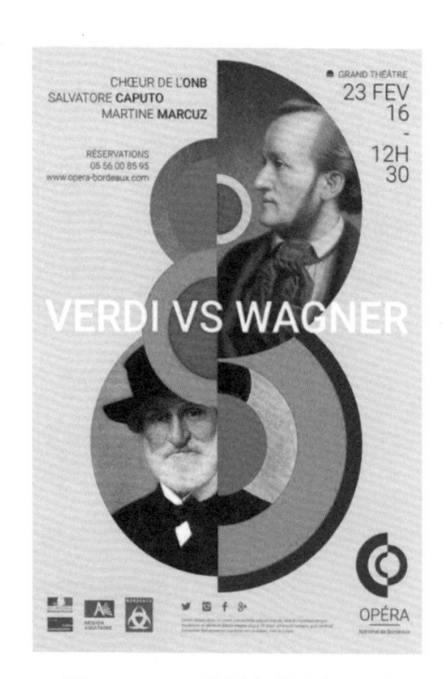

图8-1-10 歌剧宣传海报设计

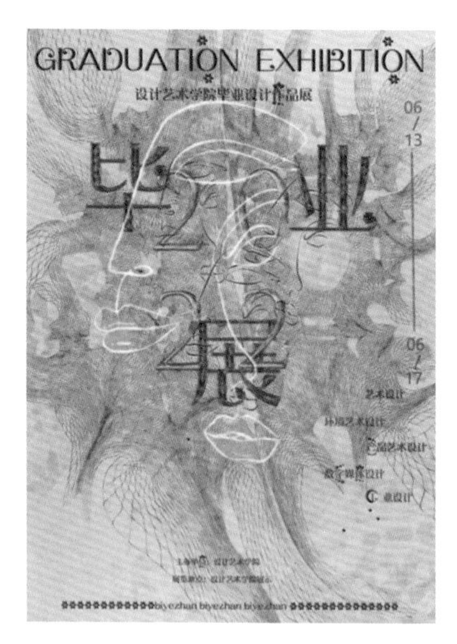

图8-1-11 《毕业设计作品展》海报设计学生作品

图8-1-12 地铁广告

图8-1-13 汽车广告设计

图8-1-14 户外大型广告

第二节　视觉特性与界面设计

交互与界面的关系，实际上是内容与形式的关系。交互是人机关系状态的描述，而界面则是这种关系的表达形式，对交互的研究和界面的设计最终落脚点都在人机关系中，而这一系列的任务都是为人的良好生活与工作提供很好的支撑。

一、明暗适应

视觉从暗环境切换至亮环境中，人眼发生适应性变化，从看不清到逐渐能看清的过程称为明适应，反之则称为暗适应。明暗环境对比越大，适应性时间越长。如图8-2-1所示，明适应较暗适应能力更强，大约30秒可以基本适应，60秒可以完全适应，而暗适应经过5分钟至7分钟才渐渐看见物体，大约经过30分钟眼睛才能完全适应。

例如，白天车辆进入照明不足的隧道时，暗适应过程可能延续10秒以上，行驶距离超百米，存在事故隐患。除了改善隧道内照明外，一般在隧道口增设“请开灯行驶”的交通标示，车辆出隧道时会出现明适应过程，如图8-2-2、图8-2-3。

明暗适应在室内设计中涉及明暗差比较大的空间环境时，应进行过渡设计。例如，在眼睛已经习惯于外面亮光的时候，突然进入光线昏暗的影院，眼睛几乎看不清室内的景象，放映厅入口处不宜有台阶，还要设计局部照明。（图8-2-4）

二、巡视特征

由于人眼在瞬时能看清的范围很小，观察事物多依赖目光的巡视，因此在交互界面设计中必须考虑到这一特性。人目光巡视的习惯方向为从左至右、从上至下和顺时针方向，如图8-2-5。在水平

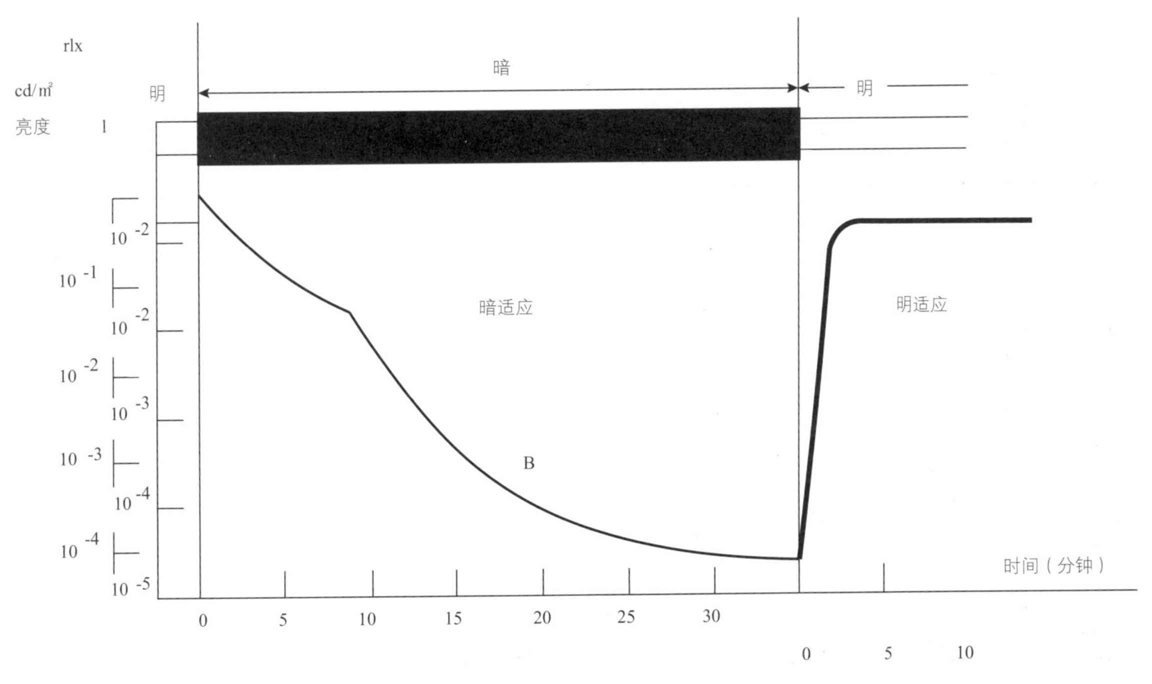

图8-2-1　明适应与暗适应的适应性时间

视野和垂直视野上，水平方向快于垂直方向，而且不易感到疲劳，对水平方向上的尺寸与比例的估测也更加准确。针对这一特性，体温计的读数设计成横向排列，一些显示屏幕也是横向的宽屏，如图8-2-6。从巡视的感知区域来说：视觉感知水平线以下的对象快于上部对象，右边的对象会略快于左边的对象。

图 8-2-2　隧道口提示标识

图 8-2-3　出隧道经历明适应

图 8-2-4　进电影院经历暗适应

三、轮廓醒目性

人眼对轮廓辨识的时候，直线轮廓会优于曲线轮廓，如图8-2-7。要求辨识较快、较精准的交互界面设计中可以优先应用直线轮廓，如消防指示牌、道路指示牌等。（图8-2-8）

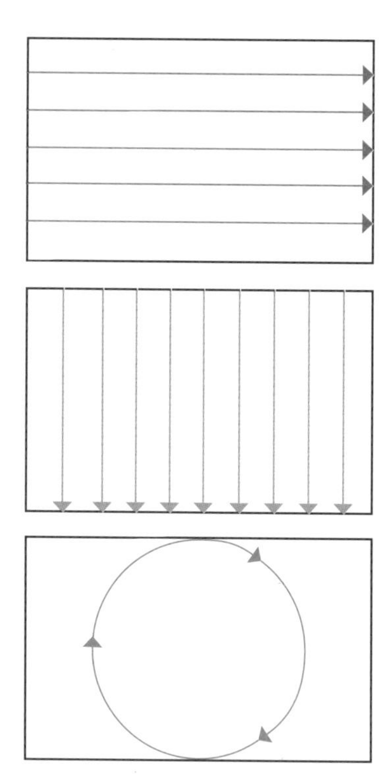

图 8-2-5　目光巡视习惯方向

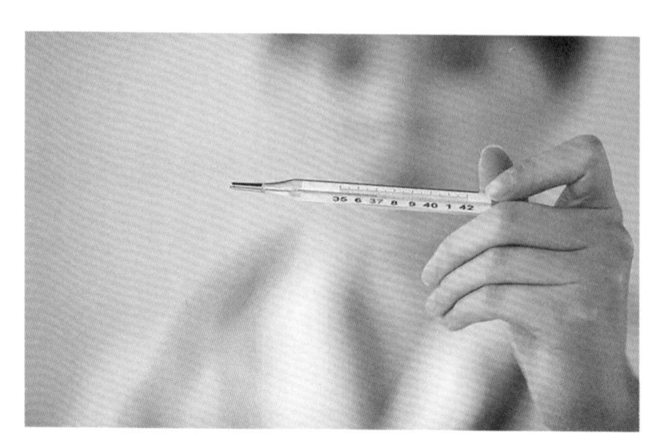

图 8-2-6　体温计

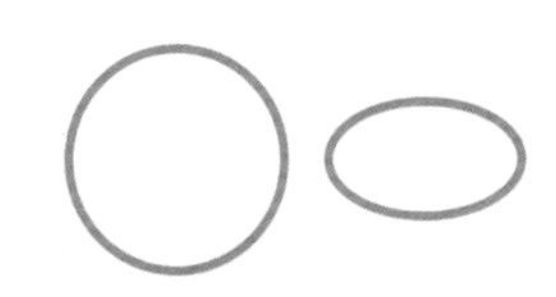

图 8-2-7　直线轮廓优于曲线轮廓

图 8-2-8　轮廓醒目性在警示牌设计中的应用

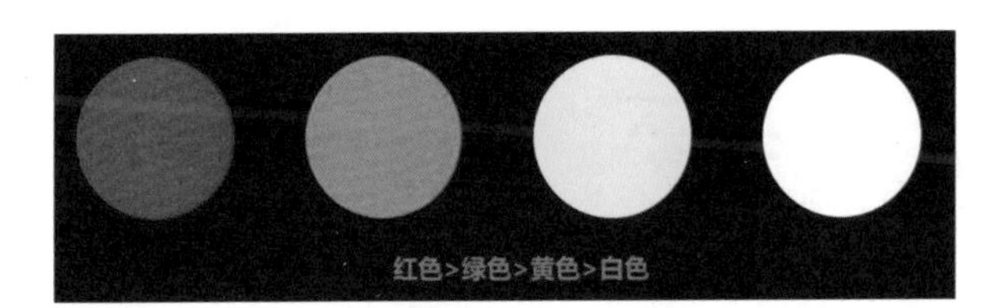

图 8-2-9　色彩醒目性

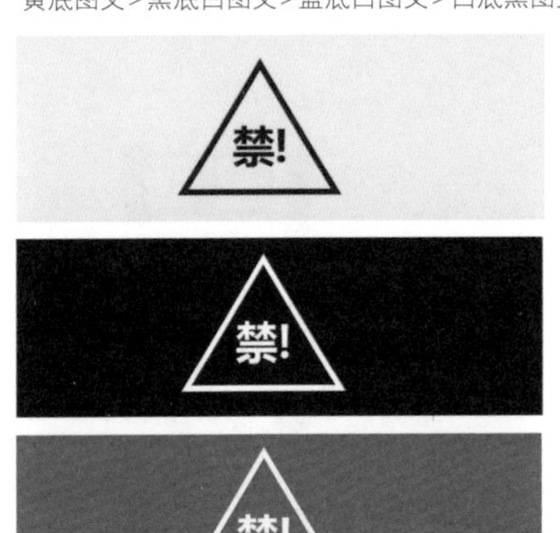

图 8-2-10　色彩醒目性对比

四、色彩醒目性

人眼对色彩的辨认能力也是有不同的，当人在远处辨认颜色的时候，最容易识别颜色的顺序依次为红色、绿色、黄色、白色，如图8-2-9。求助信号、交通信号灯等紧急、危险的标识设计优先使用红色，其次是绿色、黄色、白色。而当两种颜色搭配的时候，醒目性依次是黄底黑图文>黑底白图文>蓝底白图文>白底黑图文，交通标志通常使用这些色彩搭配较多，这样有利于司机快速地识别相关信息。（图8-2-10）

五、特殊对象

信息识别还会受到人的兴趣、工作任务和视觉对象特点等因素的影响。例如，一般对人物的关注大于对其他信息的关注，对脸部的关注大于对其他部位的关注，对标题的关注大于对内容的关注，如图8-2-11所示。在网页、报纸、杂志等版面设计的时候可以考虑优先出现人脸，标题也应该进行重点设计。

图 8-2-11　关注度示意图

第三节 常用字体与字体设计

一、常用字体

信息交流与知识传播是文字的首要任务。随着现代商业的快速发展，文字被赋予了全新的功能和价值。字体的应用门类和形式繁杂多样，它已渗透到了工业产品设计、环境艺术设计、服装艺术设计等现代设计的各个方面。本节主要介绍常用文字的基本骨架、字体设计的造型手段，以便将其运用于设计实践中。

（一）汉字基本字体

汉字的笔画集中体现是“永”字八法，即横、竖、撇、捺、点、挑（提）、折、钩八个笔画。（图8-3-1）

汉字的基本印刷字体发源于楷体，成熟于宋体，繁衍出仿宋、黑体及现代的多种字体。我国印刷行业曾长期从日本购入宋体和黑体字模，日本则引进了中国的仿宋体和楷体活字，这种交流使两国印刷字体至今仍保持相近的风貌。常用的基本印刷字体有以下四种：

1.宋体

宋体字形方正，横细竖粗，笔画右端和字的装饰角呈锐角三角形，钩画装饰处为减缺的半圆，分为粗宋和细宋。粗宋端庄典雅，多见于书刊、海报标题、包装名；细宋灵巧活泼，常用于正文或说明文章。（图8-3-2、图8-3-3）

2.黑体

黑体又称“方体”，横竖等粗，笔画方正。粗细一致、醒目、粗壮的笔画，具有强烈的视觉冲击力。黑体是受西方无衬线体的影响，于20世纪初在日本诞生的印刷体。（图8-3-4）

黑体的风格没有宋体生动活泼，但是庄重有力，适合用于标题或放在醒目的位置，有强烈的视觉冲击力。随着电脑设计的发展，黑体的家族也在

图8-3-1 永字八法

图8-3-2 宋体字

图8-3-3 宋体在海报设计中的应用

不断地扩充，有些黑体也开始出现在正文中，应用领域在不断扩展。（图8-3-5）

3.仿宋体

仿宋体虽然与宋体有些相似，但横竖笔画几乎一致，笔画两端有毛笔起落的笔迹，竖画直而横画略向右上方上翘3度左右。仿宋体适用于短文、说明文。（图8-3-6）

图8-3-4　黑体字

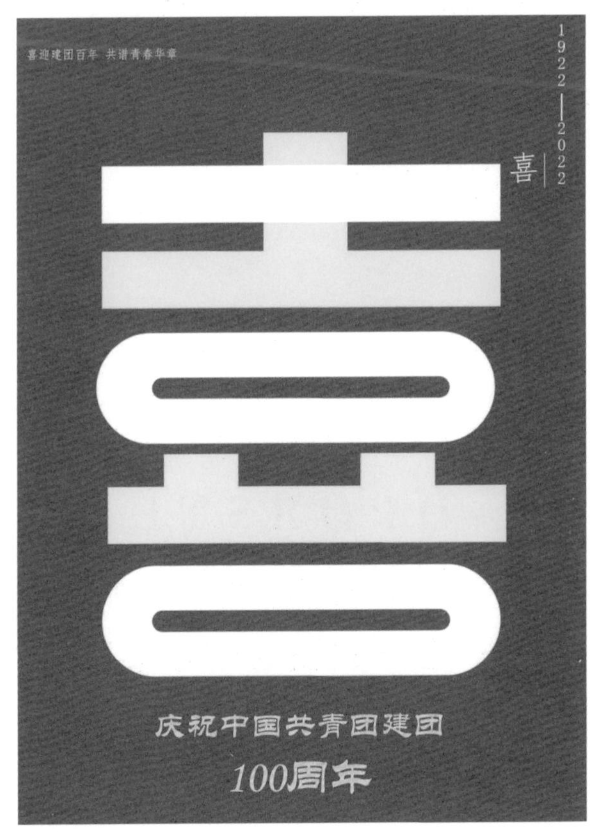

图8-3-5　黑体在招贴设计中的应用　学生作业　赵睿洁

4.楷体

楷体是传统的楷书在印刷字体中的延续，它笔迹有力，粗细适中，笔画清楚，易读性很高。楷体多用于内文。（图8-3-7）

此外，隶书、魏碑等书体现在也都有成系统的印刷字体。

（二）拉丁字基本字体

在拉丁字母确立为拉丁文化圈的书面传播基本工具后，其字母的书写形式则因不同的地域和条件而发生变化。但无论字体是书写、刻制、涂画，无论形式如何简洁或精细，都保存了字形的基本结构，使字母作为文字的一部分起着有效作用。（图8-3-8）

拉丁字体造型分为有衬线和无衬线，按手书笔画和绘形笔画又可分为人文型字体及几何型字体。（图8-3-9）

1.衬线字体

衬线字体有粗笔画和细笔画两类，衬线脚因不同字体大小而弧度不同，字体有古典和正式感。（图8-3-10）

图8-3-6　仿宋体　　　　图8-3-7　楷体

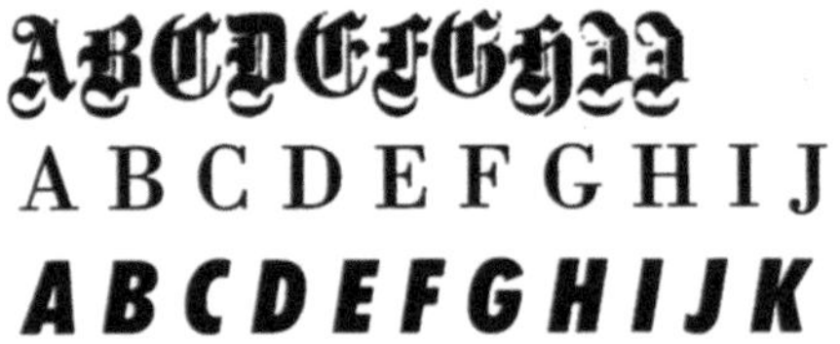

ABCDEFGHIJ
A B C D E F G H I J
ABCDEFGHIJK

图8-3-8　拉丁字体

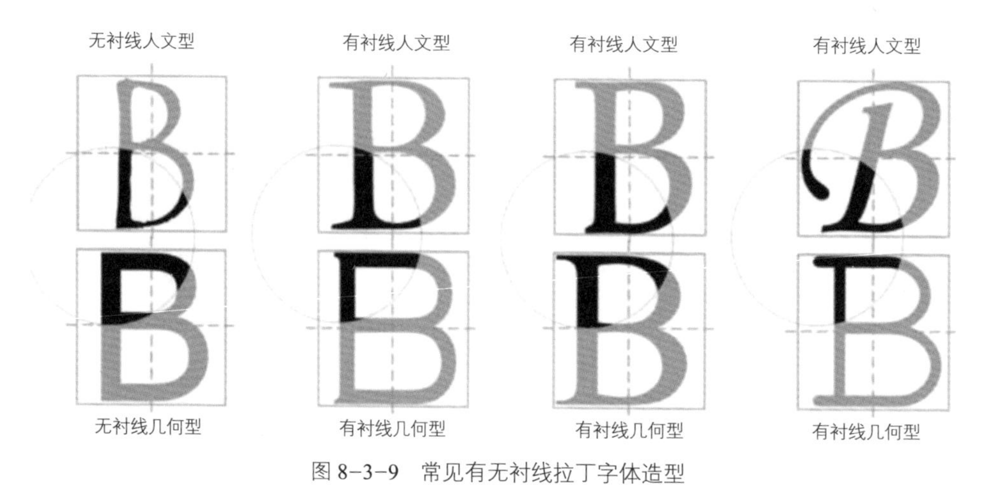

图 8-3-9　常见有无衬线拉丁字体造型

图 8-3-10　衬线字体设计应用

图 8-3-11　无衬线字体设计应用

2. 无衬线字体

无衬线字体所有笔画粗细相等，无衬线，无明显的笔画强调，是现代字体的代表，可读性强，字体端正、平稳。（图 8-3-11）

常用的几种拉丁字体有古罗马体、新罗马体、歌德体、方衬线体、无衬线体以及书写体。（图 8-3-12）

古罗马体：OPQRSTUVW
新罗马体：OPQRSTUVW
哥德体：OPQRSTUVW
方衬线体：OPQRSTUVW
无衬线体：OPQRSTUVW
书写体：OPQRSTUV

图 8-3-12　常用拉丁字体

二、字体设计

（一）文字的尺寸

视觉传达文字的合理尺寸，涉及的主要因素有观看距离（视距）、光照度、字符的清晰度、可辨性以及要求识别的速度快慢等。

清晰度、可辨性与字体、笔画粗细、文字与背景的色彩搭配对比等有关。在一般条件下，字符的（高度）尺寸=（1/200）视距—（1/300）视距，取其中间值，则有字符的（高度）尺寸=视距/ 250。据此，可得视距与字符高度尺寸的关系。

（二）字体

1.字体的选择

字体涉及美感、动感、视觉冲击力、文化内涵、独特性、象征隐喻等方面，如图8-3-13。在人机工程学中，主要研究字体的可辨性、识别性，其判定标准是：直线笔画和直角尖角的字形优于圆弧曲线笔画的字形，正体字优于斜体字。

EXPERT TIPS FOR GETTING THE MOST OUT OF SAFARI AND FIREFOX, BUILDING BETTER BLOGS, AND CREATING PROFESSIONAL-LOOKING WEB PAGES

SPINNING A BETTER Web

You'd think that, 15 years after the Web was invented, we'd know everything we need to know about browsing and building the Web. But we don't.

For one thing, browsers keep getting better. The latest version of Apple's Safari has plenty of new features. And though Mozilla's Firefox has only a fraction of Safari's market share, it's rapidly gaining converts, thanks to its seemingly endless customizability.

Meanwhile, a new Weblog is born every second—blogging has clearly gone mainstream. And each month brings a slew of new tools that can help you make your Web pages more beautiful, more interesting, and easier to use.

In the pages that follow are tips for using the latest versions of Safari and Firefox, advice on picking the Mac-compatible blogging tool that's right for you, and a guide to the best low-cost and free Web-building tools out there. Add all that to this issue's review of the latest browsers (page 28), and it's everything you need to know about the Web today.

ILLUSTRATIONS BY JOHN UELAND

SAFARI TIPS P. 54 | FIREFOX TIPS P. 58 | BLOGGING TOOLS P. 62 | WEB TOOLS P. 66

TYPE.UU1001.COM

图 8-3-13　字体设计应用

2.字体风格

根据文字字体的特性和使用类型，文字的设计风格可以分为下列几种：

（1）秀丽柔美。字体优美清新，线条流畅，给人以华丽柔美之感。此种类型的字体，适用于女性化妆品、饰品、日常生活用品、服务业等主题。

（2）稳重挺拔。字体造型规整，富于力度，给人以简洁爽朗的现代感，有较强的视觉冲击力。这种个性的字体，适合于机械科技等主题。

（3）活泼有趣。字体造型生动活泼，有鲜明的节奏韵律感，色彩丰富明快，给人以生机盎然的感受。这种个性的字体适用于儿童用品、运动休闲、时尚产品等主题。

（4）苍劲古朴。字体朴素无华，饱含古时之风韵，能带给人们一种怀旧感觉。这种个性的字体适用于传统产品、民间艺术品等主题。

3.避免字形的混淆

容易互相混淆的汉字有“千、干、于”“土、士”“人、入”“未、末”及汉字“土”和加减号“±”等。

容易互相混淆的拉丁字母和阿拉伯数字有大写字母“I”、小写字母“i”与数字“1”及“B、R、8”“G、C”“O、D、Q”“Z、z、2”“S、s、5”“U、u”“V、v”“W、w”“8、3”，以及拉丁字母和斯拉夫字母中手写的“a”与希腊字母中的“α”、拉丁字母“B、b、W、w”与希腊字母“β、ь、ω”等。

避免字形混淆的方法是把差异扩大、强调，示例见图8-3-14、图8-3-15。

图 8-3-14　强调和扩大字形中的差异以减少混淆

图 8-3-15　笔画粗减少字形混淆

绿树青山环境幽雅
泉鸣鸟飞生机盎然

绿树青山环境幽雅
泉鸣鸟飞生机盎然

（a）横排高宽比1.0：0.8　　（b）竖排高宽比0.8：1.0

图8-3-16　汉字的排布方向与字形的高宽比

（三）字形的比例与排布

1.字符的高宽比例

（1）汉字

书报虽多用正方形宋体字，但在视觉传达设计中，常根据版面版式、横排竖排等因素来确定文字的高宽比（表8-2、图8-3-16）。一般横排文字的竖高可大于横宽，而竖排文字的横宽宜大于竖高。

表8-2　按识别性要求，汉字高宽比表

排向	一般的高度宽度比范围	每行字数较多的高宽比
横排	（1.0：1.0）—（1.0：0.8）	可加大到1.0：0.7
竖排	（0.8：1.0）—（1.0：1.0）	可减小到0.75：1.0

（2）拉丁字母和阿拉伯数字

一般竖高大于横宽，但少数字母和数字的高宽比较为特殊。

多数的高宽比范围：（1.0：0.6）—（1.0：0.7）。

字母M、m，W、w：（1.0：0.8）—（1.0：1.0）。

字母I、i，数字1：可达到1.0：0.5。

2.字符的笔画粗细

（1）影响字符笔画粗细的因素

笔画少、字形简单的字笔画应该粗，反之应该细；光照弱时笔画需要粗，反之可以细；视距大字符小时笔画需要粗，反之可以细；浅色背景下深色的字笔画需要粗，反之可以细；白底黑字需更粗，黑底白字应更细；暗背景下发光发亮的字应该细。

白色（或浅色）的形体在黑色（或暗色）背景的衬托下，具有较强的反射光亮，呈扩张性地渗出现象叫光渗。光渗作用使视网膜上明暗交界线附近的视觉细胞被连带激活，造成明亮的界限略有扩张，于是明亮的对象看起来显得增大一些，由此而产生的视错觉称为“光渗效应”。

如图8-3-17（a）和（b）实际上是一样大小的，但看起来图8-3-17（b）的图像似乎比图8-3-17（a）的图像略大一些。上面说的深背景下的浅色字/黑底白字可以细些，发光发亮的字的笔画应该更细，就是因为有这种光渗效应。例如，火车站的告示、体育场上的记分牌、商业服务业的信息提示等，采用液晶显示（LCD）和发光二极管显示（LED）屏幕，笔画都应充分地细。

（2）字符笔画宽度对字高比例的参考值

影响笔画粗细的因素多，所以“笔画宽度比”的变动范围也大。

汉字变动范围为（1：5）—（1：18）。

字母和阿拉伯数字变动范围为（1：5）—（1：12）。

白底黑字与黑底白字两种情况下，笔画粗细的视觉效果对比见图8-3-18。

（3）字符的排布

从左到右的横排优先，必要时上下竖排，避免斜排。

行距一般取字高的50％—100％。

字距大于或等于笔画的宽度。

（a）　　（b）

图8-3-17　光渗效应示例

1:5	ABC 456	ABC 456
1:6	ABC 456	ABC 456
1:8	ABC 456	ABC 456
1:10	ABC 456	ABC 456
1:12	ABC 456	ABC 456

图 8-3-18　笔画粗细的视觉效果

拼音文字的词距不小于字符高的50％。

3.字符与背景的色彩及其搭配

字符与背景的颜色搭配，应注意以下四点：

（1）字符背景间色彩明度差，应在蒙赛尔色系的2级以上。

（2）照度不同，黑底白字与白底黑字的辨认性优劣不同。

（3）字符主体色彩的特性决定了视觉传达的效果。例如，红、橙、黄是前进色、扩张色，蓝、绿、灰是后退色、收缩色，因此红色霓虹灯（交通灯、信号灯相同）的视觉感受比实际距离近，蓝、绿霓虹灯视觉感受相反。

（4）字符与背景的色彩搭配对辨认性的影响较大，见表8-3。公路上的路牌、地名和各种标志所采用的色彩搭配，如黑黄、黄黑、蓝白、绿白等都属于清晰的搭配。（图8-3-19）

表8-3　字符与背景的色彩搭配与辨认性排序表

效果	清晰的配色效果										模糊的配色效果									
颜色＼顺序	1	2	3	4	5	6	7	8	9	10	1	2	3	4	5	6	7	8	9	10
底色	黑	黄	黑	紫	紫	蓝	绿	白	黑	黄	黄	白	红	红	黑	紫	灰	红	绿	黑
被衬色	黄	黑	白	黄	白	白	白	黑	绿	蓝	白	黄	绿	蓝	紫	黑	绿	紫	红	蓝

图 8-3-19　字符与背景的色彩搭配应用

第四节　常用排版与排版设计

当我们面对设计对象时，我们会调动自己的智慧、情感与想象力，将各种文字、图形赋予它们，使它们按照视觉美感和内容上的逻辑统一起来，形成一个具有视觉魅力和组织严密的“织体”。在这个过程中，排版起着非常重要的作用，就像戏剧中的场面调度，使各种承担信息传达任务的文字图形艺术地结合起来，使画面变成一个有张有弛、且刚且柔、充满戏剧性的舞台。

排版设计是培养设计师基本的审美和画面调度能力的重要手段。排版设计用英文翻译为“LAY OUT”，意思为在一个平面上展开和调度，是按照一定的视觉表达内容的需要和审美的规律，结合各种平面设计的具体特点，运用各种视觉要素和构成要素，将各种文字图形及其他视觉形象加以组合编排、进行表现的一种视觉传达设计方法。（图8-4-1至图8-4-3）

EDMONTON JOURNAL

Province raises school tax

One goal closer to the playoffs

The day the world looked real

Chief electoral officer supports lower voting age

Canada's Richest Instant Game

Over $40,000,000 in prizes

图 8-4-1　报纸排版设计

一、常用排版

常用排版有骨骼型、满版型、上下分割型、左右分割型、中轴型、曲线型、倾斜型、对称型、重心型、三角型、并置型、自由型和四角型13种。

（一）骨骼型

骨骼型是一种规范理性的分割方法。常见的骨骼型有竖向通栏、双栏、三栏、四栏和横向通栏、双栏、三栏和四栏等，一般以竖向分栏为多。在图片和文字的编排上则严格按照骨骼比例进行编排配置，给人以严谨、和谐、理性的美。经过相互混合后的骨骼型版式，既理性、条理，又活泼而具弹性。（图8-4-4）

图 8-4-2　包装排版设计

图 8-4-3　产品展示排版设计

（二）满版型

版面以图像充满整版，主要以图像为诉求，视觉传达直观而强烈。文字的配置压置在上下、左右或中部的图像上。满版型给人以大方、舒展的感觉，是商品广告常用的形式。（图8-4-5）

（三）上下分割型

把整个版面分为上下两个部分，在上半部或下半部配置图片，另一部分则配置文案。配置有图片的部分感性而有活力，而文案部分则理性而

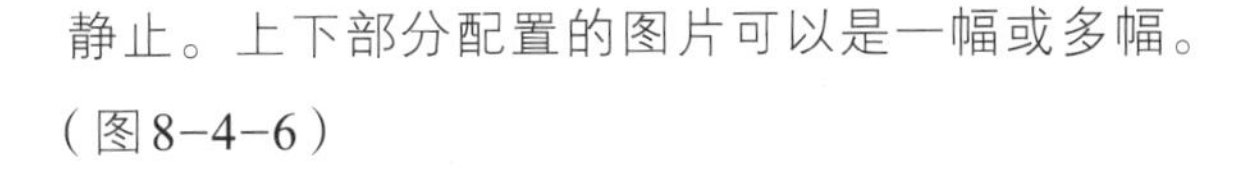
静止。上下部分配置的图片可以是一幅或多幅。（图8-4-6）

（四）左右分割型

把整个版面分割为左右两个部分，分别在左或右配置文案。当左右两部分形成强弱对比时，则造成视觉心理的不平衡。这仅仅是视觉习惯上的问题，也自然不如上下分割的视觉流程自然。不过，倘若将分割线虚化处理，或用文字进行左右重复或穿插，左右图文则变得自然和谐。（图8-4-7）

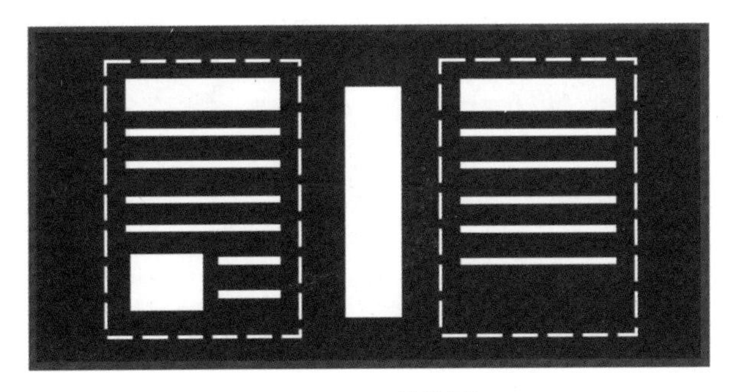

图 8-4-4　骨骼型

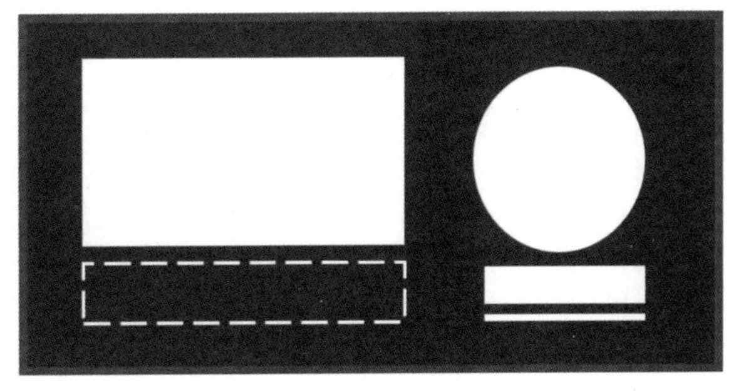

图 8-4-5　满版型

（五）中轴型

将图形做水平或垂直方向的排列，文案以上下或左右配置。水平排列的版面给人稳定、安静、和平与含蓄之感，垂直排列的版面则给人强烈的动感。（图8–4–8）

（六）曲线型

图片或文字在版面结构上作曲线的编排构成，产生节奏和韵律。（图8–4–9）

（七）倾斜型

版面主体形象或多幅图像作倾斜编排，造成版面强烈的动感和不稳定因素，引人注目。（图8–4–10）

（八）对称型

对称的版式给人稳定、理性的感受。对称分为绝对对称和相对对称。一般多采用相对对称手法，以避免过于严谨。对称一般以左右对称居多。（图8–4–11）

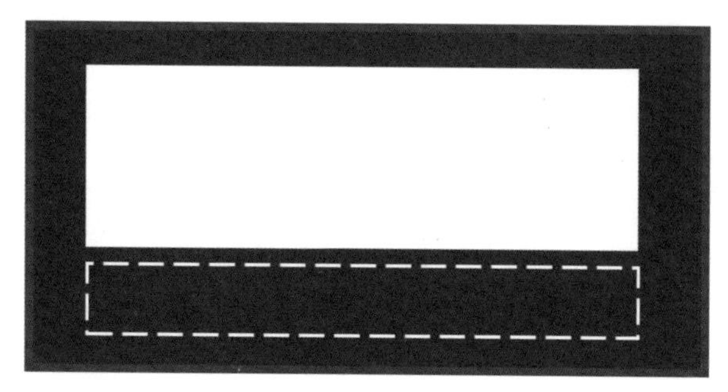

图 8–4–6　上下分割型

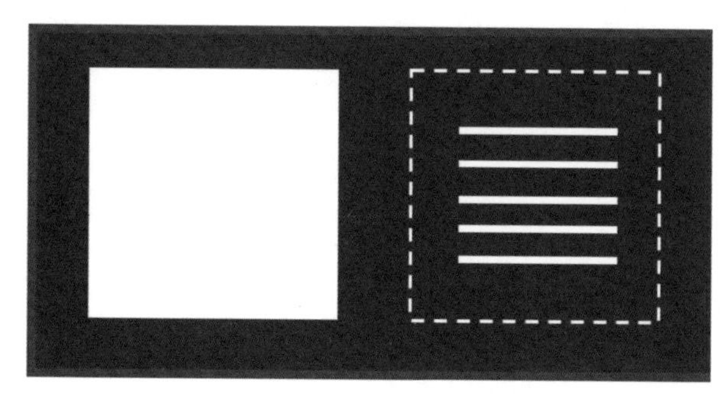

图 8–4–7　左右分割型

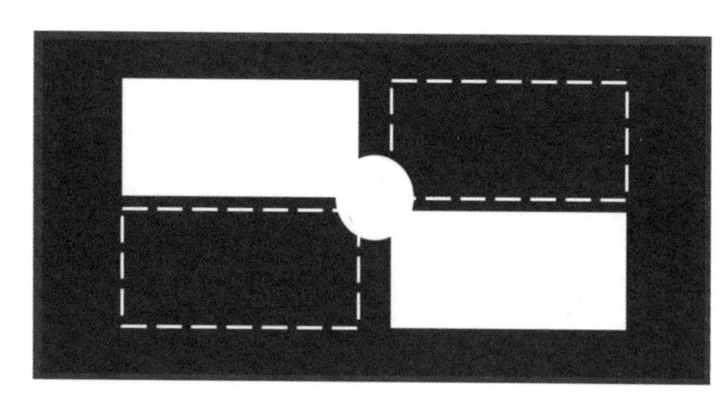

图 8–4–8　中轴型

图 8–4–9　曲线型

图 8–4–10　倾斜型

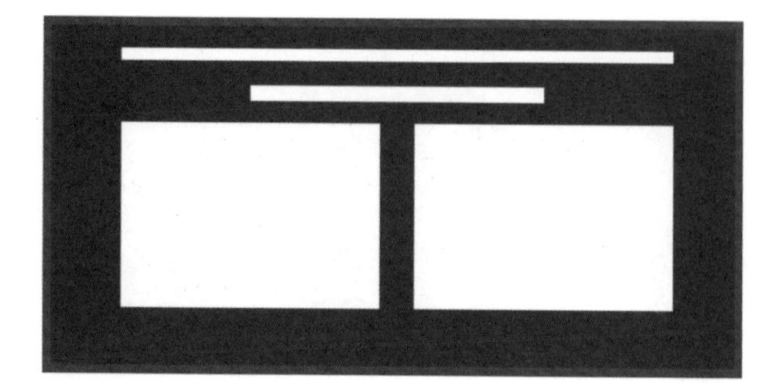

图 8–4–11　对称型

（九）重心型

重心型版式产生视觉焦点，使其更加突出。其有三种类型：直接以独立而轮廓分明的形象占据版面中心；向心——视觉元素向版面中心聚拢的运动；离心——犹如石子投入水中，产生一圈一圈向外扩散的弧线运动。（图8-4-12）

（十）三角型

在圆形、矩形、三角形等基本形态中，正三角形是最具安全稳定因素的形态，而圆形和倒三角形则给人以动感和不稳定感。（图8-4-13）

图8-4-12　重心型

图8-4-13　三角型

（十一）并置型

将相同或不同的图片作大小相同而位置不同的重复排列，并置构成的版面有比较、解说的意味，给予原本复杂喧闹的版面以秩序、安静、调和与节奏感。（图8-4-14）

（十二）自由型

无规律、随意的编排构成，有活泼、轻快的感觉。（图8-4-15）

（十三）四角型

版面以四角以及连接四角的对角线结构编排图形，给人严谨、规范的感觉。（图8-4-16）

二、排版设计

将版面上的信息更有效地传播给消费者要具备

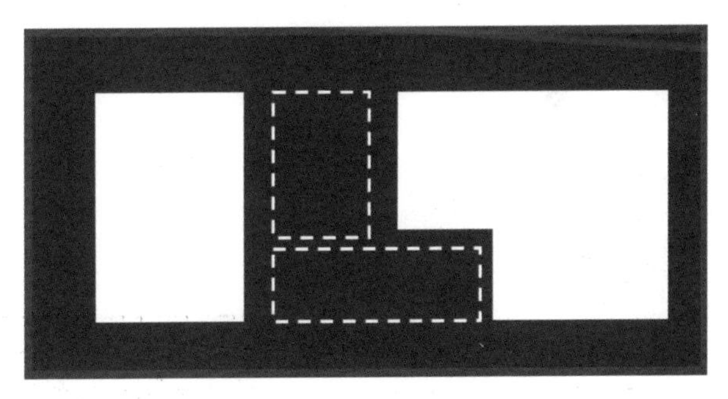

图8-4-14　并置型

图8-4-15　自由型

图8-4-16　四角型

两个条件：一是版面上的信息编排要合理，主题明确，一目了然；二是版面的设计要新颖，艺术感染力强，符合主题内容的需要，让观众印象深刻并乐于接受。

韩国书展海报设计中残破效果的文字与由书籍构成的茶杯充满了整个版面，表现了厚重有力、古朴深远的意境。（图8-4-17）

（一）版式设计的编排原则

1. 主题与中心的突出

任何一种形式的版式编排，其共同目的都是使版面中的各种视觉元素按照一定的主次关系和形式美法则进行有条理地组织和排列，来说明或表达一个问题或一种含义。也就是说，各视觉元素必须要围绕一个视觉中心来突出一个设计主题或思想主题。

在具体的设计表现中，版面主题或中心的突出并不是纯粹地强调单一和简单，而是追求一种设计内容的概括及巧妙提炼的过程。如图8-4-18，版面构成简洁，主题突出，让消费者过目不忘，起到了宣传产品的目的。

如图8-4-19产品海报排版设计，主体形象成为视觉的中心点，主体形象下面的黑色和文字连在一起，使主题更鲜明。

2. 内容与形式的统一

排版设计的诉求点在于最大限度地通过各种视觉元素来携带和融入更多的构思创意与设计信息，所以利用面的形式和视觉感受来触摸其主题思想的内涵才是对待版式设计的正确态度。排版设计的内容是表达形式运用的重要依据，而形式是让排版设计内容产生共鸣的重要途径。二者之间就像骨骼与肌肉一样，相辅相成地来塑造一种完整的版式设计效果。如图8-4-20版面中图片的秩序化构成，具有一种韵律的节奏感。

图8-4-21通过色彩的统一，将整个版面融合在灰黄色的颜色效果下，然后运用色彩明度的不同将各元素表现出来。

图8-4-22的秩序化排列以及视觉流程的引导使画面在多元素的情况下既统一又有一定的韵律。

3. 局部与整体的协调

版式设计是文字、图形、色彩等视觉元素的一个集合体。这些视觉元素就像一个乐队，各自的角色和分工不同，但它们必须要共同完成同一乐章，也就是作为一个版式整体去完成一个共同的主题。版式设计要始终坚持各视觉元素相互协调、相互补

图8-4-17　韩国书展海报排版设计

图8-4-18　产品海报排版设计

图8-4-19　产品海报排版设计

图 8-4-20　杂志排版设计

图 8-4-21　产品宣传折页排版设计

图 8-4-22　宣传折页排版设计

充的原则，达到融会贯通的境界，而这种贯通与协调是在版式主题思想的掌控下进行的。

在具体的版式表现中，只有在整体的宏观调控中把版式设计中各元素进行有机融合，在强调设计主题的同时，通过版面内各局部元素的整体筹划与协调编排，进而使版式效果具有鲜明的秩序性和节奏性，才能实现版式设计“形散而神不散”的诉求目标，最终完成版式设计的艺术推广价值和社会运用价值的呈现。如图 8-4-23 版面上的空间与秩序使它们产生内在的联系，视觉的流程将所有要素组成和谐的整体。

图 8-4-23　产品详情页排版设计

（二）版式设计的视觉流程

1. 单向视觉流程

单向视觉流程往往按照常规的视觉移动规律，引导读者的视觉随着编排中的各元素的有规律的组织，有主次地观看下去。

（1）直式视觉流程是一种坚固的构图，具有稳定性。（图8-4-24）

（2）横式视觉流程是一种安宁而平静的构图。（图8-4-25）

（3）斜式视觉流程是一种坚固而有动态的构图。

2. 曲线视觉流程

（1）圆形视觉流程，视线依圆环状迂回于画面，可长久地吸引读者的注意力，给人以饱满、扩张之感。

（2）"S"形视觉流程，在平面中增加深度和动感，富有变化。（图8-4-26）

3. 反复视觉流程

（1）重复视觉流程。

（2）特异视觉流程，见图8-4-27。

4. 导向视觉流程

（1）"十"字形视觉流程。

（2）发射式视觉流程，见图8-4-28。

5. 耗散视觉流程

见图8-4-29。

（三）版式设计的基本步骤

首先确定主题（需要传达的信息）。

其次寻找、收集用于表达信息的素材，含文字、图形图像。文字表达信息最直接、有效，应该简洁、贴切。根据具体需要确定视觉元素的数量和色彩（黑白、彩色）。

再次确定版面视觉元素的布局。

最后使用图形图像处理软件进行制作。

图8-4-24　直式视觉流程设计

图8-4-25　横式视觉流程设计

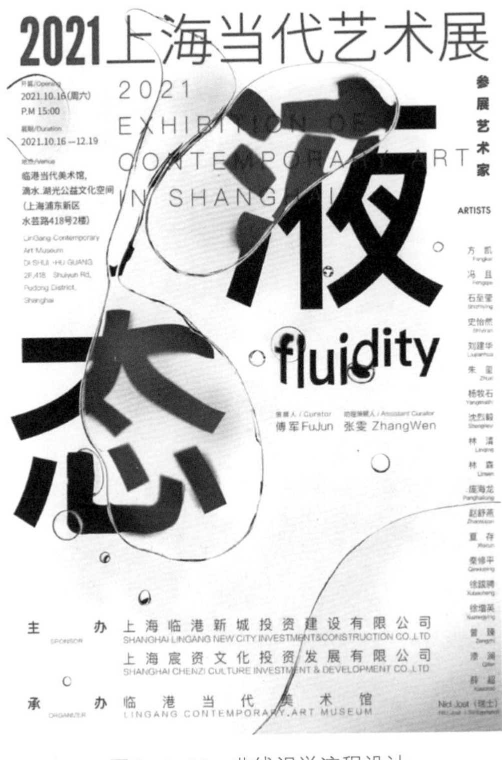

图 8-4-26　曲线视觉流程设计

图 8-4-27　反复视觉流程设计

图 8-4-28　导向视觉流程设计

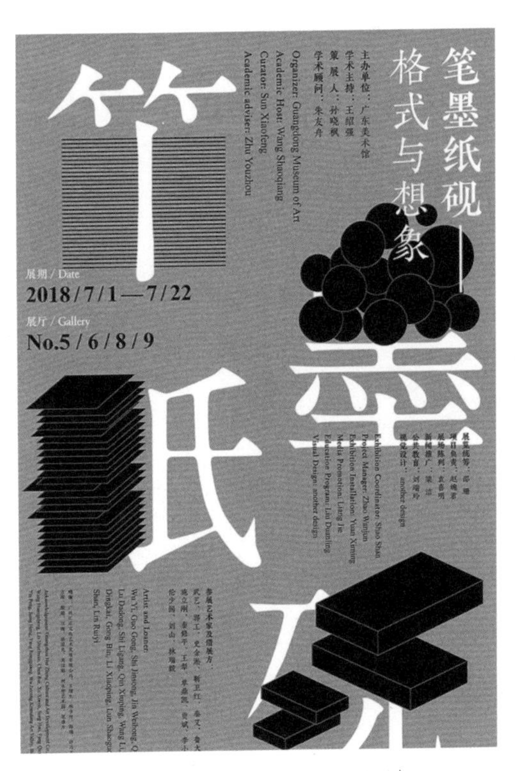

图 8-4-29　耗散视觉流程设计

第五节　设计案例

一、确定地铁车厢内运行线路图上站名文字的大小

地铁车厢是公共场所，有照明，可参照表8-4的数据。

座位上乘客看线路图文字的视距约为L＝2米，由表中查得文字尺寸为：D＝8毫米。（图8-5-1）

如文字尺寸略大一些，取D＝9毫米，视觉效果更佳。

表8-4　一般条件下字符尺寸与视距关系表

视距L/米	1	2	3	5	8	12	20
字符高度尺寸D/毫米	4	8	12	20	32	48	80

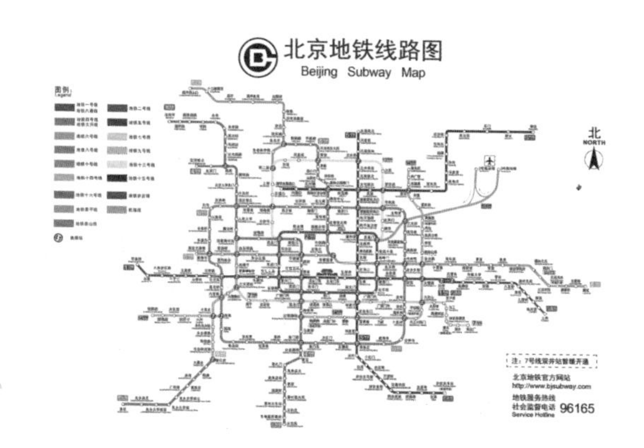

图8-5-1　车厢内运行线路图上站名文字

图8-5-2　有专设的局部光源

二、邮局、储蓄所等室内，墙上告示的文字该多大

告示文字都清晰，可驻足观看，这两个条件均优越。视距可设为L＝1.5米。应根据三种光照条件分别确定文字尺寸。

有专设的局部照明，可取D＝L/300＝（1500/300）毫米＝5毫米。（图8-5-2）

无专设的局部照明，但光照情况不错，可取D＝L/250＝（1500/250）毫米＝6毫米。（图8-5-3）

贴告示处光线灰暗，可取D＝L/200＝（1500/200）毫米＝7.5毫米。（图8-5-4）

图8-5-3　无专设的局部光源

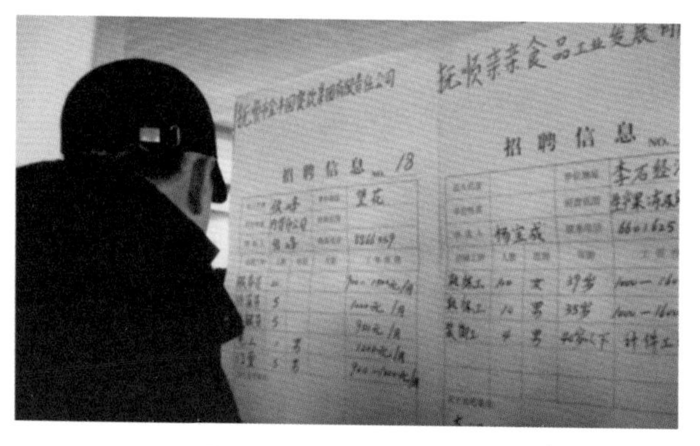

图8-5-4　光线灰暗情况

三、确定高速公路出口指示牌上文字（如“宏村出口”）的尺寸。

（一）条件分析

室外白天光强，夜晚有荧光，光照条件好。路牌的字体、色彩对比有国标，确保高清晰度和可辨性，且字数少，内容简单，但出口指示牌的醒目性要求很高。

综合考虑上述条件，文字尺寸D对于视距L应取较大的比例，现定为$D=L/250$。（图8-5-5）

（二）视距分析

驾车者对路牌的视距L，由两部分组成。（图8-5-6）

1.静态视距L_1

车在路中而路牌在旁，把驾车者能方便观看路牌时在行进方向上的距离，称为静态视距L_1，并初步设取$L_1=20$m，见表8-4中一般条件下字符尺寸D与视距L的关系表。

2.动态视距L_2

动态视距L_2指驾车中能注意到路牌的一段时间内汽车行进的距离。这是本问题的关键数据。若没有可靠的资料可查，应进行实际测试。现假设这段时间是t＝2s，并按高速公路上的车速V＝120km/h＝33.3m/s进行计算。在设定的2s时间内汽车行经的距离为$L_2=Vt=$（33.3m/s）×2s＝67m。

3.视距$L=L_1+L_2=20m+67m=87m$

（三）路牌上文字的尺寸D

$D=L/250=$（87/200）m=0.348 m=348毫米，实际可取D=350—360毫米。

图8-5-5 高速路出口指示标牌

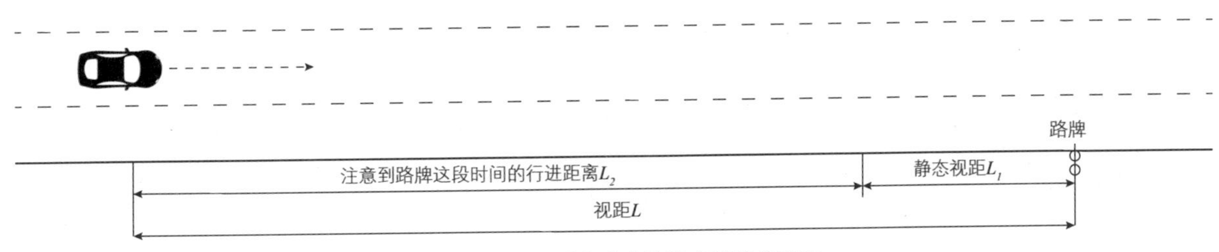

图8-5-6 观看高速公路路旁路牌的视距

学生作品（图8-5-7至图8-5-10）

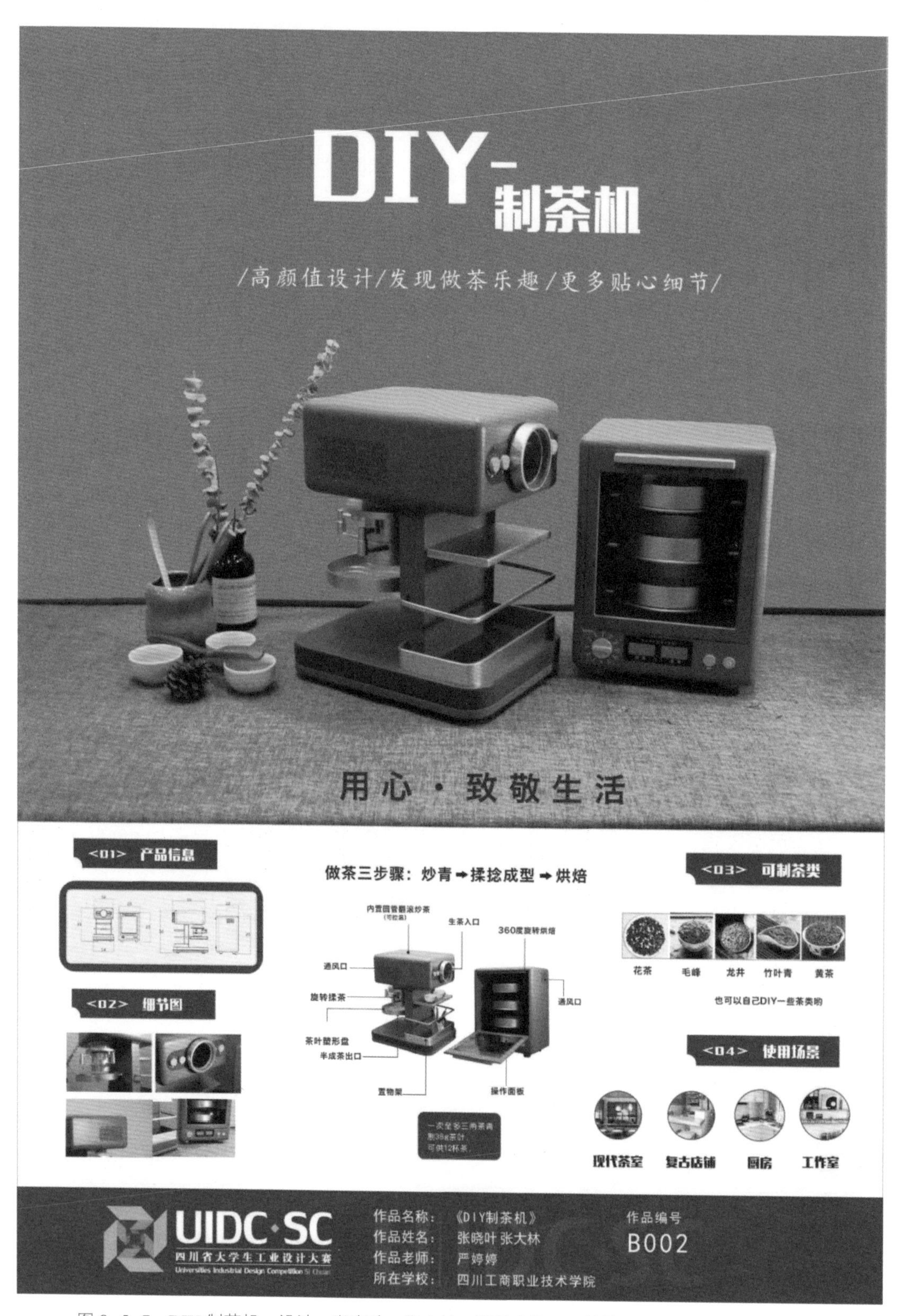

图8-5-7　DIY制茶机　设计：张晓叶、张大林　指导老师：严婷婷　四川工商职业技术学院

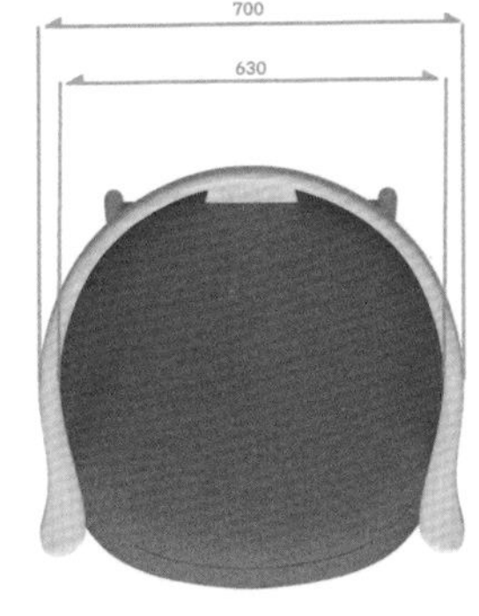

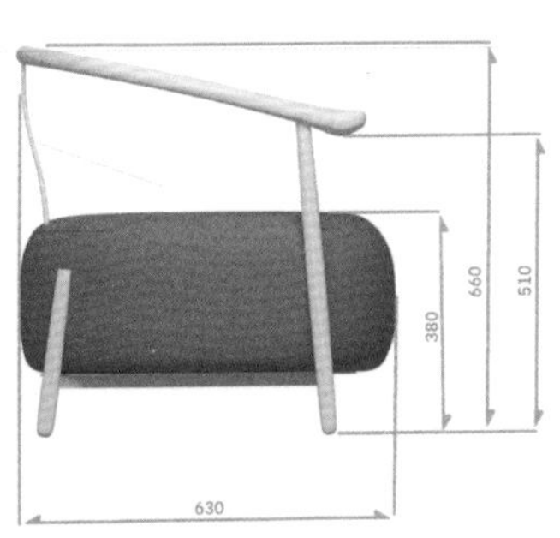

图 8-5-8　座椅　设计：陈雯　指导老师：白平、曹庆喆　广东轻工职业技术学院

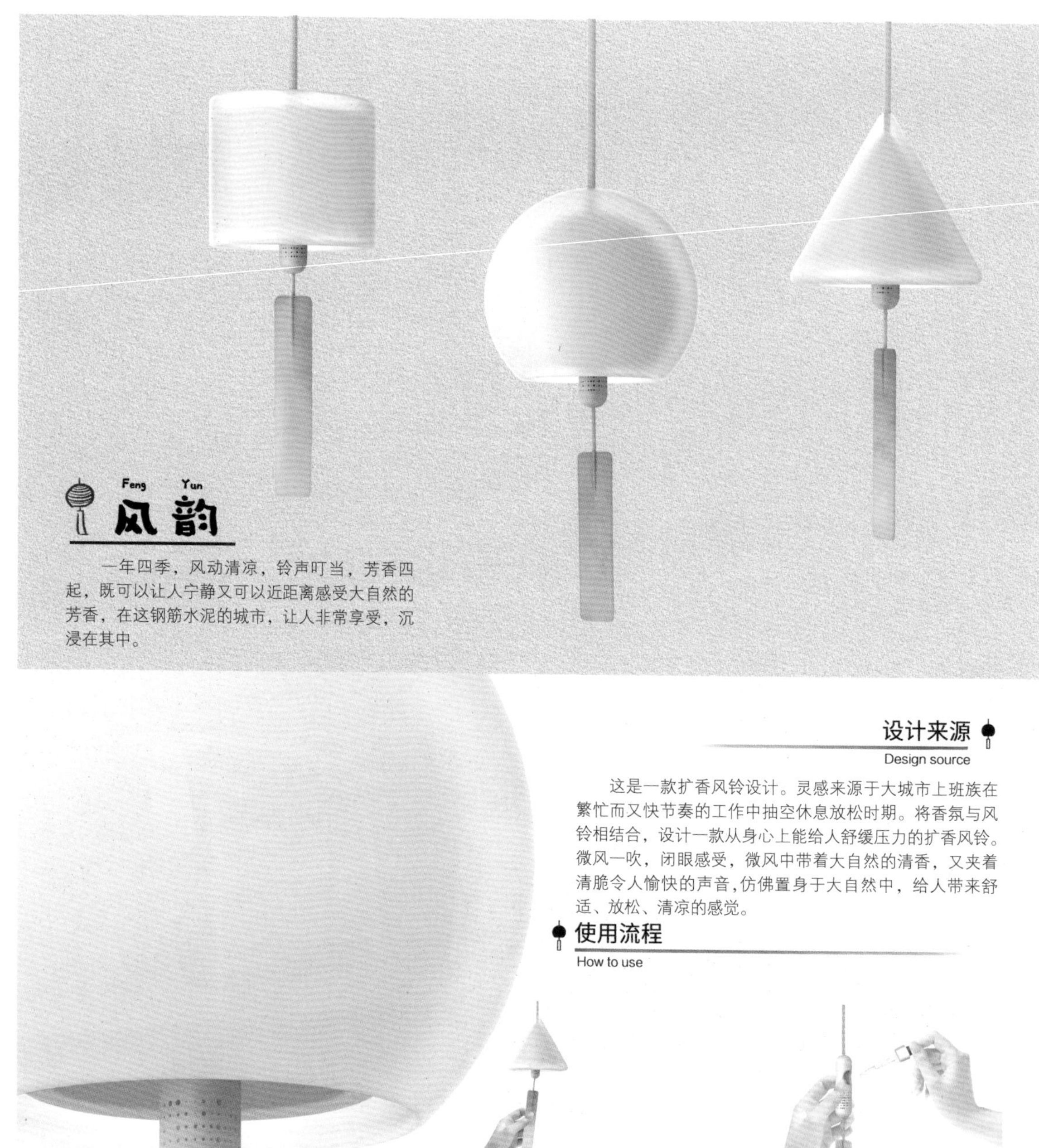

风韵

Feng Yun

一年四季，风动清凉，铃声叮当，芳香四起，既可以让人宁静又可以近距离感受大自然的芳香，在这钢筋水泥的城市，让人非常享受，沉浸在其中。

设计来源

Design source

这是一款扩香风铃设计。灵感来源于大城市上班族在繁忙而又快节奏的工作中抽空休息放松时期。将香氛与风铃相结合，设计一款从身心上能给人舒缓压力的扩香风铃。微风一吹，闭眼感受，微风中带着大自然的清香，又夹着清脆令人愉快的声音，仿佛置身于大自然中，给人带来舒适、放松、清凉的感觉。

使用流程

How to use

- 摇晃风铃的过程中也会挥发出淡淡的清香
- 当香味挥发完，可以再次滴入香薰精油使用

产品尺寸

Product size

20.8厘米
10.5厘米

20厘米
8.5厘米

20.8厘米
9.5厘米

图 8-5-9 风铃 设计：吴倩仪 指导老师：李楠 广东轻工职业技术学院

2019届 广东轻工职业技术学院 艺术设计学院 毕业设计展
GRADUATION DESIGN EXHIBITION

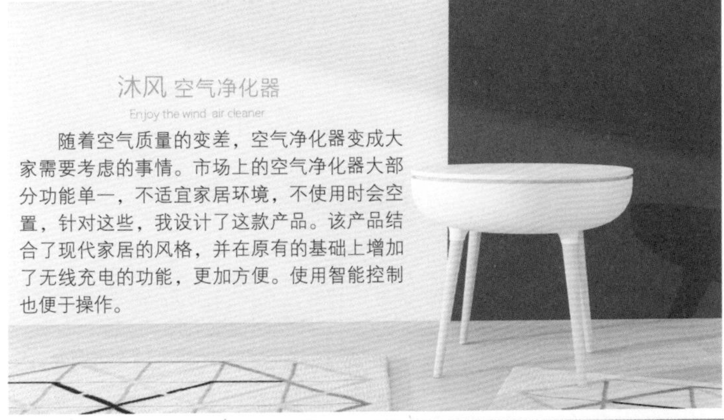

图 8-5-10　“沐风”空气净化器　设计：闫川　指导老师：罗名君、徐向荣　广东轻工职业技术学院

作业与思考

1. 运用常见排版方式，为自己的作品设计一幅作品展示海报。

2. 设计一份三折页的求职简历，内容包括学习期间所有设计作品。

学生笔记

模块9　环境与人

第一节　光环境

第二节　声环境

第三节　设计案例

模块9　环境与人

学习目标

知识目标

了解照明对作业的影响、光的物理参数、工作场所照明设计，掌握光环境设计的一般要求，了解乐音及其应用、噪声危害与控制。

能力目标

具备光环境设计能力，掌握应用乐音、防治噪声的方法。

重点、难点指导

重点

照明设计、乐音应用、噪声防治。

难点

对光环境和声环境相关参数的理解。

不管身处何地，人的身体都是处在具体真实的环境中，因此良好的环境可以促进人的身体和心理健康，提高工作效率。反之，恶劣的环境对身心健康、工作效率等有负面影响。人机工程中涉及的环境因素大致分为四种：物理环境、化学环境、生物环境、劳动与社会心理环境。其中物理环境与日常生活的关系最为密切。物理环境主要有光、声、热、振动、电磁波、微气候等因素，人通过眼睛、耳朵、皮肤等感受器官可以接收环境中的信息，即视觉对应光环境、听觉对应声环境、触觉对应温度和湿度环境。现有研究表明，人从视觉和听觉两个途径获取的信息超过总接收信息量的90%，因此我们本章主要学习光环境和声环境。

第一节　光环境

当夜间会车的时候，如果自己受到对方车辆远光灯的一直照射，形成眩光，我们视线就会产生大面积视觉盲区，看不清前方道路，如图9-1-1所示，此种情形将非常危险，容易造成交通事故。这里就涉及到不良的光环境可能会酿成较大的灾难。由此可见，光照环境在我们的日常生活中的影响非常大。

一、照明对作业的影响

我们首先来看照明在作业中的几个统计数据。

如图9-1-2所示，以眨眼频次来表示看书的疲劳程度，可以看出，在一定范围内，照度值越低，人的眨眼频次会越高，人也就越容易疲劳。

如图9-1-3所示，为一精密加工车间的情况，随着照度值由370勒克斯（lx，光照强度的单位名称）在一定范围内逐渐增加，劳动生产率会随之增长，同时也可以看出工作人员的视觉疲劳在逐渐下降，这种趋势在1200勒克斯以下表现非常明显。

图9-1-1　远光灯影响视线

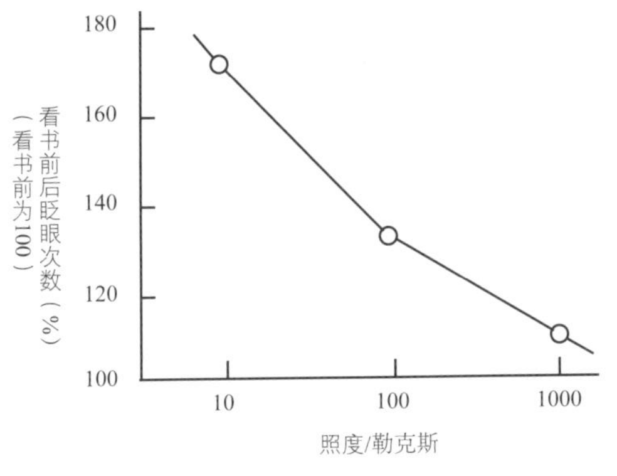

图9-1-2　看书疲劳与照度的关系

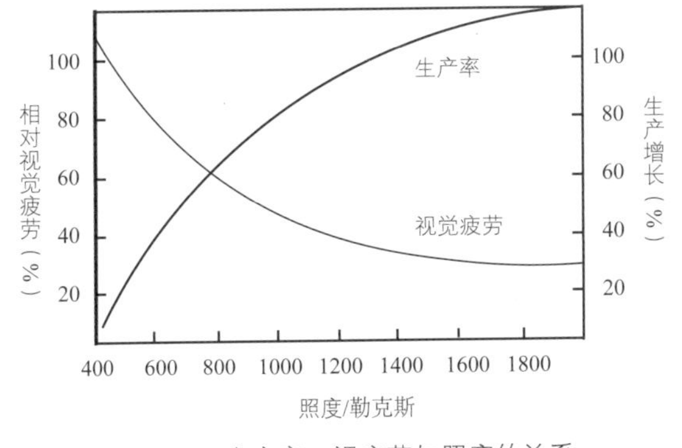

图9-1-3　生产率、视疲劳与照度的关系

如图9-1-4所示，为事故次数和季节的关系，由于冬季的白天较短，工作场所人工照明的时间增加，和天然光相比，人工照明的照度值、显色性等参数通常较低，导致工作人员的视觉障碍会增加，所以在冬季，工作事故会随之增加。

如图9-1-5所示，为不同的被试人员对各种照度的满意程度，图中红色线为平均值。由此可知，2000lx左右是比较理想的照度，当照度提高到5000lx时，会因过分明亮导致满意程度下降。

所以，综合疲劳程度、工作效率、事故、工作情绪这几个方面来看，设计良好的照明可以改善视觉条件、提高工作效率与质量、减少工作差错、减少事故，也有助于提高工作兴趣。

二、光的物理参数

在前面的这些统计数据中，我们提到了一些有

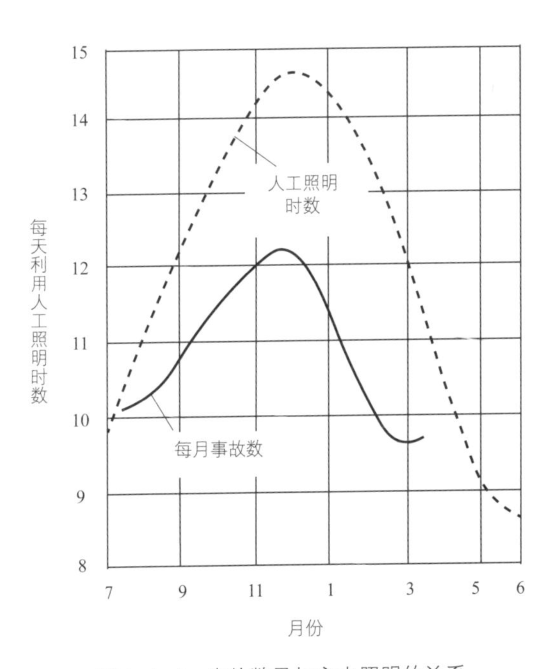

图9-1-4　事故数量与室内照明的关系

关光的度量，也就是光的物理参数，包含前面光的参数在内。光的主要参数有光通量、光照强度、发光强度、亮度、光效等。

（一）光通量

光通量是指从光源辐射出来，能引起人眼视觉的光能量辐射速率，它等于单位时间内某一波段的辐射能量和该波段的相对视见率的乘积，单位为流明（lm）。由于人眼对不同波长光的相对视见率不同，所以不同波长光的辐射功率相等时，其光通量并不相等。例如，当波长为555纳米的黄绿光与波长为650纳米的红光辐射速率相同时，前者的光通量为后者的10倍。

（二）光照强度

光照强度简称照度，用于表示光照的强弱和物体表面被照明程度的量，它是指被照射物体单位面积上所接受的光通量，单位为勒克斯（lx）。被光均匀照射的物体，在1平方米面积上所得的光通量是1流明时，它的照度是1勒克斯，表示为1lx=1 lm/m^2。

（三）发光强度

发光强度是用于表示光源给定方向上单位立体角内光通量的物理量，单位为坎德拉（cd），主要用来描述点光源的发光特性。光通量单位为流明（lm），立体角单位为球面度（sr），故1cd=1 lm/sr。

（四）亮度

亮度又称光亮度、明度，表示发光面明亮程度的一个量，发光面可以是面光源、面反射、面透射等。亮度定义为发光面在指定方向的发光强度与发光面在垂直于所取方向的平面投影面积之比，单位为坎德拉/平方米（cd/m^2）。

光通量、光照强度、发光强度、亮度之间的关系，可以通过图9-1-6加强理解。

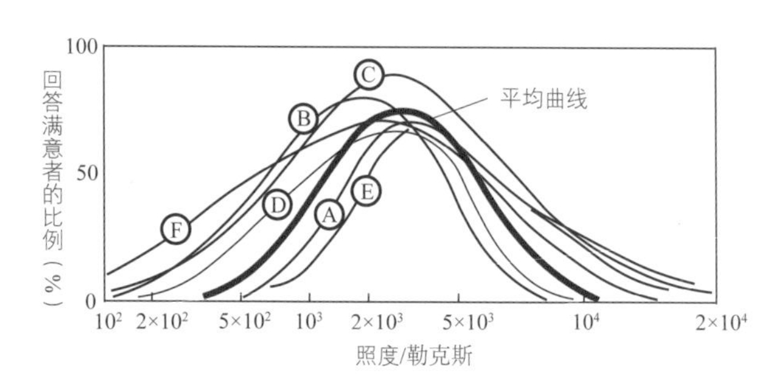

图 9-1-5　工作中的照度满意度

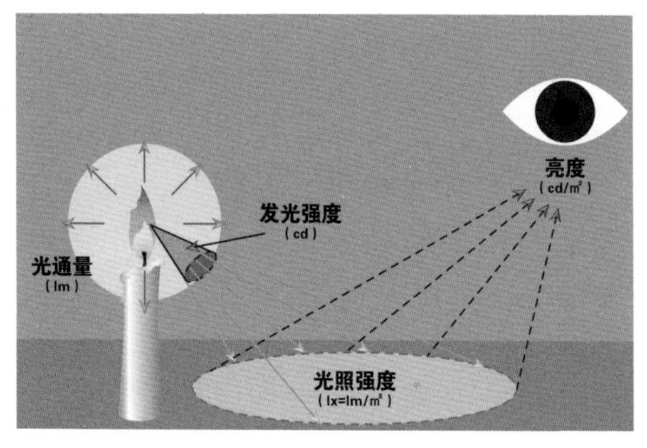

图 9-1-6　光通量、发光强度、光照强度、亮度之间的关系

（五）光效

光效是发光效率的简称，是指光源发出的光通量与消耗电功率之比，单位为流明/瓦（lm/W）。不同光源发出同样的光通量，消耗的功率越少，发光效率就越高，它代表着光源的光能转化能力。目前产业化LED灯光效超过180流明/瓦，日光灯光效为40—50流明/瓦，传统白炽灯光效为10流明/瓦，所以从能量转化率来看，此三者中LED灯最强，白炽灯最弱。

三、工作场所照明设计

（一）光源选择

1. 尽量选用自然光

光环境分为天然采光和人工照明两种类型。天然采光明亮柔和，人眼感到舒适，而且太阳光谱中适量的紫外线对人的生理机能有良好的影响，所以工作场所中通常应优先、最大限度地选择天然采光。人工照明尽量是作为补充光源的定位，而且人工照明中也应选择接近自然光的光源。目前市面上“全光谱”、显色指数接近100的护眼灯已经越来越受到消费者的重视。

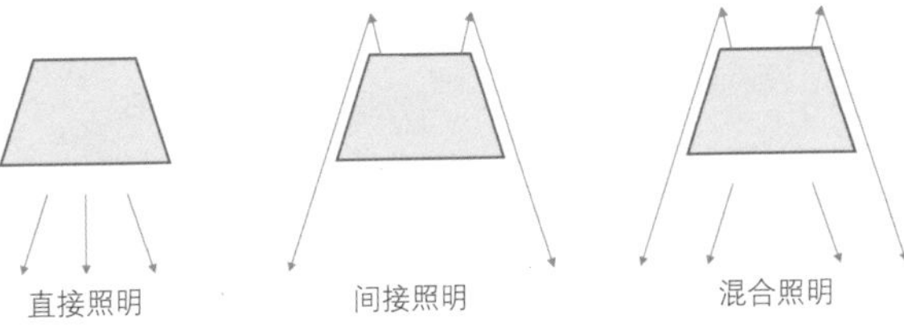

图 9-1-7　光源投射方式

2. 合理选择照明方式。

照明方式可归为三类，分别是直接照明、间接照明及混合照明，如图9-1-7所示。直接照明时光线直射在目标物体上，照明效率高，能清晰勾勒物体轮廓，因此，在对视觉要求高的精密作业中应用广泛，如图9-1-8所示。间接照明则是通过反射光线来照明，一般不会产生明显阴影，避免明暗对比过于强烈引起眩光。如图9-1-9为著名的PH系列灯具，就运用了间接照明的照射方式，其所有的光线至少经过一次反射才能达到工作面，人眼无论从任何角度均不能看到光源，从而可以获得柔和均匀的照明效果。当然在灯具产品中，通常会结合到两种照明形式。

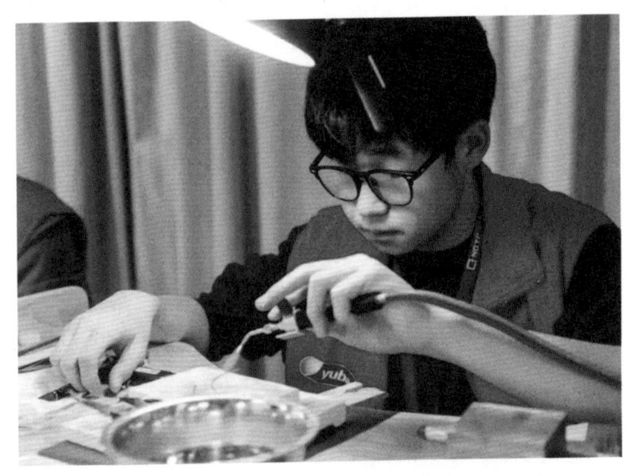
图 9-1-8　精密作业的直接照明

（二）灯光布置

工作场所中的人工照明按照射范围和效果分为一般照明、局部照明与综合照明。

1. 一般照明

一般照明也称为全面照明，是不考虑特殊局部的需要，为照亮整个场地而设置的均匀照明，如图9-1-10所示，一些存放大物件的仓库可采用。

2. 局部照明

局部照明是为了满足某些特定的区域而设置的照明，它通常靠近工作面，使用较少照明器具获得目标空间的较高照度，如图9-1-11中工作台面、画展的照明。局部照明的方式在布置时候一般较灵

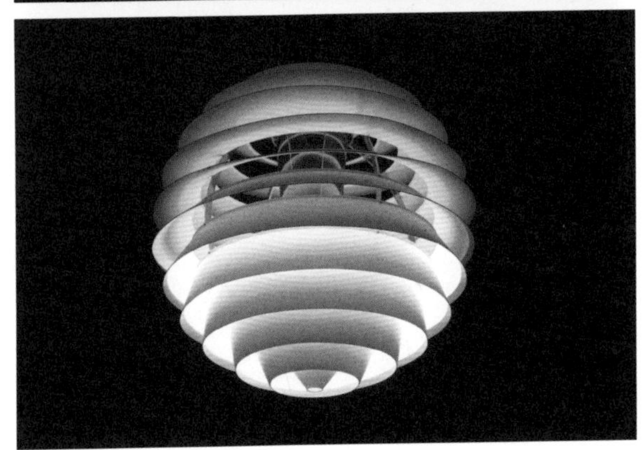
图 9-1-9　PH 系列灯具

图 9-1-10　大物件仓库照明

图 9-1-11　工作台面与画展的照明

活，不过要警惕与周围较暗环境产生眩光。

3. 综合照明

综合照明是组合一般照明和局部照明而成，通常用于光环境要求较高的场所，场景中能减少阴影和眩光。如图 9-1-12 所示，开放车间的一般照明与具体工位的局部照明组合搭配是一组综合照明。

（三）照明质量

1. 亮度分布

在工作场所的照明中还有一个要素是亮度分布，视野内的观察对象、工作面和周围环境之间最好的亮度比应控制为 5：2：1，最大允许亮度比为 10：3：1。如果房间照度水平不高，例如不超过 150—300 勒克斯时，视野内的亮度差别对视觉工作的影响比较小，可以忽略考虑。在办公室和学校、工厂中的亮度比可以参考表格中的参数。（表 9-1）

图 9-1-12　车间及工位上的照明

表9-1 亮度比推荐值（美国照明工程学会）

条件	办公室、学校	工厂
工作表面的照明与周围环境的照明比（如书与桌子之间）	3∶1	5∶1
工作表面的照明与较远环境的照明比（如书与地面或墙面之间）	10∶1	20∶1
光源与背景	20∶1	40∶1
视野中最大亮度比	40∶1	80∶1

我国对照明相关的国家标准文件主要有三个：《室内工作场所的照明》（GB/T 26189-2010）、《建筑照明设计标准》（GB50034-2013）和《建筑采光设计标准》（GB50033-2013）。在实际设计的时候可以查表获取参数，它对居住建筑、公共场所、工业建筑的照明有相关的推荐，在应用中要根据具体情况去选择与设计。

2.眩光

当视野内出现过高的亮度或过大的亮度对比时，人们会感到有不舒适的刺眼，影响观察细部或整体目标的能力，严重时可以致盲。前面提到的夜间会车遇到的对方远光灯照射就属于比较严重的情形，所提这些刺眼的光就属于眩光。在工作场所中，眩光是一种危害性较大的情形，眩光的来源有三种：直接眩光、反射眩光、对比眩光。由亮度极高的光源直射所引起的称为直接眩光。强光经过反射引起的称为反射眩光。目标物体与背景明暗相差太大造成的称为对比眩光。眩光的视觉效应主要是致使眼睛暗适应遭到破坏，产生视觉后像，导致视觉的不舒适，容易造成视疲劳，长期下去会损害视力。那么，对于眩光的控制措施有哪些呢？我们可以从如下方面进行解决：

降低光源亮度感知。首先，直射人眼的光源亮度要小于16×10^4 cd/m^2，另外对眩光光源应考虑用暗色或半透明材料进行遮挡，以减少人对光源亮度的感知，如图9-1-13中电焊工人使用的面罩、日常生活中使用的墨镜等。

合理分布光源。位置上应尽可能将眩光光源布置在视线外，如图9-1-14所示，尽可能设置在60度以外的无眩光区，至少也应该设置在避开强烈眩光区的30度以外。另一方面，也可以给光源增加灯罩遮挡直接眩光。

对于反射眩光，可以改变光线入射角以及反射面，如图9-1-15所示，桌面上的照明应选择侧面

图9-1-13 墨镜与电焊面罩降低光源亮度感知

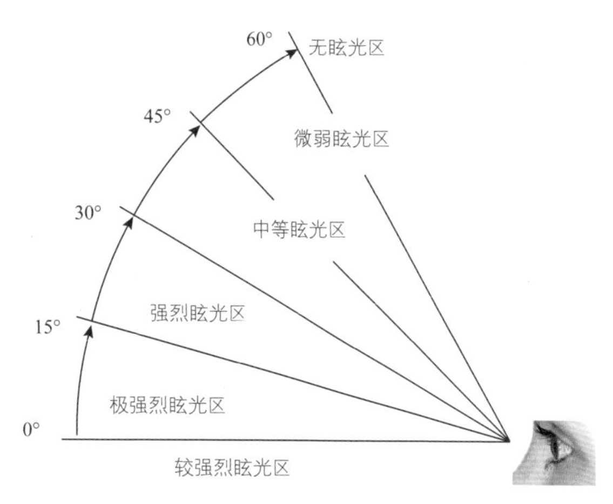

图 9-1-14　眩光与光源位置的关系

照射的灯光，同时尽可能选用亚光的桌面以降低反射系数。

直射光线转为散射。让直射光线经灯罩、天花板或墙壁等反射到需要环境中，形成间接照明，如图9-1-16所示。

适当提高环境亮度。减少亮度对比，控制视线内亮度对比度的比值大于1∶10。

3.光色与光的显色性

（1）光色

各种光源都具有自己固有的颜色，物理学上光源固有色用色温表示，色温低偏暖，色温高偏冷。光色通常会覆盖整个环境，因此可以利用光色去营造气氛色调。如咖啡厅、餐厅可使用暖色光源，很多熟食与饮品看起来会令人更有食欲，而且人在其中能感受到温暖与热情。游泳馆中则建议采用冷色光源，可以增加泳池干净、清澈的感觉。基于光色可以被用于色彩控制，我们可以主动增强或控制特定的显色色彩。如图9-1-17所示：市场中的“生鲜灯”，肉类强调红色的显色，配红光＋白光；绿色果蔬强调绿色的显色，配绿光＋白光；熟食、糕点、卤菜等强调橙黄色的显色，配橙色＋暖光；海鲜强调蓝色的显色，配蓝光＋白光。

（2）光的显色性

光源显现被照物体颜色的性能称为显色性。为了对光源的显色性进行定量的评价，国际照明委员会制定了一种评价方法，用显色指数（CRI）表示光源的显色性，以标准光源为准，将其显色指数定为100，其余光源的显色指数均低于100。显色指数分为一般显色指数和特殊显色指数，常见报告中采用一般显色指数，用Ra表示。典型光源的显色指数（Ra）如表9-2所示。在高显色指数的光源照射下，物体色彩失真少；在低显色指数的光源照射下，物体色彩失真多。国际照明委员会把显色指数（Ra）分为五类，见表9-3，分别对不同类型场地的适应性作了归纳，如在博物馆、美术馆、油漆配置场所应选用高显色指数的光源，在仓库、户外道路等场所可以选用较低显色指数的光源。

当今，人民对美好生活的需要日益增长，除了对光源的亮度、节能有要求，大家对生活中光源的显色指数要求也越来越高。企业也注重对高显色指数的灯具开发，当今主流的家用灯具品牌都已将灯具的显色指数（Ra）做到90以上。

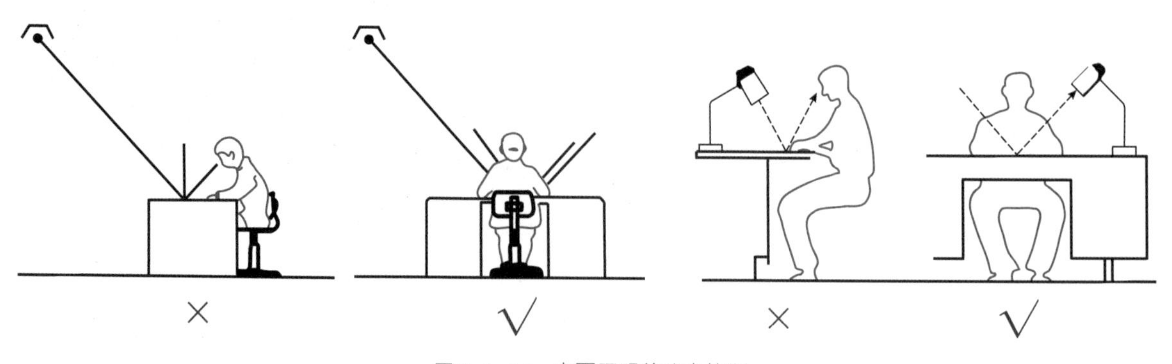

图 9-1-15　桌面照明的眩光控制

图 9-1-16　直射光线转为散射

图 9-1-17　普通光源与“生鲜灯”照明对比

表9-2　典型光源的显色指数（Ra）

光源	白炽灯、卤素灯	氙气灯	荧光灯	镝灯	LED灯	金卤灯	钠铊铟灯	高压汞灯	高压钠灯
显色指数（Ra）	95–100	95–98	51–95	80以上	70–85	65–95	60–65	22–51	20–30

表9-3　显色指数（Ra）的五种类别

显色类别	Ra	显色性	显色要求程度	应用场所举例
1A	90—100	优	需要色彩精确对比的场所	颜色匹配、颜色检验、美术馆、博物馆
1B	80—89	良	需要色彩正确判断的场所	印刷、油漆、纤维及精密作业的工厂，住宅、旅馆、饭店
2	60—79	普通	需要中等显色性的场所	机电装配、表面处理、控制室等一般作业的工厂，办公室、学习也允许使用
3	40—59	较差	对显色性要求较低的场所	机械加工、热处理、铸造等重工业工厂、室外街道
4	20—39	差	对显色性无具体要求的场所	仓库、搭建金属库、室外道路

第二节　声环境

相信大多数人都无法忍受卷笔刀或指甲划过黑板的声音，甚至想一想都会觉得内心一揪，还有刀叉刮餐盘、婴儿不停地啼哭声等各类噪音都会让我们感到非常难受。另一方面，我们享受山涧的流水声、舒缓的背景音乐，说明声环境对我们的生活有较大的影响。

人获取信息最多的感官通道是视觉系统，其次就是听觉系统，所以声环境也是我们要重视和去设计的不可或缺的内容。声环境主要知识点包括乐音及其应用、噪声及其控制两个部分。

一、乐音

环境中的声音可以分成乐音和噪声两大类。能让听觉产生舒适感，使人感到愉悦的声音称为乐音。乐音有来自自然界的，也有人工制作的，如图9-2-1流泉淙淙来自自然、乐器奏乐来自人工产生。

为了使工作者精神状态得到放松、缓解工作疲劳、提高效率而在工作场所播放的音乐，称为背景音乐。播放背景音乐主要有以下作用：

对精神紧张的作业者有缓解疲劳的作用，这一点对女性的效果比对男性更显著。

对单调的重复性作业有减轻烦躁感的效果。

对较为自由的手工作业，能使作业者减少互相聊闲天、减少停工休息的时间，从而提高效率。

对有害的环境噪声有遮盖作用。

为使得背景音乐发挥更好的效用，在应用的时候需要选择合适的乐曲与适宜的播放时间。这方面我们应该注意以下几方面：

对于耗费体力、无须注意力高度集中的操作，适合选用节奏明快、轻松的乐曲。建议每分钟130拍左右。

对于单调重复的作业，适合播放具有欢快愉悦的乐曲。

对于精力需要高度集中的作业，特别是脑力劳动，适合播放节奏舒缓、意境悠远的乐曲，建议每分钟90拍左右，而且音量要小。

不论何种工作场合，都需要有多支乐曲轮换播放，同一支乐曲播放过于频繁则会令人腻烦。

图9-2-1　自然界与人工产生的乐音

二、噪声

从物理学的角度来说，声波的频谱与强弱对比杂乱无章、强度过强或强度较强且持续时间过长的声音，称为噪声。从人的主观感受而言，凡是干扰人们工作、学习、休息的声音，即不需要的声音，都属于噪声。前者是关于噪声的客观标准，后者是关于噪声的主观标准。两个标准并不是等同的，譬如播放一段音乐，虽然不是客观标准的噪声，但对于正想睡眠或正专心学习与思考的人来说，可能就属于主观标准的噪声。

声压和声压级是噪声在生活中最常见的物理参数，介质（空气）中有声场时的压强P与无声场时的压强P_0之差即为声压，单位为帕（Pa）。通常人耳能够分辨最小声压为2×10^{-5}Pa，称为听阈；人耳能忍受的最大声压20Pa，称为痛阈。从听阈到痛阈，声压绝对值相差数量级别较大。生活中用声压的绝对值表示声音的大小显然不方便，因此，我们便根据人耳对声音强弱变化响应的特性，引出一个对数量来表示声音的大小，这就是声压级。声压级可通过声压换算得出，单位为分贝（dB）。如表9-4所示，随着声压级增大，人们会逐渐感到吵闹和痛苦，人的听觉也会达到逐步受损的程度。

噪声的危害主要表现为以下几个方面：

（一）对语音信息传播的影响

显而易见，噪声对声音语言有干扰作用，如在喧闹的环境中需要提高嗓门才能进行交流，在安静的场所，较为微弱的话语我们亦能听清。所以，场所中的语音信息传播取决于语音的强度和背景噪声的强度。

（二）对工作的影响

超过70dB的噪声使人注意力涣散、反应时间加长、记忆困难、计算能力会受到干扰，因此工作效率和质量会降低，这些影响对精细工作和脑力工作尤其显著。如表9-5所示，为不同场所的噪声允

表9-4　声压级（分贝）、人耳感受及对人体的影响

声压级/dB	人耳感觉	对人体的影响
0—9	刚能听到	安全
10—29	很安静	安全
30—49	安静	安全
60—69	感觉正常	安全
70—89	逐渐感到吵闹	安全
90—109	吵闹到很吵闹	听觉慢性损伤
110—129	痛苦	听觉较快损伤
130—149	很痛苦	其他生理受损
150—169	无法忍受	其他生理受损

表9-5　不同场所的噪声允许极限值

允许极限/dB（A）	场所	允许极限/dB（A）	场所
28	电台播音室，音乐厅	47	零售酒店
33	歌剧院（500座位，不用扩音设备）	48	工矿业办公室
35	音乐室，教室，安静的办公室，大会议室	50	秘书室
38	公寓，旅馆	55	餐馆
40	家庭，电影院，医院，教室，图书馆	63	打字室
43	接待室，小会议室	65	人声嘈杂的办公室
45	有扩音设备的会议室		

许极限值。如果场所中噪声超过允许极限值，工作将大受干扰，以致难以继续。不过，另一方面，噪声也具有有利的一面，比如在疲劳驾驶中，可能突然的客观噪声有利于人保持清醒。

（三）对人体的危害

较轻的噪声可影响休息、睡眠；持续的噪声，使人精神烦躁、情绪不安；强噪声会损伤听力，直至造成耳聋；持续超过90dB的较强噪声对人体健康更会造成多方面的危害，包括引起肾上腺分泌增加、血压上升、肠胃功能失调、伤害神经和心血管系统等。

随着工业、交通业的发展，噪声污染成为城市公害的问题日益突出。有关部门估计，我国有20—30%的工人暴露在损伤听觉的强噪声环境之下，有超过1亿人的生活中存在噪声的干扰。而由于噪声多方面、广范围的影响，对噪声的有效控制就成为生活中一项普遍且重要的任务。

实行噪声控制，可以从噪声源控制、传播途径控制、个人防护三个方面人手。（图9–2–2）

1.噪声源控制

我们可以选用不共振的材料和设计振动更小的传动机构等措施来使振动体降低噪声，如电风扇通过电机技术的优化，噪声可以控制得非常低。另一方面，也可以通过加固、加重产生噪声的振动体，降低其振动强度，如重型机械必须固定在水泥和铸铁的地基上，如图9–2–3所示。

2.传播途径控制

控制传播途径主要采用阻断、屏蔽、吸收等方式。对于工业噪声，我们选择将噪声大的工厂规划到市郊或远离生活区；对于交通噪声，我们设计道路隔音屏障，如图9–2–4所示；对于生活噪声，我们可以通过基本的建筑隔断来控制。各种建筑面的隔声效果以及不同材料的表面吸声系数，如表9–6、表9–7所示。

图9–2–3　重型机械固定于水泥地基上

图9–2–2　噪声控制三个方面示意图

图9–2–4　城市公路隔音屏障

表9-6 各种建筑表面的隔音效果

材料种类	隔声作用/dB	说明
普通单门	21—29	听懂说话
普通双门	30—39	听懂大声说话
重型门	40—46	听到大声说话
单层玻璃窗	20—24	
双层玻璃窗	24—28	
双层玻璃，毛毡密封	30—40	
隔墙，6—12cm砖	37—42	
隔墙，25—38cm砖	50—55	

表9-7 不同材料表面的吸声系数

材料	频率/Hz			
	125	500	1000	4000
上釉的砖	0.01	0.01	0.01	0.02
不上釉的砖	0.08	0.03	0.01	0.07
粗糙表面的混凝土块	0.36	0.31	0.29	0.25
表面涂刷过的混凝土块	0.10	0.06	0.07	0.08
铺地毯的室内地板	0.02	0.14	0.37	0.65
混凝土上面铺有毡、橡皮或软木	0.02	0.03	0.03	0.02
木地板	0.15	0.10	0.07	0.07
装在硬表面上的25mm厚的玻璃纤维表面	0.14	0.67	0.97	0.85
装在硬表面上的76mm厚的玻璃纤维表面	0.43	0.99	0.98	0.93
玻璃窗	0.35	0.18	0.12	0.04
抹在砖或瓦上的灰泥	0.01	0.02	0.03	0.05
抹在板条上的灰泥	0.14	0.06	0.04	0.03
胶合板	0.28	0.17	0.09	0.11
钢	0.02	0.02	0.02	0.02

3.个人防护

使用个人防护用具，是减少噪声对接收者产生不良影响的灵活有效方法。防护用具常见的有耳塞、耳罩、防声头盔、防声棉等，如图9-2-5所示，不同类型用具以及用具材质要根据使用环境、材质对噪声衰减效果进行合理选择。

对于噪声防控，我们国家出台了相关的法律法规，如《中华人民共和国环境保护法》《中华人民共和国环境噪声污染防治法》，发布了相关标准如《声环境质量标准》(GB3096-2008)和《社会生活环境噪声标准》(GB 22337-2008)，表9-8中摘列了城市5类区域环境噪声限值(dB)。

表9-8 城市5类区域环境噪声限值(dB)

类别区域	昼间	夜间
疗养区、高级别墅区、高级宾馆区等(位于城郊或乡村的上述区域)	50	40
住宅区、文教机关区等	55	45
住宅、商业和工业的混杂区	60	50
工业区	65	55
城市交通干线，内河航道和铁路主、次干线的两侧和穿越区(指非车船通过时的背景噪音)	70	55

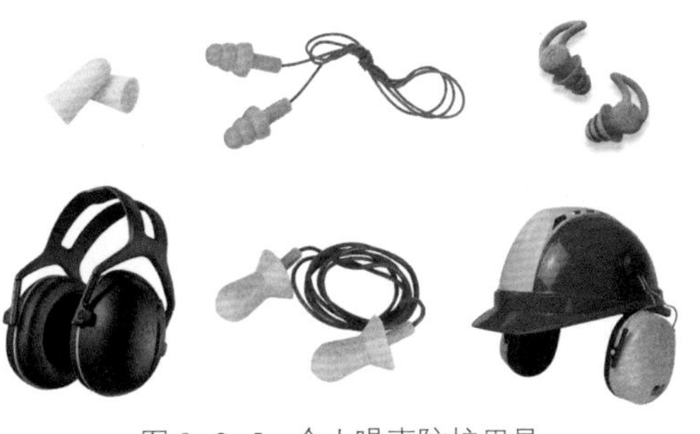

图9-2-5 个人噪声防护用具

第三节 设计案例

一、欧科（ERCO）公司AAA照明方式

欧科（ERCO）是德国一家知名的照明设备公司，该公司提出AAA（Architecture、Activity、Atmosphere）方式来实现以人为本的照明设计。AAA主要目标为更好地感知建筑中的空间、更好地服务人的活动和营造宜人的氛围。

为建筑的照明（Light for architecture）：如图9-3-1所示，可通过均匀照明的墙面提高空间感知，对支撑结构进行局部照明来增加感知层次，合理构建安装方法和灯具形状将灯具集成到建筑中。

为活动的照明（Light for activity）：如图9-3-2所示，要求照明无眩光，能灵活调整灯光位置和入射角，照度和色温与自然光匹配，能按照活动区域的不同规划分区照明。

为氛围的照明（Light for atmosphere）：如图9-3-3所示，要求有展示效果的陈设、橱窗、公布栏、景观等重要区域用局部照明强调，通过灯光效果体现入口、路线，明暗与光色要求人工可调，灯光场景能体现晨昏、昼夜变化，从而给人以时间感。

按照AAA照明方式，如图9-3-4所示，综合布置空间照明能较好地实现工作、生活对光环境需求，能增加人对物理环境和氛围环境的感知，能较好地利用光的视觉、情感和生理效应。

图 9-3-1 为建筑的照明

图 9-3-2 为活动的照明

图 9-3-3 为氛围的照明

图 9-3-4 AAA 照明方式

二、展厅射灯的入射角设计

如图9-3-5所示，入射角30度左右的是局部重点照明画作的理想角度。在这样的入射角下，画面表面产生高而均匀的亮度，画作的笔触和浮雕作品能产生良好的光影效果。

如图9-3-6所示，入射角显著小于30度的照明会对展品造成极端阴影，画作笔触或浮雕作品光影效果会比较夸张，作品装裱框也可能会产生阴影。尽管光源距离展品更近，但在作品表面上只会产生较低的亮度。

如图9-3-7所示，入射角显著大于30度的照明对展品也不利，在这样的入射角下，画作的笔触和浮雕作品的光影构建不足，观察者也可能在作品上投下阴影，如果展品有玻璃保护或本身有较大光泽，则反射的眩光对展品会有遮盖效果。

三、一种隔音屏障

一种提供轻量化、模块化，具有快装快拆特点的隔音屏障，如图9-3-8、图9-3-9所示。其产品系列用于紧急、短期或长期项目，适合建筑工地、道路建设与维护、公共设施维护、装卸场地、枪支打靶场、演唱会等场景，如图9-3-10所示。

如图9-3-11、图9-3-12、表9-9所示，此系列隔音屏障主要功能在于吸收噪音，其核心是中层的复合吸声材料。正面外层使用耐用的防水PVC，作为保护外壳，也能很好地在表面印刷图文信息。

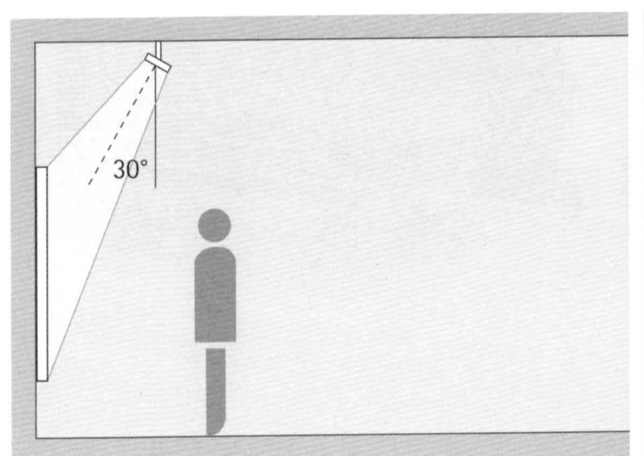

图9-3-5 入射角30°

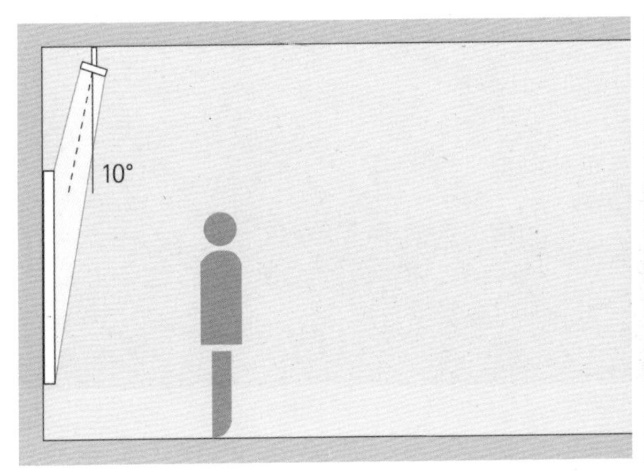

图9-3-6 入射角显著小于30°

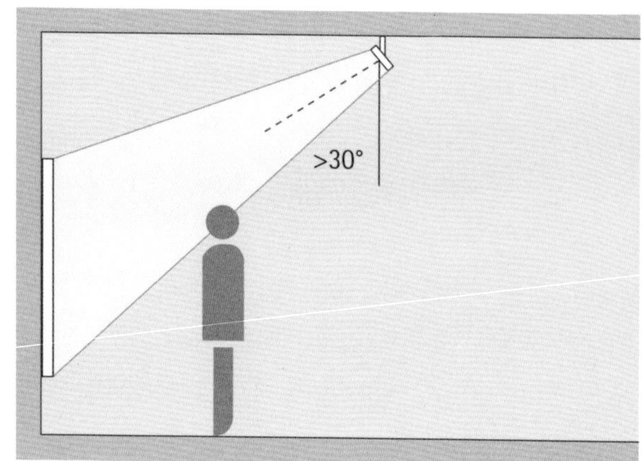

图 9-3-7　入射角显著大于 30°

图 9-3-8　隔音屏障基本示意

图 9-3-9　隔音棚

图 9-3-10　隔音屏障应用效果

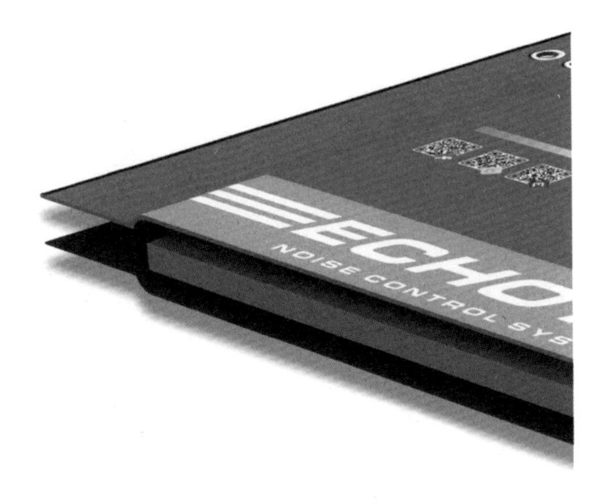

图 9-3-11 隔音屏障基本单元结构

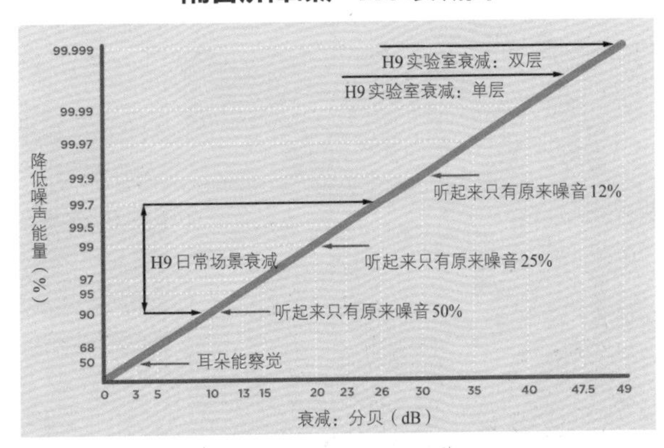

图 9-3-12 隔音屏障噪声 H9 衰减图

表9-9 隔音屏障H9性能参数

最大降噪（实验室测试）：43 dB	防尘测试标准：BSEN 60529-1992
最大噪音吸收（实验室测试）：100%	耐寒测试标准（结果）：BSEN 60068-2-1：2007(-40摄氏度）
高度：2050mm	拉伸试验标准（结果）：ISO 17025（垂直 5.85 kN，水平 1.1 kN）
宽度：1335mm	抗紫外线：3年（美国、加拿大），5年（世界其他地区）
卷合尺寸：直径400 mm，宽 1335mm	安全特性：夜间反光条，危险图标
重量：5.5 kg	安装时间：单人30秒内，带安装套件，可卷曲
防水测试标准：BSEN 60529：1992 IPX6 / IPX9	安装套件：含挂钩、弹性绑带、垂直安装套件
耐火测试标准：BS 7837：1996，ASTM E84	清洗：可强力清洗

背面是透气防水膜，可以让声音进入，而将水隔绝在外，保障在下雨的工作环境中，也不影响声学性能。此系列隔音屏障的低频声音吸收性能可与两倍以上厚度的传统吸音材料相当。在某些频率下，它会吸收100%的声音。在实验室测试中，它将噪音最多降低了近43分贝，吸收了超过99.99%的声能，在日常场景中能降低噪音10—20分贝，双层叠加使用，降噪效果更佳。

如图9-3-13、图9-3-14所示，一个单元的隔音屏障尺寸为2050毫米 ×1335毫米，卷合后直径400毫米、宽度1335毫米，重量5.3千克，便于运输和储存，也便于人力直接操作。安装方式主要是使用简易的挂钩悬挂于网面，横向拓宽只增加两个弹性绑带，竖向加高也只增加两个垂直安装套件，整体安装极为简易，能轻松实现快装快拆。其安装速度达到传统声屏障的两倍，人力成本减半，能体现明显的经济效益。

轻量化、模块化与可卷合的特点可以让隔音屏障匹配不同环境的尺寸和形状，大型施工场所以隔音屏障呈现，小型噪声源则可以使用隔音棚。考虑健康和安全，它不含传统隔音毯和隔音屏障中的玻璃纤维或石英等危险成分，最新一代隔音板也采用了大量回收材料。由于出色的性能，此系列隔音屏障得到了英国降噪协会和声学研究所共同颁发的技术奖项，同时也获得了其他许多国际奖项。

图 9-3-13　隔音屏障细节

图 9-3-14　隔音屏障的安装

作业与思考

1. 请你列举生活中运用光颜色的设计案例，并简要分析。

2. 是否所有场所的照明都要求显色指数（Ra）必须达到90以上？请对你的回答作简要分析。

3. 什么是眩光？生活中减少眩光的方法有哪些？

4. 噪声对人有哪些影响？怎样防治噪声？

学生笔记

模块10　心理与人机

模块10　心理与人机

学习目标

知识目标

了解感觉与知觉的特征及其关系，识别错觉各种类型，掌握色彩的心理效应，理解心理空间，认识人的行为习性及其在设计中的应用。

能力目标

运用心理学常识对人心理特征和需求进行合理分析，并运用在设计中。

重点、难点指导

重点

人机工程的心理学应用。

难点

对心理现象和心理过程的理解。

第一节　感觉与知觉

一、感觉

在心理学中，感觉是人脑对直接作用于感觉器官的客观事物的个别属性的反映。通过感觉，人能够认识外界物体的颜色、形状、气味等，从而了解事物的各种属性。通过感觉，人还能够认识到自己机体的各种状态，从而实现自我调节，如饥饿则食、疲倦则休。人对各种事物的认识活动是从感觉开始的，感觉是最初级的认识活动。对感觉的内涵可以从以下几个方面加深理解：

感觉是通过眼、耳、鼻、舌、皮肤、半规管等感受器官直接获取信息，过去、间接的事物信息不属于感觉，印象、幻觉不属于感觉。

感觉的内容和对象是客观的，感觉的形式和表现则是主观的。

感觉反映的是客观事物的个别属性，而不是事物的整体属性。

二、知觉

知觉是人脑对从感觉阶段获得的客观事物的各种属性、各个部分及其相互关系综合的整体的反映，是人脑对感觉器官从环境中得到的各种信息，如光、声音、味道等进行整合、解释和意义赋予的过程。感觉阶段获得事物的个别属性越丰富、越精确，对事物的知觉也就越完整、越正确。对知觉的内涵可以从以下几个方面加深理解。

知觉反映的是事物的意义。其目的是解释作用于我们感官的事物是什么，尝试用词语去标记它，因此知觉是一种对事物解释的过程。

知觉是对感觉属性的概括。它是对不同感觉通道的信息进行综合加工的结果，所以知觉是一种概括的过程。

知觉包含有思维的因素。知觉要根据感觉信息和个体主观状态所提供的补充经验来共同决定反映的结果，因而知觉是人主动地对感觉信息进行加工、推论和理解的过程。

三、感觉与知觉的关系

感觉和知觉既有联系，又有区别。它们都是对直接作用于感觉器官的事物的反映，如果事物不再直接作用于我们的感觉器官，那么我们对该事物的感觉和知觉也将停止。感觉和知觉都是人认识世界的初级形式，反映的是事物的外部特征和外部联系。但感觉所反映的是事物的个别属性，如形状、大小、颜色等，感觉阶段尚未获得事物的意义。知觉反映的是包括各种属性在内的事物的整体，知觉阶段人可以获得事物所反映的意义。如图10-1-1所示，通过感觉，能确定两个橙子的橙色与灰绿色；通过知觉，我们可以评判这是发霉的橙子，不能食用。可以看出，感觉是知觉的基础，知觉是感觉的深入，二者有着密切的联系。

在本节中，我们将重点学习知觉的相关特性。

四、知觉的特性

知觉的特性主要有选择性、整体性、理解性、恒常性和错觉。

（一）选择性

人在客观世界中，不可能同时对所有事物进行感知，总是有选择地把一定的事物当成知觉的对象，而把其他事物当成知觉的背景，以便更清晰地感知一定的事物或对象，这种特性被称为知觉的选择性。对象从知觉背景中被优先感知出，一般取决于下列条件：对象和背景的差别、对象的运动式闪烁、主观因素。

1.对象和背景的差别

对象和背景在颜色、形态、肌理等方面的差别越大，对象越容易被凸显强调，进而被人优先选择感知；反过来，则难以被优先选择。如图10-1-2所示，处于第二排第五的实体相机能从众多间隔分布的相同外轮廓黑色相机图块中被优先选择感知出，这是由于真实相机的肌理与黑色图块有明显的差别，我们会选择真实相机的内容进行优先感知。再如当今流行的网红打卡地，很多会提供有一个整体统一的背景墙，如图10-1-3所示，在背景墙前拍出的照片，可以让人物在与背景的差异中被优先

图10-1-1　发霉的橙子

图10-1-2　相机广告

图10-1-3　人物与背景墙

感知出，从而轻松获得理想的效果。

2.对象的运动式闪烁

在运动式闪烁的对象被优先感知的情况中也有很多的案例，如交通信号灯，在信号灯切换过渡前和一些较危险地点通常用动态闪烁进行提示，以较容易感知的途径提醒司机与行人。另外，在电子屏显时代的海报设计中，我们会发现动态海报格外显眼，这也是由于知觉的运动选择性。

3.主观因素

当任务、目的、知识、经验、兴趣、态度、情绪等因素不同时，选择的知觉对象会产生不同。例如情绪亢奋时候，选择面会更广泛；而在沉郁的状态下，知觉的选择面会变得狭窄，会出现“视而不见”“见而不闻”的现象。另外，知觉的对象和背景也不是固定不变的，它们可能互换。如图10-1-4所示《鲁宾的花瓶》双关图，当知觉选择花瓶为对象时，人脸则是背景；当知觉选择人脸为对象时，花瓶则是背景。

（二）整体性

人的知觉系统会将许多部分或多种属性组成的对象看作具有一定结构的统一整体，这一特性称为知觉的整体性。在感知熟悉的对象时，通常可通过感知其主要特征或个别属性，综合累积经验便能获得其完整的信息。知觉整体性的形成不是随意而来，而是遵循着一定的规则，前人已经总结出了它的许多定律，以下列举其中重要的几种：

1.临近律

临近律即在空间、时间等维度上彼此接近的部分容易被人知觉为一个整体。如图10-1-5所示，键盘以按键功能特性分区为主键区、功能键区、控制键区、数字键区、状态指示灯区等。在某个分区内相邻两个按键因为临近，我们可以推断它们会有相近的功能属性。在遥控器、显示装置的相关设计中可以应用人知觉的整体性原理进行设计。

2.相似律

相似律即颜色、大小、形状等属性相似的个体易被知觉为一个整体，在系列化产品中可以运用这种特性，如图10-1-6所示。

3.连续律

具有连续性或共同运动方向等特点的物体，易

图 10-1-5　键盘中的临近

图 10-1-4　《鲁宾的花瓶》双关图

图 10-1-6　系列化产品的相似性

被知觉为同一整体。2008年北京奥运会开幕式上的“大脚印”就是依靠多个烟花光点连续而成，如图10-1-7所示。

（三）理解性

在知觉阶段，人往往会利用以往所得的知识经验来理解当前的对象，称为知觉的理解性。如图10-1-8所示，我们一般都能解读出中间图形符号是数字“13”，或者是数字“1”和数字“3”组合，或者是大写字母“B”，但一位只学习过两位数数学而没学习过英文字母的小朋友就解读不出大写字母“B”，这是受知识累积所限制。这里也影射出我们在设计的时候要面向用户的真实情况。因此，在知觉同一个事物时，与之相关的知识经验越丰富，对该事物的知觉就越全面。如观察一张X光片，没有医学影像学知识的人只能认识出黑白的整体扫描影像，而放射科医师能从中看出人身体局部是否存在病变。

（四）恒常性

知觉的恒常性是指当知觉的客观条件在形状、大小、颜色等方面的一定范围内发生改变时，人们的知觉印象能保持相对稳定的特性。知觉恒常性是经验和记忆作用的结果，知觉的结果并不是完全遵从与感觉得到的信息。如图10-1-9所示的门，不同开合状态在人眼视网膜上成像分别是矩形和梯形，但我们都会将门的形状判断为矩形，这是知觉的形状恒常性缘故。如图10-1-10所示的桥墩，因为透视关系，画面中远处的桥墩细小如牙签，但我们依然会毫不怀疑地确认远处桥墩与近处的大小相同，这是知觉中大小恒常性的缘故。如图10-1-11中的两个橙子，即使处在不同的光照环境中，我们并不会认为右边黯淡的橙子不是橙色的。在不同光照环境中，这种色彩的变化并不会改变我们对橙子的知觉印象，这便是知觉中色彩恒常性的缘故。

（五）错觉

错觉是人们观察物体时，由于受到形、光、色等方面的干扰，加上人们的生理、心理等原因而误认物象，产生与客观不相符的结果。错觉是知觉的一种特殊形式，可以说是知觉恒常性的颠倒。本知识点将单独在下一节进行梳理。

图10-1-7 “大脚印”烟花的连续性

A

12 13 14

C

图10-1-8 知觉的理解性

图10-1-9 门形状恒常性

图10-1-10 桥墩大小恒常性

图10-1-11 橙子色彩恒常性

第二节　视错觉

我们明白知觉是更为高级与理性的范畴，但是，感觉和知觉如果被干扰，知觉对错误的信息进行整理，我们也将得到错误的知觉结果，错觉就属于这种情况。因为错觉在视觉领域产生的最为集中，同时外界信息80%以上是通过视觉进入大脑的，所以在本节集中学习视错觉。我们主要将视错觉分为三大类，分别是形状视错、色彩视错、似动视错。

一、形状视错

形状视错也称几何视错，可细分为长短、面积、形变、方向、旋转、位移和分割等类型。如图10-2-1所示，这些错觉通常以其首位研究者名字进行命名。

（一）缪勒—莱耶长短错觉

该错觉也称作箭形错觉。如图10-2-2左边第一幅所示，有两条长度相等的直线，如果一条直线的两端加上向外的两条斜线，另一条直线加上向内的两条斜线，那么前者就显得比后者长得多。这种错觉可引申为：含有向外修饰端头的直线形状比含有向内修饰端头的直线形状显得更长。根据这个错觉现象，在一些尺度固定的情况下，我们可以运用不同端头修饰的手段来增强其本体延展性或者包裹感。

（二）菲克长短错觉

如图10-2-3所示，它是指两条等长的直线，竖线垂直于水平线的中点，那么竖线看上去比水平线要更长一些。同样，通过演化和归纳，我们可以

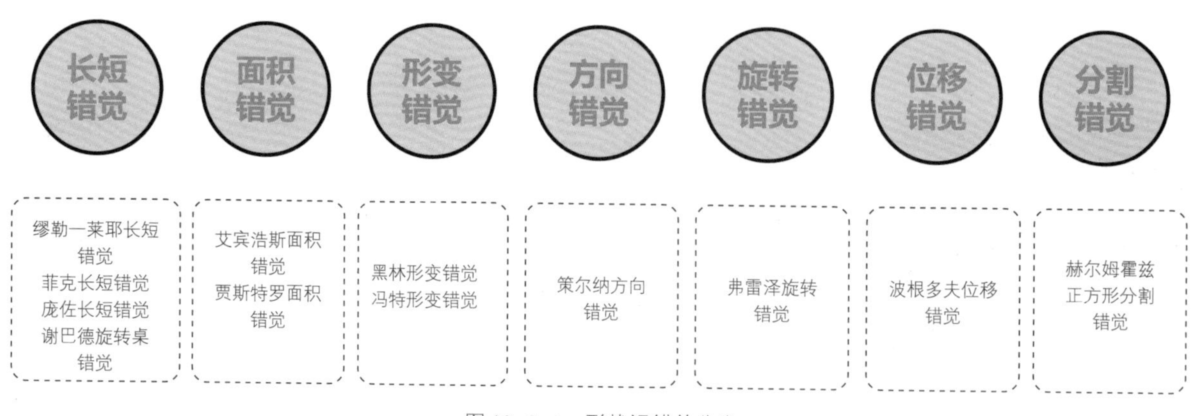

图10-2-1　形状视错的分类

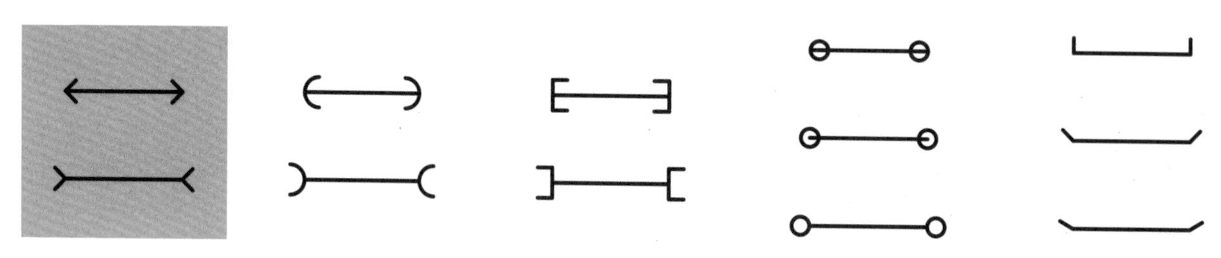

图10-2-2　缪勒—莱耶长短错觉

得出结论，相同长条形尺寸，竖向垂直于横向中间位置，那么竖向会被感知为更长，而横向则更短。

（三）庞佐长短错觉

该错觉由意大利心理学家马里奥・庞佐首先证实。他强调人类判断物体尺寸会被背景环境所影响。如图10-2-4左边所示，两条长短一致的平行线，放置于类似铁轨的图形上，结果人们都会误认为上部的线条更长，这是因为我们习惯了近大远小的透视原理，两条平行线会被我们安放进铁轨的透视中去，上部的线条，也就是远处的线条，比铁轨宽，下部的线条，也就是近处的线条，比铁轨窄，所以我们会认知上部的线条更长。庞佐错觉也可以演化为透视错觉，如图10-2-4右边的案例，同样是透视的三维场景参考系影响了平面上的二维参考系。

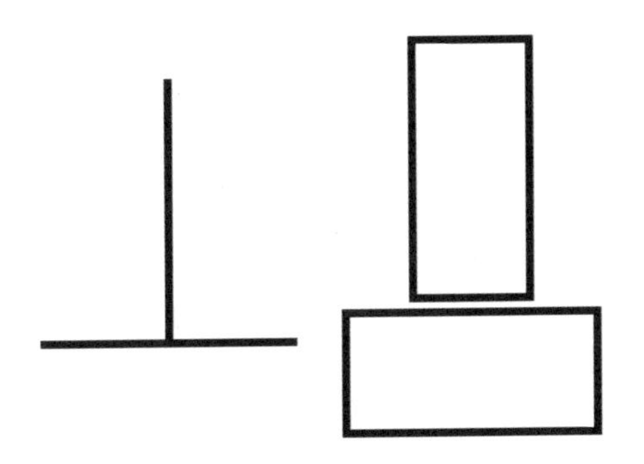

图10-2-3　菲克长短错觉

（四）谢巴德旋转桌错觉

它是最强大的错觉之一，通常会造成20%至25%的长度认知错误。如图10-2-5所示，我们很难去认为最左侧图中方桌与条桌的桌面形状大小在平面纸张上是一致的，但是当我们慢慢改变方桌的桌腿参考系，调整桌面边缘，演化成最右侧图时，你可能会开始怀疑刚刚的判断。这也是因为我们三维参考系影响了二维参考系的判断。

（五）艾宾浩斯面积错觉

它是一种对实际大小在知觉上的错视。如图10-2-6所示，两个完全相同大小的圆放置在一张

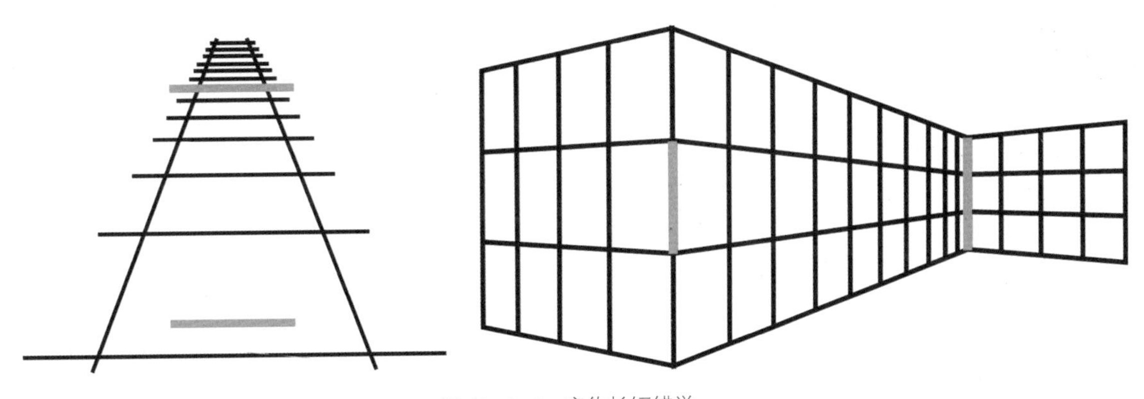

图10-2-4　庞佐长短错觉

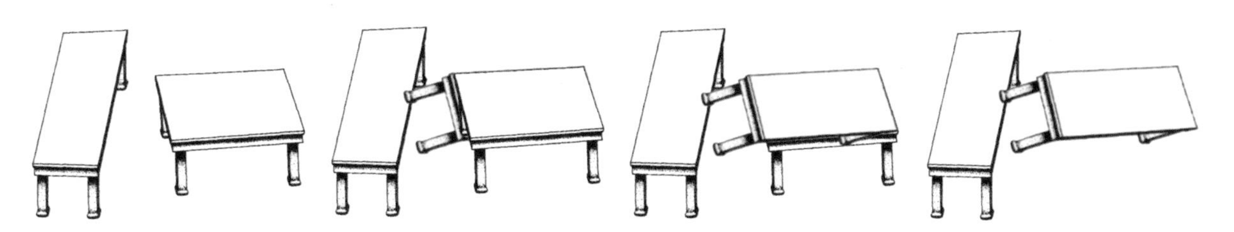

图10-2-5　谢巴德旋转桌错觉

图上，其中一个围绕较大的圆，另一个围绕较小的圆，围绕大圆的圆看起来会比围绕小圆的圆显得更小。这也是支持庞佐观点的一个例证，人们对物体尺度的判断确实会受背景或是临近物的影响，前面提到的缪勒—莱耶长短错觉也是较好的例证。

（六）贾斯特罗面积错觉

如图10-2-7所示，两个扇形环，内部的比外部的看上去更长一些、面积更大一些。这是由于我们在进行比较时，主要判断的依据会落在两个扇形环相邻处所体现的明显长短差距上。而这就导致了我们用内环的长边与外环的短边进行不对等的比较，从而会觉得内部的环看起来更大，但实际上两个环是完全相同的。在著名动画《名侦探柯南》655集《毒与恨的设计》有应用此错觉的内容。

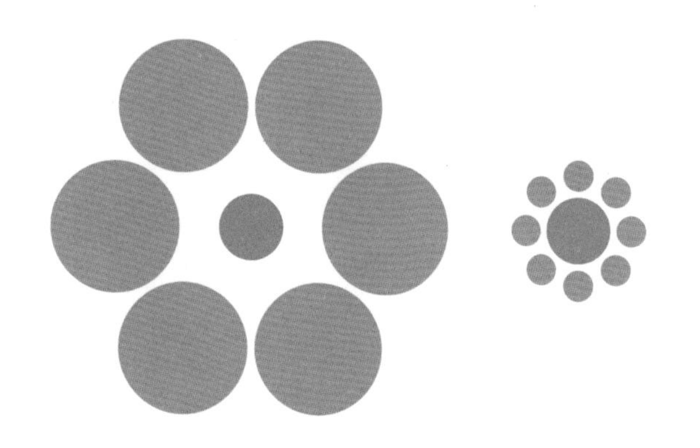

图10-2-6 艾宾浩斯面积错觉

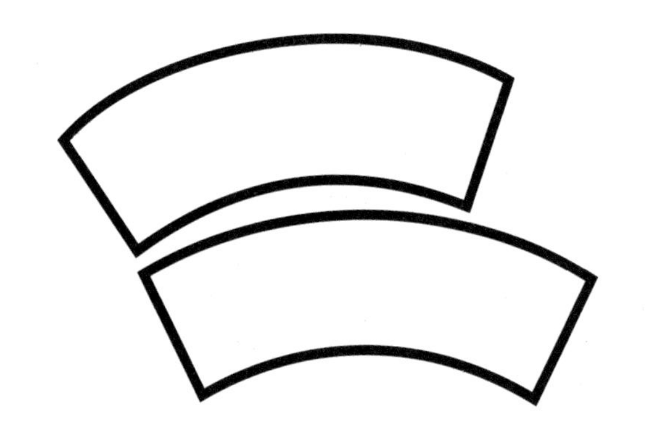

图10-2-7 贾斯特罗面积错觉

（七）黑林形变错觉，冯特形变错觉

形变错觉中的案例非常丰富，如黑林错觉、冯特错觉等，它们的情况一般是当增加干扰线后，视觉目标的形状发生认知性的改变，如直线变弯、“圆弧不圆”等，如图10-2-8所示。

（八）策尔纳方向错觉

如图10-2-9所示，横线条均是水平直线，但被周围看上去杂乱的短线干扰后，人会觉得水平线都产生了倾斜。

（九）弗井雷泽旋转错觉

如图10-2-10所示，我们所看到的好像是螺旋，但其实它是一系列完好的同心圆。这是由于各圆圈之间的“内部纹理图案”形成了渐进的传递，产生了旋转的参考系。

（十）波根多夫位移错觉

如图10-2-11所示，一条直线被两条平行线断开后形成两段，看起来会发生错位，似乎不在同一条直线上。

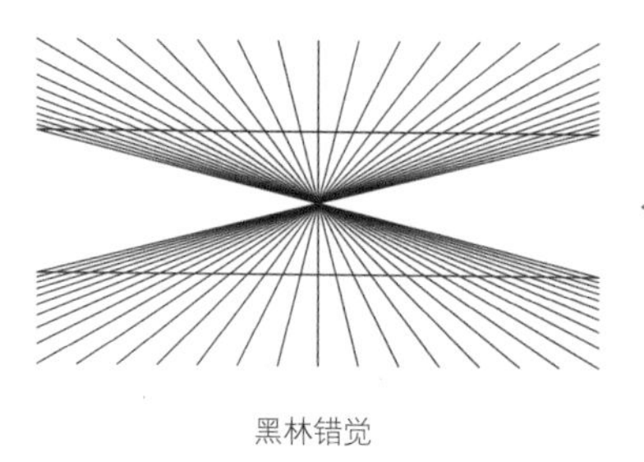

黑林错觉

冯特错觉

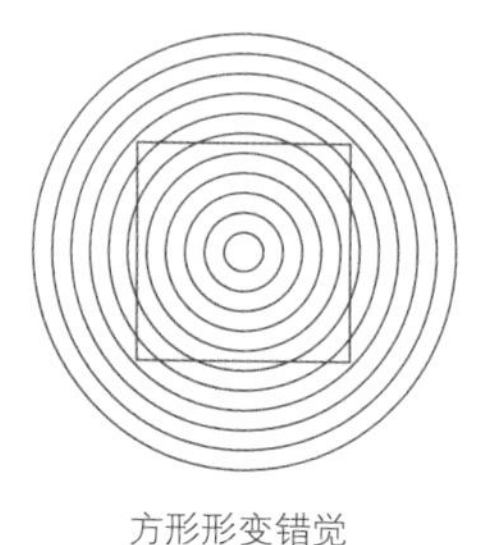

方形形变错觉

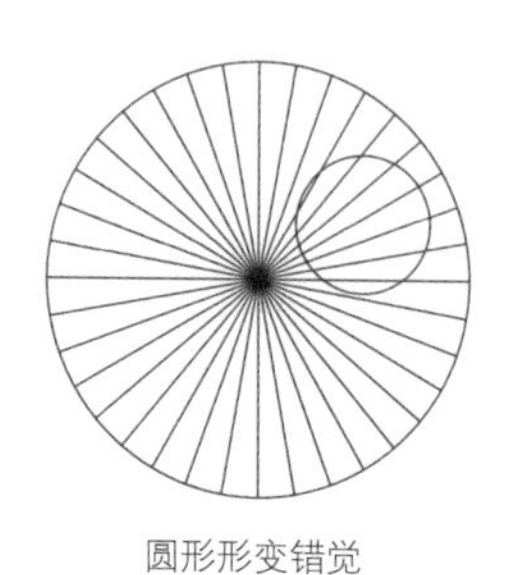

圆形形变错觉

图10-2-8 形变错觉

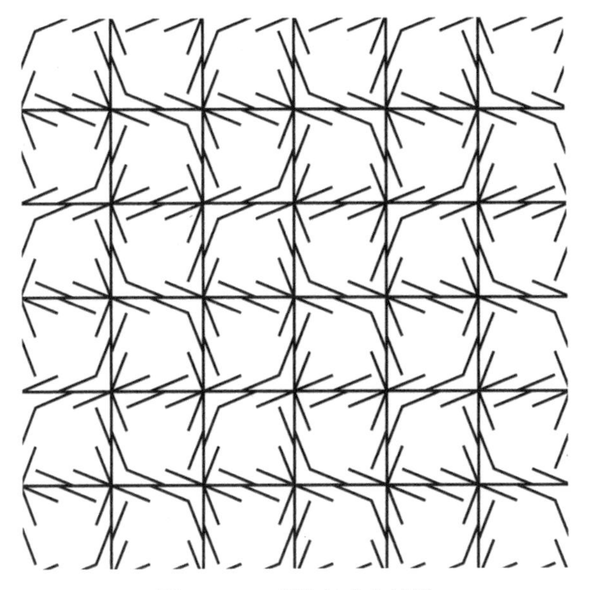

图 10-2-9　策尔纳方向错觉

图 10-2-10　弗雷泽旋转错觉

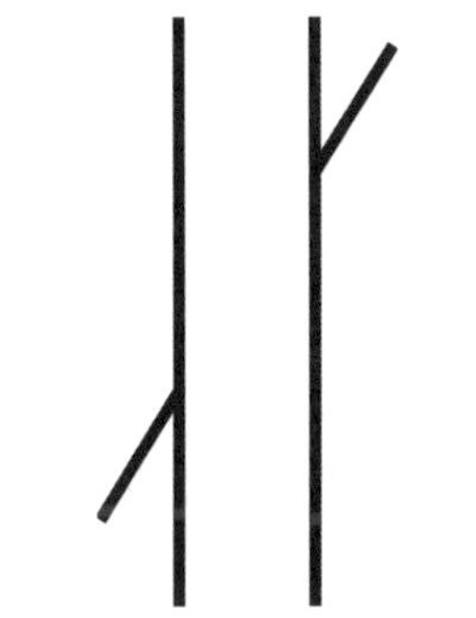

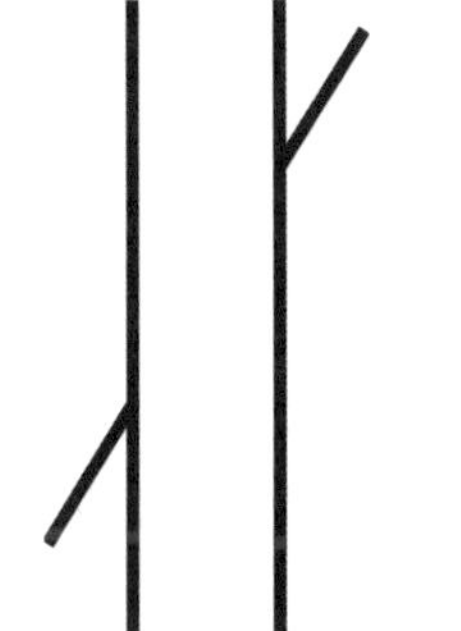

图 10-2-11　波根多夫位移错觉

图 10-2-12　赫尔姆霍兹正方形分割错觉

(十一) 赫尔姆霍兹正方形分割错觉

赫尔姆霍兹认为两个面积相同的正方形，填充横线条的比填充竖线条的看起来更高和更窄，如图10-2-12所示。

二、色彩视错

色彩错觉主要有色彩同化、色彩填充、色彩对比和色彩恒常等类型。

(一) 色彩同化

如果一个区域被彩色的光栅遮挡，则该区域的色彩会朝光栅的颜色方向变化，这就是色彩的同化现象。如图10-2-13所示，相同的黄色圆在紫色

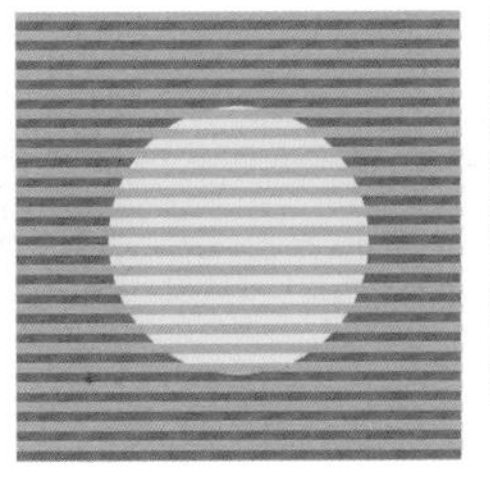

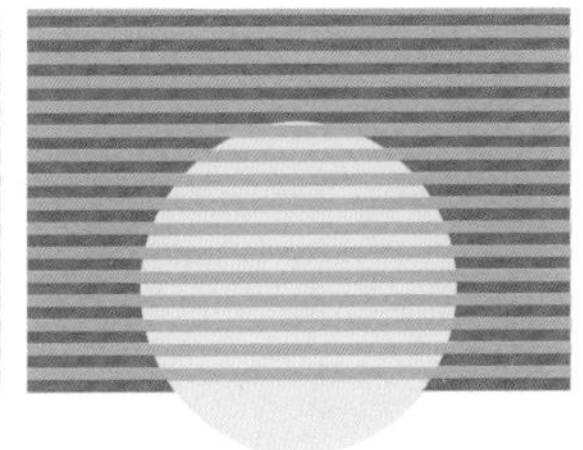

图 10-2-13　色彩同化

条纹和绿色条纹诱导下，会分别被认知为粉红色和黄绿色。

（二）色彩填充

在色彩填充错觉中，我们选取一个典型案例展开，叫作水彩错觉。如图10–2–14所示，当深色的轮廓线和浅色的轮廓线平行贴在一起时，会产生一种浅色的颜色淡淡地向外延伸的感觉，甚至你会觉得被深色轮廓圈起来的图形内部充满了淡淡的浅色色调，就像是稀释铺开的水彩画一样。图10–2–15是另外几种图形，尽管这些图中的浅色线条围合的区域没有黄色，但都微微泛着淡黄色。

（三）色彩对比

色彩对比错觉是指相邻两色之间都有将对方推向自己补色方向的倾向。如图10–2–16所示，三个相同的灰色点，当我们盯着青色块中的灰点时，会觉得它在变红；盯着红色块中的灰点时，会觉得它在变成青色。以此类推，蓝色块中的灰点在变黄，黄色块中的灰点在变蓝。这就是外部颜色环境对灰色点的对比诱导，在这种情况下，人的认知会补偿出外部颜色的互补色。那么同样的，盯着看图10–2–17中小女孩的眼睛，我们会发现有不同的色彩，但实际上，所有的眼睛都是同一种灰色。

（四）色彩恒常

如图10–2–18中所示消防车的红色，用色彩软件取色会发现是趋向绝对灰色，但在青色的环境中，由于色彩对比的影响，灰色朝着青色的补色方向变化，也就是会朝着红色的方向变化，我们认知

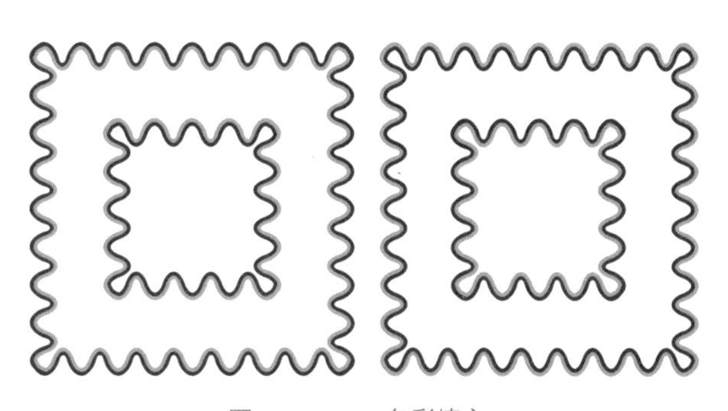

图10–2–14　色彩填充1

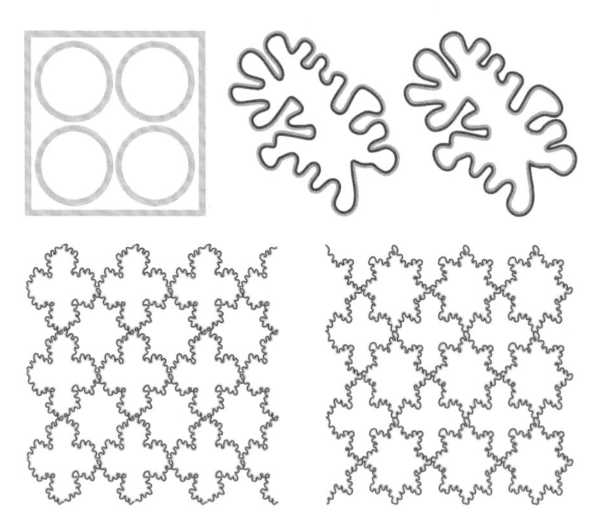

图10–2–15　色彩填充2

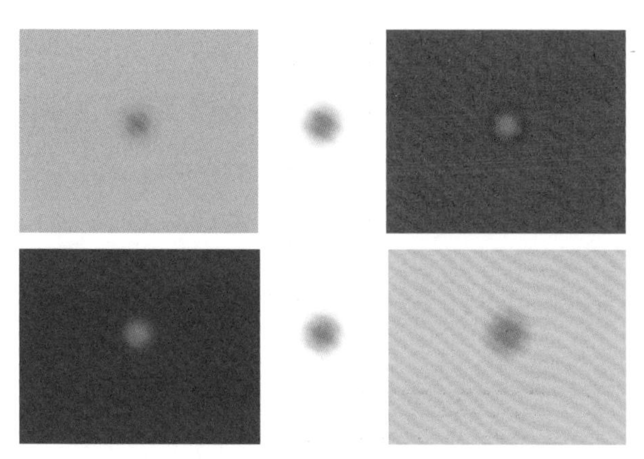

图10–2–16　色彩对比1

图10–2–17　色彩对比2

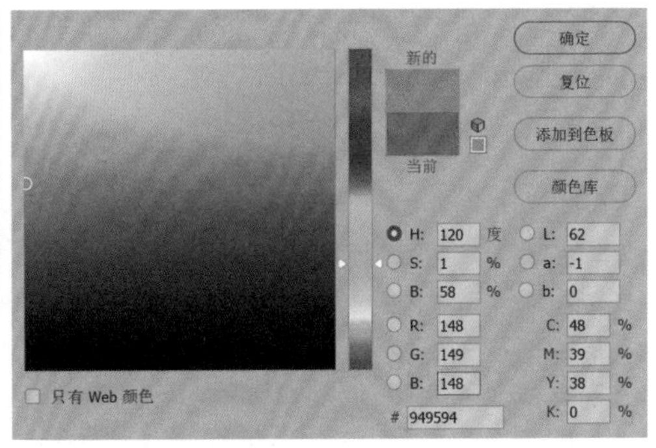

图 10-2-18　色彩恒常

的也就是它本身的红色。这也是对知觉恒常性中色彩恒常性的一个合理解释。

三、似动视错

似动错觉是原本静止的图形在人的视觉中却似乎在动的错觉。似动错觉的产生来源于人眼睛的视觉功能特性，在眼睛的视野中心区域之外约95%的区域称为边缘视觉区域。人眼的边缘视觉区域在识别物象的时候，具有方向选择性的神经元对不同对比度的刺激所做出的反应在时间上存在差异，高的对比度刺激反应会更快，这种现象在心理学上称之为“周边飘移现象”，这也就是似动错觉的基础。似动视错按照运动轨迹主要分为旋转视错、波动视错、移动视错和发射视错等。

（一）旋转视错

如图10-2-19所示是著名的“旋转蛇”视错图。我们按照周边飘移现象进行分析，将它的两个基本单元取出，重点寻找高对比度和低对比度的关系。以黄绿—黑—蓝为一个单元，明暗对比情况为黄绿—黑>黑—蓝，所以黄绿—黑先感知，黑—蓝后感知，形成黄绿—黑向黄黑—蓝的运动方向。紧接着以蓝—白—黄绿为另一个单元，明暗对比情况为蓝—白>白—黄绿，所以蓝—白先感知，白—黄绿后感知，形成蓝—白向白—黄绿的运动方向。将两个基本单元运动方向编排成一致，不断循环连接，就形成了永不停止的旋转视错。如图10-2-20所示，相对于“旋转蛇”，其更换了单元图形形状，把握高对比度和低对比度的核心关系。需要说明的是图底颜色也是计算在内的，而且这里的颜色过渡从阶梯式突变改为了渐变式，但运动方向依然是从高对比度指向低对比度。

（二）波动视错

如图10-2-21所示，是著名的“滚筒”视错图，我们能发现似乎有三个滚子在滚动，其基本形的运动方向类似前面的“旋转蛇”。图10-2-22的“橡子果”也是同一原理，调整了颜色和排列方式，即可获得不同的波动效果。

（三）移动视错

如图10-2-23所示，其中部的16个圆饼状与外围的圆饼在阴影与高光上左右完全相反，而在每个圆饼状的阴影与高光处，有较强烈的对比效果，能产生视觉漂流现象，也就导致中部的16个圆饼看起来向右平移，而外围的全都向左平移。

（四）发射视错

如图10-2-24所示，是一张名叫“太棒了”的图形，由错觉研究专家北冈明佳于2020年创作，发射感觉强烈。

由于似动错觉的先决条件是在边缘视觉区域产生，教材中插图较小，如果我们注视时候图案几乎都停留在视野中心而难以感知的话，同学们可以到网上搜索上述列举的案例，在电脑上全屏观看，似动错觉效果将更为明显。

错觉让我们感到神奇、有趣，在海报、服装、装饰、游戏、魔术等领域有较多的应用。

图 10-2-19 “旋转蛇”视错

图 10-2-20 旋转视错案例

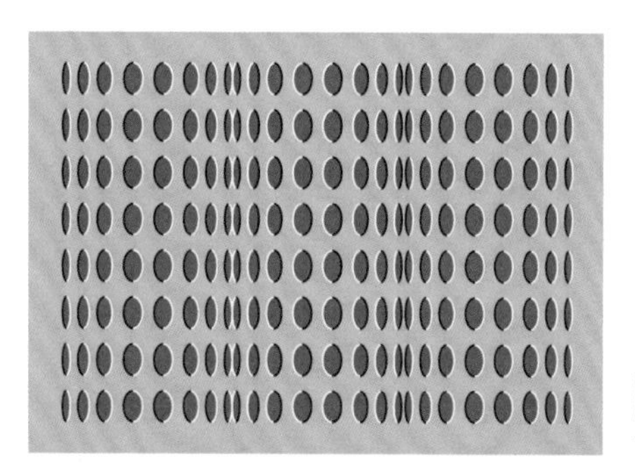

图 10-2-21 “滚筒”视错

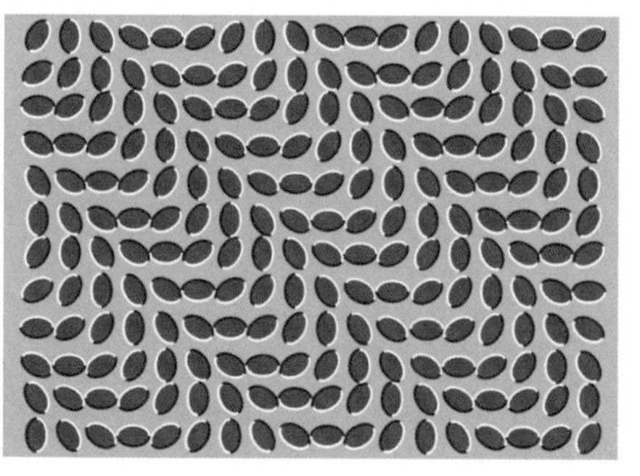

图 10-2-22 波动视错案例

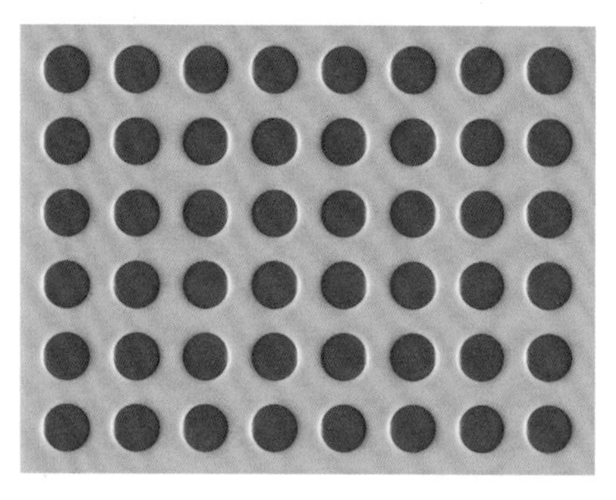

图 10-2-23 移动视错

图 10-2-24 发射视错

第三节　色彩的心理效应

根据实验心理学的研究，不同的色彩，能对人产生不同的心理和生理作用，并且以人的年龄、性别、经历、民族和所处环境的不同而有差别。色彩的心理效应主要有冷暖感、距离感、轻重感、软硬感、活泼与忧郁感、兴奋与沉静感、疲劳感等。

一、色彩的冷暖感

人们在生活经验中形成了各种条件反射，一看到红、橙、黄等色彩，就会联想到旭日东升和燃烧的火焰，从而与暖热的概念联系起来产生温暖感；而看到青色与蓝色时，就联想到海水、冰冷、森林；而与清凉的概念相联系，产生清凉感。所以在色彩学上，就把红、橙、黄等色称为暖色，把青、蓝等色称为冷色。色彩的冷暖与明度、纯度也有关。高明度的色一般有冷感，低明度的色一般有暖感。高纯度的色一般有暖感，低纯度的色一般有冷感。无彩色系中白色有冷感，黑色有暖感，灰色属中性。这些色彩的冷暖感被人类广泛运用。如炎热的夏天，人们总喜欢穿冷色调的衣服，寒冷的冬天，人们则穿暖色调衣服。在建筑室内中，不同场所也有不同的用色习惯。如图10-3-1所示，冷冻车间用暖色光源照明，能让人心里感知到温暖。医院部分区域采用冷色装修与照明，可起镇静与安定的作用。

二、色彩的距离感

色彩的距离感，以色相和明度影响最大，分为凸出色与后退色。凸出色也称近感色，高明度的暖色系色彩感觉有凸出与扩大的趋势。后退色也称远感色，低明度、冷色系的色彩有远退、收缩的趋势。色彩的距离感在产品的展示中运用较多，如展台、展布、展柜多为低明度、冷色系，具有后退效果，能更好地凸显展品，如图10-3-2所示。

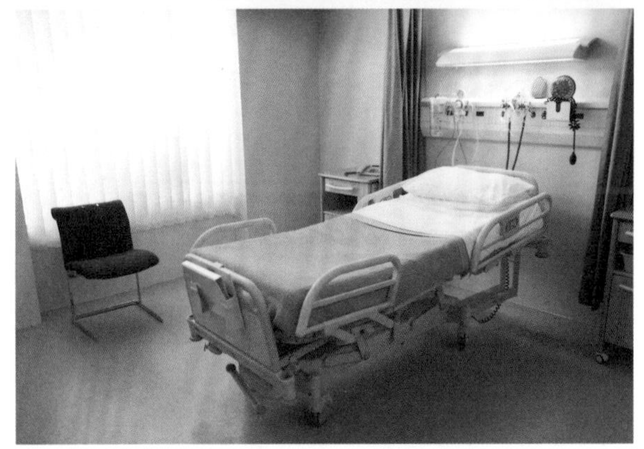

图10-3-1　色彩的冷暖感

图10-3-2　色彩的距离感

三、色彩的轻重感

色彩的轻重感通常由明度决定。高明度具有轻感，低明度具有重感；白色最轻，黑色最重。为达到灵活、轻快的效果，宜采用轻感色；为达到安定、稳重的效果，宜采用重感色。在设计时候可以灵活运用，如现代化办公的空间中，开放式办公空间越来越多，以活泼的“90后”为工作主体，空间里布置较有创意的家具与陈设，势必不利于大家沉下心工作与研究，所以给空间的顶部涂刷暗色，能起到有效的安定效果，如图10-3-3所示。

四、色彩的软硬感

色彩软硬感与明度、纯度有关。凡明度较高的含灰色系具有软感，明度较低的含灰色系具有硬感；纯度越高越具有硬感，纯度越低越具有软感。在多色搭配中，色彩对比强具有硬感，色彩对比弱具有软感。软硬感一般在生活产品中运用较多，在设计不同主题产品时，可以多用色彩的软硬感对主题进行表达，如图10-3-4所示。

五、色彩的活泼与忧郁感

有的色彩使人感到轻快活泼，富有朝气；有的色彩使人感到沉闷忧郁。色彩的这种心理作用，主要是由明度和纯度起作用。如图10-3-5所示，一般明亮而鲜艳的暖色给人活泼感，深暗而浑浊的冷色给人忧郁感。另外，无彩色的白色和其他纯色组合时也能表现出活泼。

六、色彩的兴奋与沉静感

暖色系的色彩都给人以兴奋感，冷色系的色彩都给人以沉静感，而且这种感觉与色相、明度、纯度三要素都有关系，尤其是纯度影响最大。暖色或冷色的纯度越高，其兴奋或沉静的作用越强烈；纯度越低，其兴奋或沉静的作用也就越小。所以把红、橙、黄的纯色叫兴奋色，而把蓝、绿的纯色叫沉静色。兴奋的色彩，可以促进人的情绪饱满和精力旺盛；沉静的色彩，可以抑制人的情感，使人沉静地思考或安静地休息。如图10-3-6所示，游乐场、游戏厅、歌舞厅等娱乐场所宜用高纯度、暖色的兴奋色。

图10-3-3　色彩的轻重感

图10-3-4　色彩的软硬感

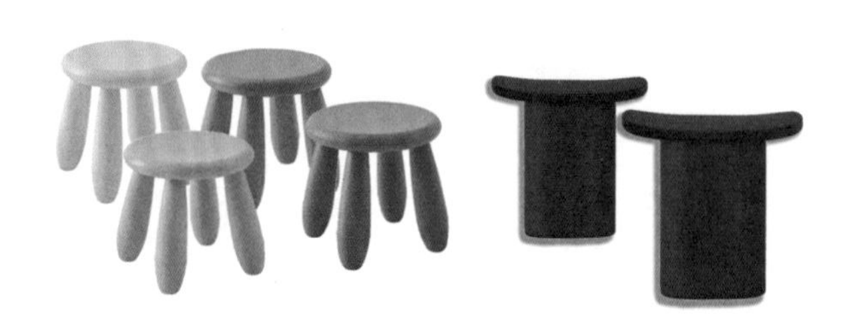

图10-3-5　色彩的活泼与忧郁感

图 10-3-6　游乐园色彩的兴奋感

七、色彩的疲劳感

色彩的纯度越高，对人的刺激愈大，越容易使人疲劳。同时，暖色系的色彩比冷色系的色彩疲劳感强。多色在一起，明度或彩度差别较大的，容易令人感到疲劳。长途驾驶的汽车颜色应尽量少用高纯度暖色系，如图10-3-7所示。如果长途驾驶纯度高的红色车，会增加驾驶者的疲劳感，进而增加事故风险，建议可以多停车休息进行调整。一般休闲室内，如茶室、卧室也要避免使用疲劳感较高的色彩，否则会促使“喧嚣”的产生。

图 10-3-7　色彩的疲劳感

第四节　心理空间

人体尺寸和人的活动空间决定了人需求的基本空间尺度，但是人对空间的满意程度还与心理空间密切关联。心理空间是满足人心理需要的空间大小，如无压迫感的顶棚高度、无不安感的办公空间等。实验证明，对人的人身空间和领域的侵扰，可使人产生不安感，难以让人保持良好的心理状态，进而影响工作效率。所以在作业空间和日常生活中涉及空间设计时，必须考虑人的心理空间。

一、个人空间

个人空间是指环绕一个人的、随人移动的、具有不可见边界的封闭区域。他人无故闯入该区域，则会引起人在行动上的反应，如靠向一侧或转过身以躲避入侵者，有时甚至还会发生口角和争斗。个人空间大小受性格、年龄、文化习俗和社会地位等多种因素的影响。例如，幼儿渴望亲近，要求的个人心理空间较小；外向的人要求的个人心理空间较小，内向的人要求的个人心理空间较大；社会地位高的人对个人心理空间要求较大。

个人空间的大小是从定性方面阐述，在设计的运用中需要定量的数据。于是，我们采用人与人交往时彼此保持的物理距离，也就是人际距离来衡量。如图10-4-1所示，由近到远人际距离分为四种类型，分别是亲密距离、个体距离、社交距离和公共距离。

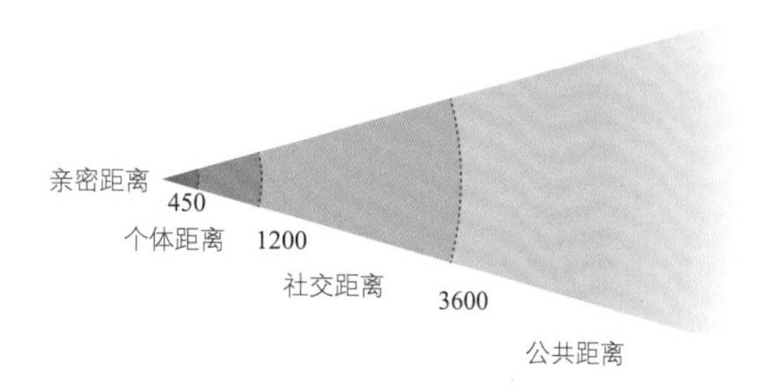

图10-4-1　人际距离的划分（单位：毫米）

（一）亲密距离

亲密距离为450毫米之内，在这个距离内能清楚察觉呼吸、脸色、肌理的变化，具有强烈的感情色彩，有亲密关系的人才适合进入这段距离。如图10-4-2所示，其近程为0—150毫米，适用于拥抱、保护、爱抚等行为；远程为150—450毫米，适用于密谈、耳语等。

（二）个体距离

个体距离为450—1200毫米，在社交场合与办公室一般保持这个距离。如图10-4-3所示，其近程为450—750毫米，适用于相互熟悉、关系好的朋友之间进行活动；远程为750—1200毫米，适用于一般朋友间的交往距离。

（三）社交距离

社交距离为1200—3600毫米。如图10-4-4所示，其近程为1200—2100毫米，这个距离更多

图10-4-2　亲密距离

图 10-4-3 个体距离

图 10-4-4 社交距离

的是不相识的人之间的交往距离，如社会交往中某个人被介绍给另一个人认识；其远程为2100—3600毫米，这属于正式商务活动、礼仪活动的场合距离。

（四）公共距离

公共距离为3600毫米以上，近程为3600—7500毫米，多适用于公众场合讲演者与听众之间，如图10-4-5所示。公众距离远程在7500毫米以上，国家、组织之间的交往活动，多属于这种距离，这里由礼仪、仪式的观念来支配，这个距离的交流要求声音尽量大，并以手势作辅助。

二、领域性

人为了保护特定的物理空间或区域不受同类的侵犯所采取的行为的特性就是人的领域性。与个人空间相类似，领域性也是一种涉及人对社会空间要求的行为规则。它与个人空间的区别在于领域的位置是固定的，不是随身携带的，其边界通常是可见的。领域可分为私人领域和公共领域。私人领域可由一个人占领，占有者有权决定准许或不准许他人进入。如私人住宅、私家车，占有者可以按自己喜好和意愿装扮空间，也可以安装摄像装置进行监控。公共领域不能由一个人占有，其他人也可以自主出入，如餐厅、商场、电影院、地铁、开放的办

图 10-4-5 公共距离

公室等。出于个人空间的心理要求，合理地在公共领域中建立半私人领域成为重要设计工作，如在餐厅中设计独立包厢、在ATM机两侧设计隔断、在连排公共座椅上设置扶手都是典型的半私人领域建构措施。（图10-4-6）

三、常见心理

在社会空间中，我们还有一些常见心理，进行设计活动时应当积极考虑到。

（一）私密性与尽端趋向

如果说领域性主要在于空间范畴，那么私密性则要求更多，它不仅包含空间，还包含视线、声音等方面的隔绝要求。人们在餐厅选座位时，首选目标总是位于角落的位置，特别是靠窗的角落；其次

是边座，一般不愿坐中央，最不愿意选择近门处或人流频繁处的座位。处于角落的位置，交流方位少，可以最大程度上控制自己的信息，同时可以尽量观察其他的人和事物。从私密性的观点来看，在室内空间中形成更多的角落或墙壁等“尽端”，也就更符合散客就餐时“尽端趋向”的私密性心理。所以餐厅中央区域的座位应加上适当的屏风进行分割，形成“尽端”，使得在中央的座位也具有较高的私密性，则可大大提高上座率。

图 10-4-6　建立半私人领域

图 10-4-7　依托的安全感

图 10-4-8　高楼层的护栏高且坚固

（二）依托的安全感

活动在室内空间的人们，从心理感受上来说，并不是越开阔、越宽广越好。中国古时候皇帝的卧房通常只有10m²左右，人们通常在大型室内中更愿意“依托”物体。如图10-4-7所示，在火车站和一些其他大厅中，人们往往会选择靠近柱子或墙壁，这样可以给自己提供较好的依托感，并以此来获得安全感。

（三）幽闭恐惧症

幽闭恐惧在人们的日常生活中大都会遇到，各人症状轻重不一。有人对开窗的问题进行过研究，发现窗对人的影响并不仅仅在于采光、通风，因为这些都可以通过其他的人工方法来解决，窗很重要一点是使得在封闭空间的人与外界发生了联系。在矿井作业、搭乘电梯等时候，人们总是有一种危机感，会莫名地认为万一发生问题跑不出去，其原因在于这样的空间形式断绝了人与外界的直接联系。所以，在处理这类封闭空间时，应该设计与外界联系的通道，我们通常会在隧道、矿井、电梯里安装紧急电话机。

（四）恐高症

恐高症是指登临高处会引起人血压和心跳的变化，而且高度越高，恐惧心理越重。针对恐高症的心理特点，我们在设计高层建筑相关内容时，应当重点考虑，如高楼层的护栏要求设计得非常高、非常坚固，这样能缓解恐高症带来的恐惧心理。（图10-4-8）

第五节　人的行为习性

人类在长期生活和社会发展中形成了许多适应环境的本能，即人的行为习性。

一、抄近路习性

当人们清楚地知道目的地的位置时，总是有选择最短路程的倾向，这就是抄近路习性。生活中我们经常在各种草坪上能找到被踩踏出来的小道，让人哭笑不得，这就是抄近路习性的“杰作”。针对人抄近路习性，我们设计与规划新事物的时候，需要合理地利用与规避。世界建筑大师格罗皮乌斯在设计迪士尼复杂道路时候，改稿50多遍，无一满意。最后从一位葡萄园主人“给人自由、任其选择”的方法中受到启发，产生了“撒下草种、提前开放”的设计策略：在提前开放的那段时间里，草地被踩出了许多小道，然后安排工人沿这些痕迹铺设道路，而获得适应人习性的合理结果。在当年的国际园林建筑艺术大会上，迪士尼乐园的路径设计获评世界最佳设计，这其中就很好地利用了人抄近路的习性。

二、左侧通行习性

在没有汽车干扰的道路、广场以及室内大厅中，当人群的密度达到0.3人/m^2以上时，行人会自然而然地左侧通行。有研究显示，从左前方、正前方、右前方前行的人抛出障碍物，结果被测试的人向左侧避开障碍物的比例均是最高的。目前解释到这一现象的推测是与人的右侧优势而保护左侧有关。人的左侧通行习性对商品陈列、展厅布置等方面有较大的参考价值。

三、左转弯习性

在转弯习惯中，人也更多表现出左转弯。从一些公共场所描绘出的行人轨迹来看，左转弯的情况比右转弯的情况要多。在电影院，不论入口的位置在哪里，多数人会沿着走道，向左转弯的方向前进。学校操场中人群的跑步方向，几乎所有人都是左转弯逆时针方向跑，如图10-5-1所示。相关研究显示，相同条件下左转弯所用时间较右转弯更短。国际田联也规定了径赛跑步方向为弯道左转。基于人的左转弯习性，在设计公园路线等相关行走轨迹时要进行合理应用。

四、从众性

如果在公共场所发生室内紧急情况时，人们往往会盲目地跟从人群中领头跑动的那几个人，不管其去向是否安全，这就是人的从众心理。面对紧急情况，人们难以判断正确的出逃通道，极易发生盲目从众行为，在得不到正确、及时的疏导下，往往会发生拥挤践踏，造成不必要的伤亡。因此，室内引导标识应设计在醒目位置。

图10-5-1　左拐弯习性

五、识途性

人们在陌生的地方遇到像火灾、打劫等危险情况时，常会寻找原路返回，这就是识途性。从大量的室内火灾事故现场发现，许多遇难者都会因找不到安全出口而倒在电梯口，因为他们都是乘电梯上楼的，遇到紧急情况就会沿原路返回，而此时电梯又会被暂停使用。越在慌乱时，人越容易表现出识途性行为，因此，我们室内安全出口应设计在电梯附近，如图10-5-2所示。

图10-5-2　安全出口规划在电梯旁

六、聚集效应

许多学者研究了人群密度和步行速度的关系，发现当人群密度超过1.2人/m^2时，旁人步行速度会出现明显下降。当空间人群密度分布不均时，则出现人群滞留现象，如果滞留时间过长，就会逐渐集结，这种现象称为聚集效应。我们在设计室内通道时，一定要预测人群密度，尽量防止滞留现象发生，如学校建筑的走廊要足够宽。在店铺陈列中对聚集效应有广泛的应用，如常常有商场找人捧场或通过增加人形模特和售货员来提升人群密度，用以吸引顾客驻足观察，如图10-5-3所示。

图10-5-3　店铺陈列人形模特

第六节　设计案例

一、埃姆斯房间错觉

埃姆斯房间错觉由小阿德尔伯特·埃姆斯（Adelbert Ames Jr.）开发，是他对光学和感知学的研究成果之一。埃姆斯房间错觉要求用一只眼睛通过观察孔进行观看。透过观察孔，房间看起来是一个普通的长方体空间，后墙垂直于地面且与观察者的视线垂直，两侧墙垂直地面且彼此平行，地板和天花板水平。如图10-6-1所示，观察者会看到，站在房间后墙一角的人似乎是巨人，而站在后墙另一角的人似乎是侏儒，若两人互换位置，身高和体形大小也会进行反转。其形成原因有如下几个方面：

（一）房间的透视与空间

如图10-6-2至图10-6-4所示，其实房间的真实形状是不规则的六面体，根据不同的设计，所有表面都可以是规则或不规则的四边形。本案例展示方案的地板和天花板是倾斜的，斜切左右侧墙面，后墙也是倾斜的，也是斜切左右侧墙面，斜切的角度均需要经过严密的计算和试验。因为透视的缘故，经观察孔投射到观察者眼睛视网膜上的房间空间与普通房间的长方体空间相同，一旦观察者无法感知房间各部分的真实位置，就会产生它是普通房间的错觉，导致站在后墙一角的人只有更低的空间、更往前的位置，看起来头顶到天花板，人似乎是巨人；站在后墙另一角的人只有在高的空间、更

图10-6-1　上海错觉博物馆的埃姆斯房间

图10-6-2　埃姆斯房间错觉模型

图10-6-3　埃姆斯房间鸟瞰效果

图10-6-4　埃姆斯房间剖切效果

往后的位置，看起来似乎是侏儒。

（二）固定观察孔位置

它至少有三种作用：一是它迫使观察者处于投射到眼睛中的图像是普通房间的位置，因为从任何其他位置，观察者都可以看到房间的真实形状；二是它限制观察者用一只眼睛看房间，防止两只眼睛的立体视觉构建房间真实形状；三是它可以防止观察者移动到不同的位置，因为在运动视差中也能获得有关房间真实形状的信息。

（三）其他房间信息的辅助

有关房间真实形状的信息需要被移除，如正常形制的家具、陈设等，凡是出现在房间内的信息均要经过准确设计。本案例的模型分析中的后墙左窗户大、右窗户小，形状都为梯形；左右侧墙面挂画大小为左侧大、右侧小；地面为梯形，每一块棋盘格地砖大小均不相同。这些要素的形状和大小需要遵循的原则是均要符合观察孔视点中的房间的空间透视。另外，房间的照明也需要进行设计，保证房间后墙远近不同的两个角落亮度被感受成一致。

埃姆斯房间错觉的形成原因，是通过观察孔投射到观察者眼睛视网膜上的房间图像的二维参考系掩盖了房间真实的三维空间，是我们认知普通房间为长方体空间的形状恒常性颠倒，同时也包含了人身高与体形的大小恒常性颠倒。

图 10-6-5　新加坡远东儿童游乐园入口

二、新加坡远东儿童游乐园

新加坡远东儿童游乐园位于新加坡滨海湾花园内，面积约54hm^2，是针对儿童身体、行为与心理特点，专门为12岁以下不同年龄段的儿童设计的，成人游客只有在陪护儿童的情况下才能进入。远东儿童游乐园是儿童友好公园的典范。如图10-6-5、图10-6-6所示，全园主要分为五个游乐区，分别为幼儿游乐区、戏水区、热带雨林区、冒险步道区和剧场区。

（一）幼儿游乐区

幼儿游乐区适合1—5岁低龄儿童，如图10-6-7所示，配有踏步弹簧、平衡木、滑梯、秋千、摇摆桥等游乐设备，主要促进儿童平衡能力、行走能力和攀爬能力的发展。

（二）戏水区

戏水区为全园核心区，细分为两个部分，分别

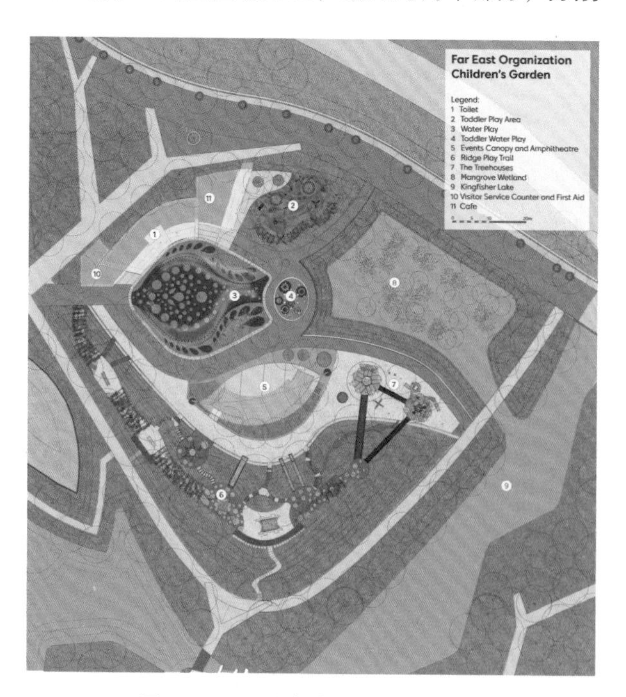

图 10-6-6　儿童游乐园规划平面图

图 10-6-7 幼儿游乐区

图 10-6-8 戏水区——鱼形喷泉区

图 10-6-9 戏水区——水广场

图 10-6-10 热带雨林区——树屋

为供0—6岁儿童戏水的鱼形喷泉区和供6—12岁儿童戏水的水广场。鱼形喷泉区域面积更小一些，适合低龄儿童游乐，如图10-6-8所示；水广场面积较大，适合运动能力较强的大龄儿童，如图10-6-9所示。水广场配有运动传感器，可实时检测和响应儿童的运动，进而喷洒出相应序列的水效果，打造不断变化的交互性景观，具有很强的趣味性，能锻炼儿童的运动能力和创造力。

（三）热带雨林区

热带雨林区的树丛中建有两座树屋，茂盛的榕树营造了冒险氛围，适合6—12岁儿童游乐，如图10-6-10所示。攀升平台和树屋由长绳和踏步坡道进行连接，形成完整路径，并增设望远镜、攀爬网、吊床座位等游乐设施，为孩子们提供了丰富的体验，同时让儿童进行探索发展和学习。另外，丛林地面散落的石头、木头、植物等材料，为儿童展开各项创造型游戏提供了条件。热带雨林区的设计符合儿童探险与挑战的心理，也锻炼了儿童的身体力量与平衡能力。

（四）冒险步道区

长长的冒险步道上串联着修剪成拱形的藤架，拱形藤架之下设有相互连接的平衡、攀爬、弹跳装置，供儿童进行探索游戏，如图10-6-11、图10-6-12所示，同样也符合儿童探索、竞赛与挑战的心理，也锻炼了儿童的身体力量与平衡能力。

（五）剧场区

剧场区可以给主题表演、游戏等活动提供场所，也可以是各种聚会活动的场所，同时也是成年人和儿童共同休息的区域。剧场区的看台为圆弧形阶梯，顶部拥有一个像叶子形状的遮阳棚，能够为剧场区绝大部分的舞台和看台挡住烈日和雨水，如图10-6-13所示。

图 10-6-11　冒险步道——攀爬网

图 10-6-12　冒险步道——平衡木

图 10-6-13　剧场区

作业与思考

1. 请简述感觉和知觉的概念，并分析感觉与知觉的关系。

2. 游戏厅、游乐园等娱乐场所的用色有哪些特点？请你从色彩的心理效应角度进行分析。

3. 在公共领域中构建半私人领域的方法有哪些？请你举出至少3例。

4. 卖场想吸引更多的顾客，请你从人的行为习性角度出发，给出几条建议，并说明理由。

学生笔记

模块 11　案例欣赏与分析

第一节　产品设计中的人机关系

第二节　家具设计中的人机关系

第三节　空间设计中的人机关系

第四节　视觉传达设计中的人机关系

模块 11　案例欣赏与分析

本单元分为四个部分，分别介绍人机工程在产品设计、家具设计、室内设计和视觉传达设计领域的应用。

第一节　产品设计中的人机关系

人们在日常生活中无时无刻不在与产品发生联系。当我们使用这些物品时，人机关系的好坏会对使用过程与体验产生很大的影响。方便、舒适、可靠、安全、高效等是产品设计中良好人机关系的目标。下面我们通过案例分析，体会产品设计中如何利用人机工程学的知识发现并解决遇到的问题，建立良好的人机关系，在产品的人机适应性、使用安全性、产品易用性、情感体验等方面得到有效提升。

一、日用产品设计

日用品是我们生活中经常接触到的物品。通过案例分析，我们可以从中体会到良好的人机关系来源于对人的细心关爱，来源于帮助人们简化生活，来源于体会人的情感需求。

（一）剪刀

剪刀在我们日常生活中是常用工具，由于使用场景、用户人群的不同特点，人们日常使用剪刀有两种状态：一是剪纸、剪布料等轻便的操作；二是用于剪坚硬、厚实的物品，比如树枝、皮革等。剪刀的不同使用状态，对应的人机要求也有不同的侧重点。剪刀在使用过程中对人的影响集中在手指、手掌及手臂，同时使用过程的安全性也是值得研究的问题。经过调查分析发现，人们对剪刀的把手要求比较高，设计好把手是改进剪刀的首要任务。下面以儿童文具剪刀、园艺剪刀、缝纫剪刀为例进行对比分析，看看在不同的使用场景下人机关系是如何影响产品设计的。

这款儿童文具剪手柄圆润，食指与拇指配合的抓握方式，适合儿童用手指进行剪纸等有一定精细度要求的操作（图 11–1–1）。同时圆形刀头设计避免伤手，刀片保护套保障儿童使用剪刀的安全。（图 11–1–2）

园艺剪刀通常用于修剪坚硬的树枝，需要使用较大的力量，在使用过程中无法单凭手指完成操作，采用手掌着力抓握配合手指进行操作，同时考虑使用过程手腕的顺直，避免施力过程造成肌肉关

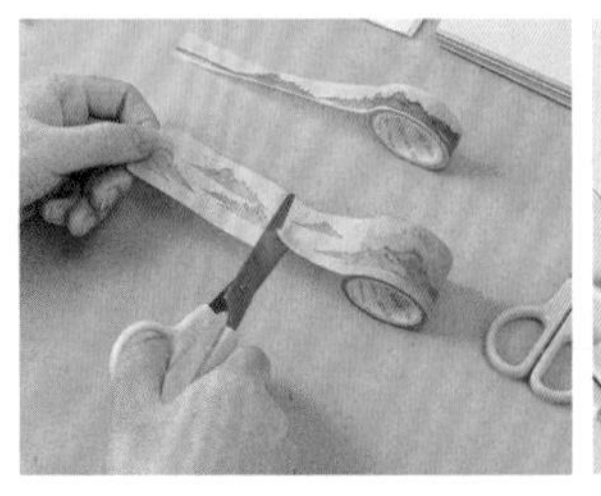

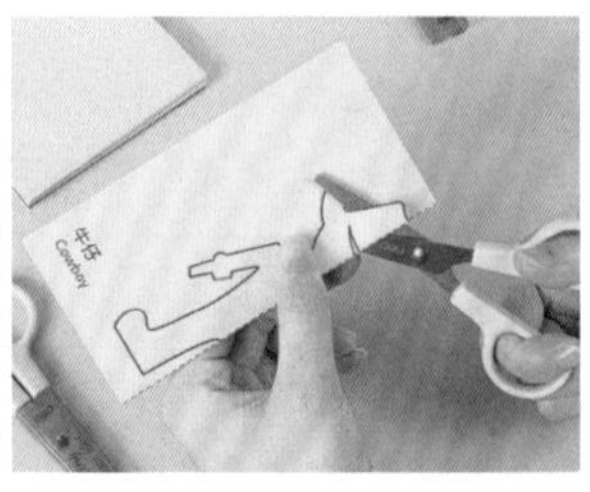

图 11–1–1　儿童文具剪的精细度操作

节疲劳。

下面这款园艺剪刀手柄长度、弧度设计更符合手掌人机尺寸与用力抓握状态，保证使用中能剪断坚硬的树枝（图11-1-3）；省力弹簧的回弹设计，减轻重复操作手部的疲劳，刀头与刀柄倾角30度，握持舒适，有效减低劳动疲劳度（图11-1-4）。

缝纫剪刀为了适应人站在水平桌面向下剪裁布料的操作动作，其剪刀口较手柄向下偏移，并与手柄呈现一定的角度。布料剪裁施力大小介于剪轻薄的纸张与坚硬的树枝之间，抓握方式是以大拇指结合其他四指（图11-1-5），保证操作的精确性与适当着力。

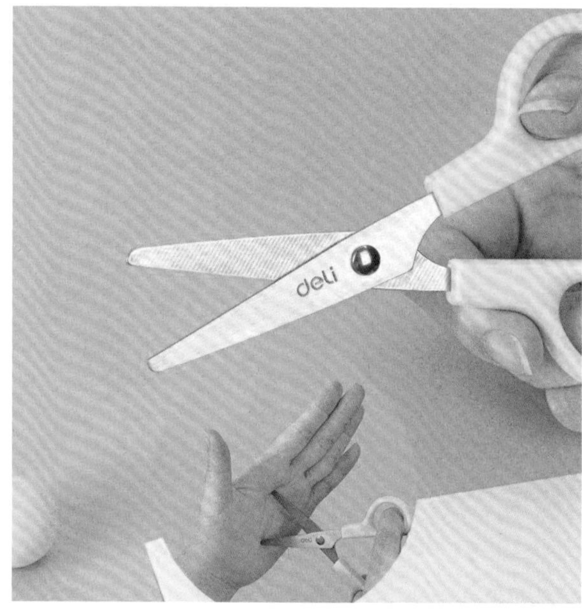

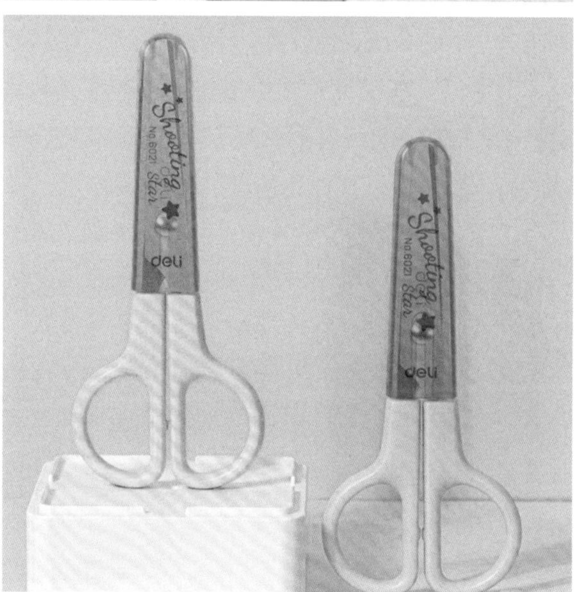

图 11-1-2　儿童文具剪的安全性设计

图 11-1-3　园艺剪刀

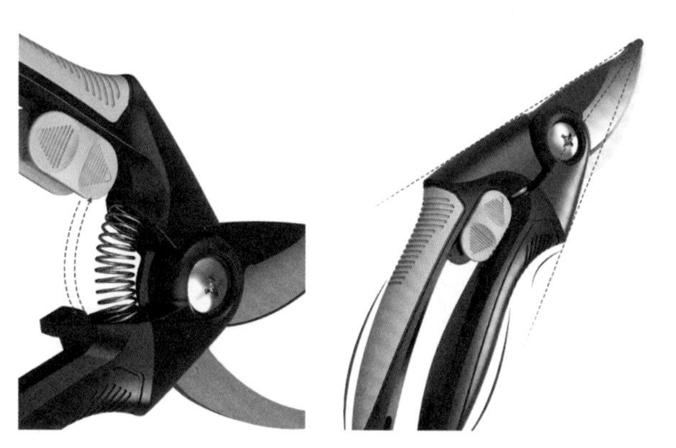

图 11-1-4　园艺剪刀的回弹和倾角设计

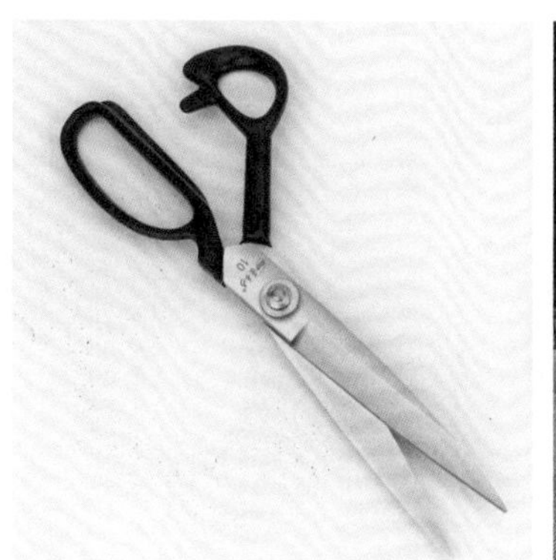

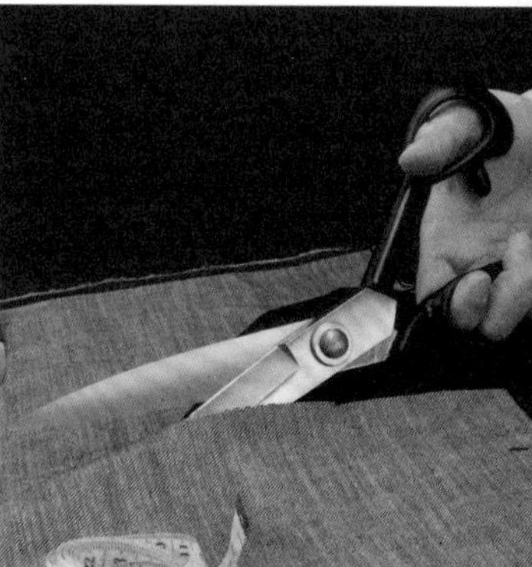

图 11-1-5　缝纫剪刀的特殊设计

（二）自动伸缩环形遛狗牵引绳

狗在户外很可能会出现一些不当的行为，例如打架、扑人、在任何地方大小便等，牵引绳可以控制狗的一些不当行为。相比固定牵引绳的运动范围，自动伸缩环形遛狗牵引绳能给狗带来更多的自由，缓解了使用索引绳导致的手部不适与疲劳，解决了狗爆冲制动、夜间照明等问题，使用更方便，人机体验更舒适。（图 11-1-6）

依据着力抓握方式进行环形手柄设计，形态符合手部人机工程学特点，握感舒适，手持、套手方式自由切换。内表面采用防滑材料，粗纹理表面握持手感好；环形手柄方便调整手臂姿态，适应牵引过程中的拉力方向变化，保持手部顺直、舒适，抓握轻松着力，避免疲劳与损伤。

手柄拇指处设计短冲程按键，方便操控牵引绳的伸缩、制动，保证在遇到突发情况可以轻松控制狗，避免宠物及主人受伤，搭配聚光灯＋炫彩闪光灯 +LED 灯照明，使夜间遛狗更安全。（图 11-1-7）

图 11-1-6　自动伸缩遛狗牵引绳

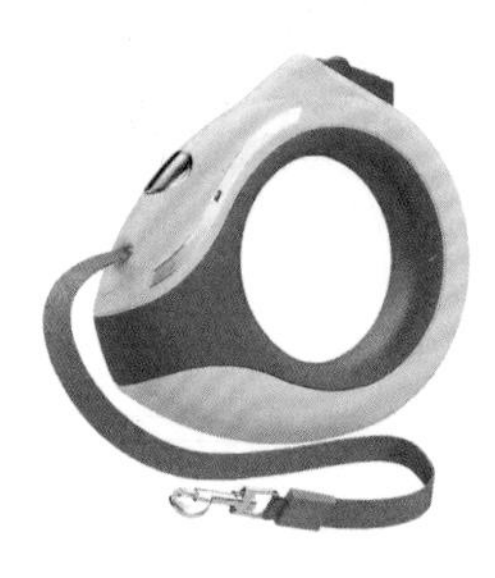

图 11-1-7　短冲程按键与 LED 照明

二、小家电产品设计

（一）家用手持吸尘器

吸尘器的操作部分主要是把手，一般分为操作把手与机身上的把手。对于手持吸尘器，这种把手需要长期与手指、手臂进行接触与发力，所以持握部分的舒适感、触摸感以及造型尤为重要，必须要充分考虑到手握的粗细、持握状态以及触觉舒适性等，让吸尘器的手把设计在用户使用时有一定的活动范围与受力范围，有效平衡手部的用力力量。

把手设计要保证整个手掌与把手进行完美贴合，使手部的活动操作更加灵活与舒适。还需要注意的是，把手的外表面尽量选用晒纹工艺或者磨砂质感的材料，有效提升用户的触觉舒适感，同时还能够有效避免手部用力或者出汗时打滑的现象发生。

另外，吸尘器把手的长度、形状、手指握住的位置、圆角的设计以及直径等都需要考虑到，有效提升把手的持握舒适度，最大限度地减少手部因发力而产生的长期疲劳感。（图 11-1-8）

吸尘器的顶部吸头处与手柄之间的长度也是影响用户舒适感的重要因素，直接决定了用户在使用吸尘器时的姿态以及身体弯曲角度。所以，在吸尘器的操作杆使用过程中的垂直高度要按照人体正常作业时的高度范围，减少因姿势不对或者使用不适带来的肌肉疲劳。（图 11-1-9）

家用吸尘器通常是以单手操作为主，用户群集中在女性，机身重量设计要求轻巧，以适应女性的力量较弱的生理特点（图 11-1-10），同时，要依据女性心理感知特点与审美爱好来设计家用吸尘器外观造型与色彩，增加用户的使用体验舒适感。（图 11-1-11）

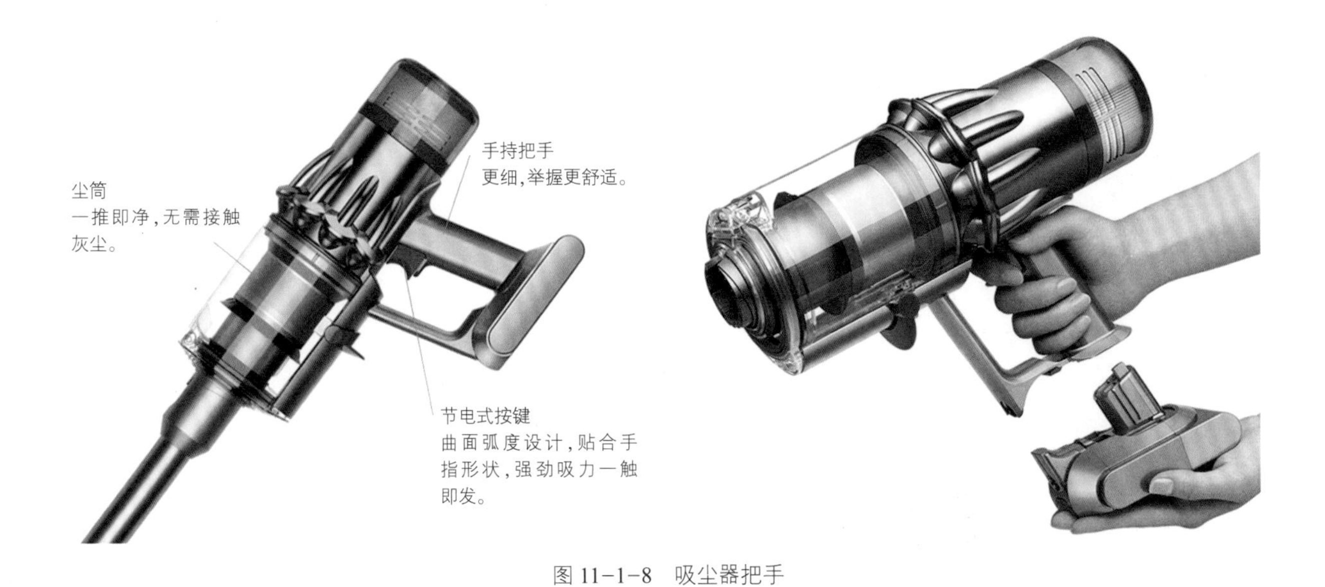

图 11-1-8 吸尘器把手

图 11-1-9 吸尘器操作杆高度

图 11-1-10 吸尘器重量轻巧适合单手操作

图 11-1-11 吸尘器外观、色彩设计

（二）人机工程学鼠标

图11-1-12这款人机工程学鼠标设计旨在减轻不适感、减少肌肉拉伸、减轻肌肉疲劳并改善握持姿势，接近人机工程学姿态的57度设计，垂直握持角度能改善腕部姿势，减轻腕部压力，同时拇指也能舒适地放在指托上。

鼠标的自然握姿可减少手部运动，降低肌肉拉伸约10%，让姿态更符合人机工程学。经过用户测试更接近人机工学，可减少约4倍手部运动

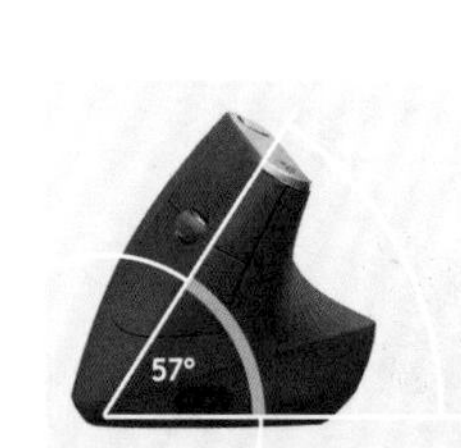

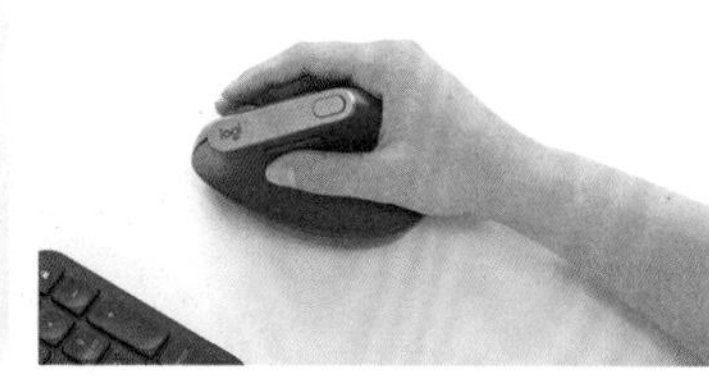

图 11-1-12　人机工程学鼠标

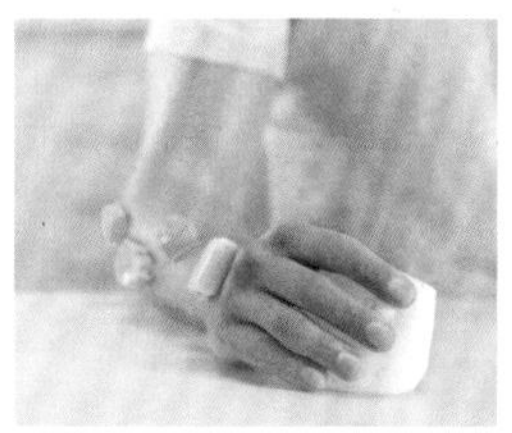
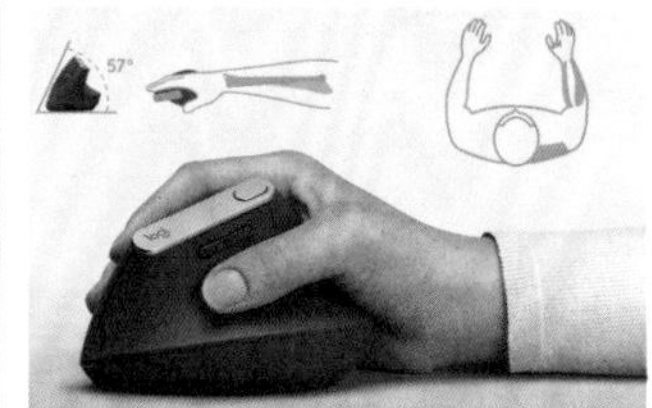

图 11-1-13　人机工程学鼠标减少手部运动与肌肉拉伸

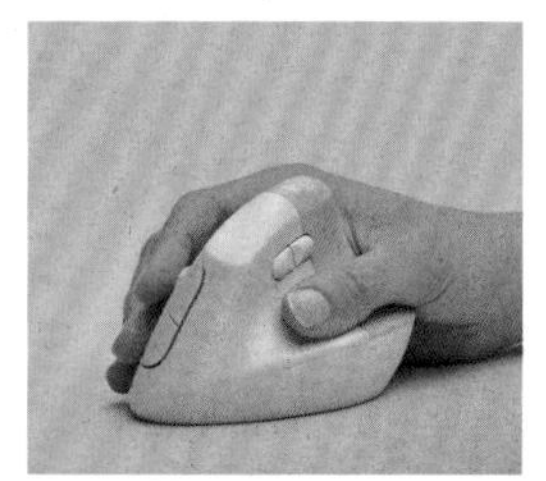
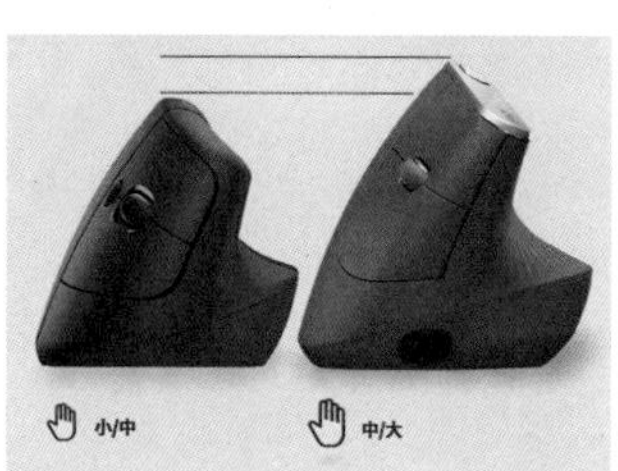

图 11-1-14　针对女性的人机工程学鼠标

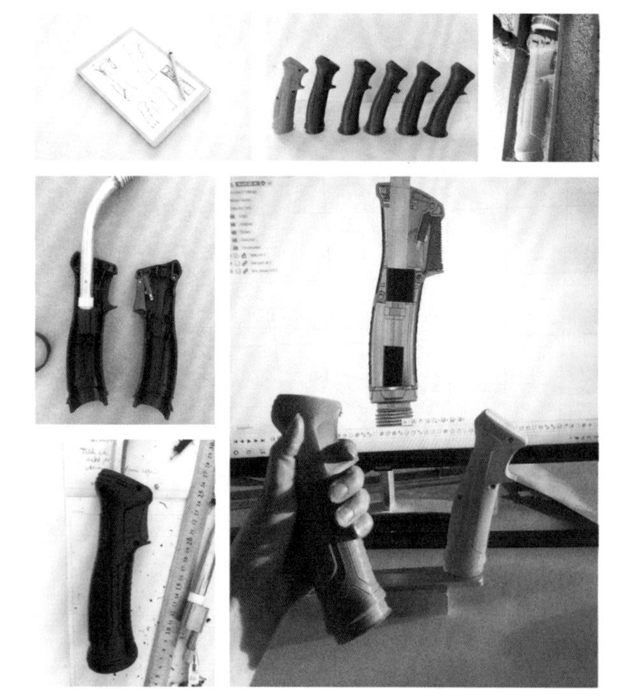

图 11-1-15　焊枪手柄形态人机关系设计

量，改善握姿、减少肌肉拉伸并减轻肌肉疲劳。（图 11-1-13）

同时，为照顾女性群体的中小手型，鼠标设计了针对女性手部尺寸的鼠标型号（图 11-1-14），以适应不同的使用人群。

三、工具与仪器

工具最重要的品质是功能，功能的实现依靠它自身的质量，还需要和使用者形成良好的配合，人机关系在工具的设计中体现得最直接、最明显。工具与仪器的人机关系集中体现在手柄、按键等操控器的设计上。下面的案例从不同角度体现了如何通过操控器使得人机“和谐”，实现良好的功能。

（一）焊枪

在这款焊枪设计中，主要考虑操作员工作效率和安全因素，着重针对焊枪操作过程的主要人机界面——手柄进行了人机关系研究与设计（图 11-1-15），并将人机工程学元素与外观设计相结合（图 11-1-16）。

图 11-1-16　焊枪及手柄形态符合人机工程学

（二）厨房搅拌机

如图11-1-17是一种很常见的厨房用具，用于在准备食材、汤或酱汁的容器中混合食材。作为手持式专业工具，设计必须考虑到人机工程学、性能、移动性、可持续性和优雅性。此款产品围绕流畅运动和可用性的理念，进行搅拌器操作部分的人机设计，产品外形为使用者提供了良好体验的抓握感和舒适性（图11-1-18）。如图11-1-19所示，控制按键设计在手指可操控范围内，食物搅拌只需一只手即可完成操作，大大提高操作效率。

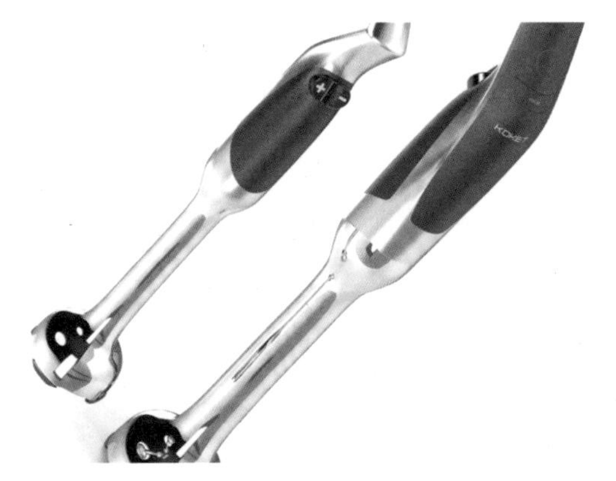

图11-1-7　厨房搅拌机

（三）α、β表面污染检测仪改良设计

1.项目简介

α、β表面污染检测仪是对地板、墙体、桌面、衣物、皮肤等表面的α、β射线进行表面污染测量，可广泛用于核电站、核设施、燃料厂、环保、安全等领域。设计针对手持式检测设备的人机特征，从人机工程学、造型美学方面进行设计研究，提出设计改良方案。

2.产品概述

通过对该设备的现有产品的分析和内部硬件堆叠分析，充分了解该设备的硬件功能、操作使用、现有问题等，进而指导设计，如图11-1-20至图11-1-22。

（1）现有产品分析

①体量大，略显笨重，内部空间浪费。

②整体气质缺乏检测设备应有的专业感。

③采用塑胶材质，但造型缺乏明确的设计概念。

④色彩搭配随意，整体赋予黄色，表面光泽度过高，略显廉价。

⑤把手设计人机考虑不充分。

⑥按键不易操作。

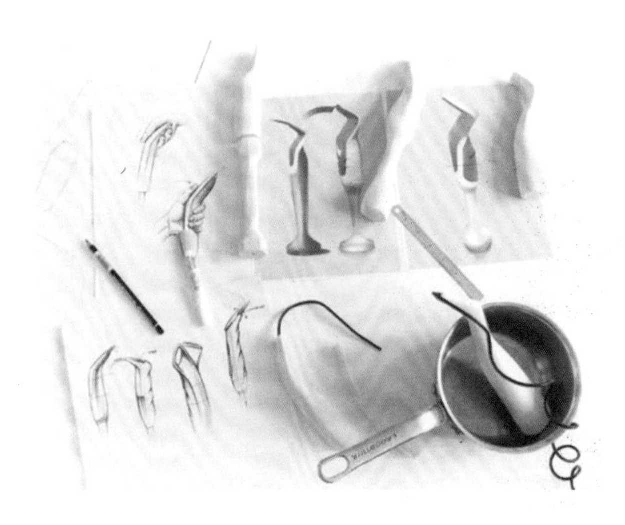

图11-1-18　厨房搅拌机人机设计

（2）产品硬件堆叠分析

①该设备功能主体为探测模组，辅助件为一层铝膜和钢网，分别起遮光作用（防止外部光进入探测器晶体，干扰探测结果）和保护作用，放置于最底部。

图 11-1-19　搅拌机方便单手操作

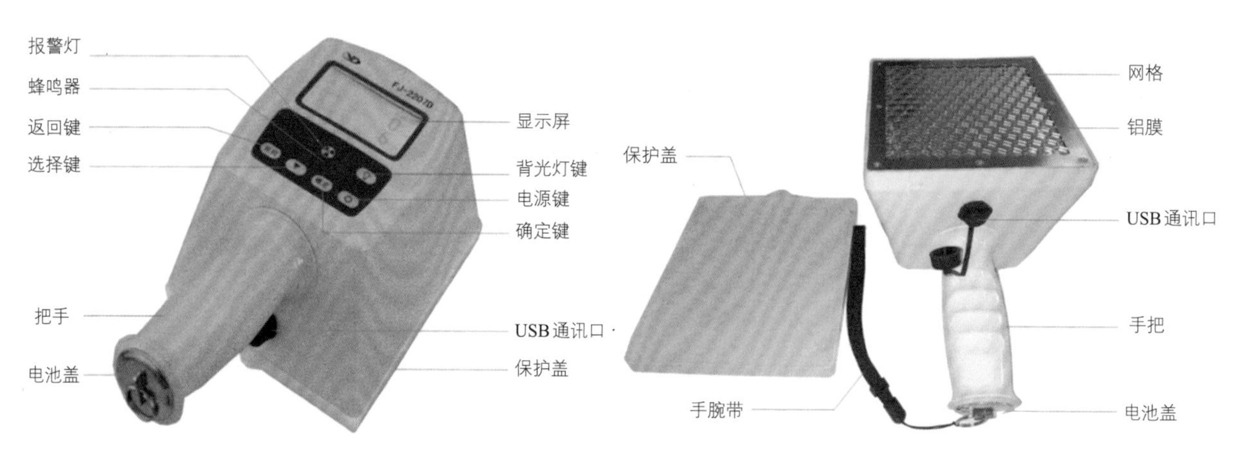

图 11-1-20　现有产品结构

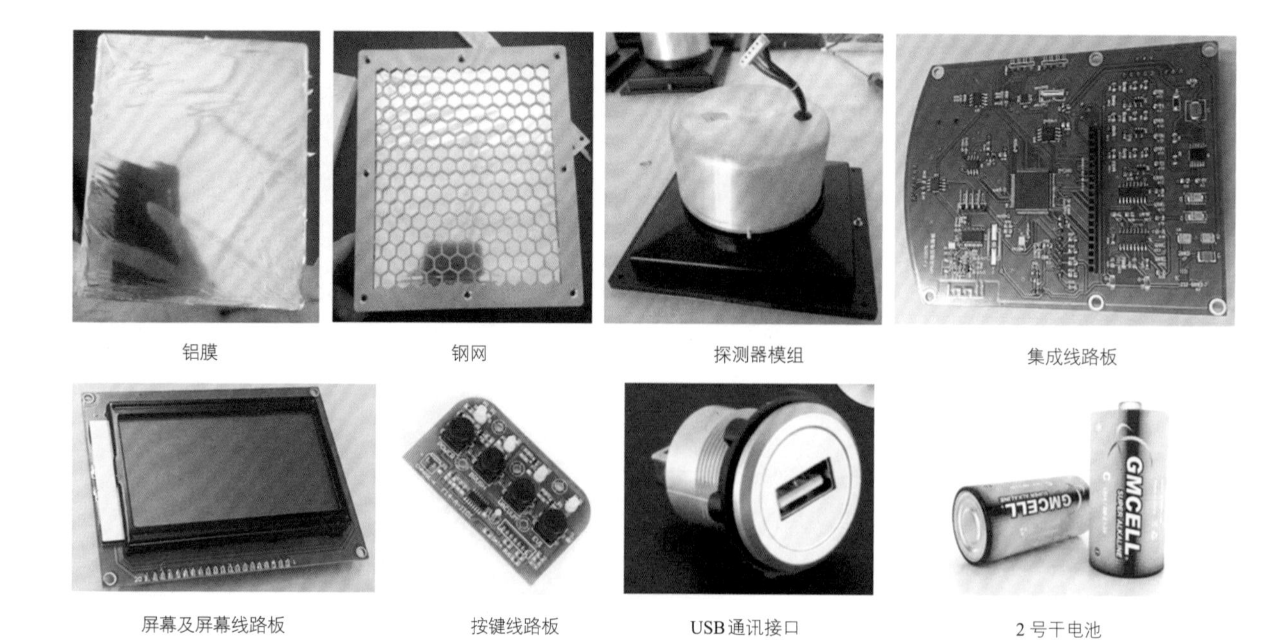

图 11-1-21　产品硬件

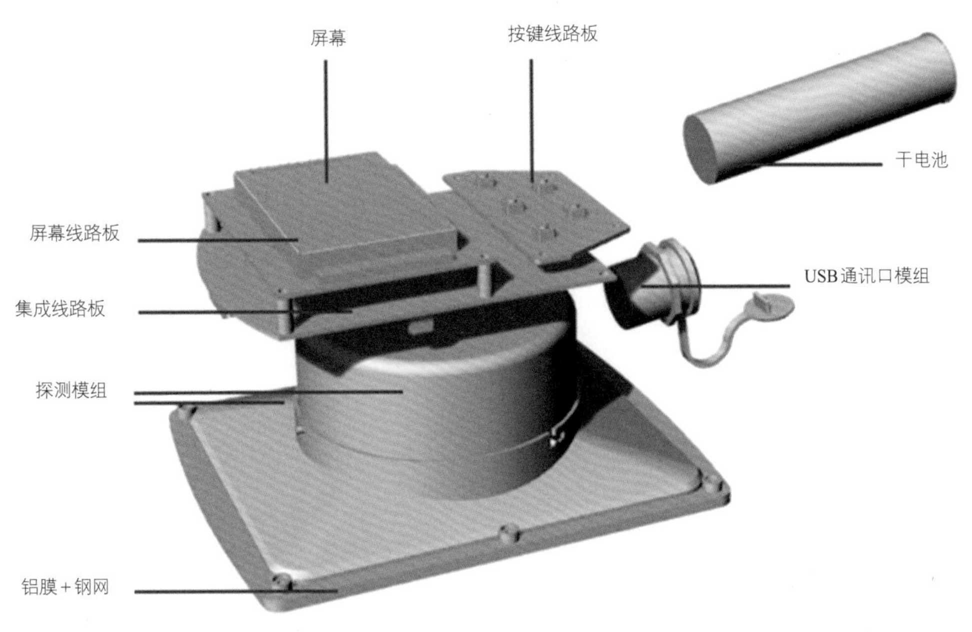

图 11-1-22　硬件堆叠排列结构

②作为手持仪器，根据人机交互原理，屏幕模组及按键板放置于探测器顶部，便于操控及观测。

③集成线路板放置于人机操控界面与探测模组之间。

④电源采用干电池，考虑与把手结合。

⑤主体硬件内部堆叠呈上中下结构排列。

3. 人机工程学在造型设计中的应用

（1）把手设计

要满足把手的使用功能又要提高使用舒适度和用户体验感，在实际设计中，把手的横截面形状、把手尺寸与把手抓握舒适度密切相关。因此，一方面要确定把手横截面形状，另一方面要考虑手部测量数据的设计界限。

通过观察发现，手部在自然半握的状态下的形状为上方下圆。因此理论上，在设计手把形状横截面时应符合手部自然半握下的状态。（图 11-1-23）

如图所示，通过对三种不同横截面的把手形态进行体验感受，得出以下结论：

①传统圆形手把，其横截面直径较小，与人手自然半握时的状态不吻合，在手持时易产生不牢固、容易脱落的风险。

②跑道形把手，其对手部每个部位施力不均匀，抓握起来不太稳定，且主要受力点为指骨间肌与手指前端，易造成掌心压力过大，产生刺痛感。

③多边形把手，其受力点主要为大鱼际肌，掌心承受压力较小，且把手横截面形态符合手部自然半握形态。（图 11-1-24）

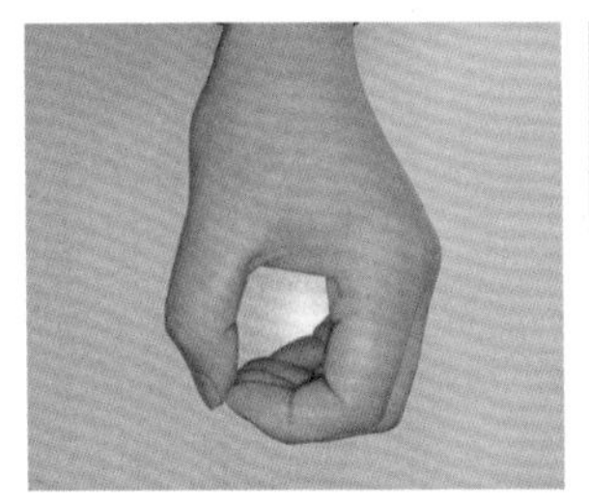
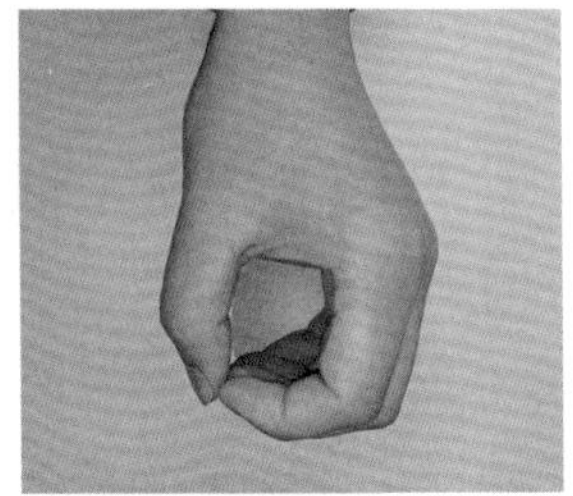

图 11-1-23　手部在自然半握的状态

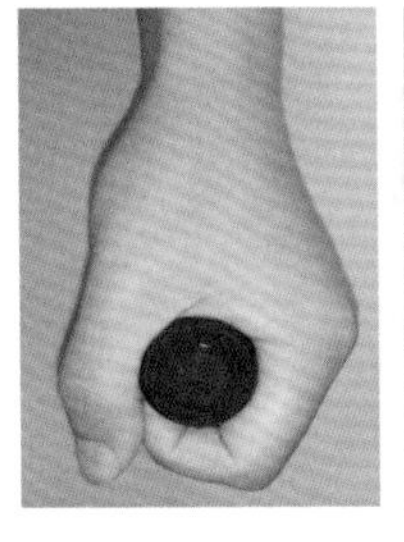
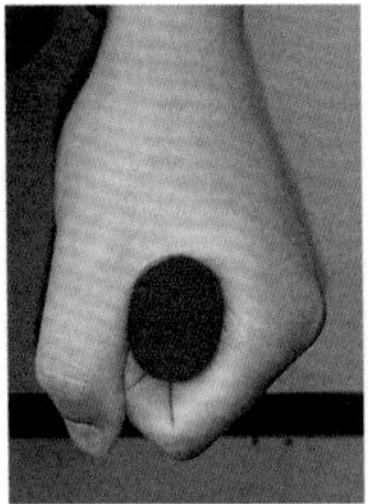
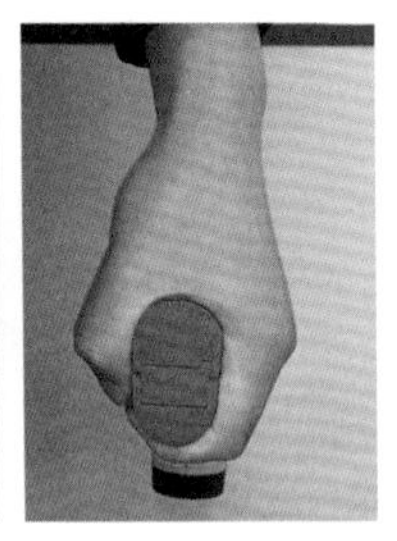

图 11-1-24　不同横截面把手测试

通过上述对人体手部生理结构分析和不同把手横截面形状的体验分析，选择采用多边形作为把手横截面形状，且从产品使用角度出发。为了提升把手的防滑度与抓握舒适度，将把手设计为上下两部分，下部分采用硅胶材质进行包胶处理，并增加防滑纹理提升手感。（图11-1-25、图11-1-26）

由于设备的特殊性使得这款设备主要操作人员以男性居多，所以采用的人机尺寸数据为我国成年男性手部基本数据。（表11-1）

表11-1　把手应用主要手部数据

年龄分组	男性（18—60岁）		
百分位数	5	50	95
手长（毫米）	170	183	196
手宽（毫米）	76	82	89
最大抓握直径（毫米）	45	52	59
食指指宽（毫米）	16	18	22

通过数据显示，我国成年男性手部宽度范围在76—89毫米之间，手部宽度决定了把手抓握部分的长度范围为100—125毫米；手部最大抓握直径在45—59毫米之间，一般用力紧握的把手直径为40毫米，允许范围为30—50毫米。由于该设备由两节2号碱性干电池进行供电，电池安装位置位于把手区域内部并一字排列，因此在设计把手尺寸时，需综合考虑人体手部尺寸和电池尺寸。

通过对人机尺寸分析与功能考虑，将把手尺寸设计为总长150毫米，抓握区域长为125毫米，抓握直径为35毫米，并与设备主体形成10度的倾斜，以保证小臂与手腕的顺直自然状态，避免小臂肌群的疲劳感。（图11-1-27）

（2）按键设计

在按键设计中，每个按键的尺寸、形状与用户按压时的舒适度、体验感密切相关。

通过对两种常用按键基础形状（圆形、跑道形）的对比分析，得出最佳按键基础形状。

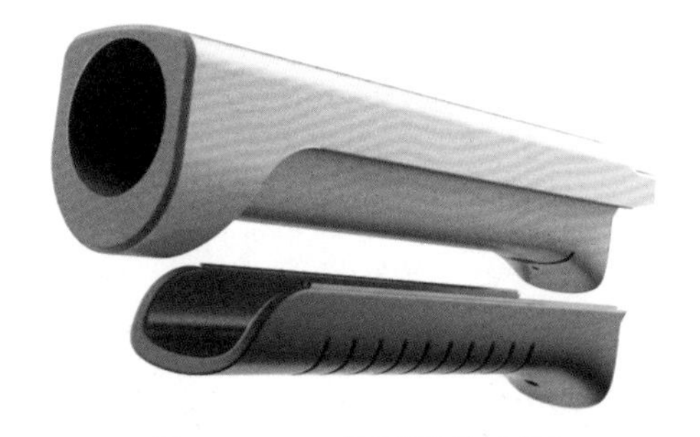

图11-1-25　把手设计效果图

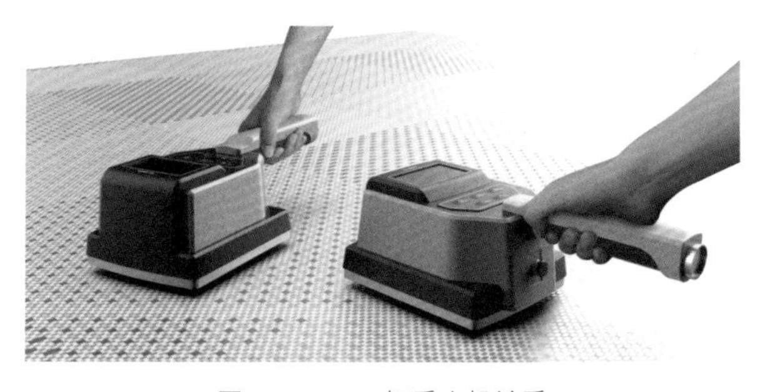

图11-1-26　把手人机关系

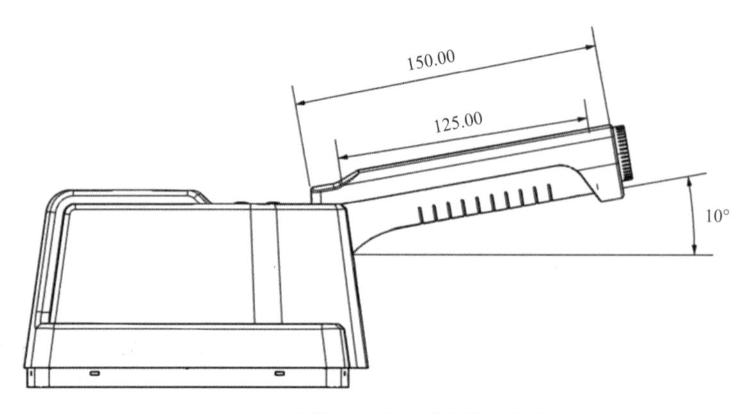

图11-1-27　产品尺寸设计（单位：毫米）

由图11-1-28可知，在限定区域内，按键数量相同且不同形状对排布的影响：在相同宽度的情况下，跑道形所占据的区域面积更小，按键与按键、按键与边框的间距更加合理；而圆形占据区域面积更大，按键与按键、按键与边框的间距过近，容易误操作。

如图11-1-29通过对跑道形、圆形按键的按压体验得出：跑道形按键在按压过程中，食指受力更为分散，而圆形按键食指受力更为集中。

按键尺寸大小跟手指指宽密切相关。在该设备操作时，主要用食指按压按键进行操作，因此，按键尺寸的选择必须以食指指宽作为基本设计数据。如图11-1-30所示，依据我国成年男性手部基本数据，我国成年男性的食指指宽范围为16—22毫米，综合考虑按键板大小、按键数量与排列，将按键尺寸设计为宽18毫米、高8毫米。

（3）屏幕设计

在考虑屏幕设计的人机工程学时，将屏幕显示区域设计成凸起的造型，与按键操控区形成错落。这样可以避免用户在按压按键时，可能会对屏幕信息造成遮挡的情况，另外也可以明确地区分出按键操控区与屏幕显示区。（图11-1-31）

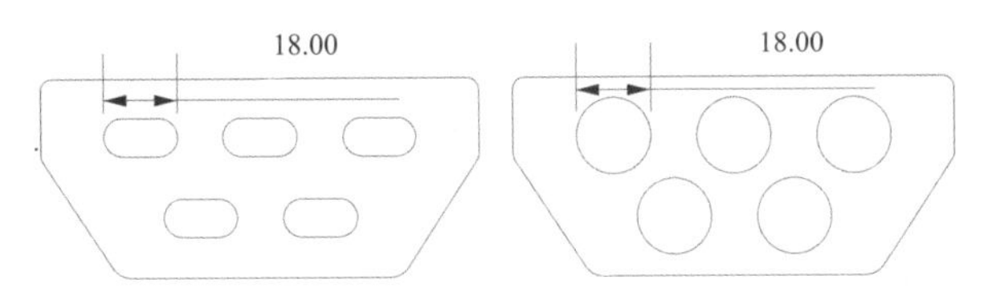

图11-1-28　不同形状按键分布

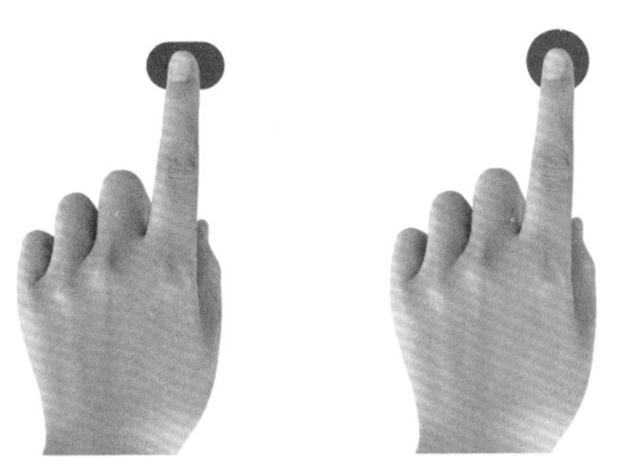

图11-1-29　不同形态按键按压体验

（4）整体外观设计

为改善现有产品笨重、外观缺乏专业感等问题，在设计中，让整体造型走向符合内部器件堆叠的上中下结构。通过外部造型的错落、凸起等，清晰地展示出内部堆叠的上中下的层级；操控区域与显示区域的局部凸起，清晰地展示出该设备的功能区域，方便操作；整体外观大气、稳重有层次，黑黄的色彩搭配体现出设备的专业感与行业特性。（图11-1-32）

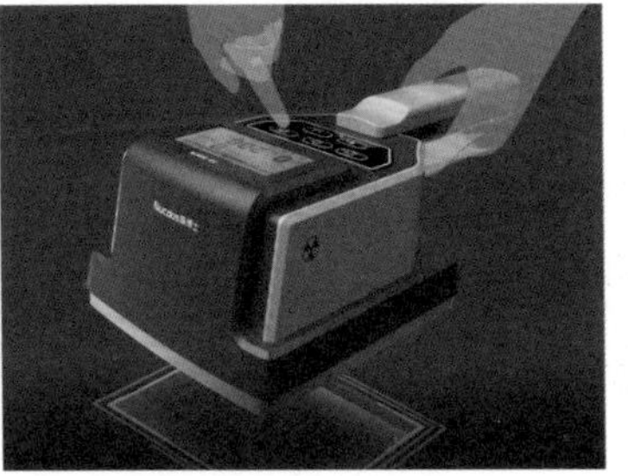

图11-1-30　按键尺寸设计

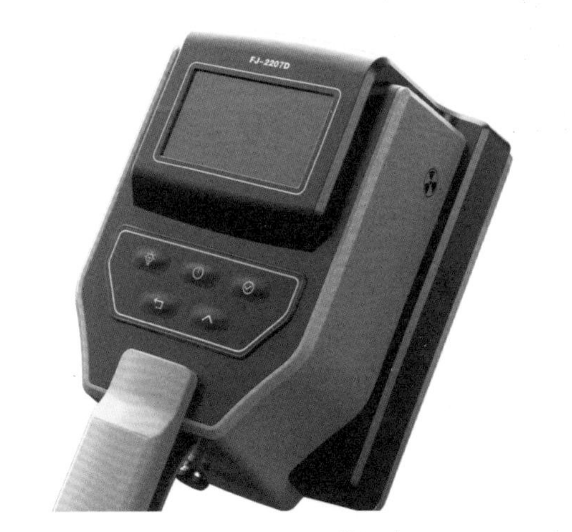

图11-1-31　屏幕设计

图11-1-32　整体外观设计

第二节　家具设计中的人机关系

家具因为跟人体密切接触，对产品的舒适性要求较高，人们在考虑形态美的同时会更关注产品的舒适性——产品尺寸与人体尺寸相适应，同时满足人体在一定空间内活动的动态需求。在家具设计中，功能尺寸与形态的融合，需要人机关系与产品的功能和产品形态完美结合。

一、圈椅与“The Chair”——传统与创新

中国明代的圈椅是中华民族家具设计史上独具特色的椅子样式之一，造型上圆下方，圈形椅背连着扶手从高到低顺势而下形成一条流畅的圆形曲线，末端外挑形成扶手，半包围结构围合出坐、靠所需要的空间，坐姿下手、肘、臂都得到很好的支撑，满足了休息功能，中间宽阔的背板托住腰背，使人坐感更加舒适。座面平直、宽大，适合端坐的正式场合。（图11-2-1）

通过测量圈椅的功能尺寸，与《中国成年人人体尺寸》（GB/T 10000-1988）中的有关数据比较后发现，座宽、座深、座高均比国标数值大，扶手高度、靠背倾角等符合国标要求。大尺寸的座宽和座深构成了大的空间，适合古人衣着宽大的需求，扶手下联邦棍和鹅脖具有阻止宽大衣服外露出围栏的功能，在丰富形态、增加扶手结构强度的同时起到阻挡衣物外溢的作用，不失礼仪。座高是影响坐姿舒适程度的重要因素。典型的明式椅类家具座高尺寸偏高，不符合现代人机工程学标准，但符合古人的生活习惯。由于古代室内地面多由夯土铺砖制成，常有湿气，椅前有脚踏使脚与地面拉开距离，避免受到湿气侵袭，同时脚踏的设置可缓解座高过高带来的不舒适感。四根横枨高低不同，榫眼交错，提高结构强度和稳定性，前、侧、后顺次提高，寓意“步步高”，表示人们内心的美好愿望，见图11-2-2、图11-2-3。

丹麦设计师汉斯·瓦格纳（Hans Wegner）是公认的具有创新能力的家具设计师，其设计的500多把椅子中，有三分之一与“中国椅”的主题相关，是明式家具与北欧风格、传统与创新、传统工艺与现代制造、东方文化与西方文化碰撞的产物。其中的“The Chair”椅（图11-2-4）是比较经典的一款。

因为有多位国家元首在公开场合使用，“The Chair”椅又被称为“总统椅”。瓦格纳对椅圈的形态做了调整：加宽靠背中部，改善了背部的舒适性；扶手加宽并向内侧倾斜，承托手臂时更加舒适；从水平扶手到垂直靠背再到水平扶手的扭转变化，线条流畅，形态柔美是这款产品的典型特征。简洁的四腿设计，增加了椅下腿部活动空间，更符合现代人坐姿习惯。不同材质的座面，感受不一样的坐感。（图11-2-5、图11-2-6）。

瓦格纳的设计领悟了明式圈椅的设计精髓，继承了它的风格和神韵，适合现代生活方式。其采用中国传统榫卯连接，简化结构，使品质容易控制，适应现代工业化生产的工艺要求，适合批量生产。

二、“Ergo Quest”自由办公椅——护脊与舒适

对于以“坐”为主要工作姿态的上班族来说，每天8小时的工作时间几乎都是在办公椅上度过的。现有产品大多数只能满足正襟危坐的姿态下对

图 11-2-1　中国明代圈椅

图 11-2-2　中国明代圈椅俯视图

图 11-2-3　中国明代圈椅正视图

图 11-2-4　“The Chair”汉斯·瓦格纳　丹麦

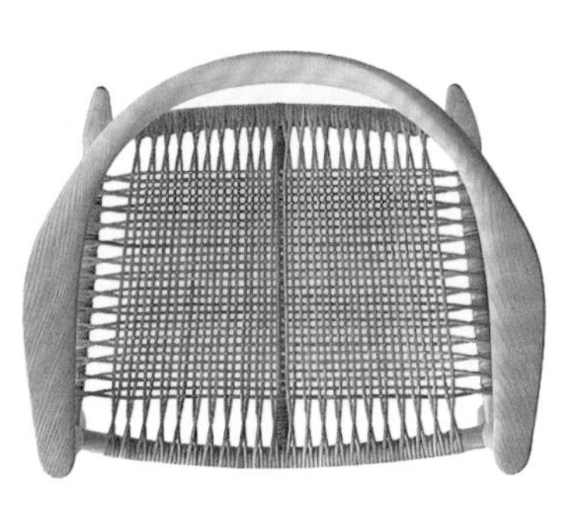
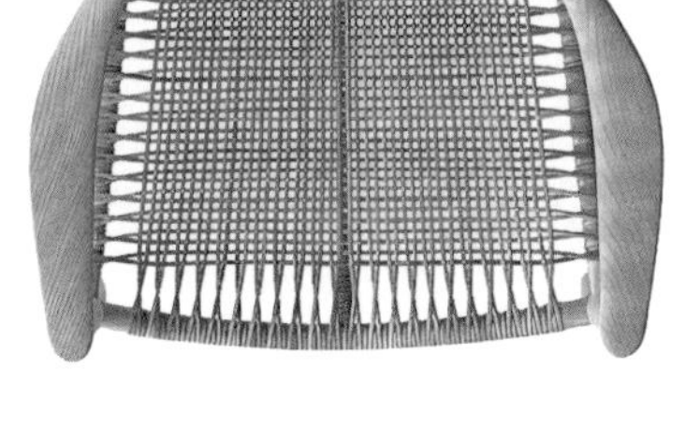
图 11-2-5　“The Chair”俯视图

图 11-2-6　“The Chair”正视图

肩、背、臀、腿部的支撑，对工作中不断变换的坐姿的适应性不好，对身体的保护作用有限。坐姿不正确、坐具设计不合理是腰椎间盘突出、颈椎病等的主要诱因。“Ergo Quest”自由办公椅（图11-2-7）正在解决这个问题。

坐姿是否舒适，主要看脊柱特别是腰椎的受力是否合理。“Ergo Quest”自由办公椅模拟人体脊椎设计，椅背设计成鱼骨形，随着坐姿的转换自动进行调整，始终保持与脊椎贴合。（图11-2-8、图11-2-9）

无论身体是前倾或后仰，“Ergo Quest”自由办公椅都能够轻松地跟随人体脊椎同步转动，下背部的支撑都会保持不变，既体贴地保护了身体，又不妨碍正常的活动——人体的前倾或后仰活动是以踝骨为固定点的膝骨、股骨和肩胛骨的联动方式实现的。通过分析人体在倾仰活动中椅面、坐垫及靠背调整的基本尺寸范围和移动方式，经反复测试确定了“Ergo Quest”自由办公椅的人机尺寸，即座高为380—480毫米，扶手高度为190—260毫米，椅面后移量为0—55毫米，椅面后倾为6度，椅背后倾30度，椅背展开114度。

办公椅设计是人体力学、解剖学、热力学、机械学、材料学等学科的综合应用。“Ergo Quest”自由办公椅采用抗疲劳、滋润性好、弹性系数稳定的软性尼龙代替传统钢制弹簧机构，使用自载重底盘，根据用户体重控制椅背后仰所需力量，同步实现前倾或后仰。该产品获广东省第六届“省长杯”工业设计大赛二等奖。（图11-2-10至图11-2-13）

图 11-2-7 “Ergo Quest”自由办公椅

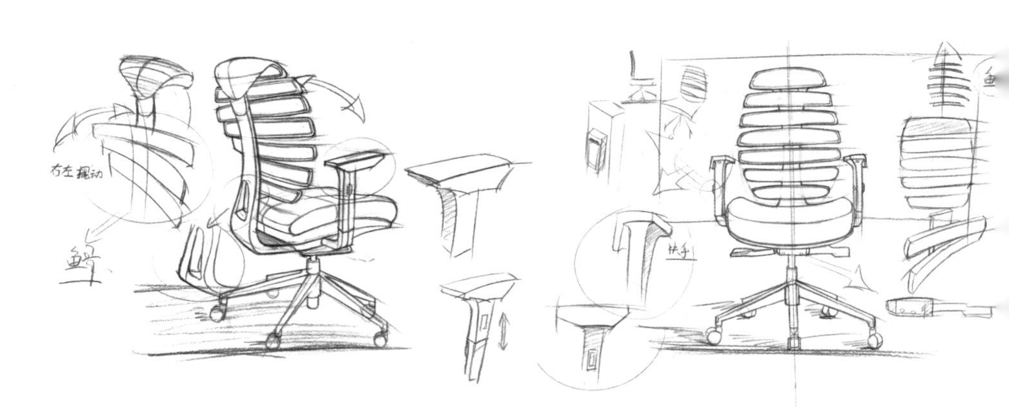

图 11-2-8 自由办公椅设计草图

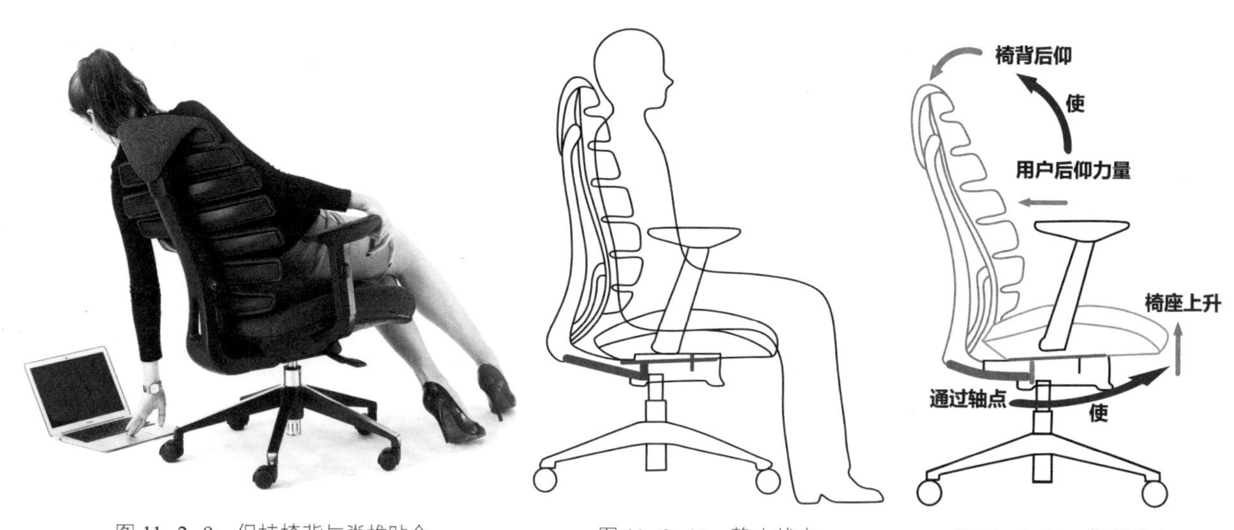

图 11-2-9 保持椅背与脊椎贴合

图 11-2-10 静止状态

图 11-2-11 倾仰状态

图 11-2-12 后背与人体的随动性分析

图 11-2-13　“Ergo Quest”自由办公椅使用场景

三、“泡泡猪”儿童套房家具——陪伴成长

“泡泡猪”儿童套房家具以动物小猪和泡泡的造型为基础，以激发孩子的想象力和培养孩子对动物的爱心为初衷，采用仿生的造型手法，将可爱的小猪鼻子、耳朵与小泡泡抽象化处理。（图 11-2-14）

图 11-2-14　儿童套房家具

材料选择天然实木，以天然木本色为主，梦幻粉与雾蓝的搭配，活泼有趣，像是一个可爱的小猪陪伴孩子成长，成为孩子童年时光里的一位小玩伴。随年龄的增长，身高发生变化，可以自己调整椅子的座高，提高动手能力。该设计针对多子女家庭，有多种组合方案，可实现伴随成长。（图 11-2-15 至图 11-2-18）

好动是孩子的天性，柜门、桌角、床头柜等棱角部位作圆弧处理，避免磕伤，保障孩子们的活动安全。该产品获红棉奖 ·2019 产品设计奖。

图 11-2-15　儿童套房家具设计草图

线分析（图11-3-3）、通风与采光分析（图11-3-4）、储物空间规划（图11-3-5），具体分析以下9处空间的人机关系：

（一）玄关

进门迎面是定制的展示柜，进门往右两面墙定

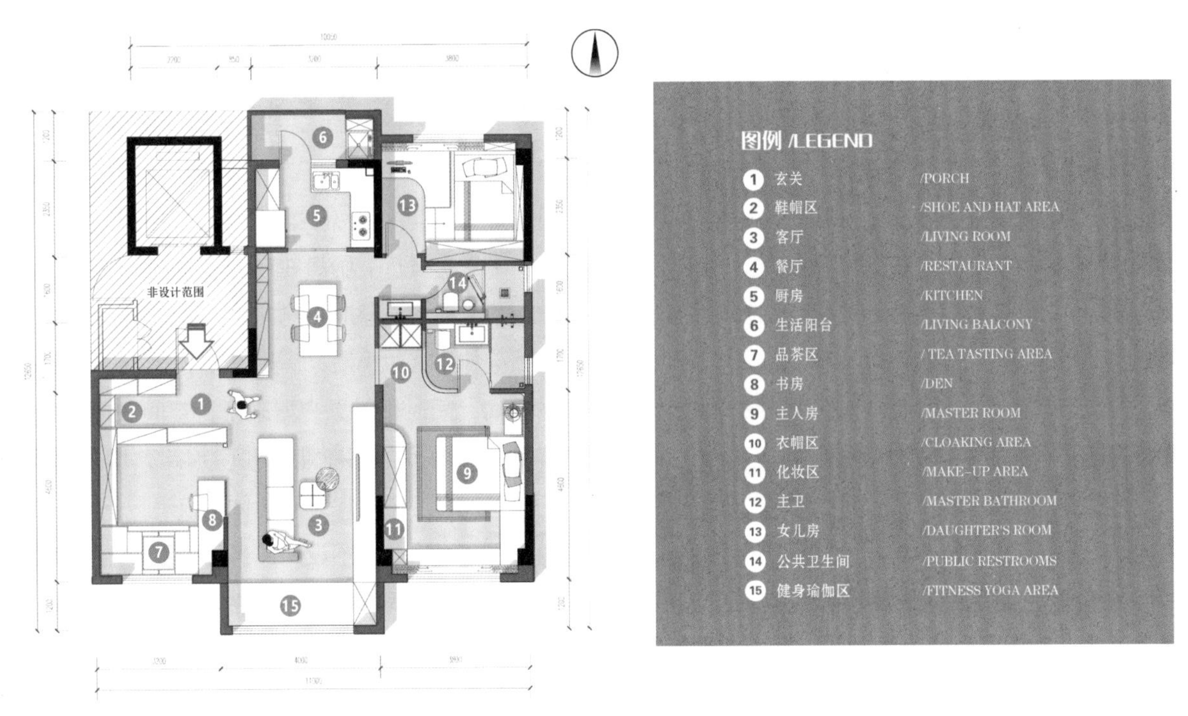

图 11-3-2　平面布置图

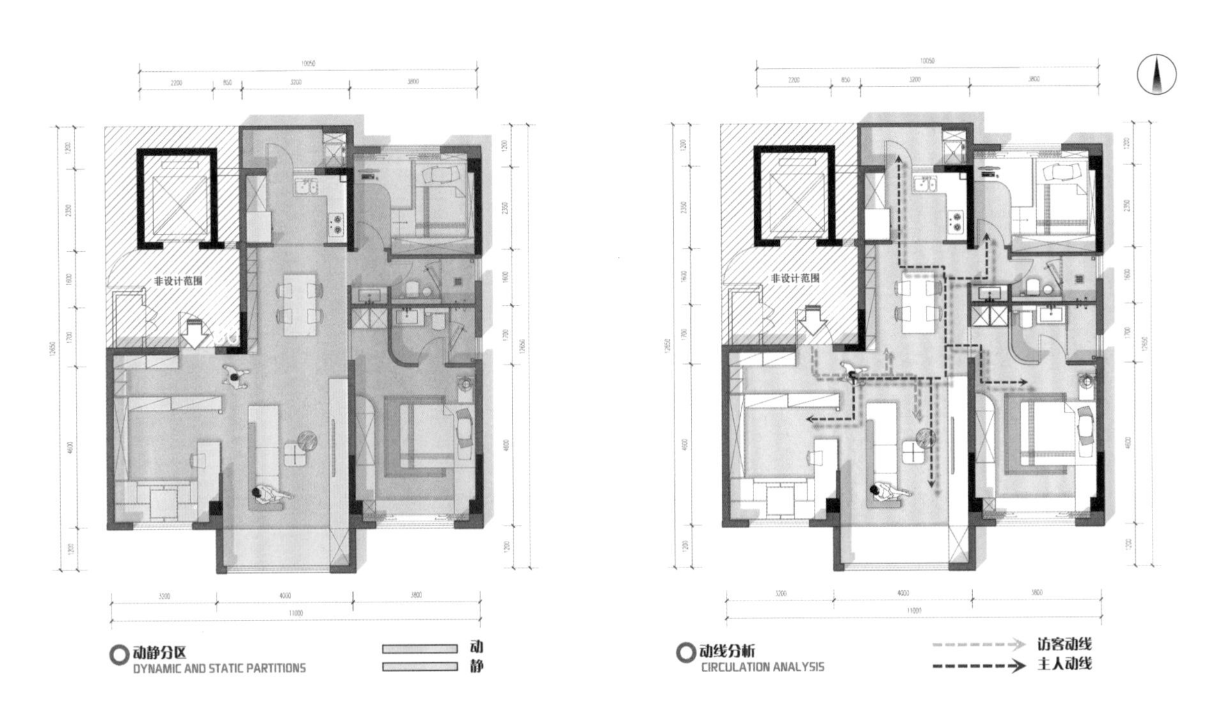

图 11-3-3　动静分区和动线分析

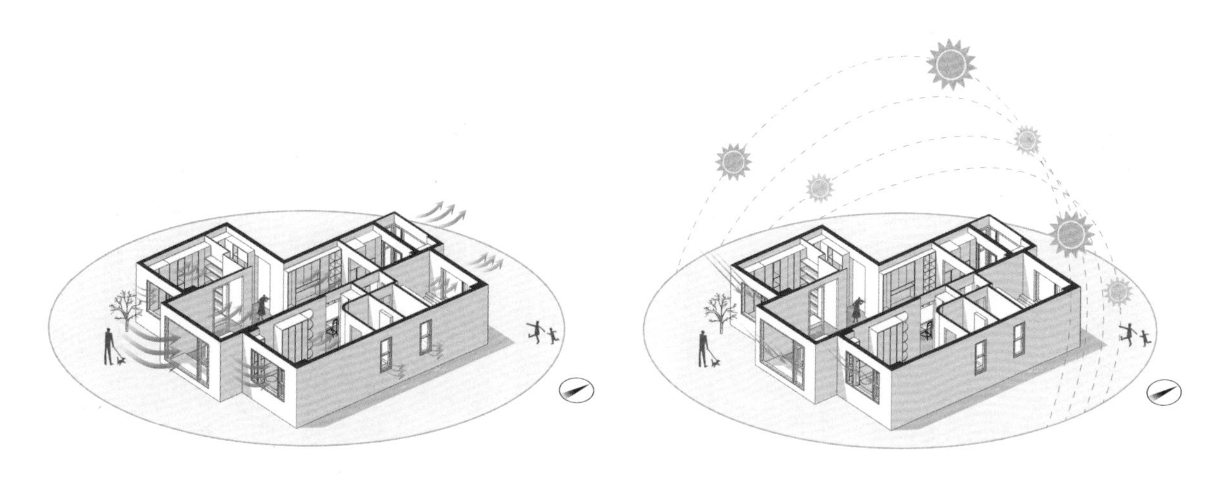

图 11-3-4　通风与采光分析

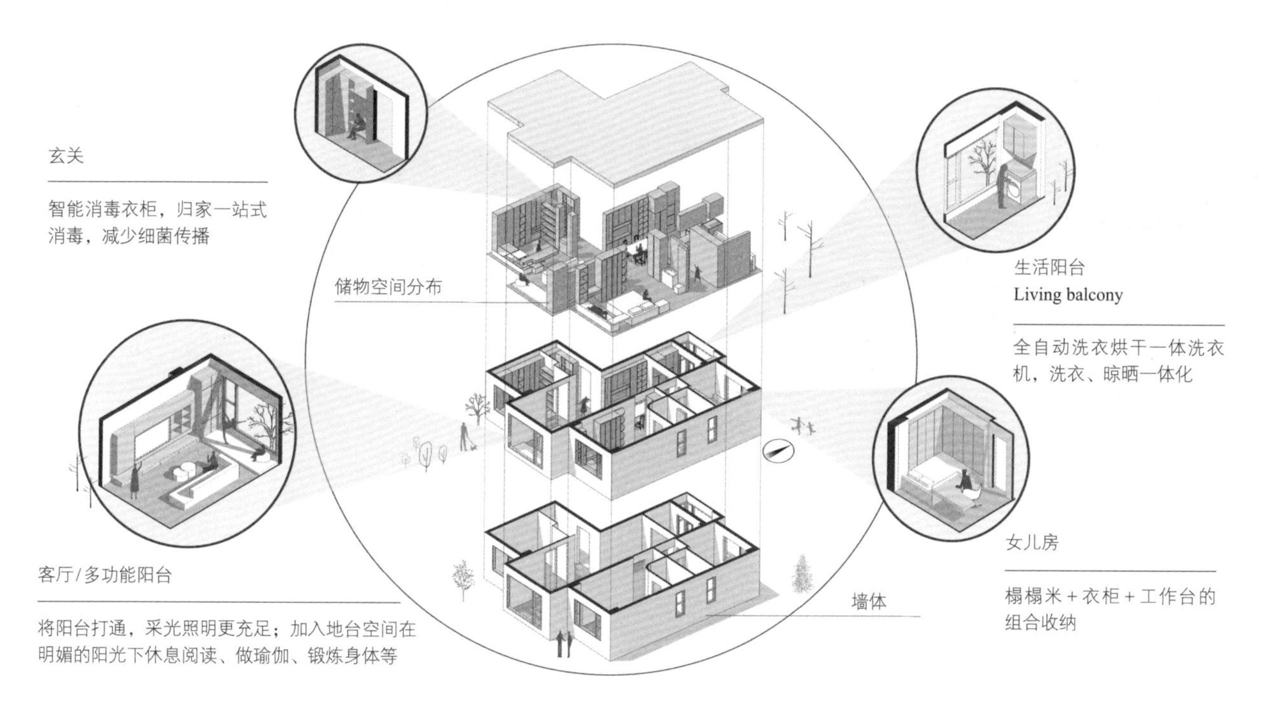

图 11-3-5　储物空间规划

制了衣帽架、储物柜。往储物柜一侧的通行宽度为800毫米，单人通行通畅，并可进行穿脱外套和鞋子。往客厅一侧，通行宽度为1050毫米，在与客厅和餐厅相接融为一体的情况下，空间非常宽敞。

（二）客厅

如图11-3-6、图11-3-7所示，客厅与餐厅、书房和玄关相通，整体空间非常通透、大气。在原来户型阳台4000毫米宽、1050毫米深的空间上，定制80毫米高的平台，铺设木质面，并安装隐藏式灯带，凸显瑜伽锻炼和休闲的空间划分。因客厅空间较大，三人沙发采用2600毫米宽的较大尺寸，沙发后通行区和茶几与电视柜间的通行区均为700毫米宽，单人通行无碍。电视背景墙大面积定制柜架，电视机陷于柜架内，背景墙深度300毫米，地柜深度600毫米。

图 11-3-6　客厅与餐厅

（三）书房

如图11-3-7所示，书桌为定制悬浮式墙壁书桌，加强空间立体感和通透感。书房靠窗为定制深1200毫米、高400毫米榻榻米，含升降桌，可品茶与休息。书房与玄关之间的柜架向书房一半为开放式层架，书桌椅背后的墙面几乎整面墙均为定制的柜架，有丰富的储物空间。就座区后与柜架间的通行区有1300—1460毫米宽，双人错肩通行空间充裕。

（四）餐厅

餐厅为宽3200毫米、深3200毫米的方形空间，南北与客厅和厨房相通，东侧与主卧和女儿房相连，西侧为整体定制深300毫米墙柜，作用可覆盖餐边柜、酒柜、壁柜、展示层架，有丰富的储存功能。餐桌宽1800毫米、深800毫米，未就餐时，餐椅部分往桌下收放，两侧餐椅后的通行区有900毫米左右宽度，一人通行非常通畅，两人可侧身通行，就餐时两侧就座区后的通行区为350—510毫米宽，可容纳一人通行。

（五）厨房

厨房为宽3200毫米、深1200毫米的矩形空间，整体布局为开口的“U”形，开口通向生活阳台。电冰箱、微波炉、电烤箱处于墙体定制柜一侧，这一侧主要功能为食物储存。清洗、备菜、烹饪三个区域是相连的“L”形，为整体定制橱柜，橱柜台

图 11-3-7　书房

面高度850毫米、深度600毫米。厨房备菜和烹饪区上安装有层架、吊柜和抽油烟机，吊柜深度350毫米，吊柜底部离地1800毫米，可防止碰头和便于取放。厨房通行宽度超过1600毫米，双人错肩通行空间充裕。

（六）生活阳台

生活阳台内空宽3100毫米，深1000毫米，通过厨房开门进入，规划洗衣机和晾衣架，是家庭的洗衣与晾晒区域。洗衣机上定制吊柜，可放置相关生活物品。

（七）主卧室

如图11-3-8、图11-3-9所示，包含主卫和衣帽间在内，总面积为6300毫米 × 3800毫米，主卧靠窗一侧定制高500毫米、深400毫米飘窗，作

图 11-3-8　主卧 1

图 11-3-9　主卧 2

为观景、休闲的空间。临近床尾一面墙定制整体衣柜、梳妆台和收纳层架。衣柜宽1480毫米，妆台宽1000毫米，与妆台和飘窗相连的置物层架宽400毫米，与衣柜相连的亮格层架宽520毫米。门后空间用作衣帽区，衣帽区宽度为1100毫米，定制1100毫米宽入墙衣柜，一人穿脱衣物空间充裕。床尺寸为2000毫米 ×2000毫米。床与飘窗一侧通透，通行区宽度设置为800毫米，一人通行空间充裕；床与主卫一侧通行区宽度为1000毫米，两人若考虑一人侧身，则可两人通行；床尾与定制衣柜间的通行宽度为700毫米，一人通行空间充裕。主卧卫生间内部干湿分离（图11-3-10），盥洗空间和如厕空间融合在同一个空间，共约1700毫米 ×1300毫米，淋浴空间1700毫米 ×800毫米，空间上相对来说能符合舒适使用。

图 11-3-10　主卧卫生间

（八）女儿房

如图11-3-11所示，以整体定制的榻榻米为平台，1500毫米宽床垫铺设于榻榻米上，床靠里一侧与床尾两个墙面全部定制入墙式衣柜和收纳柜，有利于女儿养成良好的收纳习惯。“L”形书桌尺寸为1700毫米 ×1400毫米，学习空间充裕。房间通行空间宽度为1100毫米，两人错肩通行无碍。

（九）公共卫生间

如图11-3-12所示，盥洗空间、如厕空间和淋浴空间三段分离，盥洗空间和如厕空间采用墙体半隔断形式，如厕空间和淋浴空间采用移门干湿隔离。整体空间深度为1400毫米，盥洗空间宽1000

图 11-3-11　女儿房

图 11-3-12　公共卫生间

毫米、如厕空间宽1600毫米、淋浴空间宽1000毫米，三个空间均满足最优尺寸。

二、办公空间的隔断与布局

办公空间通常根据不同的工作性质、工作内容和目的划分为不同的区域，但伴随企业组织的变化，灵活办公、自由组合开始变成当今的选择，协同办公形式将成为大势所趋，更加灵活组合的产品，可以顺应企业组织的需求变化。

以加拿大办公家具企业泰科尼安的屏风系统为例，其提供基本的屏风尺寸组合含有两种高度740毫米和1070毫米，宽度规格为1220毫米、1520毫米、1830毫米和2130毫米，目的是以屏风为线索来划分不同的空间，然后按需配置办公桌、会议桌、沙发、茶几等家具和其他办公产品，重构特定的办公、会议、协作、休闲、社交空间。泰科尼安的屏风系统在屏风内部集成走线，每个屏风单元向两边布置足量的插座，以满足不同的工作需求。以高1070毫米、宽1520毫米为例，分析如下不同的空间布局。

如图11-3-13、图11-3-14所示，为两种常规布置的工作单元，每个单元使用可升降办公桌。以图11-3-13为例，每个工作位空间为1520毫米×1520毫米，办公桌台面深度尺寸为700毫米，每个工作位有1520毫米×820毫米的就座空间和基本

图11-3-13 基础办公区1

图11-3-14 基础办公区2

储物空间。

如图11-3-15所示，可以在基础工作位后的空间布置一套沙发与茶几，适合有较多交接工作的岗位，能体现对等候者的尊重。在3040毫米的深度空间中，可以容纳办公桌深度700毫米，就座区深度450—610毫米，人就座沙发所需深度770毫米、茶几深度400毫米和至少660毫米的通行空间。

如图11-3-16所示，屏风将空间隔断成两个主体部分：一部分为会议区，设置开放式工作台、轻便椅、个人多功能会议沙发椅以及书写板两块；另一部分中间位置为开放式工作台和轻便椅，适合协作办公，前后两端为相同单元的转角沙发休

图11-3-15　基础办公区与等候区

图11-3-16　协作区、休闲区与会议区

闲区。

如图11-3-17所示，同样是屏风将空间隔断成两个主体部分：一部分可作讨论区，布置茶几、坐凳若干、工作书写板，用于团队讨论和小型会议；另一部分可为协作与休闲区，中间位置布置四人位开放式工作台、轻便椅，适合协作办公，前后两端分别布置收纳架作生活区和布置沙发、茶几作休闲区。

如图11-3-18所示，也是屏风将空间隔断成两个主体部分：一部分中部布置多排沙发与桌的组合，适合深度交谈和有填写材料的场景，前后两端设置高桌和吧凳，适合临时性办公；另一部分成排设置

图11-3-17　讨论区与协作区

图11-3-18　交谈区与临时办公区

四套轻便桌椅，适合短暂交谈和有填写材料的场景。

如图11-3-19所示，屏风在基础办公区起到工作位隔断作用。在临时性办公区和讨论区将高低两组空间分割开来，一边的高台与吧凳区域适合临时性办公，另一边并排设置多个沙发长凳，搭配灵活的小台桌、圆茶几、坐凳若干，适合临时性办公和小组讨论。

如图11-3-20所示，将两个工作位的空间转换为四人社交区，配置四个沙发椅、一个茶几，此空间可与同事分享生活。后排将单个工作位的空间转换为个人休闲区，配置一个沙发椅和一个小茶几，可在此进行个人的休闲活动。

图 11-3-19　基础办公区、临时办公区与讨论区

图 11-3-20　社交区与休闲区

第四节　视觉传达设计中的人机关系

一、海报设计

（一）青年新锐艺术展海报

案例分析：海报排版为非等距版心，分为四栏。海报为灰、蓝、白三种色调，层次清晰，从文字主题到背后的图形再到浅灰色的背景可以看出画面的前后层次非常丰富，文案大小对比明显，视觉流程由上往下，主文案标题放在画面的偏右边，打破了人们常规从左往右的阅读顺序。（图 11-4-1）

作者：设友阿程　来源：站酷

（二）茶文化展海报

案例分析：海报的版心为不等边距，主文案都在最右边有“失衡”的感觉，为了解决这种“失衡”，左边的次文案用“线”做起链接，以起到信息相连占据了最左边，背景上也做了材质的效果使整体不再充满单调感。当然，为了填补大面积的留白，又大又不是很明显的“茶”“色”二字占据了左上跟右下。整体文字有大小、轻重的对比，阅读顺序简单明了，视觉干净，背景浅浅的手写体也

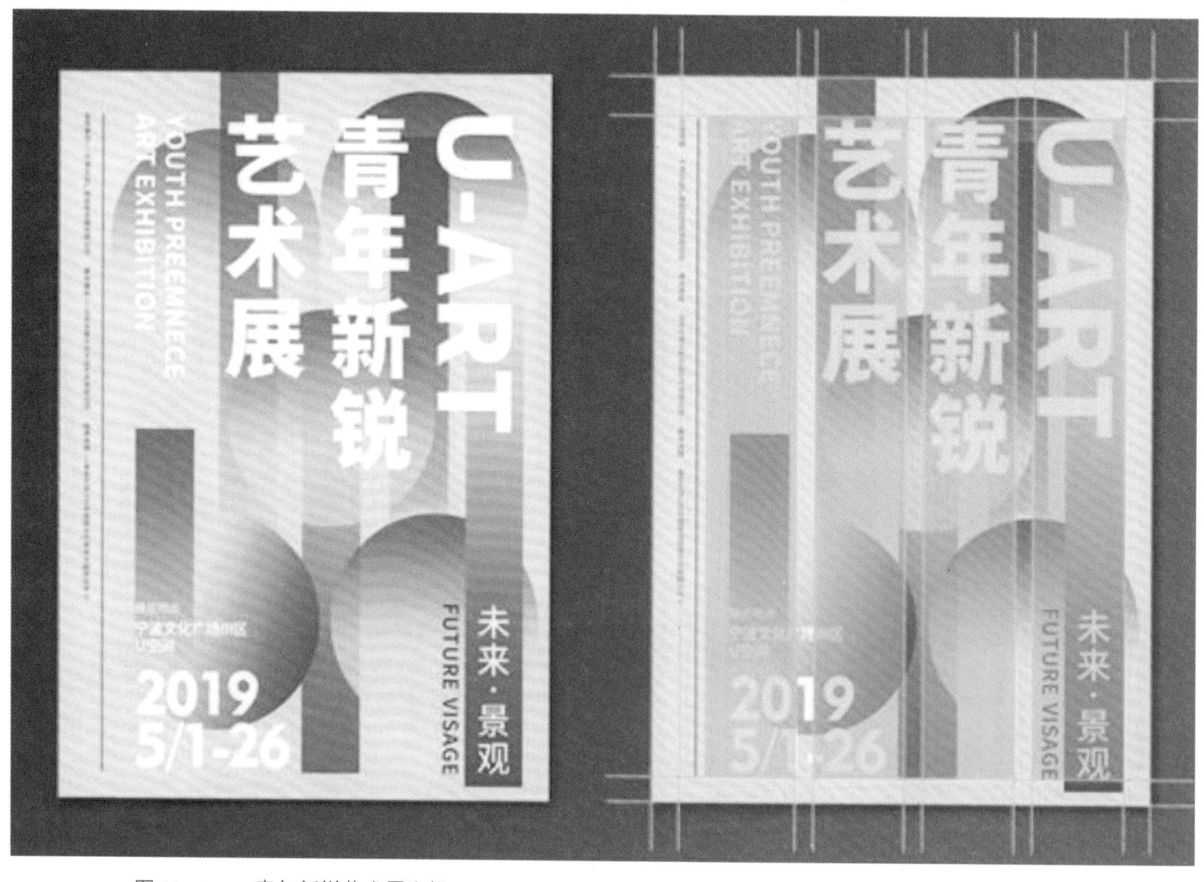

图 11-4-1　青年新锐艺术展海报

起到了烘托气氛的作用，使观者能贴切地去感受“茶”的文化。（图 11-4-2）

作者：设友阿程

来源：站酷

图 11-4-2　茶文化展海报

（三）音乐会海报

案例分析：这张海报能把人的心牵入音乐的世界，让人融入音乐氛围，具有音乐气息。海报排版运用上下不同的非等距版心，有坠落感。在构图上用左右构图表现版面，左字右图两栏划分，图片以破格处理的方式让版面更加自由。海报中的碎片看作点，起到烘托氛围、增加气氛的作用；画面中运用很多的直线，有占据空间和连接的作用；主标题和小提琴形成面，是版面中的视觉焦点，且用于小提琴的碎片装饰在字的笔画中。字体选择衬线体符合版面表达的意境，字体排版用大小对比、方向对比拉开字体主次关系，明确字体层级，下面小字以破格处理让版面看起来更自由。视觉流程：先看到小提琴，再通过小提琴上方的碎片引导到主标题“音乐生活家”，通过大小关系再看到下面的文案和时间地点信息，最后看其他元素。（图 11-4-3）

作者：Differentstyle

来源：站酷

图 11-4-3　音乐会海报

二、排版设计

案例分析：留白设计的海报排版，在传递时尚设计感气质的同时，又将信息表现得清晰直接，让海报更加简洁实用。留白设计不受主题属性影响，几乎所有主题都可以用这种变现形式。（图 11-4-4）

作者：Neil 彭彭　来源：站酷

图 11-4-4　详情页排版设计

学生笔记

参考标准

[1] GB 10000–1988　中国成年人人体尺寸
[2] GB/T13547–1992　工作空间人体尺寸
[3] GB/T12985–1991　在产品设计中应用人体尺寸百分位数的通则
[4] GB/T5703–2010　用于技术设计的人体测量基础项目
[5] GB/T5704–2008　人体测量仪器
[6] GB/T14779–1993　坐姿人体模板功能设计要求
[7] GB/T16252–1996　成年人手部号型
[8] GB/T3326–2016　家具桌、椅、凳类主要尺寸
[9] GB/T3328–2016　家具床类主要尺寸
[10] GB/T3327–2016　家具柜类主要尺寸
[11] GB/T3976–2002　学校课桌椅功能尺寸及技术要求
[12] GB/T16901 [1]. 1–1997　图形符号表示规则　技术文件用图形符号
[13] GB/T16901 [1]. 3–2003　图形符号表示规则　产品技术文件用图形符号
[14] GB/T16902 [1]. 1–2004　图形符号表示规则　设备用图形符号
[15] GB/T16903 [1]. 1–1997　图形符号表示规则　标志用图形符号
[16] GB/T10001.1–2006　标志用公共信息图形符号　第1部分：通用符号
[17] GB/T1252–1989　图形符号箭头及其应用
[18] GB/T16900–2008　图形符号表示规则
[19] GB 3096–2008　声环境质量标准
[20] GB 50033–2003　建筑采光设计标准
[21] GB 50034–2013　建筑照明设计标准
[22] GB/T13379–2008　室内工作场所照明
[23] GB 2893–2008　安全色

参 考 资 料

[1] 阮宝湘等.《工业设计人机工程》. 北京：机械工业出版社，2017

[2] 丁玉兰主编.《人机工程学》. 北京理工大学出版社，2017

[3] 余肖红主编.《室内与家具人体工程学》. 北京：中国轻工业出版社，2017

[4] 杨静主编.《人体工程学》. 杭州：中国美术学院出版社，2020

[5] 王安旭，冯犇湲主编.《人机工程学》. 杭州：中国美术学院出版社，2020

[6] 程瑞香.《室内与家具设计人体工程学》. 北京：化学工业出版社，2015

[7] JULIUS PANERO，MARTIN ZELNIK，*Human Dimension and Interior Space A Source Book of Design Reference Standards*. New York：Watson-Guptill Publications, 1979

[8] GAVRIEL SALVENDY. *Handbook of Human Factors and Ergonomics*. 4th ed. New Jersey：John Wiley & Sons, Inc.，2012

[9] 理想·宅.《室内设计数据手册：空间与尺度》. 北京：化学工业出版社，2019

[10] 阎轶娟、韦杰主编.《办公空间设计》. 武汉：华中科技大学出版社，2016

[11] 韩维生主编.《设计与工程中的人因学》. 北京：中国林业出版社，2016